水电工程大型渣场规划及渣料绿色处置关键技术

任金明　王永明　周垂一　曾建平　著

科学出版社

北　京

内 容 简 介

本书全面系统地研究了水电工程大型渣场规划及渣料绿色处置面临的关键技术问题，内容包括土石方平衡及弃渣规划、渣场选址和布置、渣场级别及设计标准、渣场安全稳定、渣场韧性挡护、渣场沟水处理及泥石流防治、渣场生态修复与监测、渣料绿色处置及综合利用等八个方面，并列举了大量工程实例。

本书可供从事水电工程设计、施工的技术人员和管理人员使用，也可供其他业务部门和高等院校师生参考。

图书在版编目(CIP)数据

水电工程大型渣场规划及渣料绿色处置关键技术 / 任金明等著. —北京：科学出版社，2023.6

ISBN 978-7-03-075692-3

Ⅰ. ①水… Ⅱ. ①任… Ⅲ. ①水利水电工程-渣料-工程施工-无污染技术 Ⅳ. ①TV512

中国国家版本馆 CIP 数据核字（2023）第 106322 号

责任编辑：韦 沁 / 责任校对：杨聪敏

责任印制：吴兆东 / 封面设计：北京图阅盛世

科学出版社 出版

北京东黄城根北街 16 号

邮政编码：100717

http://www.sciencep.com

北京中科印刷有限公司 印刷

科学出版社发行 各地新华书店经销

*

2023 年 6 月第 一 版 开本：787×1092 1/16

2023 年 6 月第一次印刷 印张：18 1/2

字数：450 000

定价：268.00 元

（如有印装质量问题，我社负责调换）

前　　言

21 世纪以来，以举世瞩目的白鹤滩水电站为代表的我国一大批大型常规水电站和抽水蓄能电站的建设，标志着我国水电建造技术已从追赶世界发展到引领全球。这些水电工程规模巨大，开挖面多，弃渣量、渣场堆渣规模、边坡高度均达到世界级水平。工程建设时，不仅渣料平衡及绿色处置难度大，而且渣料成分复杂，其物理力学指标只能按设计经验取值，对渣场边坡稳定性分析缺乏指导。此外，西南山区弃渣场存在地理环境特殊，生态环境脆弱，工程面临堆渣条件差，洪水、泥石流等潜在威胁大以及安全性、稳定性问题突出等现象，因此，水电工程渣场建造面临新的技术难题与挑战。如何统一渣场设计标准，设计合适的堆渣体剖面和防护体系，确保渣场建造及运行安全，同时实现渣料调运平衡及绿色处置，一直是水电工程渣场设计、安全建造和渣料绿色处置的重要课题。

自 2012 年以来，在中国电建集团科研项目、国家能源局标准制订计划及国家自然科学基金等项目支持下，首次全面系统地研究了水电工程大型渣场及渣料处置面临的关键技术问题，依托白鹤滩、锦屏二级、龙开口、苗尾、杨房沟、沙坪二级、西藏 DG 等水电工程开展研究，同时把研究成果应用于相应的渣场设计及渣料绿色资源化处置，成功解决了依托工程的诸多技术难题，取得了良好的效果。

主要研究内容包括：根据已建工程渣场规模统计成果，结合现有国家、行业规程规范，按渣场堆渣容量、堆渣高度及渣场失事危害程度划分渣场级别；依据渣场级别，分别确定永久渣场与临时渣场洪水设计标准；总结渣场沟水处理及泥石流防治工程特点、渣场沟水处理防治及应用条件、常用渣场泥石流防治方式，对常用的渣场排水建筑物有针对性地提出设计需注意事项，并对西部水电工程大型弃渣场沟水处理及泥石流防治设计成果、运行情况进行举例；渣场边坡安全稳定主要从渣体材料参数、渣场边坡稳定计算方法、暴雨工况地下水对渣体作用、渣场边坡安全稳定措施等方面开展研究，提出渣场边坡安全稳定研究方法；研发渣料绿色智能土石方平衡系统，解决渣料绿色处置关键技术问题；针对渣场生态修复提出系统的生态修复方法。主要创新点如下：

（1）构建了基于风险评价方法量化渣场失事对主体工程、周围环境安全风险程度，创新提出了渣场分级标准体系及渣场洪水设计标准与安全稳定标准，编制了我国工程建设领域首部专门的渣场设计规范——《水电工程渣场设计规范》（NB/T 35111—2018）。

（2）创立了水电工程渣场多元化泥石流综合防治技术体系，提出了大型渣场沟水处理及泥石流防治的设计准则与方法，全面系统地分析总结了已有大型水电工程弃渣场设计及运行经验，实现了沟水处理及泥石流防治标准的统一协调。

（3）系统开展了堆渣体大型现场及室内物理力学特性试验并进行了数值分析，创建了基于渣料颗粒分析成果与渣料物理力学指标的分形几何预测方法；研究了暴雨工况下雨水入渗渣体内部孔隙水压力变化过程，提出了渣场边坡稳定分析中孔隙水压力简化处理理论计算方法，为渣场稳定分析提供依据。

（4）研发了耦合时空效应和动态调整的物料调运仿真系统，创建了集堆渣动态匹配和渣料利用多进程并行随机搜索的智能土石方平衡系统。

（5）解决了渣料绿色处置与规模化利用关键技术问题，实现了既有渣场渣料规模化再利用。

（6）提出了渣场整治、植被建设和水土保持设施等水土保持及生态修复方法，明晰了渣场监测与管理要求，达到了渣场与周边环境相协调的效果。

研究成果已成功应用于依托工程，并在其他项目推广应用，取得系列创新成果，经济、社会及环境效益显著，推广应用前景广阔。

本书共分10章，以中国电建集团科技项目“水电工程大型弃渣场设计标准研究”（编号：GW-KJ-2012-30-02）和华东院201计划项目“工程建设副产物绿色资源化处置关键技术研究”（编号：KY2021-ZD-01）内容为主，并纳入近年来水电工程大型渣场及渣料绿色处置关键技术的研究成果。

本书由任金明、王永明、周垂一、曾建平撰写，全书由任金明、王永明统稿。本书经历了确立选题、编制提纲、收集资料、撰写初稿、统稿、评审和定稿等阶段，在此过程中，长江水利委员会长江科学院，水利部岩土力学与工程重点实验室，水电水利规划设计总院，中国电建集团成都勘测设计研究院有限公司，中国电建集团中南勘测设计研究院有限公司，中国电建集团华东勘测设计研究院有限公司白鹤滩项目部、锦屏二级项目部、龙开口项目部、苗尾项目部、西藏DG项目部、杨房沟项目部、沙坪二级项目部等提供了相应项目资料。本书撰写过程中得到中国电建集团华东勘测设计研究院有限公司领导的大力支持，尤其是吴关叶总工程师、胡赛华总经济师、徐建强副总工程师的悉心指导，陆泓波、张亚鹏、刘万鹏、丁聪等几位博士亦做了大量的工作。此外，浙江大学方火浪教授、武汉大学刘全副教授、长江科学院陈云正高级工程师等专家学者对本书的编纂给予了很多帮助。本书得以出版，是全体参与人员共同努力、辛勤劳动的结晶，在此一并表示衷心的感谢。

由于水平所限，书中的缺点、错误和疏漏在所难免，随着法律法规及规程规范的更新、完善，也可能存在更新不及时等问题。我们诚恳地希望广大读者给予批评指正，以便今后在充实新内容时修改提高。

著　者

2021年12月

目　　录

第1章 绪论

1.1 研究问题的提出

水电工程有别于其他建设工程：第一，一般来说，水电工程多位于山高、坡陡、水流急、河道比降大的河流上，工程弃渣难于堆放。根据有利于生产、方便生活、节省投资、少占耕地和良田的原则，渣场常布置于从首部至厂房河段的河滩、河岸以及支沟沟道岸边，甚至沿坡面在沟坡较高处堆放弃渣。第二，水电工程枢纽建筑物多，在引水式开发的水电站中，这些建筑物位置分散，使得工程施工点多、战线长。第三，水电工程建设过程中弃渣量大、堆渣场多。

水电工程弃渣的特殊性决定了其危害性。在工程建设过程中，大面积开挖及其弃渣堆放破坏了工程区原有地表植被及坡面的稳定，形成了新增水土流失源，严重影响了工程区环境及生态平衡。更为严重的是，大量弃渣堆放在河滩、河岸及支沟内，雨量较大时将随径流流入或直接滑入河道，使河道淤积，抬高河床，影响河道的过流能力，对工程区及其下游地区的防洪和当地群众的生命、财产及生存环境构成严重威胁。因此，水电工程弃渣必须合理堆放，并采取适当的工程措施对弃渣场进行有效的防护。

随着我国大型水电工程持续建设，工程开挖弃渣量、渣场堆渣容量、渣场堆渣边坡高度均达到世界级规模和水平，工程弃渣及渣场规模较以往水电工程有较大幅度的提高，有的工程弃渣量甚至超过8000万m^3，单座弃渣场容量已达4000万m^3以上，堆渣高度超300m。渣料来源多样、物理力学性能悬殊、地形地质条件复杂、布置受限，渣场环境容量问题和安全稳定问题异常突出。

渣场设计和堆（土）石坝设计有相似的地方，也有不同的地方。渣场堆渣体的物理力学指标变化很大，地基（基础）处理不能按照土石坝设计的要求进行，否则造价太高，工期也不能保障。因此如何设计合适的堆渣体剖面并确保渣场的安全，是设计、施工和建设者非常关心的问题，也是工程安全的重要课题。

渣场设计涉及的范围较广，包括了挡排、防护、沟水处理、泥石流防治等，其设计成果对水电工程的施工布置、场地选择、工程征地、物流组织、施工道路设计影响较大。目前的规划主要适用于布置在沿河、沿江滩地和大中型冲沟内的渣场，对其设计没有专门的导则加以规范，参照的设计标准也不尽相同。加之不同单位对渣场规划和设计的重视程度不同，个别渣场甚至出现了工程事故。

2018年以前，与《水电工程施工组织设计规范》（DL/T 5397—2007）配套使用的设计导则中，没有专门的渣场设计标准。本书研究项目通过归纳和总结设计、施工和运行的成果，根据国内最新的技术成果，开展了水电工程大型渣场及渣料绿色处置的各项研究，进而编制完成了《水电工程渣场设计规范》（NB/T 35111—2018）。

1.2　国内研究现状

1.2.1　渣场洪水设计标准

2015年以前，针对渣场提出洪水设计标准的规范有《水电工程施工组织设计规范》（DL/T 5397—2007）、《水电建设项目水土保持方案技术规范》（DL/T 5419—2009）、《水土保持工程设计规范》（GB 51018—2014），提出可供参考标准的规范有《尾矿设施设计规范》（GB 50863—2013）。

《水电工程施工组织设计规范》（DL/T 5397—2007）将渣场分为施工期临时渣场、库区死水位以下渣场、工程永久性弃渣场三类，分别提出各类渣场洪水设计标准。其中，施工期临时渣场、库区死水位以下渣场洪水设计标准在5～20年重现期内选用，工程永久性弃渣场洪水设计标准在20～50年重现期内选用。

《水电建设项目水土保持方案技术规范》（DL/T 5419—2009）按渣场规模、渣场位置、渣场失事环境风险程度、渣场失事对主体工程施工和运行影响程度四个因素将渣场划分为特大型、大型、中型、小型共四类，与渣场类型相应的渣场洪水设计标准为P①=10%～20%、P=5%～10%、P=2%～5%、P=1%～2%。渣场规模以300万m^3、100万m^3、10万m^3为区间界限值。

《水土保持工程设计规范》（GB 51018—2014）按渣场堆渣规模、堆渣高度及渣场失事对周围环境造成的危害程度将渣场划分为1级、2级、3级、4级、5级。与渣场级别相应的洪水设计标准（洪水重现期）为10年以内、10～20年、20～30年、30～50年、50～100年。渣场规模以1000万m^3、500万m^3、100万m^3、50万m^3为区间界限值。

《尾矿设施设计规范》（GB 50863—2013）根据尾矿库的库容、堆渣高度将尾矿库定为Ⅰ、Ⅱ、Ⅲ、Ⅳ、Ⅴ等，相应的洪水设计标准（洪水重现期）为1000～5000年、500～1000年、200～500年、100～200年、100年以内。库容以50000万m^3、10000万m^3、1000万m^3、100万m^3为区间界限值。

从上述规范来看，除《尾矿设施设计规范》（GB 50863—2013）规定的尾矿库洪水设计标准较高外，其他规范规定的渣场洪水设计标准均在10～100年重现期内选用，但选用标准的依据不尽相同（任金明等，2016b）。

在水电工程渣场设计中，渣场洪水设计标准主要参考《水电工程施工组织设计规范》（DL/T 5397—2007）和《水电建设项目水土保持方案技术规范》（DL/T 5419—2009）。由于上述规范渣场洪水设计标准选用的原则不一致，导致各设计单位、设计部门对在渣场洪水设计标准的选取上存在较大的分歧与差异，水电工程渣场洪水设计标准统计资料见表1.1和表1.2。

① P为频率，$P=1/N$，其中，N为重现期，如P=10%表示10年一遇。

表 1.1 已建、在建工程渣场洪水设计标准统计表

工程名称	渣场名称	堆渣量/万 m^3	堆渣边坡高度/m	沟道流域面积/km^2	沟水处理设计		排水方案	坡面防护设计		渣场类型
					洪水设计标准：P	流量/(m^3/s)		设计标准：P	防护型式	
白鹤滩水电站	矮子沟渣场	4100	180	65.9	5%、2%、1%	245、292、328	排水洞、排水渠			库面型
	海子沟渣场	4600	180	103.6	5%、2%	396、474	排水洞、非常规排泄通道	5%	坡脚钢筋石笼，坡面双绞钢丝笼	库面型
	荒田弃渣场	120	100	7.6	1%	79.4	排水渠	2%	坡脚混凝土，坡面浆砌石框格梁	临河型
溪洛渡水电站	溪洛渡沟渣场	686	—	187.7	5%（设计）、2%（校核）	497、630	排水洞	5%	坡脚浆砌石挡墙，坡面浆砌石框格梁	临河型
	豆沙溪沟渣场	1720	—	181.7	10%（设计）、3.33%（校核）	662、810	排水洞	5%	坡脚浆砌石挡墙，坡面大块石平整	库中型
锦屏二级水电站	海腊沟弃渣场	500	140	66.5	2%（设计）、1%（校核）	192、219	排水洞	—	—	—
	模萨沟弃渣场	—	180	—	—	—	排水洞	—	—	—
苗尾水电站	丹坞堑弃渣场	1200	—	13.7	—	—	—	—	—	—
沙坪二级水电站	火烧营弃渣场	200	100	1.2	3.33%	22.6	—	—	—	坡面堆渣
	干河沟弃渣场	70	65	11.5	3.33%	169.97	—	—	—	坡面堆渣

表 1.2 水电工程渣场洪水设计标准一览表

工程名称	渣场名称	堆渣量/万 m^3	堆渣边坡高度/m	沟道流域面积/km^2	沟水处理设计			泥石流防护设计		渣场坡面防护	渣场类型
					洪水设计标准：P	流量/(m^3/s)	排水方案	设计标准：P	防护方案	防护型式	
杨房沟水电站	上铺子沟弃渣场	1100	200	32.61	2%	—	—	—	—	—	沟道堆渣
	中铺子弃渣场	550	50	—	—	—	—	—	—	—	坡面堆渣
锦屏一级水电站	印把子沟渣场	2600	350	25.6	2%、20%	99、56	排水洞、沟底临时暗涵	1%	拦挡防护：三道多孔坝和一道梳齿坝、排水洞设高低位进水口	坡脚土工格栅挡墙，坡面浆砌石框格梁	沟道型
锦屏一级水电站	三滩沟渣场	1604	190	80.0	20%	96.1	透水坝	—	—	坡脚钢筋石笼，坡面干砌石	库底型
	道班沟弃渣场	178	182	20.4	2%	81.4	排水洞	3.33%	拦挡防护：梳齿坝和拦挡坝各一座，高低排水洞	坡脚浆砌石拦挡坝，坡面浆砌石	沟道型
长河坝水电站	响水沟渣场	710	180	—	2%	71	排水洞	3.33%	排导洞	坡脚浆砌石挡墙，坡面浆砌石	库面型
	磨子沟渣场	950	200	—	2%	113	排水洞	3.33%	沟边排导槽	坡脚浆砌石挡墙，坡面浆砌石框格梁	沟道型
两河口水电站	瓦支沟弃渣场	2900	180	—	5%	83.2	排水洞	3.33%	拦挡防护：两道多孔坝和一道拦挡坝；高低排水洞	坡脚浆砌石挡墙，坡面干砌石护坡	库底型
	左下沟弃渣场	400	160	—	2%	32.4	排水洞、临时暗涵	—	—	坡脚浆砌石挡墙，坡面干砌石护坡	沟道型
深溪沟水电站	深溪沟弃渣场	737	100	65.8	1%	283	排水洞	—	—	坡脚浆砌石挡墙，坡面混凝土框格梁	沟道型
猴子岩水电站	色古沟弃渣场	1854	240	31.71	2%	56.8	排水洞	3.33%	拦挡防护：两道多孔坝；高低排水洞	坡脚浆砌石挡墙，坡面干砌石护坡	库面型
桐子林水电站	头道河弃渣场	750	60	—	5%	235	排水洞	—	—	坡脚浆砌石挡墙，坡面浆砌石框格梁	沟道型
官地水电站	黑水沟弃渣场	840	180	—	3.33%	423	排水洞	1%	渣顶排导槽	坡脚钢筋石笼，坡面干砌石	库面型
双江口水电站	英戈洛弃渣场	2525	170	—	5%	—	—	—	—	坡脚混凝土挡墙，坡面浆砌石护坡	库面型

续表

工程名称	渣场名称	堆渣量/万 m^3	堆渣边坡高度/m	沟道流域面积/km^2	沟水处理设计			泥石流防护设计		渣场坡面防护	渣场类型
					洪水设计标准：P	流量/(m^3/s)	排水方案	设计标准：P	防护方案	防护型式	
龙滩水电站	雷公滩	525	120	—	—	—	—	—	—	坡脚大块石垛（排水棱体）	库内死水位以下坡面堆渣
	姚里沟	1030	110	主沟：11.85，支沟：2.33	5%	54.7	沟底拱涵	—	—	坡脚公路平台，坡面干砌石	沟道型
	纳付堡	946	125	—	5%	35.5	施工期沟底盖板涵洞，永久明渠	—	—	坡脚大块石排水棱体，坡面干砌石	沟道型、库面型
	那边沟	132	95	4.38	5%	21.5	沟底拱涵	—	—	坡脚公路平台，坡面干砌石	沟道型
	龙滩沟	522	110	5.83	5%	28.3	沟底拱洞	—	—	坡脚公路平台，坡面干砌石	沟道型
向家坝	莲花池	1270	85	3.21	5%	34.1	排水隧洞接沟底拱涵	—	—	坡脚浆砌石挡墙，坡面干砌石	沟道型
	新田湾	1670	115	1.494	5%	20.6	沟底拱涵	—	—	坡脚浆砌石挡墙，坡面干砌石	沟道型
	新滩坝	2340	65	—	—	—	—	—	—	坡脚浆砌石挡墙，坡面浆砌石护坡度汛	库内滩地
三板溪水电站	南斗溪1#沟	70	80	1.76	10%	16.3	排水隧洞	—	—	坡脚公路平台，坡面干砌石	沟道堆渣
	南斗溪2#沟	290	80	3.92	10%	30.9	排水隧洞	—	—	坡脚公路平台，坡面干砌石	沟道堆渣
	八洋河	310	30	—	5%（设计）、0.5%（校核）	449.4、1007	排水隧洞	—	—	坡面干砌石	河流改道

从表1.1、表1.2中可以看出，相同堆渣规模的渣场，不同设计单位渣场洪水设计标准的选取各不相同；堆渣规模小的渣场洪水设计标准超过堆渣规模大的渣场。

1.2.2 渣场安全稳定标准

渣场安全稳定主要针对渣场边坡稳定性而言，目前渣场边坡稳定安全标准可参照的规范主要有《水电水利工程边坡设计规范》（DL/T 5353—2006）和《碾压式土石坝设计规范》（DL/T 5395—2007），由于没有专门的规范规定，各设计单位对参照的规范也不尽相同①。

1.2.3 渣体物理力学指标

目前，渣体物理力学指标按经验取值，渣体抗剪强度参数不计黏聚力，只考虑渣体内摩擦角。渣场堆渣体由各工作面开挖渣料组成，渣体均一性较差，由于缺少试验资料，按设计经验取值存在一定的偏差。目前对该问题也逐渐重视起来，部分设计单位开始进行各种岩性渣料抗剪强度参数试验，为渣场堆渣设计提供依据。《水利水电工程水土保持技术规范》（SL 575—2012）提出了弃渣堆置自然安息角，具体见表1.3。

表1.3 弃渣堆置自然安息角

弃渣类别			自然安息角/(°)	边坡坡比
岩石	硬质岩	花岗岩	35~40	1∶1.43~1∶1.19
		玄武岩	35~40	1∶1.43~1∶1.19
		致密灰岩	32~36	1∶1.60~1∶1.38
	软质岩石	页岩	29~43	1∶1.81~1∶1.07
		砂岩（块石、碎石、角砾）	26~40	1∶2.05~1∶1.07
		砂岩（砾石、碎石）	27~39	1∶1.96~1∶1.24
土	碎石土	砂质片岩	25~42	1∶2.15~1∶1.11
		片岩	36~43	1∶1.38~1∶1.07
		砾石土	27~37	1∶1.96~1∶1.33
	黏土	松散的、软的黏土及砂质黏土	20~40	1∶1.96~1∶1.33
		中等紧密的黏土及砂质黏土	25~40	1∶2.15~1∶1.19
		紧密的黏土及砂质黏土	25~45	1∶2.15~1∶1.00
		特别紧密的黏土及砂质黏土	25~45	1∶2.15~1∶1.00
		亚黏土	25~50	1∶2.15~1∶0.84
		肥黏土	15~50	1∶3.73~1∶0.84

① 中国电建集团华东勘测设计研究院有限公司，2016，水电工程大型弃渣场设计标准研究成果报告。

续表

弃渣类别			自然安息角/(°)	边坡坡比
土	砂土	细砂加泥	20～40	1∶2.75～1∶1.19
		松散细砂	22～37	1∶2.48～1∶1.33
		紧密细砂	25～45	1∶2.15～1∶1.00
		松散中砂	25～37	1∶2.15～1∶1.33
		紧密中砂	27～45	1∶1.96～1∶1.00
		种植土	25～40	1∶2.15～1∶1.19
		密实的种植土	30～45	1∶1.73～1∶1.00

从表1.3可以看出，渣体自然安息角范围太大，在选用过程中缺乏指导性。

1.3　研究内容与技术路线

1.3.1　研究内容

1. 土石方平衡与弃渣规划

土石方平衡与弃渣规划是水电站施工中关系全局的核心问题，牵涉施工设备配置、道路布置、场地征用、施工进度协调等诸多方面，直接影响工程建设进度、投资、质量三大目标的实现。根据施工进度安排，利用工程弃渣填筑冲沟平整施工场地。弃渣调度和开挖弃渣进度直接关系到施工场地的形成时间，解决好该问题具有显著的经济、技术价值。

2. 渣场选址和布置

渣场选址和布置是水电工程设计的重要内容之一。《水电工程预可行性研究报告编制规程》（NB/T 10337—2019）中明确要求将此作为一个重要内容进行技术经济论证，是招标设计、施工图设计的重要内容。弃渣场设计要满足安全可靠、经济合理、符合实际的要求。

3. 渣场级别及设计标准

目前，渣场设计暂无统一洪水标准，一般由渣场性质（永久与临时）确定。但对于大型弃渣场，其虽为施工期临时渣场，但使用时间较长，仍按临时标准执行不符合工程实际。同时，未将渣场堆渣容量与标准相联系，有必要根据渣场实际情况进行防洪设计标准研究。渣场洪水设计标准应综合考虑各种影响因素，如渣场规模、使用时间、渣场类型、地形条件、周围环境，以及失事可能性、失事危害程度等，据此确定渣场排水及防护设计标准。

4. 渣场安全稳定

1）材料参数研究

堆置于渣场中的渣体来源于枢纽建筑物各个开挖部位，由于同时段开挖部位多，土料、石料一般混合堆放，渣体均一性差，渣体级配很难确定，堆渣体物理力学指标变化很大，通过不同物理力学参数对堆渣体安全稳定做敏感性分析，在总结参数和结合安全性分析结果的基础之上，提出弃渣场材料所必须达到的孔隙比等密实状态，确定是否需要少量碾压及相应的碾压参数；根据各区拟定的材料参数，对堆渣体边坡进行稳定、应力变形分析，确定弃渣场所能达到的极限坡比及可以达到的极限高度，为设计提供参考；对需要采用土工加筋材料堆渣的部位，研究其与堆渣料的相互作用机理，制定加筋措施。

2）暴雨工况下渣体浸润线研究

渣场边坡稳定与浸润线密切相关。渣场堆渣完成后，渣体形成的集雨面积较大，大量的降雨下渗到渣体引起渣体浸润线抬升。由于暴雨工况一般历时较短，该工况下涉及渣体不稳定渗流，通过各种计算假定，将不稳定渗流问题转换为较易解决的稳定渗流问题，通过降雨强度与浸润线做敏感性分析，找出不同降雨强度下浸润线的分布情况。由于渣体均一性差，渣体渗透系数变化较大，通过研究不同渣体渗透性与浸润线的敏感性，找出渗透系数与浸润线之间的相互关系，指导堆渣规划。

3）挡水坝基础防渗措施研究

水电工程大多为施工期临时性渣场，对涉及沟水处理工程的渣场而言，需布置挡水坝。挡水坝一般沿沟道布置，基础覆盖层较深，若考虑基础采取完善的防渗体系，往往会造成施工进度较慢、工程造价高及不能尽早提供堆渣场地条件等，需研究简化挡水坝防渗措施。通过挡水坝渗透稳定分析，研究挡水坝防渗措施。

5. 渣场挡护设施

渣场挡护设计应根据渣场稳定分析成果及运行防护要求，对渣场采取坡脚支挡和坡面防护等措施。渣场挡护设施应满足自身稳定及防洪标准要求，并应满足耐久性要求。

为保证渣场稳定，防止水土流失，确保渣体坡脚、坡面不受水流冲刷影响，需在渣场坡脚、坡面设置挡护设施。渣场挡护设施主要包括渣场坡脚支挡结构、坡面防护等建筑物。

6. 渣场沟水处理及泥石流防治

为满足工程弃渣需求，大型渣场一般利用较大规模沟道堆渣，由于受植被破坏的影响，沟道两侧岸坡松散物源分布较广，在强降雨条件下易引发沟道泥石流，一般雨季，沟道推移质也较多。因此，对渣场防洪而言，需综合考虑水流排泄及泥石流防治。通过收集已有工程渣场排水设施的运行情况，总结渣场排导设施运行经验，提出利用沟道弃渣的渣场排水及泥石流防治措施，确保渣体的安全稳定。

对沟水处理建筑物而言，各建筑物重要性不完全一致，在满足规范要求下，允许不同建筑物运用不同设计标准。沟水处理工程设计流量与沟内常遇流量相差较大，常遇流量不稳定，需研究各级流量下沟水处理工程消能防冲措施。对于汛期具有泥石流物源的沟道，需采取措施尽量减少泥石流物质进入排水通道造成淤堵。

7. 渣场生态修复与监测措施

对于永久性弃渣场，涉及后期运行、维护及利用的问题。若考虑利用堆渣造地或归还地方的渣场，需对其永久运行的安全稳定进行研究，同时也应做好后期绿化等工作。

8. 渣料绿色处置与规模化利用

充分合理地利用建筑物开挖渣料，对保护生态环境和降低工程造价具有重要的意义，凡具备利用建筑物开挖渣料条件的工程，在施工总体规划和料源规划时，应将其作为一个重要的料源加以研究。开挖出的土石方除部分用于筑坝、回填、砌筑工程外，优质石料一般用于混凝土骨料加工。

1.3.2 技术路线

1. 调研与统计

（1）针对水电工程渣场洪水设计标准问题，调研、统计如溪洛渡、白鹤滩、向家坝、苗尾、锦屏一级、锦屏二级等目前已建和在建的大型水电工程渣场实际设计中挡水建筑物、排水建筑物所采用的洪水标准，确保安全、经济的设计洪水标准。

（2）由于渣场排水方案的选择灵活多变，调研已建和在建工程不同型式排水方案的利弊，根据渣场位置、规模、地形地质条件、周围环境，指导较为有利的排水型式选定原则。

（3）调研已建和在建工程渣场泥石流防治、水土保持措施。

2. 弃渣区及汇水流域暴雨、洪水研究

结合白鹤滩工程，收集邻近水文站暴雨及典型降水过程（多日、逐时）资料；工程场区实测有关历时暴雨的观测资料，收集工程场区邻近流域的水文站实测洪水资料；分析工程场区及邻近流域暴雨特性，计算渣场工程场区及汇水区域的设计暴雨；分析堆渣区及其汇水区域产汇流特性，计算设计断面标准洪水流量过程及相应最高水位；根据地质等有关专业推算和防治泥石流的需要，配合分析计算渣场区其他水文要素。

3. 堆渣体物理力学参数敏感性分析

堆渣体物理力学指标参数与渣场边坡稳定密切相关。堆置于渣场中的渣体来源于枢纽建筑物各个开挖部位，由于同时段开挖部位较多，在渣场中混合堆放，很难确定堆渣体参数。通过参数敏感性分析，找出材料参数与渣体边坡稳定的关系，作为渣体参数选择、稳定分析的依据。

4. 降雨强度、材料渗透性与渣场边坡稳定性、敏感性分析

通过假定，将暴雨工况下非稳定渗流转换为稳定渗流进行渣体渗流计算，分析降雨强度、材料渗透性与浸润线之间的关系，提出保持渣场边坡稳定的降雨强度、渣料渗透性的临界值。

5. 挡水坝坝坡渗透稳定分析

渣体一般位于沟道内，沟水处理设计中渣场前沿挡水坝在基础覆盖层较深情况下，若采取完善的防渗措施，施工工期较长、造价高。对于临时性渣场，需考虑不采取防渗措施情况下挡水坝与渣体渗流稳定分析，计算渗透坡降、渗流量、浸润线，根据计算成果，研究保证渣体稳定的简易措施。

研究技术线路见图1.1。

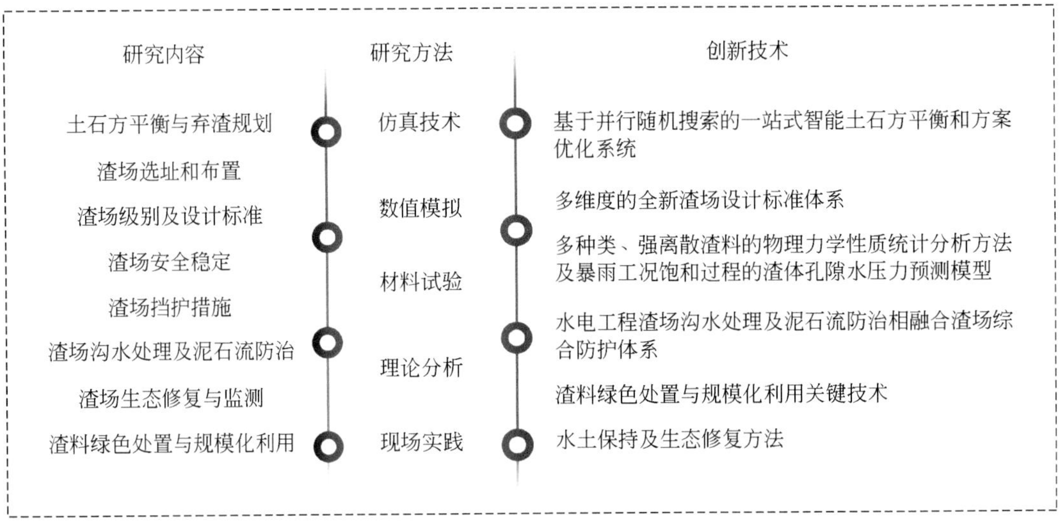

研究内容	研究方法	创新技术
土石方平衡与弃渣规划	仿真技术	基于并行随机搜索的一站式智能土石方平衡和方案优化系统
渣场选址和布置	数值模拟	多维度的全新渣场设计标准体系
渣场级别及设计标准	材料试验	多种类、强离散渣料的物理力学性质统计分析方法及暴雨工况饱和过程的渣体孔隙水压力预测模型
渣场安全稳定	理论分析	水电工程渣场沟水处理及泥石流防治相融合渣场综合防护体系
渣场挡护措施	现场实践	渣料绿色处置与规模化利用关键技术
渣场沟水处理及泥石流防治		水土保持及生态修复方法
渣场生态修复与监测		
渣料绿色处置与规模化利用		

图1.1　研究技术路线图

第2章 土石方平衡及弃渣规划

2.1 概 述

渣场分为可用料临时堆存的存渣场和废弃料永久堆存的渣场，渣场选址及各渣场堆存量测定应结合土石方平衡进行，并应遵循以下原则：

（1）应满足环境保护、水土保持要求和当地城乡建设规划要求。

（2）存渣场应便于渣料回采，尽量避免或减少反向运输。

（3）渣场宜靠近开挖作业区的山沟、山坡、荒地、河滩等地段，不占或少占耕（林）地，地基承载力满足堆渣要求。

（4）渣场应布置在无天然滑坡、泥石流、岩溶、涌水等地质灾害地区。

（5）有条件时渣场可选在水库死库容以下，但不得妨碍永久建筑物的正常运行。

（6）利用下游河滩地作堆渣场时，不得影响河道正常行洪、航运和抬高下游水位，防洪标准内渣料不被水流冲蚀，避免引起水土流失。

（7）渣场位置应与场内交通、渣料来源相适应。

渣场规划应遵循以下原则：

（1）存渣与废渣应分开堆存，不得混堆，堆渣场容积应略大于堆弃料的堆存量。

（2）按堆存物料的性状确定分层堆置的台阶高度和稳定边坡，保持堆存料的形体稳定，必要时提前做好堆场基底平整清理。

（3）渣场周边应设置导、排水与挡（截）水设施。

2.2 基本思路

2.2.1 土石方平衡及弃渣规划原则

1. *土石方平衡原则*

土石方平衡应遵循以下原则：

（1）应按建筑物开挖渣料的岩性种类、各部位开挖量以及可用作填筑料质量，分析计算工程开挖利用量和弃渣量。

（2）根据工程开挖区的地形地质条件、开挖料的质量特性和工程建筑材料的技术要求，填筑料和混凝土骨料料源宜尽量利用建筑物开挖料。

（3）分析工程施工进度计划，开挖料宜直接用于填筑，减少周转渣料数量。

（4）应根据主体工程开挖、填筑、浇筑进度计划和各种物料使用部位、物料流向进行土石方平衡计算，确定直接利用量、转存量和弃渣量，规划布置转存场和渣场，使填筑料和弃渣料运输顺畅、运距短。

（5）根据各种开挖料的性状，合理确定弃渣松散系数和填筑料压实系数，以及工程总弃渣量和利用料量。

（6）根据开挖利用料来源和施工特点，合理计入施工作业损耗。

（7）大型水电工程宜进行土石方调运仿真分析。

2. 弃渣规划原则

渣场堆存布置规划应符合下列规定：

（1）转存料与弃渣应分开堆存，不得混堆，渣场容积应大于转存料、弃渣的数量。扩大系数宜取 1.05 ~1.10。

（2）分层堆置的台阶高度、马道宽度和稳定坡比应按堆存物料的性状、场地地形地质条件确定。必要时宜进行渣体边坡稳定计算，并应做好渣场基底处理。

（3）渣场周边应设置导水、排水与挡（截）水设施，渣场基础与堆渣边坡应设支挡与护坡等防护保护措施，保持边坡抗滑、防冲刷稳定。

（4）渣料用于施工场地平整时，应符合场地平整对渣料的有关规定。

2.2.2 弃渣的综合利用原则

1. 主体枢纽工程间的弃渣利用

水电工程主体枢纽建筑物一般包括拦河坝、溢洪道、发电引水系统及发电厂房等。由于各建筑物的土石方开挖量、利用量及利用成分不同，若不在分析各种效益的基础上加以全盘统一考虑，往往会新增许多弃渣。在可行性研究阶段，可以根据主体枢纽工程分布相对集中的有利条件，尽量在主体工程间互相利用弃渣。例如，在堆石坝建设过程中，除大坝本身开挖的土石方部分加以利用外，还需大量的石方，这时就可以考虑就近利用溢洪道或引水隧洞进口处的石方弃渣，既可有效地解决弃渣的出路，又可减少拦河坝填筑料的开采量，避免产生新的水土流失。

2. 与其他有关规划相结合的弃渣利用

随着社会经济的发展，土地资源紧张的矛盾日益突出。近几年，各地纷纷制定流域整治规划、荒地开垦规划、小城镇建设规划等，以扩大耕地和城镇建设用地面积。由于山区内荒地平整所需的土石方量较大，但受山区地理条件制约，填筑尤其是土料来源往往较缺乏；同时，由于山区部分水电项目的建设会使部分淹没区内的原居民搬迁，在移民的安置过程中，亦需大量的土石方。故在弃渣过程中，可充分结合相关规划，综合利用弃渣，变废为宝。

2.2.3 渣场场址的确定

可用于建造渣场的场址大体可分为山谷、冲沟和河漫滩三类，各类场址各有其优缺点，如表 2. 1 所示。水电工程可按各自所处地形、弃渣量大小、施工条件及经济性等因素确定弃渣堆置场地。

表 2. 1　各类渣场场址优缺点比较

场址	优点	缺点
山谷	修筑谷口拦渣坝等工程后，可建成容量大、拦渣效果好的渣场	建设条件较好的场址往往不易选择，征地费用相对较高
冲沟	场址较易选择	容量偏小，工程投资大，一般不适于建造容量较大的渣场
河漫滩	地形平坦，弃渣方便，可节约运输费用	需结合防洪等条件采取有效的防护措施

2. 3　土石方平衡方法

2. 3. 1　概述

土石方平衡表编制基本规定：

（1）不同设计阶段，土石方平衡设计深度不尽相同。规划阶段采用文字说明工程总开挖量、利用量、弃渣量即可，工程开挖料的利用量按一定比例选用，不进行土石方平衡表格设计；预可研阶段需提供土石方平衡简表，说明工程总开挖量、利用量、弃渣量，开挖料的利用量根据基本地质条件初估；可研阶段应结合工程施工进度计划进行土石方平衡设计，说明工程总开挖量、利用量（直接利用量、间接利用量）、弃渣量，土石方平衡表格需根据工程开挖部位设计，本阶段应结合详细的地质资料分析工程开挖料的利用量，利用量的计算需考虑施工过程中的损耗。

（2）工程土石方平衡计算主要针对枢纽建筑物土石方开挖调配规划，工程枢纽布置区范围外的土料场、石料场相对独立，土石方平衡计算过程中可不考虑该料场剥离弃渣量。土料场、石料场的剥离弃渣量可在表后以注解的形式予以说明，渣场容量确定时需考虑土料场、石料场的剥离弃渣量。

（3）围堰的填筑与拆除视情况确定是否纳入土石方平衡计算表内，若不纳入应在表后以注解的形式予以说明。

（4）工程土石方、混凝土工程量单位均以万立方米计，精确到小数点后一位即可。

2. 3. 2　设计流程及提交成果

土石方平衡设计流程图见图 2. 1。本设计流程图（图 2. 1）主要针对可研阶段土石方平衡计算。规划阶段、预可研阶段上述设计流程根据工程具体情况简化。土石方平衡计算提交的主要成果见表 2. 2。

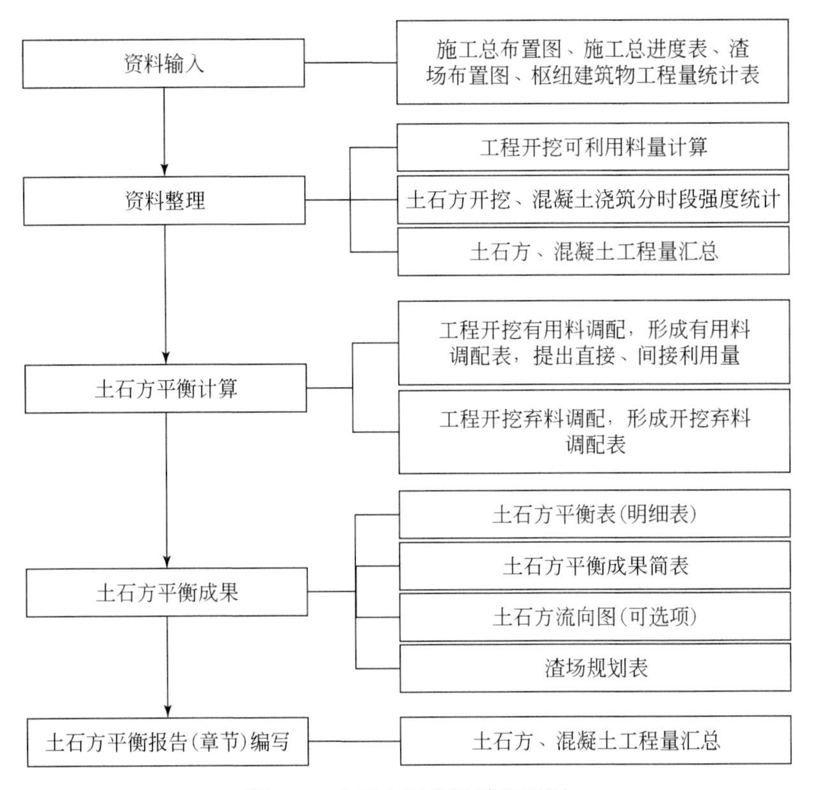

图 2.1　土石方平衡设计流程图

表 2.2　土石方平衡成果一览表

设计阶段	规划	预可研	可研
提交成果	用文字说明工程总开挖量、利用量、弃渣量	土石方平衡简表	1. 土石方平衡明细表； 2. 渣场规划表； 3. 土石方平衡简表（可选项）； 4. 土石方流向图（可选项）； 5. 渣场堆渣过程曲线（可选项）

2.3.3　设计资料输入及整理

1. 设计资料

土石方平衡计算所需基本资料主要包括枢纽布置图、导流布置图、施工总布置图、施工总进度表；料源选择专题报告；水工枢纽建筑物工程量、施工临时建筑物工程量。

施工临时建筑物主要包括导流工程、边坡工程、交通工程及场平工程等，规划阶段及预可研阶段可只考虑导流工程，可研阶段可根据工程具体情况确定施工临时建筑物的项目组成。

2. 资料输入

（1）天然建筑材料分布图、地质可用料数量；

（2）枢纽布置图、枢纽工程工程量；

（3）导流布置图、施工总布置图、施工总进度表、施工临时建筑物工程。

3. 资料整理

主要对土石方、混凝土工程量进行汇总，形成土石方、混凝土汇总工程量表；结合施工进度分析土石方、混凝土分月强度，形成土石方开挖、填筑、混凝土浇筑分月强度表。

根据枢纽建筑物布置型式，土石方及混凝土工程量表分别按混凝土坝型及土石坝进行汇总。土石方项目根据枢纽建筑物布置特点进行划分，项目尽量列全，不要漏项。工程开挖量按土方开挖、石方明挖（含槽挖）、石方洞挖（含井挖）分列；混凝土量宜按施工项目分列，为各强度等级混凝土、喷混凝土总量之和。

对于堆石坝工程，填筑料种类较多，如主堆石、次堆石、垫层料、反滤料、过渡料、黏土料等，不同种类对开挖料质量要求不同，需对填筑料按质量要求进行归类、合并，便于土石方平衡表格制作。

土石方开挖量、土石方填筑工程量及混凝土工程量表样式见表 2.3 ~ 表 2.5。

表 2.3　土石方开挖量表　（单位：万 m^3）

项目	部位	开挖量			
		土方开挖	石方明挖	石方洞挖	施工有用料
分项工程 1	分部工程 1				
	分部工程 2				
	……				
分项工程 2	分部工程 1				
	分部工程 2				
	……				
……	……				
分项工程 n	分部工程 1				
	分部工程 2				
	……				

注：预可研阶段项目划分可简化。

表 2.4　土石方填筑工程量表　（单位：万 m^3）

项目	部位	填筑量					
		主堆石填筑	次堆石填筑	过渡料填筑	石渣填筑	轧石填筑	土料填筑
分项工程 1	分部工程 1						
	分部工程 2						
	……						

续表

项目	部位	填筑量					
		主堆石填筑	次堆石填筑	过渡料填筑	石渣填筑	轧石填筑	土料填筑
分项工程 2	分部工程 1						
	分部工程 2						
	……						
……	……						
分项工程 n	分部工程 1						
	分部工程 2						
	……						

注：预可研阶段项目划分可简化。

表 2.5　混凝土工程量表　　（单位：万 m^3）

项目	部位	工程量		
		混凝土浇筑	喷混凝土	小计
分项工程 1	分部工程 1			
	分部工程 2			
	……			
分项工程 2	分部工程 1			
	分部工程 2			
	……			
……	……			
分项工程 n	分部工程 1			
	分部工程 2			
	……			

注：预可研阶段项目划分可简化。

2.3.4　土石方平衡计算

1. 相关参数

1）土石方转换系数

土石方平衡计算主要涉及自然方、松方、压实方（填筑方）等土石方的转换系数（折方系数），折方系数由相应密度计算得到，计算公式如下：

$$C_1=\rho_1/\rho_2 \tag{2.1}$$

$$C_2=\rho_1/\rho_3 \tag{2.2}$$

式中，C_1 为自然方与松方转换系数；C_2 为自然方与填筑方转换系数；ρ_1 为自然方石料（砂砾料、土料）的密度；ρ_2 为松方石料（砂砾料、土料）的密度；ρ_3 为填筑方石料（砂砾料、土料）的密度。

根据相关设计规范及工程实践经验，一般情况下按照表 2.6 经验值进行估算。

表 2.6　土石方转换系数表一

序号	项目	自然方	松方	填筑方	备注
1	石料	1	1.5	1.28	
2	砂砾料	1	1.2	0.95	
3	土料	1	1.25	0.85	

注：摘自《水电水利工程碾压式土石坝施工组织设计导则》(DL/T 5116—2000)。

相关施工规范及手册提出的土石方转换系数见表 2.7。

表 2.7　土石方转换系数表二

资料来源	项目	自然方	松方	压实方（填筑方）
《水电工程施工组织设计手册》	黏土	1	1.27	0.90
	壤土	1	1.25	0.90
	砂	1	1.12	0.85
	爆破块石	1	1.50	1.30
	固结砾石	1	1.42	1.29
《水利建筑工程概算定额》	土方	1	1.33	0.85
	石方	1	1.53	1.31
	砾方	1	1.07	0.94
	混合料	1	1.19	0.88
	块石	1	1.75	1.43

2）混凝土需用石方转换系数

混凝土需用石方量的转换系数：原则上按试验推荐的混凝土配比计算出每立方米混凝土的各级骨料用量（以吨计），乘以设计混凝土量，再乘以开采、运输、加工、储存等各环节的损耗补偿系数，即为设计需要量（以吨计），除岩石容重后即转成需用自然方石料量。计算公式如下：

$$V_d = V_c A K_s \tag{2.3}$$

式中，K_s 为考虑运输、堆存、加工、浇筑的总损耗补偿系数，与原料总类、采运加工工艺以及生产管理水平等因素有关，$K_s = K_3 K_4 K_5 K_6 K_7 K_8 K_9 \, [1 + r(K_1 K_2 - 1)]$，$r$ 为平均砂率，一般大体积混凝土取 0.25 ~ 0.30，地下工程取 0.3 ~ 0.35；V_d 为混凝土需用石方量，t；V_c 为混凝土量，m^3；A 为每 m^3 混凝土骨料的用量，根据试验得到，无试验资料时，一般取 2.15 ~ 2.2t/m^3。

砂石运输加工损耗补偿系数取值见表 2.8。

表 2.8 砂石运输加工损耗补偿系数表

项目		符号	人工骨料	天然骨料	
				设级配调整设施时	无级配调整设施时
制砂和洗砂	石粉或细砂流失	K_1	1.15 ~ 1.25	1.10 ~ 1.30	—
	储运	K_2	1.01 ~ 1.02	1.01 ~ 1.02	—
	小计	—	1.16 ~ 1.28	1.11 ~ 1.33	—
筛洗或中细碎	冲洗	K_3	1.02 ~ 1.03	1.03 ~ 1.05	1.05 ~ 1.15
	储运	K_4	1.01 ~ 1.02	1.01 ~ 1.02	1.01 ~ 1.02
	小计	—	1.03 ~ 1.05	1.04 ~ 1.07	1.06 ~ 1.17
粗碎或超径处理	预洗	K_5	1.02 ~ 1.05	1.02 ~ 1.05	1.02 ~ 1.05
	储运	K_6	1.01 ~ 1.02	1.01 ~ 1.02	1.01 ~ 1.02
	小计	—	1.01 ~ 1.07	1.01 ~ 1.07	1.02 ~ 1.07
级配不平衡		K_7	1.00	级配平衡计算确定	
成品骨料储运		K_8	1.00 ~ 1.03		
混凝土运输浇筑		K_9	1.01 ~ 1.02		
合计		K_s	1.13 ~ 1.30	(1.14 ~ 1.25) K_7	(1.10 ~ 1.27) K_7

一般情况下，可按照 1m^3 混凝土需 1.05 ~ 1.2m^3 自然方岩石进行估算，混凝土量大的工程取小值，反之取大值。

2. 土石方调配规划

土石方调配规划主要内容为各部位开挖有用料、弃渣料运至各渣场的流向指定及相应工程量。

以混凝土坝型为主要枢纽建筑物：

1）有用料调配规划

（1）调配原则。

有用料主要运至存料场临时堆存，用于加工混凝土粗细骨料，主要遵循以下调配原则：①按需调配：根据存料场、砂石加工系统与混凝土浇筑部位供料关系，明确存料场、砂石加工系统需供应料量，有用料的调配规划满足混凝土需用量的要求。②就近调配：根据存料场的设置，开挖有用料就近运至存料场，尽量减少运距，避免渣料倒运或过江运输。

（2）调配方法（流向系数法）。

设置开挖料流向系数的目的是简化土石方调配，便于土石方平衡表格修改。当边界条件发生变化时，通过修改流向系数对土石方平衡表进行修改，便于设计人、校核人快速从表中了解物料流向，减少因直接在土石方平衡表中修改工程量数据而造成的错误。流向系数在 0 ~ 1 范围内取值，0 表示该部位没有开挖料运至相应的渣场，1 表示该部位开挖弃渣全部运至相应的渣场。某一开挖部位开挖料至各渣场流向系数之和为 1。有用料流向系数表样式见表 2.9。

表2.9　有用料流向系数表

项目	部位	有用料流向系数				
		存料场1	存料场2	存料场3	……	存料场 n
分项工程1	分部工程1					
	分部工程2					
	……					
分项工程2	分部工程1					
	分部工程2					
	……					
……	……					
分项工程 n	分部工程1					
	分部工程2					
	……					

有用料流向系数（表2.9）与土石方开挖量（表2.3）相乘，可得到有用料运至各存料场的量。

(3）直接利用量计算。

直接利用量是指有用料开挖时段与混凝土浇筑时段一致时，有用料直接运至砂石加工系统加工的混凝土粗细骨料量。

根据有用料调配规划成果、土石方开挖及混凝土浇筑分月强度表、砂石加工生产系统与混凝土生产系统供应关系，形成有用料分月开挖量、混凝土分月浇筑量表，有用料开挖期间若无混凝土浇筑量，则该部分有用料运至存料场堆存；若有用料开挖时段与混凝土浇筑时段一致，当有用料量多余混凝土浇筑需求量时，该时段有用料除用于混凝土浇筑外，多余有用料运至存料场堆存，直接利用量为混凝土浇筑需求量。当有用料量少于混凝土浇筑需求量时，不足部分需从存料场回采或石料场开采，此种情况直接利用量为开挖有用料量。各时段直接利用量之和为工程总直接利用量。

2）弃料调配规划

工程开挖弃料根据渣场设置就近堆置，尽量避免跨江运输，减少跨江交通车流量。

为便于土石方开挖料调配及平衡表格修改调整，弃料设置流向系数进行调配，流向系数在0~1范围内取值，0表示该部位没有开挖料运至相应的渣场，1表示该部位开挖弃渣全部运至相应的渣场。某一开挖部位开挖料至各渣场流向系数之和为1。弃料流向系数表样式见表2.10。

表2.10　弃料流向系数表

项目	部位	弃渣料流向系数				
		渣场1	渣场2	渣场3	…	渣场 n
分项工程1	分部工程1					
	分部工程2					
	……					

续表

项目	部位	弃渣料流向系数				
		渣场 1	渣场 2	渣场 3	…	渣场 n
分项工程 2	分部工程 1					
	分部工程 2					
	……					
……	……					
分项工程 n	分部工程 1					
	分部工程 2					
	……					

以土石坝坝型为主要枢纽建筑物，土石坝坝型一般以土石方开挖与填筑为主，混凝土工程量相对较小。土石方平衡表按供需关系设计，列为土石方开挖项目、土石方填筑项目及目标渣场。

（1）土石方开挖与填筑项目的划分。

根据枢纽建筑物布置，开挖项目按施工部位进行细分。对于填筑部位，根据坝体不同部位填筑料的质量要求，将坝体填筑料分列为主堆石与过渡料、垫层料与反滤料，次堆石与砌石、库底回填四项，根据对开挖料的质量要求，可将垫层料、反滤料和级配碎石料等需要加工的料合并为一项。其中主堆石与过渡料根据填筑方量折算为自然方，过渡料、垫层料考虑开采、运输、加工等条件折算为自然方。

（2）开挖料调配。

开挖料按有用料与弃渣料分别调配，弃渣料根据渣场布置进行调配。有用料根据填筑部位需要量进行调配。当开挖有用料量少于填筑需要量时，需从料场开采进行补充，需补充量根据土石方调配成果计算得到；当开挖有用料多于填筑需求量时，无需从石料场开采料补充。

为表达清楚，便于理解，在进行土石方平衡调配之前，将填筑料、加工料方及混凝土需用石方量均转换为自然方料，自然方转换表见表 2. 11，以此表自然方工程量为基础进行土石方平衡计算。

表 2. 11　各类用料自然方转换表（参考样例）

用料项目名称	工程量/万 m^3	折方系数	自然方=工程量/折方系数	石料要求
上库主堆石	300	1. 23	243. 9	明挖石料，新鲜至弱风化岩石，小于 80cm 粒径
上库次堆石	200	1. 23	162. 6	明挖石料，新鲜至全、强风化岩石，小于 80cm 粒径
上库过渡料	30	1. 23	24. 4	洞挖或明挖石料，小于 30cm 粒径
上库轧石料	10	1. 00	10. 0	轧制石料，小于 8cm 粒径，不含砂
下库主堆石	200	1. 23	162. 6	明挖石料，新鲜至弱风化岩石，小于 80cm 粒径

续表

用料项目名称	工程量/万 m^3	折方系数	自然方=工程量/折方系数	石料要求
下库次堆石	120	1.23	97.6	明挖石料，新鲜至全、强风化岩石，小于80cm粒径
下库过渡料	20	1.23	16.3	洞挖或明挖石料，小于30cm粒径
下库轧石料	5	1.00	5.0	轧制石料，小于8cm粒径，不含砂
粉土料填筑	3	0.85	3.5	—
混凝土	45	0.85	52.9	轧制石料，小于15cm粒径

2.3.5　土石方平衡成果示例

1. 土石方平衡表

根据开挖工程量表及土石方开挖流向系数表，相应单元格相乘后生成土石方平衡表，土石方平衡表为土石方平衡计算成果常见的表现形式，常见的表格标准样式见表2.12、表2.13。

存料场、渣场堆渣量均为松方。根据土石方平衡成果，得到各渣场、存料场堆渣量。渣场堆渣量与渣场容量进行比较，若实际堆渣量超过渣场容量，则需重新调整渣场流向系数，使渣场堆渣量小于渣场容量。存料场各渣量应满足如下关系：混凝土需求石方量<实际堆存量<中转料场容量。当工程开挖有用料少于工程混凝土需求石方量时，需从石料场开采补充。

2. 土石方平衡成果简表

设计简表目的便于了解工程开挖料的总体流向，简表在土石方平衡成果细表基础上生成。土石方平衡成果简表样式见表2.14。

简表中分区的划分根据工程特性而定，如可根据位置特性按左、右岸划分；亦可根据枢纽建筑物布置划分，按大坝开挖、引水系统、地下厂房系统、导流建筑物进行划分；抽水蓄能电站可按上、下库划分。

3. 渣场堆渣规划

1）渣场堆渣规划表

根据土石方平衡进行渣场规划，常见渣场堆渣特性表样式见表2.15。

2）渣场堆渣过程曲线图

对渣场堆渣量大且堆渣过程较为复杂的渣场通过设置堆渣过程曲线，便于了解堆渣过程，规模较小或土石方调配较简单的工程不需提供渣场堆渣过程线。

根据土石方平衡计算成果生成堆渣过程曲线图，如白鹤滩水电站工程荒田存料场，其堆渣过程曲线见图2.2。

表 2.12　土石方平衡表标准样式一（混凝土坝型主枢纽建筑物）

（单位：万 m^3）

项目	部位	开挖量			有用料利用量	存料场（自然方）				弃渣量（松方）				合计	
		土方开挖	石方明挖	石方洞挖		存料场 1	存料场 2	……	存料场 n	渣场 1	渣场 2	……	渣场 n	自然方	松方
编号		①			②=②$_1$+②$_2$+…+②$_n$	②$_1$	②$_2$	……	②$_n$					③=①-②	
分项工程 1	分部工程 1														
	分部工程 2														
	……														
分项工程 2	分部工程 1														
	分部工程 2														
	……														
……	……														
分项工程 n	分部工程 1														
	分部工程 2														
	……														
合计															
料场开采量															

表 2.13　土石方平衡表标准样式二（土石坝坝型主枢纽建筑物）

（单位：万 m^3）

分区	项目	料源类别	开挖量（①=②+③）	利用量（②）							弃渣量（③）				
				上库（下库）主堆石	上库（下库）次堆石	上库（下库）过渡料	上库（下库）轧石料	黏土料填筑	……	小计	渣场1	渣场2	……	渣场 n	公路渣场
上库	分项工程1	土方开挖													
		石方明挖													
		石方洞挖													
	分项工程2	土方开挖													
		石方明挖													
		石方洞挖													
	……	……													
	小计														
下库	分项工程1	土方开挖													
		石方明挖													
		石方洞挖													
	分项工程2	土方开挖													
		石方明挖													
		石方洞挖													
	……	……													
	小计														
其他	分项工程1	土方开挖													
		石方明挖													
		石方洞挖													
	分项工程2	土方开挖													
		石方明挖													
		石方洞挖													
	……	……													
	小计														
分类合计		土方开挖													
		石方明挖													
		石方洞挖													

注：表中所有数据均为自然方。

表 2.14　土石方平衡成果简表　（单位：万 m^3）

分区	开挖量			混凝土或填筑利用量		弃渣量
	土方明挖	石方明挖	石方洞挖	直接	间接	
分区 1						
分区 2						
……						
分区 *n*						
分区小计						
合计						

表 2.15　渣场堆渣特性表

渣场名称		堆置高程/m	渣场容量/万 m^3	弃渣量/万 m^3	存料量/万 m^3	总堆存量/万 m^3
渣场	渣场 1					
	渣场 2					
	……					
	渣场 *n*					
存料场	存料场 1					
	存料场 2					
	……					
	存料场 *n*					

注：表中所有数据均为松方。

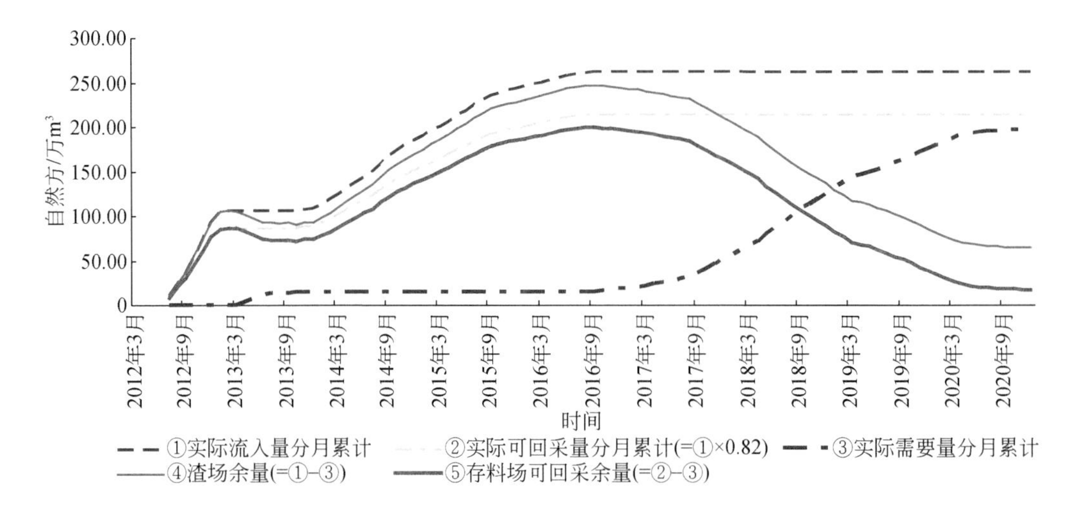

图 2.2　荒田存料场堆渣过程曲线图

4. 土石方平衡流向图

土石方平衡成果的另一种表现形式为土石方平衡流向图。

5. 土石方平衡计算举例——枢纽建筑物为混凝土坝型、地下厂房

以白鹤滩工程为例，土石方平衡成果简表见表 2.16。

表2.16　土石方平衡成果简表（自然方）　（单位：万 m^3）

分区		开挖量		混凝土利用量		围堰利用量		弃渣量
		土方	石方	间接	直接	间接	直接	
大坝	明挖	27.9	735.0	81.1	16.4	60	20	585.4
	洞挖	—	18.1	—	—	—	—	18.1
水垫塘二道坝	明挖	64.3	431.6	—	—	—	—	495.9
	洞挖	—	2.4	—	—	—	—	2.4
左岸引水发电系统及泄洪洞工程	明挖	31.9	556.7	31.8	—	80	—	476.8
	洞挖	—	557.5	197.2	90.3	—	—	270.0
右岸引水发电系统及泄洪洞工程	明挖	26.3	468.9	33.9	16.9	—	—	444.4
	洞挖	—	517.7	141.9	72.4	—	—	303.4
交通及临时建筑	明挖	144.0	859.2	—	—	—	—	1003.2
	洞挖	—	867.6	256.1	139.0	—	—	472.5
下游河道治理		10.5	94.5	—	—	—	—	105.0
小计		304.9	5109.2	742	335	140	20	4177.1
合计		5414.1		1077		160		4177.1

注：牛厩料场开挖弃渣料约588.4万 m^3，未计入。

抽水蓄能电站土石方平衡实例。以衢江抽水蓄能电站为例，各类用料自然方转换表及土石方平衡表见表2.17、表2.18。

表2.17　各类用料自然方转换表（以衢江抽水蓄能电站为例）

分区	分类	工程量/万 m^3	折方系数	自然方/万 m^3（=工程量-折方系数）
上库	堆石填筑	476.7	1.23	387.6
	过渡料填筑	15.6	1.23	12.7
	混凝土	6.9	0.90	7.7
	石渣填筑	4.4	1.23	3.6
	土料填筑	3.8	0.85	4.5
	轧石填筑	11.5	0.85	13.5
	小计	518.9	—	429.6
下库	堆石填筑	290.1	1.23	235.9
	过渡料填筑	11.6	1.23	9.4
	混凝土	34.3	0.90	38.1
	石渣填筑	8.0	1.23	6.5
	土料填筑	6.8	0.85	8.0
	轧石填筑	9.0	0.85	10.6
	小计	359.8	—	308.5
合计		878.7	—	738.1

表 2.18　土石方平衡表（以衢江抽水蓄能电站为例）　　（单位：万 m^3）

分区	分部	项目名称	开挖量	利用率	利用量								弃渣量
					堆石填筑	过渡料填筑	石渣填筑	土料填筑	轧石填筑	混凝土	运至上库	小计	
编号			①	②	③$_1$	③$_2$	③$_3$	③$_4$	③$_5$	③$_6$	③$_7$	③=③$_1$+…+③$_7$	④=①-③
上库	大坝	土方开挖	40.2	—	—	—	—	—	—	—	—	—	40.2
		石方明挖	10.2	—	—	—	—	—	—	—	—	—	10.2
		石方槽挖	0.1	—	—	—	—	—	—	—	—	—	0.1
	料场	土方开挖	21.6	0.21	—	—	—	4.5	—	—	—	4.5	17.1
		石方明挖	488.9	0.82	387.6	11.3	—	—	—	—	—	398.8	90.1
	库盆	土方开挖	5.8	—	—	—	—	—	—	—	—	—	5.8
	进出水口	土方开挖	11.6	—	—	—	—	—	—	—	—	—	11.6
		石方明挖	27	0.63	—	—	3.6	—	13.5	—	—	17.1	9.9
		石方洞挖	1.7	0.82	—	1.4	—	—	—	—	—	1.4	0.3
	小计		—	—	387.6	12.7	3.6	4.5	13.5	—	—	429.6	—
下库	大坝	土方开挖	30.1	—	—	—	—	—	—	—	—	—	30.1
		石方明挖	35.8	—	—	—	—	—	—	—	—	—	35.8
		石方槽挖	0.1	—	—	—	—	—	—	—	—	—	0.1
		石方洞挖	0.1	—	—	—	—	—	—	—	—	—	0.1
	溢洪道	土方开挖	3.3	—	—	—	—	—	—	—	—	—	3.3
		石方明挖	13.1	0.50	—	—	6.6	—	—	—	—	6.6	6.5
		石方槽挖	0.1	—	—	—	—	—	—	—	—	—	0.1

续表

分区	分部	项目名称	开挖量	利用率	利用量								弃渣量
					堆石填筑	过渡料填筑	石渣填筑	土料填筑	轧石填筑	混凝土	运至上库	小计	
下库	厂房	土方开挖	7.6	0.82	—	—	—	6.2	—	—	—	6.2	1.4
		石方明挖	18.8	0.71	13.4	—	—	—	—	—	—	13.4	5.4
		石方洞挖	57.4	0.91	6.5	—	—	—	—	38.1	7.6	52.2	5.2
		石方井挖	5.9	0.75	—	4.4	—	—	—	—	—	4.4	1.5
	引水	土方开挖	2.8	0.68	—	—	—	1.9	—	—	—	1.9	0.9
		石方明挖	24.3	0.84	20.5	—	—	—	—	—	—	20.5	3.8
		石方洞挖	19.5	0.81	—	5.1	—	—	10.6	—	—	15.7	3.8
	料场	土方开挖	15	—	—	—	—	—	—	—	—	—	15
		石方明挖	220	0.89	195.6	—	—	—	—	—	—	195.6	24.4
	小计		—	—	235.9	9.5	6.6	8.1	10.6	38.1	—	308.7	—
分类合计		土方开挖	138	0.09（均值）	—	—	—	12.6	—	—	—	12.6	125.4
		石方明挖（含槽挖）	838.4	0.78（均值）	617.1	11.3	10.2	—	13.5	—	—	652	186.4
		石方洞挖（含井挖）	84.6	0.87（均值）	6.5	10.9	—	—	10.6	38.1	—	73.7	10.9
总计			1061	0.70（均值）	623.6	22.2	10.2	12.6	24.1	38.1	7.6	738.3	322.7

2.4　物料调运仿真

2.4.1　概述

大型水电工程规模大，开挖及混凝土浇筑涉及施工道路（隧洞）布置、料场平衡、厂内物料运输、坝体浇筑程序、施工机械的合理配置等多个子系统，施工组织非常复杂。

施工总布置是关系到工程全局和工程最后能否顺利实现设计功能的重要环节，大型工程中的任何一个子系统在时间和空间上的变化都将会对工程的整体造成一定的影响，这样的影响究竟有多大，应该如何分析评价和优选是十分复杂的问题。

通过计算机仿真技术对工程施工过程进行动态仿真研究，宏观上可以对多个方案进行比选，微观上可以对给定的方案进行资源优化配置，寻找最优的设计参数。充分发挥计算机仿真快速经济的特点，具有重要的理论意义和现实意义。

2.4.2　施工总布置物料调运仿真模型建立

在施工过程中，工程的施工工厂布置相对变化较小，阶段性明显，道路系统一旦建设就无法转移；而料物运输变化频繁，特性多变，施工进度变化对其影响尤为明显，施工强度高时一般料物运输强度也高。总之，在总布置物料调运仿真中，施工场内道路网络、施工工厂、渣场和中转场等施工布置系统可以认为是初始条件，施工进度等动态信息是边界条件，水电工程施工料物运输是在空间约束条件和施工进度等动态约束条件下进行的，以时间为主要变量的动态规划问题，是工程各部分联系的基础，是工程施工总布置的动态表现。

实践证明，总布置物料调运问题在工程整个施工时段求取解析解的难度非常大。总布置施工过程系统是一个连续系统，但是其施工行为是离散的，具备使用离散事件仿真方法求解的可能。总布置土石方调运问题可以分为物料平衡分析和道路运输分析两个部分，对应两个模型：①总布置土石方平衡仿真模型；②总布置物料运输仿真模型。

1. 施工总布置物流模型

水电工程土建部分的物料需求和消耗量十分巨大，因此，一般考虑利用当地材料，并尽量利用现有材料，以降低成本。图 2.3 为一般水电工程物料利用、处理流程图。物料的主要来源有地下洞室开挖和料场开采；物料主要消耗在于水工建筑物施工，土石坝施工消耗土石成品料、混凝土坝施工消耗混凝土料。

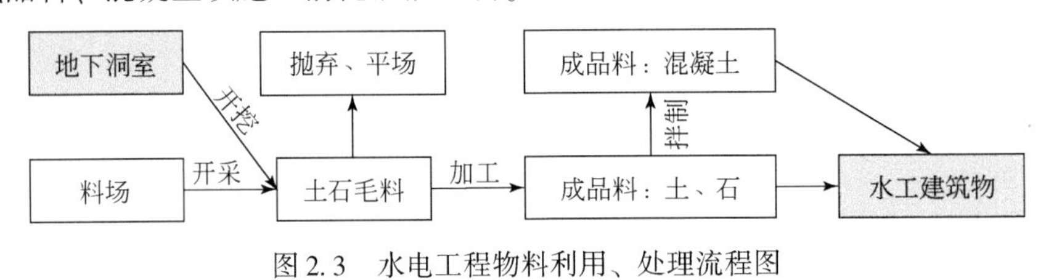

图 2.3　水电工程物料利用、处理流程图

在水电工地内部由于土石方的运输周期一般较短（几小时即可完成，一般不超过1d）。因此，水电工程的物料运输问题平衡周期较为简单。相对而言，物料之间的关系较为复杂，可引入物料分解与转换的概念，建立水电工程施工物料调运模型。将工程生产计划作为初始数据，并微分化到土石方调运平衡周期；在周期内，按照工程土石方平衡的要求平衡供需双方的物料资源，得到物料调运执行计划，如图2.4所示。

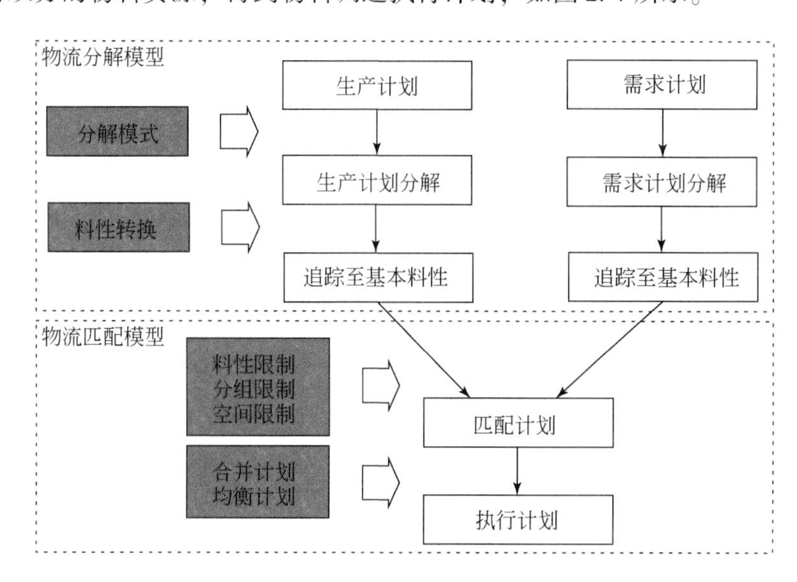

图2.4　水电工程施工物料调运模型

2. 料性及其相关处理

1）料性信息

料性信息包括工程物流中涉及的所有料物资源种类信息。开挖料中的覆盖层、开挖骨料、弃渣料、中转料；人工骨料中的小石、中石、大石、特大石、水泥；成品料中的混凝土，都是料性描述中的内容。主要类型包括：料场开挖料、洞室开挖料、大坝混凝土骨料、普通混凝土骨料、大坝混凝土、普通混凝土等。为了明确其用途，将料物的用途分为可作填方、可作骨料、可作大坝骨料等（弃渣料没有用途可以不用显式声明）。

2）料性组

料性所指一般为具体的物料类型，在工程实践中还涉及综合描述。例如，围堰填筑可以使用风化砂料，也可以使用黏土料，因此，需要概化描述物料类型的概念，在总布置仿真模型中，引入料性组概念。料性组即是料性的某种组合（目前使用的是料性等级划分料性），认为料性组中指定的料性在某种性质上是兼容的。例如，某中转场只接受达到要求的物料进入，因此建立该中转场可以接受的料性组，在仿真中即可自动将不在此料性组中定义的料性排除在外。

3）料性转换

料性转换主要用于对于料性数量的折算，如爆破的人工骨料毛料，可通过人工砂石料加工系统生产得到各级配骨料数量的参数。具体的，$1m^3$ 毛料可以得到多少大石、中石、小石、砂和弃料，其主要特点：不论是生产混凝土，还是人工骨料，一般有一侧的输入或者输出是单项的，这样的关系一般称为一对多的关系，记为 1 ∶ N。料性转换关系如图 2. 5 所示。

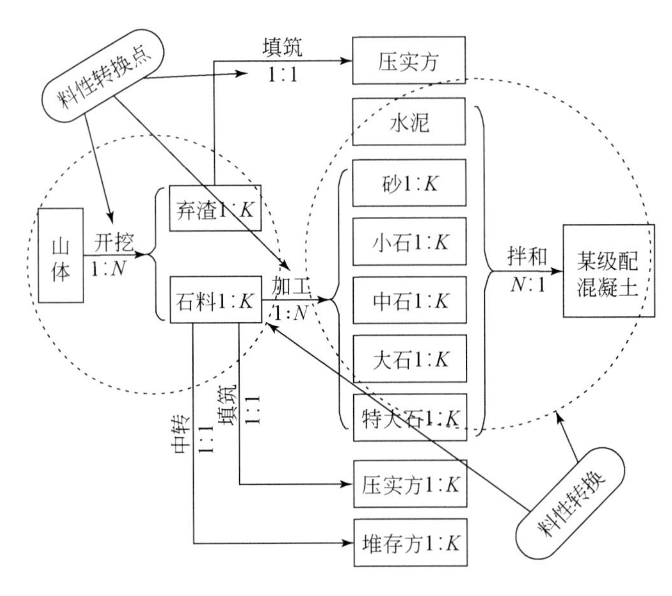

图 2. 5　料性转换关系图

图 2. 5 中“1 ∶ 1”和“1 ∶ N”是指料性之间的关系其主要取值有 1 ∶ N 或 N ∶ 1，1 ∶ N 表示一对多关系，N ∶ 1 表示多对一关系。其转换之间的比例由“1 ∶ K”描述。

料性转换的过程，除了对于料性进行操作外，还要消耗系统的资源，如时间、空间、机械、能源等。能源消耗通过机械使用反映，时间消耗通过机组产能和消耗定额反映，空间消耗通过占地来描述。

4）料性转换点

料性转换点用于描述料性、料量的转换对象，如人工砂石料加工系统将开采的人工骨料转换成为成品骨料；混凝土拌和楼将成品骨料加之水泥材料，转换成混凝土。其包括的主要属性有料性、料量转换矩阵，用以表达将指定料性、指定数量原料转换成指定料性、指定数量材料的关系。一个料性转换点可能包含数个转换矩阵，因为料性转换是根据料性需求进行的，如果需要拌制三级配混凝土，则人工骨料加工系统相应的需要应用三级配骨料生产、转换矩阵。在某个特定的时刻，一个转换系统仅应用一类转换。

3. 施工总布置物料运输仿真模型

施工交通运输仿真中的装运过程是指装载机械（如挖掘机）与运输机械（如自卸汽车）之间的装载工作循环。该模型比较简单，仅仅涉及装载机的工作循环，运输机械只有状态改变而没有事件触发，如图 2. 6 所示。

运输机械在装载工序完成后，随即开始运输过程。装载过程一般没有冲突和并发问题，但是运输过程中的冲突和并发很常见。一般在进入每一段道路前，为了实现交通控制，需要运输机械发出进入道路行驶的申请，只有道路准入后，运输机械才能通过，如果

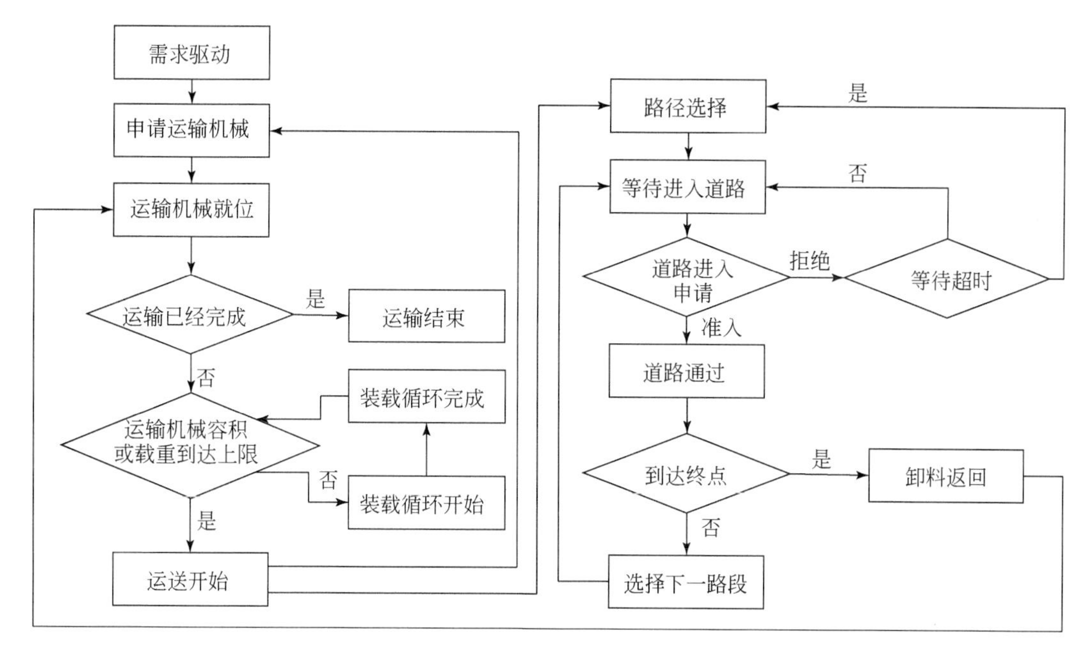

图 2.6　装运过程模型

道路由于占用繁忙拒绝驶入申请，则运输机械只能等待。当道路资源被释放后，道路管理类会发出一个准入消息给最早等待的运输机械，实现先入先出的排队模式。

4. 物料调运仿真边界条件

1）施工进度计划

为了说明施工进度计划，目前仿真系统使用“生产计划”这一概念。生产计划建立在主生产任务基础上，主要用以说明在某一生产周期内生产任务的生产或消耗的物料类型、物料数量和发生地点。

2）施工场地布置

水电工程施工场地布置包括在时间上相对稳定的施工道路和施工工厂等。

3）料性和料性转换

工程土石方平衡是料物在时间和空间上的匹配、平衡，进而得到物料流向。物料匹配平衡的基本要求是物料质量要满足工程需要。因此，必须将总布置物料调运中涉及的物料质量按一定标准分为有限的料性类别。借此作为判断物料质量、利用关系和调运处理的依据，进行土石方平衡计算和总布置调运仿真。

4）施工机械

以目前施工组织水平，施工物料调运主要采用自卸汽车为主的施工机械配套方案。因此，施工总布置调运系统仿真涉及的施工机械主要为挖装机械和运输机械。

5）施工物流平衡周期参数

一般水电工程的施工组织以日或多日为基本调运周期，对于物料强度较低的部位，可能多日进行一次集中出渣，而物料强度较高的部位一般每日进行出渣处理。由此，总布置物料调运仿真系统的平衡周期可以根据施工组织情况设置为任意天。在平衡周期内的物料供需平衡均称为直接利用。

2.4.3 白鹤滩水电站施工总布置物料调运仿真分析①

1. 方案说明

1）施工任务和施工周期

白鹤滩工程总布置施工物料调运开始时间为筹建期第 1 年（筹建期共三年），完成时间为第 10 年 9 月 15 日，包括左岸缆机平台土方开挖、左岸导流洞施工支洞施工等在内的共 106 项土石方和混凝土项目。

2）施工道路网络

施工道路系统是物料调运仿真的主要参数，当前白鹤滩总布置中施工通道包含约 300 个路段，其中包括三座桥梁（上游三滩临时交通桥、下游 1#临时交通桥、下游 2#临时交通桥）。按照道路所在的高程系统，场内施工道路分为左岸高线公路、左岸低线公路、右岸高线公路、右岸低线公路等。

3）施工工厂

场内共设置了大坝人工碎石系统、新建村加工系统、荒田加工系统、三滩加工系统等四座混人工凝土骨料加工系统；设置了大坝低线混凝土系统、大坝高线混凝土系统、新建村混凝土系统、荒田混凝土系统、白鹤滩混凝土系统、三滩混凝土系统等六座混凝土生产系统。其中，大坝人工碎石系统为大坝低线混凝土系统和大坝高线混凝土系统提供混凝土骨料，服务于大坝混凝土生产。其他各混凝土生产系统服务于对应的标段和周边的混凝土生产。

4）中转场和渣场

白鹤滩总布置中共有三处中转场：新建村中转场、海子沟中转场、荒田中转场，其中新建村中转场主要用以中转大坝混凝土骨料毛料，供应大坝人工碎石系统生产大坝混凝土骨料，另外两处中转场主要中转与其他部位的混凝土骨料毛料。

白鹤滩施工布置中共有七处渣场：矮子沟渣场、新建村渣场、荒田渣场、海子沟渣场、三滩渣场、大寨沟堆渣体、白鹤滩渣场。

2. 物料生产强度

工程石方明挖的强度在工程前半部分（第 1 年到第 3 年石方工程）达到高峰，在第 1 年和第 3 年底出现两个高值，月石方开挖量超过 60 万 m^3；在石方明挖之后，石方洞挖进入高峰，第 1 年至第 5 年的年石方开挖量在 20 万 m^3 以上；随后迎来的是混凝土浇筑高峰期，包括大坝、水垫塘、地下工程等多个部分的混凝土开始施工，第 7 年到第 8 年冬天混凝土施工强度接近 35 万 m^3，如图 2.7 所示。

① 中国水电顾问集团华东勘测设计研究院，2007，金沙江白鹤滩水电站施工总布置规划专题报告。

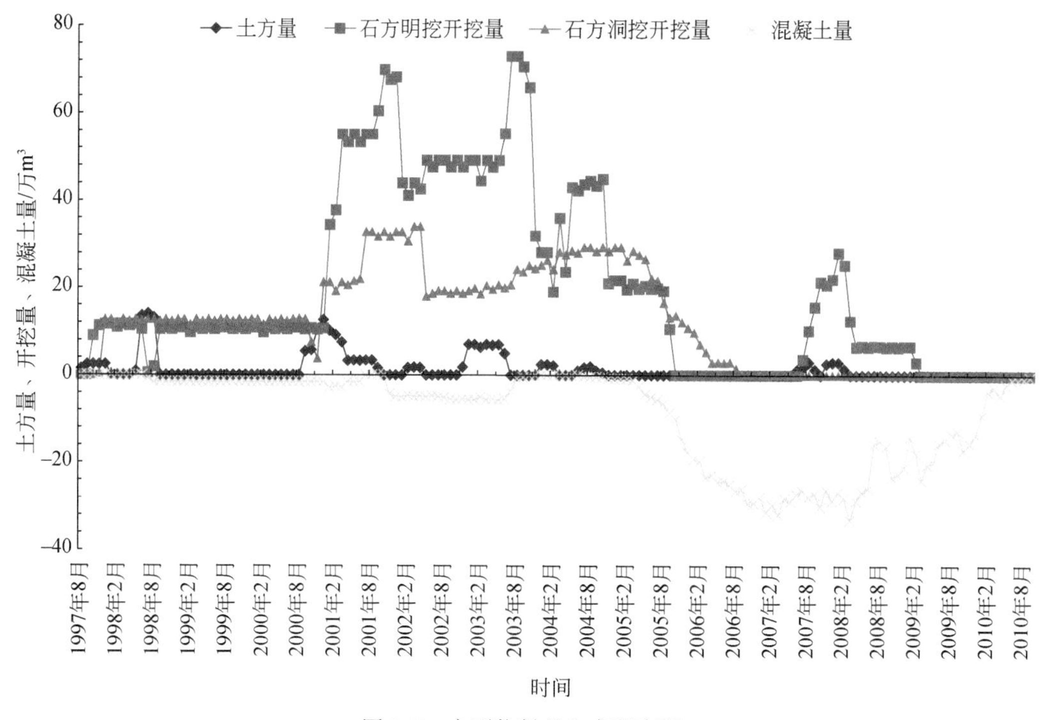

图2.7　主要物料月生产强度图

3. 物料运输流向[①]

1）开挖弃渣运输流向

根据渣场规划布置和土石方平衡，大量开挖弃料均运向上游，弃至上游的渣量占总弃渣量的90%以上。开挖弃渣的原则是左岸开挖料运至左岸渣场，右岸开挖料运至右岸渣场。

2）开挖可利用料运输流向

根据存料场规划及砂石加工系统的布置，开挖可利用料将堆存于海子沟存料场（中转场）和荒田存料场。

3）回采料（毛料）运输流向

本工程共布置两个存料场和两个砂石加工系统。其中，海子沟存料场回采料供应三滩加工系统，荒田存料场回采料供应荒田加工系统。海子沟存料场回采料采用自卸汽车通过4#公路运往三滩加工系统，荒田存料场回采料采用胶带机运往到荒田加工系统。大坝混凝土砂石料加工系统设在规划的还建金沙江葫芦口大桥右岸桥头，成品骨料采用自卸汽车经进场专用公路和场内1#公路、103#公路运往大坝混凝土砂石料加工系统。

4）成品骨料运输流向

根据混凝土浇筑的需要，场内布置了四个混凝土生产系统，其中大坝混凝土骨料由设在施工区外的、规划建的、位于葫芦口金沙江大桥右岸桥头的生产系统供应，并在临近大坝高线混凝土系统和大坝低线混凝土系统位置设成品骨料堆存场，采用胶带机运输。三滩

① 中国水电顾问集团华东勘测设计研究院，2011，金沙江白鹤滩水电站右岸坝肩开挖施工专题报告。

加工系统的成品骨料供应三滩混凝土系统，荒田加工系统的成品骨料供应荒田混凝土系统，混凝土生产系统和砂石加工系统基本相邻布置，均用胶带机运输。

5）混凝土运输流向

根据各混凝土生产系统的布置位置和生产分工，确定各工程浇筑部位所需混凝土的运输流向。

6）外来大宗物资运输流向

工程主要外来大宗物资有钢筋、水泥、粉煤灰等。外来物资经电站对外交通专用公路运至矮子沟，进入场内交通路网，再通过场内交通路网将钢筋、水泥、粉煤灰分别运至相应的钢筋加工厂或混凝土生产系统。

根据施工总进度安排，场内物料运输高峰基本在主体施工期的第 2 年和第 3 年，外来大宗物资运输高峰则发生在第 7 年，即两者的高峰时段是错开的。在场内物料运输高峰时段，外来物资运输量相对于场内物料运输量要少得多，且外来物资进入施工区经场内交通路网分流后，通过动态组织交通，外来物资运输可与场内物料运输在线路和时间上错开，对场内物料运输影响很小，可不予考虑。

4. 物料运输强度

1）左岸高线公路外来物资入口通过强度（图 2.8）

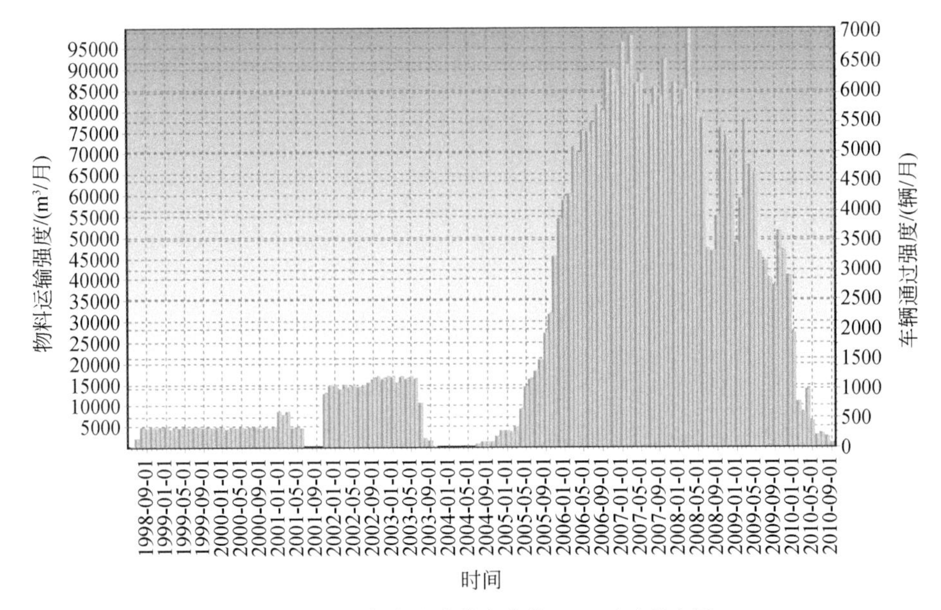

图 2.8　左岸高线公路外来物资入口通过强度图

图中物料运输强度为蓝色柱，车辆通过强度为黄色柱，下同

目前设定的主要外来物资是水泥，通过外来物资入口运入场内，因此，其需求强度与混凝土施工强度基本对应。最高峰的物料（水泥）运输强度达到95000m^3/月，时间为第 8 年 5 月，此时场内混凝土相关的物料流向如图 2.9 所示。从图 2.9 中可以看出，此时混凝土施工部位较多，混凝土施工强度较高，该月大坝混凝土运输量高达 180000m^3，叠加其他部位的混凝土施工后，总混凝土运输量接近 270000m^3。

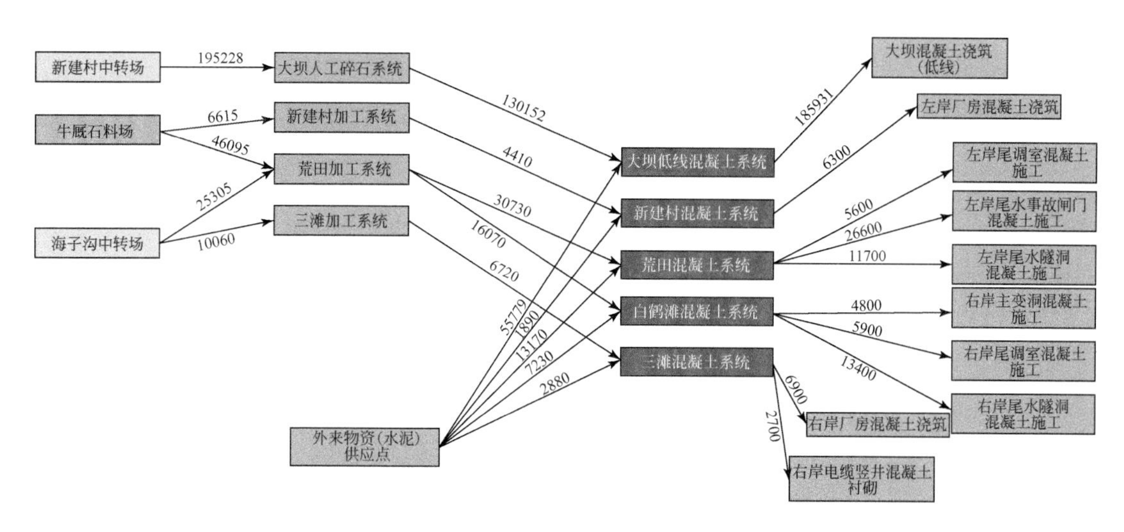

图 2.9　第8年5月混凝土相关的物料流向图

图中数值为物料运输量，单位为 m^3，下同

从图 2.8 中可以看到，高峰时间，该路段的车辆通过强度达到 7000 辆/月（约合 14 辆/h，目前设定的水泥运输机械为 32t 自卸汽车，容量为 $14m^3$）。虽然运输强度较高，但是实现这一强度应该是有保障的。

2）左岸低线公路导流洞进口通过强度

导流洞工程是重要的临建工程和准备工程，白鹤滩左岸 1 号、2 号、3 号导流洞开挖和衬砌工作分为上游进口工作面和下游出口工作面。上游进口工作面的交通主要由 501#路承担，501#路的时段物流通过强度如图 2.10 所示。

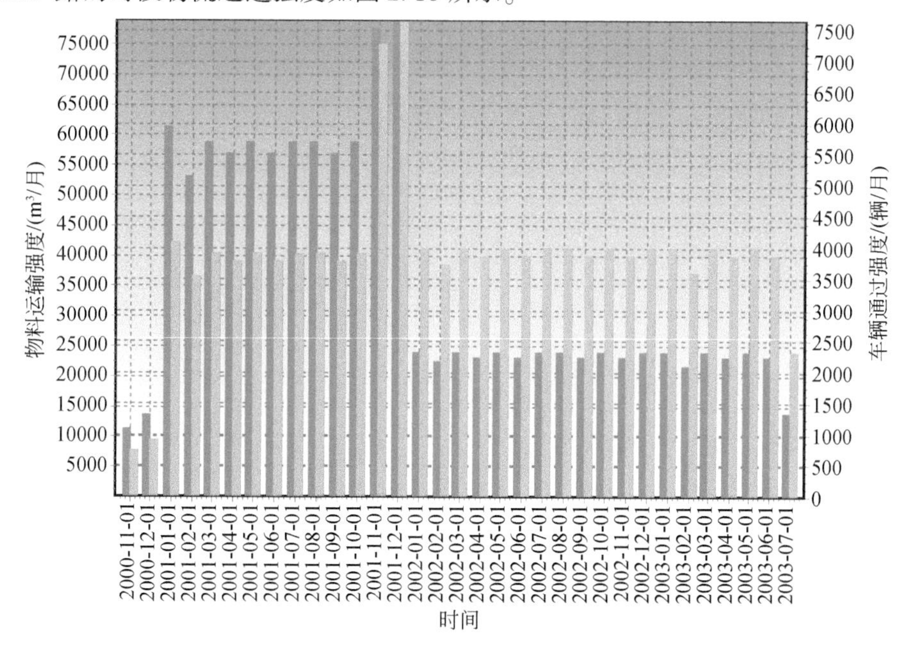

图 2.10　左岸低线公路导流洞进口通过强度图

由图 2. 10 可知，第 0 年至第 1 年底物料运输主要是洞室开挖出渣，配置的车辆容积较大，物料运输强度稳定在 60000m³/月，车辆通过强度为 4000 辆/月；该路段的运输强度高峰出现在第 1 年底，此时部分导流洞开挖正在进行，而部分工作面的导流洞衬砌工作已经展开，考虑混凝土生产强度和时效性方面的因素，混凝土运输机械单位容量配置较小，因此，该时段在物料调运量较高的同时，车辆通过强度突然攀升至 7500 辆/月，对于支线道路该强度较高。

3）右岸低线公路地下厂房及导流洞支洞出口下游侧 403#路通过强度

右岸低线公路地下厂房及导流洞支洞出口下游侧的 403#路是右岸下游低线公路的主要组成部分，涉及右岸水垫塘、右岸地下厂房和导流洞等多个工程部位。由于右岸下游调运区的弃渣场为白鹤滩渣场和海子沟渣场，而白鹤滩渣场容量较小，因此，大量的弃渣运向上游。而处于下游的 403#路主要任务是运输白鹤滩混凝土系统生产的混凝土，如图 2. 11 所示，403#路的物料运输强度高峰出现在第 3 年 2 月至 5 月，为 55000m³/月，而车辆通过强度高峰出现在混凝土施工的高峰时间第 8 年 11 月左右。

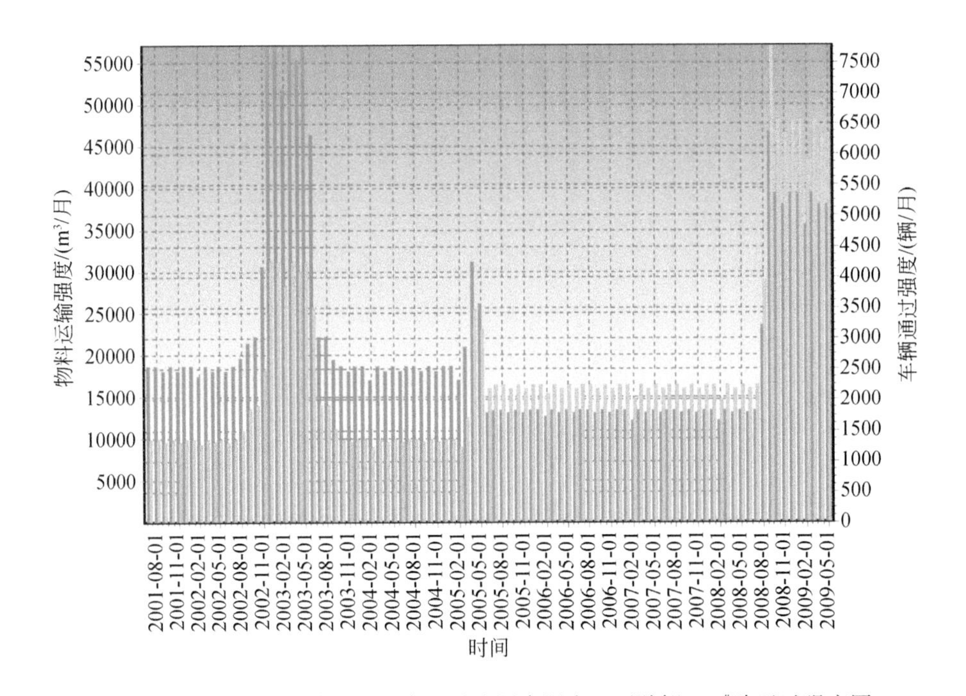

图 2. 11　右岸低线公路地下厂房及导流洞支洞出口下游侧 403#路通过强度图

第 8 年 11 月与该路段施工相关的项目有右岸下游河道混凝土施工、石方明挖，对应的物料流向如图 2. 12 所示。白鹤滩混凝土系统运至右岸下游河道混凝土施工部位的运输任务是造成 403#路高峰强度的主要原因。

4）上游三滩临时交通桥通过强度

上游三滩临时交通桥通过强度如图 2. 13 所示。

5）下游 1#临时交通桥通过强度（图 2. 14）

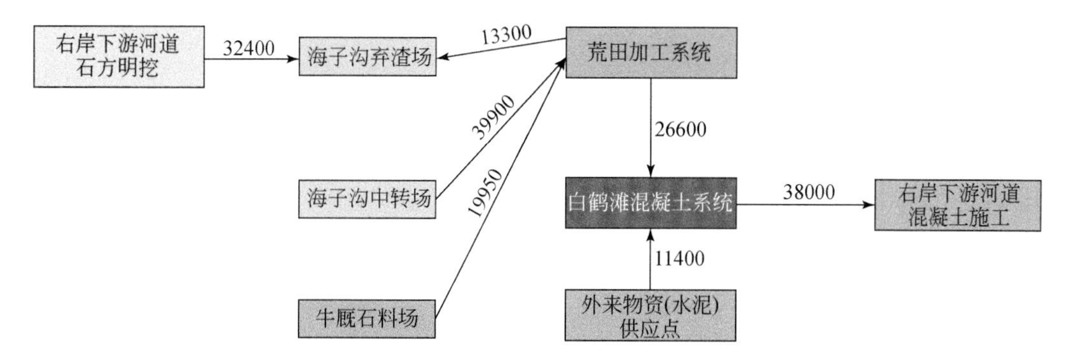

图 2.12　第 8 年 11 月右岸下游河道施工物料流向图

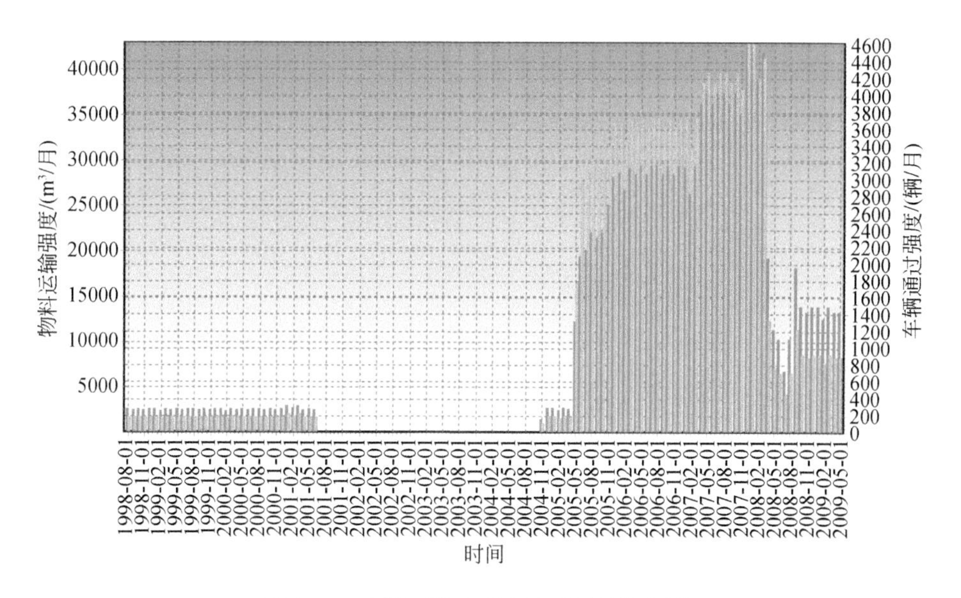

图 2.13　上游三滩临时交通桥通过强度图

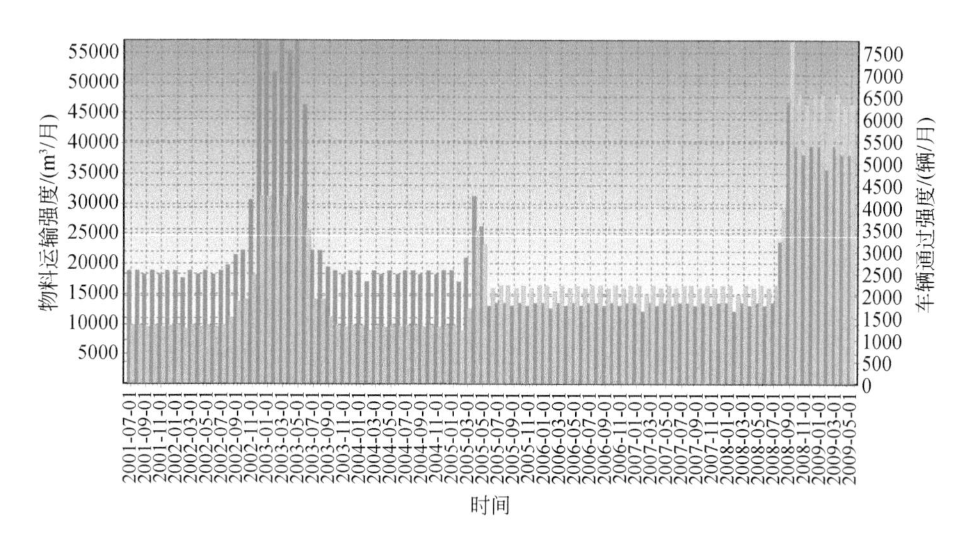

图 2.14　下游 1#临时交通桥通过强度图

下游 1#临时交通桥第一个运输高峰发生在第 3 年 3 月，此时右岸尾水隧洞混凝土施工正在浇筑，由荒田加工系统和白鹤滩混凝土系统供应，由于非大坝混凝土骨料的中转场设置在海子沟中转场，海子沟在右岸上游，而荒田加工系统在左岸下游，因此，中转料由下游 1#临时交通桥到达左岸，增加了下游 1#临时交通桥的运输量，物料流向如图 2.15 所示。下游 1#临时交通桥第二个运输高峰发生在第 8 年 9 月，由于白鹤滩混凝土系统生产右岸下游河道混凝土施工所需混凝土，需要从海子沟中转场调运混凝土骨料，物料流向如图 2.16 所示。

图 2.15　第 3 年 3 月下游 1#临时交通桥跨河运输物料流向图

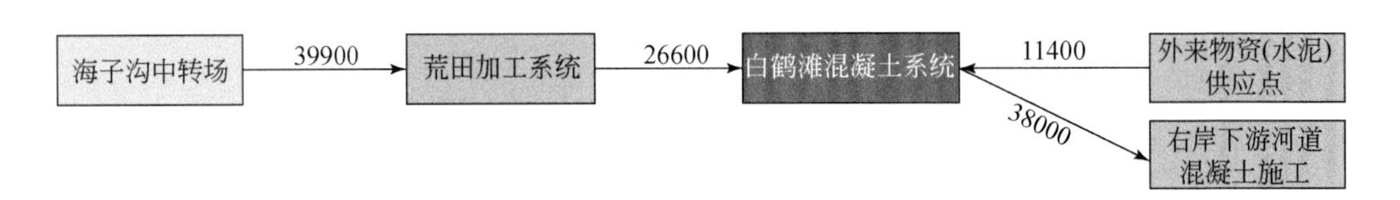

图 2.16　第 8 年 9 月下游 1#临时交通桥跨河运输物料流向图

6）下游 2#临时交通桥通过强度（图 2.17）

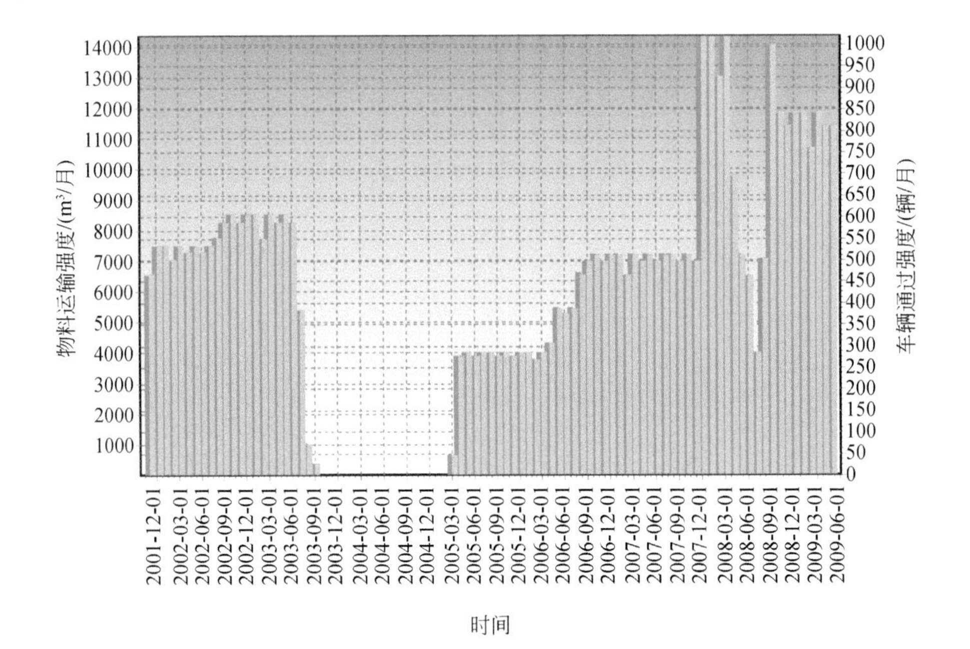

图 2.17　下游 2#临时交通桥通过强度图

下游 2#临明交通桥的物料运输强度不大。由于右岸下游的白鹤滩混凝土系统水泥需要从左岸上游的场内公路入口运入，在下游2#临时交通桥跨河，由此产生了跨河运输，物料流向如图2.18所示。

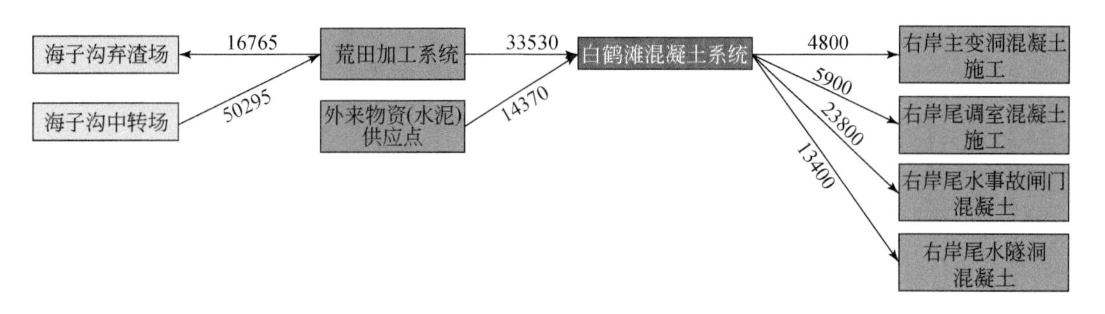

图2.18　第8年3月下游2#临时交通桥物料流向图

7）白鹤滩永久交通桥通过强度（图2.19）

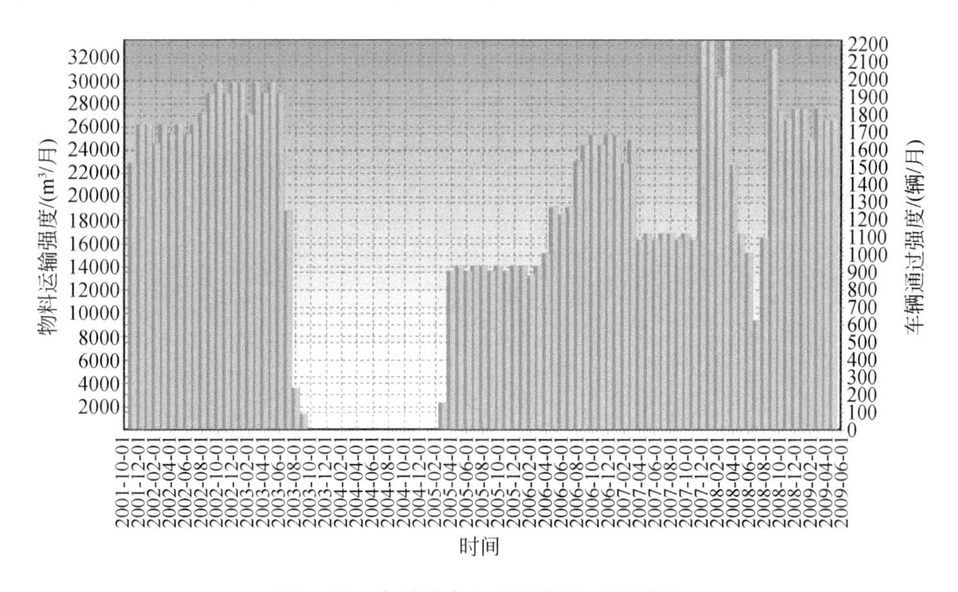

图2.19　白鹤滩永久交通桥通过强度图

与下游2#临时交通桥类似，通过白鹤滩永久交通桥运输的物料主要是从荒田加工系统运输至白鹤滩混凝土系统的骨料。由于混凝土总生产强度不高，骨料运输强度相应较低。

5. 场内交通技术标准

1）运输车辆分析

根据对类似工程的调查，土石方弃渣运输一般采用载重20～32t的自卸汽车，一般在工程量较小的工作面和地下洞室采用载重量较小的车辆运输，对于坝肩坝基、引水系统进水口和水垫塘二道坝等大工程量工作面，则采用载重量较大的车辆来运输，以增加运输效率、降低道路运输强度。

载重20t自卸汽车车宽为2.5～2.9m，属二类车宽；载重32t自卸汽车车宽为3.2～3.8m，属三类车宽。

2）场内公路技术标准

根据运输车辆分析和技术标准制定原则，考虑本项目交通路网交叉口较多，车辆运行速度低，而坝址区地形陡峻，线形标准提高将大大增加工程投资，临时道路又占场内道路中的绝大多数，参照在建、已建大型水电项目场内交通道路的实际施工运输经验，在地形陡峻、交通量较大的路段，采用较低的设计车速和加宽路基宽度既可满足交通运输需求也可降低工程投资，因此本项目主要采用场内二级和场内三级两种技术标准，在交通繁忙且运输高峰持续时间长的道路（路段）采用场内二级公路并加宽路基，在交通虽然繁忙但运输高峰持续时间较短的道路（路段）采用场内三级标准并根据是否影响关键路线项目施工来确定是否加宽路基，其他道路根据行车密度来确定技术标准。

在制定公路技术标准时，还应考虑重大件运输和施工区供水管线的布置。根据施工场内供水规划，隧道内的最大供水管管径为DN600，大部分管径为DN500和DN300，参照类似工程建设经验，结合隧道断面设计、部分隧道的临时性特点，以及供水管镇墩、支墩布置情况，供水管布设在隧道内一侧检修道上方（检修道宽度为75cm，可满足布置管线要求），另一侧供行人通行。为增加交通安全性，供水管上应设置轮廓标或其他反光标志。

第3章　渣场选址和布置

3.1　概　　述

水电工程渣场规划设计的总体要求：

（1）渣场设计应根据渣场布置要求，收集水文、地形地质、环境保护、水土保持等方面的资料。

不同设计阶段，渣场设计所需资料侧重点也不同。水电工程可行性研究阶段渣场设计主要任务是确定渣场布置位置、规模，进行渣场挡护、排水方案设计，提出渣场防护工程措施及主要工程量；招标、施工图阶段渣场设计主要结合枢纽建筑物招标设计成果，复核渣场堆渣容量，对渣场挡护、截排水建筑物进行结构设计，满足工程施工招标及现场施工要求。

工程设计过程中由于资料收集不全或缺失，会发生渣场布置占用政府划定的生态红线范围、生态保护区域等情况，需重视环境保护、水土保持政策方面的要求。

（2）渣场水文资料应包括渣场所在区域的汇水流域面积、设计洪水流量、渣体汇水面积、降雨强度等资料。

（3）临江、临河侧的渣场应收集渣场场址处河道的水位流量关系资料。

通常情况下，水电工程渣场所在的冲沟、支沟坡降陡峻、地质条件复杂，不具备水文测验条件。从我国西部区域现有水文测站分布资料情况来看，开展水文测验的小河站极其稀少。为计算设计洪水，需收集渣场汇水流域面积、降雨强度等资料，在此条件下，渣场支沟、冲沟设计洪水一般采用设计暴雨推算洪水方法，具体有推理公式法、单位线法等，除此之外，还可采用水文比拟法、地区综合法、经验公式法等方法进行计算。

占用沟道的渣场水文资料应包含设计频率洪水流量、常遇流量，以及沟道流域特性、沟道流域面积、沟道长度等资料。不同渣场布置位置对水文资料的需求有所不同，占用沟道的渣场侧重于沟道的洪水资料；利用坡地堆渣的渣场侧重于堆渣区域的降雨资料；对于临江、临河布置的渣场，渣场所处河道段水位、流量、流速等资料与渣场挡排建筑物设计密切相关。

（4）渣场地形、地质资料应满足下列要求：

①地形图比例尺精度应满足相应设计阶段要求；

②渣场堆渣区域地质勘察内容及深度应满足相应阶段勘察要求；

③渣场地质勘察宜针对堆渣区域、渣场挡护设施、渣场截排水建筑物展开；

④对拟布置渣场的沟道应查明泥石流特性，并对堆渣场地做出适宜性评价，提出防治方案的建议。

在渣场规划布置阶段，地质勘察主要任务是查明堆渣场地是否存在软弱夹层及不利于渣场稳定的结构面，场地是否具备布置渣场的条件。在渣场招标、施工图设计阶段，地质勘探工作需结合渣场挡护、截排设计成果，有针对性地布置。现行《岩土工程勘察规范》（GB 50021—2001）4.5节明确了工业废堆渣场、垃圾填埋场等固体废弃物处理工程的勘察要求。

遇水后物理力学性质较天然状态发生变化较大的地层对堆渣场地稳定是不利的。例如，白鹤滩水电站新建村渣场，施工阶段地质钻孔揭示地基凝灰岩夹层物理力学指标较高，渣场堆渣后，由于沟道水流未进行引排，水流下渗造成凝灰岩夹层软化，渣场边坡失稳。后期钻孔揭示该地层软化呈泥塑状，实测土体有效内摩擦角仅16°。

渣场选址原则上应避开泥石流沟道，但由于受场地条件等因素的限制，当没有合适的替代场地，渣场只能选址于存在泥石流安全隐患的场地时，需开展泥石流实地调查，主要对泥石流形成的地形条件、物源条件、降雨条件，以及泥石流活动特征、泥石流运动参数、泥石流易发程度与类型划分、泥石流发展趋势等进行调查研究，研究成果作为泥石流防治方案设计的依据。

（5）渣场设计内容应包括渣场选址布置，确定渣场级别及设计标准，进行渣场稳定分析、渣场挡护、截排水设施设计，提出渣场监测与管理方案及措施。

（6）渣场选址应根据工程土石方平衡成果确定的渣场容量，选择满足堆渣容量要求的场地。

（7）渣场应选择地形、地质条件适宜的堆渣场地，对于地形、地质条件适应性差的渣场，需采取相应的工程措施。

（8）堆渣体应满足安全稳定和后期利用要求。

（9）渣场选择和布置应结合施工总布置规划统筹考虑。

渣场选址需围绕枢纽施工总布置在一定的区域范围内展开，通过选择具备堆渣条件的场地，结合场内交通条件、施工工厂设施布置综合确定渣场布置位置。例如，白鹤滩水电站工程，渣场数量较多、渣场规模较大，渣场选址直接影响施工总布置格局，在施工总布置方案比选中，渣场选址作为重要内容之一。

（10）与转存料场结合的渣场，转存料回采完成后，剩余的渣料应采取防护措施保证渣体稳定或清运至其他渣场堆置。

转存料场作为施工期临时渣场，渣场回采完成后还存在剩余渣料，本条提出了对剩余渣料的处理措施及要求。

3.2　渣场选址

水电工程渣场选址的基本要求：

（1）渣场选址应符合现行行业标准《水电工程施工组织设计规范》（NB/T 10491—2021）、《水电工程渣场设计规范》（NB/T 35111—2018）、《水电工程施工总布置设计规范》（NB/T 35120—2018）和《水电建设项目水土保持方案技术规范》（DL/T 5419—2009）的有关规定。

（2）渣场不得布置于法律规定禁止的区域；不得影响工程、居民区、交通干线或其他重要基础设施的安全。

（3）渣场选址地形图比例尺不应小于 1∶5000。

（4）渣场选址应结合土石方平衡成果、场地地形地质条件、河（沟）水文情势等堆渣条件统筹规划，并应遵守下列原则：

①应满足环境保护、水土保持要求和当地城乡建设规划要求；

②渣场位置应与场内交通、渣料来源相适应；

③转存料场应便于渣料回采，避免或减少反向运输；

④渣场宜靠近开挖作业区的山沟、山坡、荒地、河滩等地段，不占或少占耕地、林地；

⑤有条件时渣场可选在水库死水位以下，不应妨碍施工期导流度汛及永久建筑物的正常运行；

⑥利用下游河滩地布置渣场时，渣场不得影响河道的正常行洪、航运和抬高下游水位，防洪标准内渣料不应被水流冲刷流失；

⑦渣场应布置在无天然滑坡、泥石流、岩溶、涌水等地质灾害地区；

⑧确需在泥石流沟设置渣场的，应进行专门论证，采取必要的防治措施确保渣场安全稳定；

⑨渣场地基承载力应满足堆渣要求，渣场底部应无软弱结构面。

现行《水电工程施工组织设计规范》（NB/T 10491—2021）、《开发建设项目水土保持技术规范》（GB 50433—2018）、《水电建设项目水土保持方案技术规范》（DL/T 5419—2009）均有较详细规定，在综合上述规范规定的基础上，根据工程经验，要求在设计中遵循。增加堆渣场地需满足渣体整体稳定的相关规定。

《中华人民共和国水土保持法》、《中华人民共和国河道管理条例》等法律法规和《一般工业固体废物贮存、处置场污染控制标准》（GB 18599—2001）、《防洪标准》（GB 50201—2014）等标准的有关规定对于渣场选址和规划也有相应原则性的规定。

3.3　渣场类型

渣场洪水设计标准、防洪设计与渣场类型关系密切，从已有资料、文献及设计规范来看，主要从渣场布置位置、渣场使用时段两个方面对渣场进行了分类（赵芹和郑创新，2010）。

1. 根据渣场布置位置（场地类型）分类

参照《水利水电工程水土保持技术规范》（SL 575—2012），按照渣场地形条件、渣场与河（沟）相对位置、洪水处理方式，可将渣场分为沟道型、临河型、坡地型、平地型、库区型五种类型，其相应特征及适用条件见表 3.1。

表 3.1　渣场分类表（根据渣场布置位置分类）

渣场类型	特征	适用条件
沟道型	弃渣堆放在沟道内，堆渣体将沟道全部或部分填埋	适用于沟底平缓、肚大口小的沟谷，其挡渣工程为拦渣坝或挡渣墙、视情况配套拦洪（坝）及排水（渠、涵、隧洞）设施
临河型	弃渣堆放在河流或沟道两岸较低台地、阶地和河滩地上，堆渣体临河（沟）侧底部低于河道设防水位，渣脚全部或部分受洪水影响	河（沟）道流量大，河流或沟道两岸有较宽的台地、阶地或滩地，其拦渣工程为拦渣堤
坡地型	弃渣堆放在缓坡地、河流或沟道两侧较高的台地上，堆渣体底部高程高于河（沟）中渣场设防洪水位	沿山坡堆放，坡度不大于25°且坡面稳定的山坡；其拦渣工程为拦渣墙
平地型	弃渣堆放在宽缓的平地、河道两岸阶地上，堆渣体底部高程低于或高于渣场设防洪水位，渣脚全部受洪水影响或不受洪水影响	地形平缓，场地较宽广地区；坡脚受洪水影响时期拦渣工程为围渣堰，不受影响时可设挡渣墙，或不设挡渣墙、采用斜坡防护措施
库区型	弃渣堆放在主体工程水库库区内河（沟）道两岸台地、阶地和河滩地上，水库建成后堆渣体全部或部分被水库淹没	对于山区、丘陵地区无合适堆渣场地，同时未建成水库内有合适弃渣的沟道、台地、阶地和滩地，其拦渣工程主要为拦渣堤、斜坡防护工程或拦渣墙

对于沟道型渣场，渣场占用沟道过流断面，渣场防洪主要考虑沟道水流的排泄，防洪设计标准主要针对沟道洪水，防护对象为沟道内渣体；临河型渣场坡脚、坡面受河道水流影响较大，防洪标准主要针对河道洪水，防护对象为渣场坡脚、坡面；坡地型渣场、平地型渣场布置高程较高，不受集中洪水的影响，渣体主要受降雨影响；库区型渣场主要指位于库区内的渣场，水库蓄水后，渣体位于死水位以下。

2. 根据渣场使用时段分类

原《水电工程施工组织设计规范》（DL/T 5379—2007）规定，将渣场划分为工程施工期临时渣场、库区死水位以下渣场、永久性弃渣场三大类，并根据渣场类型制定了相应的防洪标准。

（1）工程施工期临时渣场：指施工期临时堆存有用料的存渣场。

（2）库区死水位以下渣场：渣场堆渣顶高程处于水库死水位以下。

（3）永久性弃渣场：影响到永久建筑物，下游有重要设施。

根据上述两种分类方式，第一种分类方式主要提出渣场防洪对象，第二种分类方式提出渣场防洪标准。两种分类方式均可进一步归类，具体分类见表 3. 2。

表 3.2　渣场分类表（根据渣场使用时段分类）

分类原则	渣场类型	备注
场地类型	沟道型	占用沟道堆渣，需设置沟道排水设施
	坡地型	利用缓坡地堆渣，需进行渣场周边截排水及坡面防护

续表

<table>
<tr><th>分类原则</th><th colspan="3">渣场类型</th><th>备注</th></tr>
<tr><td rowspan="6">与枢纽建筑物、洪水位位置关系</td><td rowspan="4">上游渣场</td><td rowspan="3">库区型</td><td>库底型</td><td>渣场顶高程低于死水位</td></tr>
<tr><td>库中型</td><td>渣场顶高程高于死水位、低于正常蓄水位</td></tr>
<tr><td>库面型</td><td>渣场顶高程正常蓄水位以上</td></tr>
<tr><td colspan="2">台地型</td><td>坡脚及坡面处于洪水位以上</td></tr>
<tr><td rowspan="2">下游渣场</td><td colspan="2">临河（江）型</td><td>坡脚及坡面处于洪水位以下</td></tr>
<tr><td colspan="2">台地型</td><td>坡脚及坡面处于洪水位以上</td></tr>
<tr><td rowspan="2">使用时段</td><td colspan="3">临时渣场</td><td>仅在施工期使用的渣场</td></tr>
<tr><td colspan="3">永久渣场</td><td>在电站运行期存在的渣场，且渣场失事对周围环境或电站运行有安全风险的渣场</td></tr>
<tr><td rowspan="2">使用功能</td><td colspan="3">弃渣场</td><td>堆置工程开挖弃渣料</td></tr>
<tr><td colspan="3">存渣场</td><td>堆置工程开挖有用料。有用料主要指可用于加工混凝土骨料、坝体填筑利用的开挖料</td></tr>
</table>

3.4　渣 场 布 置

水电工程渣场布置的基本要求：

（1）渣场布置场地地形图比例尺不应小于 1∶2000，渣场拦挡建筑物地形图比例尺不应小于 1∶1000。

（2）渣体堆渣高度不宜超过 200m，超过 200m 应进行专门论证研究。

堆渣高度指从渣场坡脚最低处至最大堆渣高程的高差。由于渣体物理力学指标较差，渣体越高，渣场安全稳定问题越突出。部分工程由于堆渣规模大，渣场堆渣高程超过 200m，该类渣场，需从渣场安全稳定性等方面进行研究论证。

（3）堆渣高度 50m 以上的渣场，宜考虑各高程段堆渣道路的布置。

对于施工道路布置困难的渣场，通常在渣场区域内设置“之”字马道作为堆渣道路。

（4）根据渣场布置，应计算渣场总容量及分高程对应的堆渣容量，1 级、2 级渣场宜采用三维建模的方法计算堆渣容量。

随着信息化、智慧化技术的发展，三维设计在水电工程设计中发挥了较大的作用。对于堆渣体型复杂、堆渣量大的渣场，结合数字地面模型建立渣场三维模型，可较精确计算渣场分高程、分区域及总堆渣容量，同时也可形象的展示堆渣三维体型。白鹤滩水电站矮子沟渣场、海子沟渣场设计中均使用渣场三维建模。

（5）渣场同时堆置工程开挖有用与无用土石料时，应设置明确堆渣分区，便于有用料的回采。

受堆渣场地限制，工程上大多有用料堆渣场在底部垫渣形成较大的堆渣平台后再堆置有用料。白鹤滩水电站海子沟渣场作为有用料渣场，渣场 705m 高程以下堆置弃渣料，705～780m 高程堆置开挖有用料。

（6）临江、临河侧布置的渣场，应进行渣场占用河道过流断面行洪影响分析，确保渣场布置不影响河道行洪。

靠近河（江）侧布置的渣场，渣场坡脚及坡面处于水位变幅区内，渣场会占用部分河道行洪断面，通过行洪影响分析，论证渣场布置不影响河道正常行洪，坝址下游渣场不抬高河床水位影响发电效益。部分工程渣场行洪影响分析成果见表3.3。

表3.3　部分工程行洪影响分析成果表

工程名称	渣场名称	渣场占用河道行洪面积比/%	壅水高度/m
白鹤滩水电站	荒田渣场	15.8	0.2
溪洛渡水电站	癞子沟渣场	7.25	0.7
DG 水电站	下游右岸渣场	21.3	0.28
JX 水电站	下游2#渣场	27.9	0.35

第4章　渣场级别及设计标准

4.1　渣 场 级 别

4.1.1　渣场级别

渣场作为水电工程中的建筑物，宜依据渣场级别确定防洪标准。根据渣场特性，主要从渣场规模（堆渣量）、堆渣最大高度及渣场失事对主体工程或周围环境的危害程度三个方面确定渣场级别，现行规程规范与渣场级别有关的规定如下：

1.《水电建设项目水土保持方案技术规范》（DL/T 5419—2009）

该规范将渣场按渣场规模、渣场位置、渣场失事环境风险程度、渣场失事对主体工程的风险程度划分为小型、中型、大型、特大型四种类型，依据渣场重要性的分类确定渣场防洪标准。渣场防洪特性分类及防洪参考设计标准见表4.1和表4.2。

表4.1　渣场防洪特性分类表

序号	重要性分类	特大型	大型	中型	小型
1	渣场规模	堆渣总量大于300万m^3，或堆渣体最大堆渣高度大于150m	100万~300万m^3，或堆渣体最大堆渣高度大于100m	10万~100万m^3，或堆渣体最大堆渣高度大于50m	10万m^3以下，或堆渣体最大高度小于50m
2	渣场位置	渣场位于冲沟主沟道，上游集水面积大于$20km^2$	渣场位于冲沟沟道，上游集水面积小于$20km^2$	渣场位于山坡、河滩、坑凹	渣场位于坡度小于5°的平坦荒地或坑凹地
3	渣场失事环境风险程度	对城镇、大型工矿企业、干线交通等有明显影响	对乡村、一般交通、中型企业等有较大影响	对渣体流失，对环境有一定的影响	渣体流失，对环境影响较小
4	渣场失事对主体工程的风险程度	对主体工程施工和运行有重大影响	对主体工程施工和运行有明显影响	对主体工程施工和运行有影响	对主体工程施工和运行没有影响

注：渣场防洪特性按表中1~4项中任一项最大值确定。

表4.2　渣场防洪参考设计标准表

渣场类别	特大型	大型	中型	小型
渣场防洪设计标准（P）/%	1~2	2~5	5~10	10~20

该规范按渣场规模以300万m^3、100万m^3、10万m^3为区间界限值将渣场分为四类；

渣场堆渣边坡高度以 150m、100m、50m 为区间界限值；渣场失事风险程度分为重大影响、明显影响、有影响、无影响。

2.《水土保持工程设计规范》(GB 51018—2014)

该规范从水土保持工程角度将渣场分为 1 ~5 级，具体见表 4.3。

表 4.3　渣场级别表

渣场级别	堆渣量(V)/万 m^3	堆渣最大高度(H)/m	渣场失事对周围环境的危害程度
1	$1000<V<2000$	$150<H<200$	严重
2	$500<V<1000$	$100<H<150$	较严重
3	$100<V<500$	$60<H<100$	不严重
4	$50<V<100$	$20<H<60$	较轻
5	$V<50$	$H<20$	无

注：(1) 当根据堆渣量、堆渣最大高度、渣场失事对周围环境的危害程度确定的渣场级别不一致时，就高不就低。

(2) 渣场失事对周围环境的危害程度指对城镇、乡村、工况企业、交通等环境建筑物的影响程度，严重：相关建筑物遭到大的破坏或功能受到大的影响，可能造成人员伤亡和重大财产损失的；较严重：相关建筑物遭到较大破坏或功能受到较大的影响，需进行专门修复后才能投入正常使用；不严重：相关建筑物遭到破坏或功能受到影响，及时修复可投入正常使用；较轻：相关建筑物受到的影响很小，不影响原有功能，无需修复即可投入正常使用。

该规范渣场规模（堆填量）以 2000 万 m^3、1000 万 m^3、500 万 m^3、100 万 m^3、50 万 m^3 为区间界限值，渣场堆填最大高度以 200m、150m、100m、60m、20m 为区间界限值。

渣场拦挡工程建筑物级别根据渣场级别分为 1 ~5 级，按表 4.4 的规定确定。

表 4.4　渣场拦挡工程建筑物级别表

渣场级别	挡渣工程			排洪工程
	挡渣堤工程	挡渣坝工程	挡渣墙工程	
1	1	1	2	1
2	2	2	3	2
3	3	3	4	3
4	4	4	5	4
5	5	5	5	5

渣场拦挡工程防洪标准按表 4.5 中规定确定。

表 4.5　渣场拦挡工程防洪标准表

挡渣堤（坝）工程级别	排洪工程级别	防洪标准：重现期/年			
		山区、丘陵区		滨海、平原	
		设计	校核	设计	校核
1	1	100	200	50	100
2	2	100 ~50	200 ~100	50 ~30	100 ~50

续表

挡渣堤（坝）工程级别	排洪工程级别	防洪标准：重现期/年			
		山区、丘陵区		滨海、平原	
		设计	校核	设计	校核
3	3	50～30	100～50	30～20	50～30
4	4	30～20	50～30	20～10	30～20
5	5	20～10	30～20	10	20

3.《尾矿设施设计规范》（GB 50863—2013）

尾矿库各使用期的设计等别根据该期的全库容和坝高分别按表4.6确定。

表4.6　尾矿库各使用期的设计等别表

等别	全库容（V）/万 m^3	坝高（H）/m
一	V>50000	H>200
二	50000>V>10000	200>H>100
三	10000>V>1000	100>H>60
四	1000>V>100	60>H>30
五	V<100	H<30

尾矿库构筑物的级别根据尾矿库等别及其重要性按表4.7确定。

表4.7　尾矿库构筑物的级别表

尾矿库等别	构筑物级别		
	主要构筑物	次要构筑物	临时构筑物
一	1	3	4
二	2	3	4
三	3	5	5
四	4	5	5
五	5	5	5

尾矿库各使用期的防洪标准应根据使用期库的等别、库容、坝高、使用年限及对下游可能造成的危害程度等因素，按表4.8确定。

表4.8　尾矿库各使用期的防洪标准表

尾矿库各使用期等别	Ⅰ	Ⅱ	Ⅲ	Ⅳ	Ⅴ
洪水重现期/年	1000～5000或PMF	500～1000	200～500	100～200	100

注：PMF为可能最大洪水（probable maximum precipitation）。

4.《水电枢纽工程等级划分及设计安全标准》（DL 5180—2003）

根据《水电枢纽工程等级划分及设计安全标准》（DL 5180—2003），水工建筑物级别根据工程等别及建筑物在工程中的作用和重要性划分为五级，水工建筑物级别划分见表 4.9、表 4.10。

表 4.9 水工建筑物级别划分表

工程等别	永久性水工建筑物	
	主要建筑物	次要建筑物
一	1	3
二	2	3
三	3	4
四	4	5
五	5	5

表 4.10 临时性水工建筑物级别表

级别	保护对象	失事危害程度	使用年限/年	建筑物规模	
				高度/m	库容/亿 m^3
3	有特殊要求的 1 级永久建筑物	淹没重要城镇、工矿企业、交通干线，或推迟总工期及第一台机组发电工期，造成重大灾害和损失	>3	>50	>1.0
4	1 级、2 级永久性水工建筑物	淹没一般城镇、工矿企业，或影响工程总工期及第一台机组发电工期，造成较大损失	2～3	15～50	0.2～1.0
5	3 级、4 级永久性水工建筑物	淹没基坑，但对总工期及第一台机组发电工期影响不大，经济损失较小	<2	<15	<0.2

注：临时性水工建筑物指仅在枢纽工程施工期使用的建筑物，如围堰、导流洞、导流明渠、临时挡墙等。

参照该规范的上述规定，就渣场在水电工程中的作用而言，水电工程永久渣场可作为水电工程中的次要建筑物，其级别在 3～5 级范围内；作为工程施工期使用的临时渣场，其级别也在 3～5 级范围内进行划分。因此，不论永久渣场还是临时渣场，其级别均应在 3～5 级中选择。

根据统计的 17 个水电工程共 35 个渣场设计资料，其中规模在 1000 万 m^3 以上的 14 个，介于 300 万 m^3 至 1000 万 m^3 有 14 个，300 万 m^3 以下的有 7 个。总体而言，《水电建设项目水土保持方案技术规范》（DL/T 5419—2009）对渣场规模的规定值偏小，《水土保持工程设计规范》（GB 51018—2014）对渣场规模规定值是合适的，但设置了上限值 2000 万 m^3。为了保持水电行业标准与渣场实施成果协调性，本书拟定渣场级别见表 4.11。

表 4.11 拟定渣场级别表

规模	渣场分级	堆渣量（V）/万 m^3	堆渣最大高度（H）/m	渣场失事对主体工程或周围环境的危害程度
特大型	1	$V \geqslant 300$	$H \geqslant 100$	严重
大型	2	$100 \leqslant V < 300$	$60 \leqslant H < 100$	较严重

续表

规模	渣场分级	堆渣量（V）/万 m^3	堆渣最大高度（H）/m	渣场失事对主体工程或周围环境的危害程度
中型	3	$50 \leq V<100$	$20 \leq H<60$	中等
小（1）型	4	$10 \leq V<50$	$10 \leq H<20$	较轻
小（2）型	5	$V<10$	$H<10$	无

注：（1）按堆渣量、堆渣最大高度、渣场失事对主体工程或环境的危害程度确定的渣场级别不一致时，应按高级别执行。

（2）渣场失事对主体工程的危害程度是指对主体工程施工和运行的影响程度；渣场失事对周围环境的危害程度是指对城镇、乡村、工矿企业、交通等建筑物的影响程度。严重是指相关建筑物遭到大的破坏或功能受到大的影响，可能造成人员伤亡和重大财产损失的；较严重是指相关建筑物遭到大的破坏或功能受到大的影响，需进行专门修复后才能投入正常使用；中等是指相关建筑物遭到破坏或功能受到影响，及时修复可投入正常使用；较轻或无是指相关建筑物遭到较小破坏或功能受到影响较小，及时修复或无需修复可投入正常使用。

相应渣场挡护、排水设施建筑物级别见表4.12。

表4.12　渣场挡护、排水设施建筑物级别表

渣场分级	挡护建筑物级别		排水建筑物
	挡水坝	支挡结构	
1	3	3	3
2	4	4	4
3、4、5	5	5	5

4.1.2　渣场失事安全风险研究

渣场级别确定的三要素中，渣场规模、堆渣最大高度是量化指标，渣场失事对主体工程或周围环境的危害程度是定性指标，未进行量化，造成选用渣场防洪设计标准时人为因素占比较大。渣场失事事件的发生是概率问题，虽然渣场失事后的风险程度大，若渣场失事发生的概率很小，也可认为渣场失事风险类别较低。对于渣场失事的安全风险，若有一套较完整的评价指标体系，将定性的程度量化，则可方便设计人员进一步明确和选择合适的渣场洪水设计标准。

风险评价指数矩阵法采用综合判断危险性事件严重程度和分析风险概率，按照风险评价矩阵提出风险评价指数，用矩阵中指数的大小作为风险评价的准则。在渣场重要性判别中，借鉴风险评价指数矩阵法对渣场风险进行分类，依据风险类别，量化渣场失事的影响程度，以此作为渣场防洪设计标准的因素。

1. 危险性事件严重度等级描述

将事故后果的严重程度定性地分为若干级，称为危害性事件的严重度等级。表4.13给出了危险性事件发生后严重程度的划分原则，该表对四种危险性事件的严重度等级划分对事故后果的说明是定性的，描述较为简洁。

表 4.13 危险性事件严重度等级表

严重度等级及说明	事故后果说明
Ⅳ，灾难的	人员死亡，整体系统的永久性报废
Ⅲ，危险的	人员严重受伤、严重职业病或局部系统的永久性破坏
Ⅱ，临界的	人员轻度受伤，轻度职业病或系统轻度损坏
Ⅰ，轻微的	人员伤害程度和系统损坏程度都轻于Ⅱ级

对于渣场而言，失事风险实际上属于对安全隐患严重程度的预判，而非实际发生的情况，主要根据渣场周边环境确定渣场失事带来的危害，以定性判别为主。

2. 危险性事件可能性等级描述

危险性事件发生的可能性是指在设计的系统、工程寿命内危险性事件发生的概率。它可以表述为单位时间、事件、人员、项目及行为中潜在事件发生的概率。表 4.14 给出了危险性事件发生的可能性等级的划分原则，共分为五级。

表 4.14 危险性事件可能性等级表

可能性等级	说明	单个项目具体发生情况	总体发生情况
A	几乎不可能发生	极不易发生，以至于可以认为不会发生	不易发生，但有可能发生
B	发生的可能性极小	在某期限内不易发生，但有可能发生	不易发生，但有理由可预期发生
C	有时发生	在某期限内有时可能发生	发生若干次
D	很可能发生	在某期限内会出现若干次	频繁发生
E	频繁发生	频繁发生	连续发生

3. 半定量评价

危险性事件的风险分类取决于危险性事件的严重度和危险性事件发生的可能性，而确定两个指标的综合作用可以通过危险性事件风险评价矩阵来实现。表 4.15 提供了一个风险评价指数矩阵。

表 4.15 风险评价指数矩阵

严重等级（可能性等级）	Ⅰ	Ⅱ	Ⅲ	Ⅳ
A	1	4	6	9
B	2	7	11	13
C	3	10	15	17
D	5	12	16	19
E	8	14	18	20

矩阵中元素即为加权指数，也称为风险评价指数。用矩阵中指数的大小作为风险评价的准则，即指数 16～20 的为四级风险，不能接受；12～15 为三级风险，是不希望有的风险；4～11 为二级风险，是有条件接受的风险；1～3 是一级风险，是可以接受的风险。危

险性事件风险分类见表 4.16。

表 4.16　危险性事件风险分类表

风险评价指数	危险性事件风险分类	建议接受的风险水平标准	风险控制措施及时间期限
16～20	四级风险	不能接受	为降低风险必须配给大量资源，立即进行综合治理。或者至风险降低后才能开始工作。当风险涉及正在进行中的工作时，就应采取应急措施
12～15	三级风险	不希望有的风险	应努力降低风险，但应仔细测定并限定预防成本，在规定时间期限内实施风险减少措施。在该风险与严重事故后果相关的场合，必须进一步评价以更准确地确定该事故发生的可能性，以确定是否改进的控制措施
4～11	二级风险	有条件接受的风险	
1～3	一级风险	可以接受的风险	通过评审决定是否需要另外的控制措施，如需要，应考虑投资效果更佳的解决方案或不增加额外成本的改进措施。同时，需要通过监测来确保控制措施得以维持。但必须执行控制措施，以防止风险升级

根据上述分析，渣场失事对周围环境、主体工程风险程度则可分为四类，分别为四级风险、三级风险、二级风险、一级风险。

以白鹤滩水电站矮子沟渣场为例，矮子沟渣场下游侧为施工布置区及六城坝营地，矮子沟区域面貌见图 4.1，渣场暴雨、洪水、泥石流危险性评价见表 4.17。

图 4.1　矮子沟区域面貌图

表 4.17　暴雨、洪水、泥石流危险性评价表

项目	危险性评价结果	
所在部位	排水洞进口、矮子沟沟道	排水洞下游侧排水斜井
事故原因	暴雨、洪水、泥石流	
事故后果	施工人员伤亡、设备损失	水流冲向六城营地
危险等级	Ⅳ（灾难的）	Ⅲ（危险的）
可能性等级	C（有时发生）	C（有时发生）
风险评价指数	17，四级风险（不能接受的风险）	15，三级风险（不希望有的风险）
预防措施	1. 沟内各级拦挡坝过水断面坝段应按期在汛前完工；斜井进口段挡墙应在汛前完工；下平洞进口下游瓦窑沟内桥洞下增设安全挡护措施防止人员误入洞口。 2. 矮子沟沟道应预留设计要求的过流断面，并做好护脚护坡等防护工作，保证泄流通道畅通，排水洞汛期保持畅通。 3. 建立雨情预警机制，制订和落实度汛预案，及时避险撤退。 4. 加强排水设备检修与维护	

通过风险评价指数矩阵法评价，矮子沟渣场施工期暴雨、洪水、泥石流的风险评价指数为17，是不能接受的风险，必须配给大量资源，立即进行综合治理以降低风险。

4.2　渣场洪水设计标准研究

4.2.1　渣场洪水特性

西部水电工程由于山高谷深、场地局促，渣场可布置区域极其有限，多布置于支沟、冲沟内，这些支沟、冲沟陡峻的地形形态和迅捷的汇水特性使得渣场的防护、防洪、排水设计变得越发重要，设计中需要对此有充分的了解和认识，并引起足够的重视。

通过金沙江白鹤滩、杨房沟、卡拉等水电站渣场所在支沟、冲沟的流域特性、暴雨特性、洪水特性研究，认识、了解大型渣场暴雨、洪水的基本特征。

1. 大型渣场所在支沟、冲沟流域特性

了解、测量渣场所在支沟、冲沟的流域特性是洪水分析计算的必要前提。渣场洪水计算之初，需要收集渣场以上闭合的流域水系图，量算渣场以上集水面积、河道长度、河道坡降等流域特征参数。

统计分析金沙江白鹤滩、杨房沟、卡拉等水电站渣场布置所在支沟、冲沟流域特性如表4.18所示。

表 4.18　水电站工程渣场布置所在支沟、冲沟流域特性表

水电站工程名称	渣场名称	流域面积/km^2	河道长度/km^2	河道坡降/‰
白鹤滩	矮子沟渣场	65.9	22.6	126
	海子沟渣场	103.6	22.2	93.2
	荒田右渣场	7.59	4.917	415.3
	新建村渣场	4.3	5.842	349.6
杨房沟	上铺子沟渣场	32.61	14.96	161.6
卡拉	甲尔沟	47.11	13.59	150.48
	上田镇沟	5.56	4.99	320.6

从表 4.18 可以看出，上述工程渣场所在支沟、冲沟的流域面积一般在 100km^2 以下，河道长度较为短促，冲沟坡极为陡峭，河道坡降多在 100‰以上，具有十分鲜明的山区支沟、冲沟流域特性。

所谓冲沟，是由间断水流在地表冲刷形成的沟槽，分布于土质松软、植被稀少而有坡地的地方，沟壑深度一般由数米到数十米，长度从数百米至数千米不等。这些冲沟都是台地边缘的凹岸经流水侵蚀和垂力侵蚀发展而成的。当凹岸上台地有一定的集水坡面时，常先由暴雨形成具有固定线路的细沟或切沟，然后回流与凹岸，侵蚀发展为冲沟，冲沟以溯源侵蚀方式不断向台地内部延伸。

金沙江河谷干湿交替的气候有利于土体裂隙的发育，白鹤滩水电站工程中的荒田渣场、新建村渣场所在均为冲沟。

2. 暴雨

1）暴雨特性

金沙江、澜沧江中上游、怒江中上游所在的我国西南部区域（包括西藏高原东部、云贵高原和四川盆地）盛行西南季风，造成暴雨的天气系统为冷锋、静止锋和西南低涡，水汽主要来源于孟加拉湾和南海北部的西南暖湿气流。

受季风控制影响，年内气候变化具有干、湿季分明的特点，降雨的年内分配极不均匀，干季（11～4 月）降水稀少，雨季（5～10 月）降水集中。年内最大暴雨集中于 5～10 月，其中以 6～9 月最为突出。

根据《中国暴雨统计图集》（2006 版），金沙江、澜沧江、怒江流域的 60min 雨量均值在 30mm 以下；100 年一遇 60min 雨量一般在 80mm 以下，暴雨中心雨量可达 100mm；6h 雨量均值一般在 50mm 以下，暴雨中心雨量均值可达 60mm；100 年一遇 6h 雨量一般在 160mm 以下，暴雨中心雨量可达 200mm。

2）地形地势对暴雨的影响

我国西部地区地形条件复杂，重峦叠嶂、河流深切，致使大暴雨受地形影响显著，总体而言，南部降水多、雨量大，而北部降水少、雨量较小，暴雨中心一般都出现在山脉的迎风坡，暴雨中心雨轴走向与山脉一致。四川盆地西部和川北一带山前迎风坡为雨量高值区，实测最大 24h 雨量在 400～500mm，四川盆地中部实测最大 24h 雨量在 200～300mm，

贵州高原南部实测最大24h点暴雨雨量可达300mm以上，云南高原的年降水量与四川盆地西部接近，但雨量较小，实测最大24h点暴雨雨量一般在150～220mm，西藏高原受高山阻挡，水汽不易进入，一般难以产生暴雨。

暴雨的分布特性、强度特性除了受上述大尺度地形的影响外，还受到局部地形的影响。

我国西部地区，崇山峻岭密布，同一区域内，从山脊至河谷，降水、暴雨特性差异极大。以白鹤滩工程区域为例，降水随高程的变化明显，随着高程的增加，降水有所增加，一般情况下，海拔2500～3000m区域降水最大；迎风坡降水明显大于背风坡。

白鹤滩工程区域分布有多个雨量站，其中，具有较长实测短历时雨量系列的测站有巧家（华弹）水文站、巧家县气象站、宁南水文站、竹寿雨量站，四个测站分布在最远直线距离不足40km的范围内。巧家（华弹）水文站位于金沙江河谷左岸，测站高程约650m；巧家县气象站位于金沙江右岸的巧家县城，原测站高程约840m，2005年1月搬迁至新址，新观测场高程为893.9m；宁南水文站位于金沙江左岸一级支流黑水河河口以上，测站高程约1250m；竹寿雨量站位于金沙江左岸宁南县的竹寿镇，测站高程约1800m。

根据各站实测短历时降水系列，计算各测站设计暴雨成果如表4.19所示。虽然四站相距不足40km，但雨量差别明显，竹寿雨量站6h、24h雨量均值比巧家（华弹）水文站分别增加17%、47%。四站之中，以竹寿雨量站短历时雨量最大，宁南水文站次之，巧家县气象站、巧家（华弹）水文站相对较小，雨量随高程的变化趋势十分明显。巧家（华弹）水文站比巧家县气象站高程低很多，由于巧家（华弹）水文站处于迎风坡、巧家县气象站处于背风坡，巧家（华弹）水文站与巧家县气象站雨量相当。四站之中，竹寿雨量站位于金沙江左岸喇叭状开口的迎风坡坡顶，有利于水汽的汇聚抬升，成为这一地区的暴雨中心。

表4.19 白鹤滩工程区域各测站设计暴雨成果表

测站	测站高程/m（黄海85m）	时段/h	雨量均值/mm	雨量/mm	
				频率1%	频率2%
巧家（华弹）水文站	650	1	27.6	59.3	53.9
		3	35.0	75.3	68.4
		6	51.3	102.2	93.9
		24	63.3	121.0	112.0
巧家县气象站	840	1	28.2	58.4	53.6
		6	54.1	109.0	100.0
		24	67.3	129.0	118.0
宁南水文站	1250	1	30.1	74.5	66.6
		3	44.1	94.7	86.2
		6	59.0	127.0	115.0
		24	76.0	160.0	146.0
竹寿雨量站	1800	6	60.0	139.0	125.0
		24	93.0	207.0	188.0

因此，在渣场设计洪水计算过程中，应对渣场所处位置、地势地形进行充分的了解，选择有代表性的雨量站，按照《水电工程设计洪水计算规范》（NB/T 35046—2014）中设计暴雨计算方法，计算渣场设计暴雨。

当渣场所在区域具有系列较长、代表性较好的雨量站实测暴雨资料时，按照《水电工程设计洪水计算规范》（NB/T 35046—2014），采用P-Ⅲ频率曲线拟合，分析计算设计暴雨。

当渣场所在区域无实测暴雨资料时，可参阅水文部门印发的该区域有关暴雨洪水手册及图集，查算渣场区域设计暴雨。

3. 洪水计算及特性

1）洪水计算方法

当水电工程渣场所在的冲沟、支沟具有系列较长、代表性较高、一致性较好的流量资料时，可按照《水电工程设计洪水计算规范》（NB/T 35046—2014）、采用P-Ⅲ频率曲线，拟合计算水文站设计洪水，并进一步比算渣场断面设计洪水。

通常情况下，由于水电工程渣场所在的冲沟、支沟坡降陡峻、地质条件复杂，不具备水文测验条件。从我国西部区域现有水文测站分布情况、资料情况来看，开展水文测验的小河站极其稀少。在此条件下，渣场支沟、冲沟设计洪水一般采用设计暴雨推算洪水方法，具体有推理公式法、单位线法等，除此而外，还可采用水文比拟法、地区综合法、经验公式法等方法进行计算。

各方法的计算原理如下。

（1）推理公式法。

推理公式法根据设计暴雨推算设计洪水，适用于小流域设计洪水的分析、计算，具体形式为

$$Q_{\max}=0.278\Psi\frac{s}{\tau^{n}}F \tag{4.1}$$

式中，$Q_{\max}$为最大流量，m^3/s；Ψ为洪峰径流系数；s为暴雨雨力，mm/h；n为暴雨指数；F为流域面积，km^2；τ为流域汇流时间，h。

（2）单位线方法。

单位线是指在一个特定流域内，单位时段时空均匀分布的单位净雨所形成的流域出口的直接径流。

无论是推理公式法，还是单位线方法均需要根据本区域实测暴雨、流量资料进行分析、率定。因此，在实测暴雨、流量资料较为充分的区域或省份，推理公式法和单位线方法的计算参数及公式较为完整；而在实测暴雨、流量资料较为匮乏的区域或省份，相关推理公式和相应参数较为欠缺。

（3）水文比拟法。

本方法的前提条件是渣场支沟、冲沟附近区域有水文测站，且暴雨特性、流域特性、下垫面条件与渣场相近，水文站具有较长系列的实测洪水流量资料。

选用工程区域附近暴雨特性、下垫面特性基本一致，集水面积与水电站渣场支沟、冲沟集水面积相对接近的水文站为设计依据站，采用设计依据站洪水资料，分析、计算设计

洪水，按照集水面积修正，比拟推算渣场支沟或冲沟的设计洪水。

（4）地区综合法。

当水电站渣场邻近区域有多个水文站，且暴雨特性与渣场支沟或冲沟基本一致、下垫面特性与渣场相似、流量测验资料系列较长时，可将这些水文站作为设计参照站，分析、计算各设计参照站设计洪水，并进一步分析设计洪水参数随集水面积的变化特性及相关关系，拟定设计洪水参数-集水面积相关线。据此，分析、推算水电站渣场支沟或冲沟相应集水面积的设计洪水参数及设计洪水。

（5）经验公式法。

自20世纪70、80年代以来，我国各地的许多水文部门先后编制了省、自治区、直辖市暴雨径流查算图表及手册，2006年中华人民共和国水利部水文局组织各地水文部门对暴雨等值线图进行了复核、重编。在各地的暴雨洪水计算手册中，除了推理公式或单位线计算参数及公式外，还或多或少编制有洪水计算的经验公式，在分析这些公式适用性的情况下，可以参照这些公式计算渣场支沟、冲沟的设计洪水。

水电工程大型渣场支沟、冲沟洪水计算中，需要根据具体的暴雨、流量资料情况和流域特性情况进行具体分析，确定相对合适的计算方法。

《水电工程设计洪水计算规范》（NB/T 35046—2014）虽然没有对水电工程大型渣场支沟、冲沟洪水的分析计算提出明确要求，但是，大型渣场支沟、冲沟设计洪水是渣场的防护、防洪、排水设计的重要前提，关系到渣场设计的安全、可靠，应依据洪水计算规范中的有关要求进行洪水计算。

2）洪水特性

由于暴雨特性的不同，各地的洪水特性也明显不同。但是，各区域汛期来临及结束时间受制于西风环流、西太平洋副高等天气系统的移动变化，年内变化具有一定的规律。以金沙江为例，年内最大洪峰的发生主要集中在7～9月，约占总数的95%以上。

白鹤滩水电站位于金沙江下游，渣场所在支沟均无水文测验站，距离白鹤滩坝址约60km的金沙江一级支流以礼河支流上有小海子（二）站，为金沙江下游仅有的几个小河站之一。根据小海子（二）站实测洪水资料，借以说明白鹤滩工程区域小流域洪水的基本特性。

小海子（二）站位于以礼河支流马树河上，测站高程为2200m（黄海），集水面积为60.6km^2，1960年设立，观测流量至今。小海子（二）站年最大洪水发生时间的年内分布情况如表4.20所示。

表4.20 小海子（二）站年最大洪水发生时间的年内分布情况

月份	5	6	7	8	9
数量/次	2	9	17	11	6
频次/%	4.4	20	37.9	24.4	13.3

小海子（二）站年最大洪水最早出现在5月28日，最晚出现在9月23日，7月出现年最大洪水的频次最高，其次为8月。

白鹤滩工程与小海子（二）站所在区域气候特性、暴雨特性一致，白鹤滩工程渣场支沟、冲沟年最大洪水的发生时间及频次与小海子（二）站应该基本相同。

需要说明的是，白鹤滩工程所在区域年内气候干湿季分明，5月以前的干季，降水量较小、辐射强烈，山体及土壤极为干旱，而本区域泥石流沟发育，汛期前期较大暴雨即可引发泥石流，因此，泥石流爆发最为强烈、集中的时间早于年最大洪水发生的时间。

分析小海子（二）站实测年最大过程，选择洪峰较大的1991年为代表，其实测洪水过程如图4.2所示，可以看到，本站山区型河道洪水过程的特点非常显著：过程尖瘦、洪峰陡峻，洪水从起涨至洪峰不过36min，涨水极为迅速，相对而言，退水段相对缓和、时间较长，整个洪水过程约在1d。

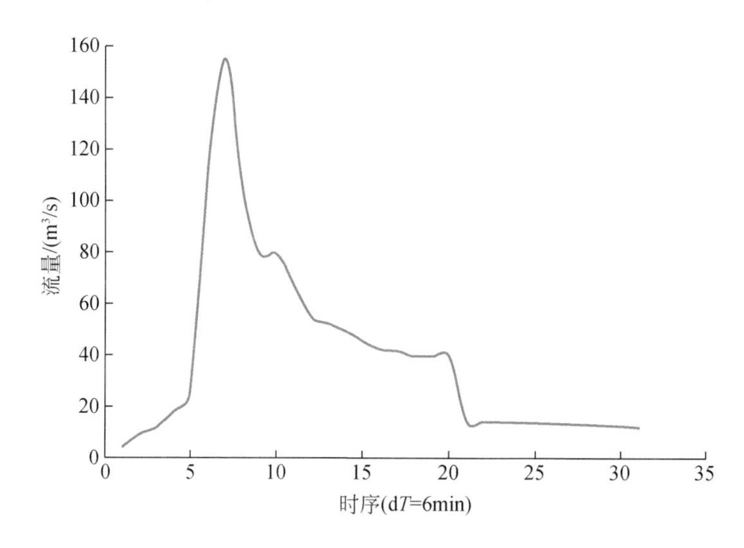

图4.2　小海子（二）站1991年最大洪水过程

白鹤滩工程渣场所在支沟、冲沟集水面积多小于小海子（二）站集水面积，但河道坡降以渣场冲沟、支沟为大，因此，渣场冲沟、支沟的汇流将更为迅速，洪水过程中洪峰将更为突出。

渣场所在支沟、冲沟的上述洪水特性是不难理解的，由于渣场所在支沟、冲沟河道短促、坡降陡峻，下垫面多为裸露岩石或松散机构，一旦暴雨降落，下垫面及河道均缺少洪水滞蓄能力，致使洪水迅速汇聚，形成洪峰特出的洪水过程。

4. *有关渣场设计洪水情况*

金沙江、雅砻江水电工程大型渣场设计暴雨、设计洪水成果归结如表4.21所示。

不同工程之间暴雨特性完全不同，同一工程中，由于各渣场之间的流域特性不同，可使设计洪水差异很大。从上述渣场来看，白鹤滩水电站海子沟渣场集水面积最大，为103.6km^2，50年一遇设计洪峰达474m^3/s，可谓洪水汹涌；沙坪二级水电站火烧营渣场，集水面积仅1.2km^2，50年一遇设计洪峰为22.6m^3/s，渣场的防洪方式、排水规模都需要精心设计，不容忽视。

表 4.21　金沙江、雅砻江水电工程大型渣场设计暴雨、设计洪水成果表

工程名称	渣场名称	流域面积 /km²	河道长度 /km²	河道坡降 /‰	设计暴雨/mm								设计洪峰/(m³/s)							洪水计算方法
					时段	0.5%	1%	2%	3.3%	5%	10%	20%	0.5%	1%	2%	3.3%	5%	10%	20%	
白鹤滩	矮子沟渣场	65.9	22.6	126	1h 3h 6h 24h	82.3 103 138 174	59.3 88.4 102.2 121	53.9 80.3 93.9 112	49.9 74.3 87.6 105	46.7 69.5 82.4 99.1	40.9 60.9 73.3 88.7	34.8 51.8 63.5 77.6	364	328	292	266	—	—	—	推理公式
	海子沟渣场	103.6	22.2	93.2	—	—	—	—	—	—	—	—	763	532	474	431	—	—	—	推理公式
	荒田渣场	7.59	4.917	415.3	—	—	—	—	—	—	—	—	102	88.3	73.9	63.8	56.4	43.2	30.7	经验公式
	新建村渣场	4.3	5.842	349.6	—	—	—	—	—	—	—	—	69.9	60.3	50.5	43.6	38.5	29.5	21.0	经验公式
沙坪二级	火烧营渣场	1.2	—	—	—	—	—	—	—	—	—	—	—	—	—	22.6	—	—	—	—
	干河沟渣场	11.5	—	—	—	—	—	—	—	—	—	—	—	—	—	169.9	—	—	—	—
杨房沟	上铺子沟渣场	32.61	14.96	161.6	1h 6h 24h	—	38.9 62.1 82.4	34.7 57.1 76.5	—	29.2 50.2 68.3	25 44.6 61.9	20.4 38.7 55.1	—	80.7	71.0	—	58.3	48.8	39.3	推理公式
	中铺子渣场	—	—	—									—	—	—	—	—	—	—	—
卡拉	甲尔沟	47.1	13.59	150.48									—	141	124	—	102	85.2	68.8	推理公式
	上田镇沟	5.56	4.99	320.6									—	29.4	25.4	—	20.3	16.7	12.9	推理公式

5. 洪水与暴雨、流域特性相关关系

通常情况下，洪水与暴雨、流域特性、植被之间具有下述相关关系。

气候特性相同的区域，迎风坡降水及暴雨一般大于背风坡。大型渣场一般分布于工程所在河道两侧山坡上或冲沟中，我国大部分地区受季风气候影响，气候的季节性变化非常显著，风速、风向的变化也具有明显的季节性，因此，河道的某一侧为迎风坡，另一侧则为背风坡。白鹤滩工程所在的金沙江河段，湿季时，右岸为背风坡，左岸为迎风坡，左岸竹寿水库、竹寿气象哨所在地是本地区降水和暴雨中心。

立体气候显著的高山峡谷地区，从山谷至山顶，降水及暴雨随地形地势的变化十分显著。降水的动力因素、热力因素受局部地形影响，致使某一高程降水最为显著，由此向上、向下，降水及暴雨都有所减小。对于白鹤滩工程所在的区域来说，最大、最多降水大约位于2500～3000m高程。

洪水源于暴雨发生的地区，暴雨越大，水力因素约充分，洪水越大。

渣场上游的集水面积越大，洪水越大；坡降越陡、河道越短，洪水汇流越快，洪水越大。

河道植被越差，缺少蓄洪滞洪能力，洪水汇流越快，洪水越大。

4.2.2　挡排建筑物经济性分析

渣场排水及防洪建筑物工程投资与渣场防洪设计标准密切相关，设计标准越高，工程投资规模越大。

根据统计资料，从渣场沟水处理方式上看，大多在沟道上游设置挡水坝，采用排水洞、排水渠（涵）或两种相结合等多种方式将沟道水流引排，其中排水洞应用较多，排水洞断面尺寸设计除了满足过流断面需求外，也需考虑机械化施工要求。排水洞一般采用城门洞型，断面尺寸一般在3～8m×3～10m（宽×高）范围之内。

渣场挡水坝多数与渣场布置相结合，就地取材，采用工程开挖土石料筑坝。

根据前述章节的统计资料，从设计流量上看，溪洛渡水电站豆沙溪沟渣场洪水设计流量最大，达到662m^3/s，其排水洞断面尺寸为7.5m×6.896m，其他渣场洪水设计流量在400m^3/s以下。

白鹤滩矮子沟渣场采用排水洞排水，10年、20年、50年一遇洪水流量分别为209m^3/s、245m^3/s、292m^3/s，考虑机械化施工要求，排水洞净断面尺寸6m×5m，相应上游挡水坝坝顶高程分别为783.0m、787.0m、792.5m，三种标准下填筑量分别为33.3万m^3、40.7万m^3、46.6万m^3，挡水坝采用工程开挖渣料筑坝，填筑材料仅计碾压费用，不计渣料开挖及运输费用，相邻两种标准渣料碾压费用分别为117.8万元、94万元，相差费用占挡水坝投资约10%，占整个沟水处理工程投资约1%。

白鹤滩海子沟渣场沟水引排采用箱涵排水，在渣场洪水标准选择时，分别考虑10年、20年一遇洪水流量338m^3/s、396m^3/s时，经水力计算，排水涵断面尺寸分别为7m×6m（宽×高）、6m×6m，两方案投资分别为5561万元、5100万元，投资相差约461万元，占20年一遇洪水设计标准排水渠投资的8.3%，所占比例较小。

从工程经济性上看，不同设计标准下渣场沟水处理投资相差并不明显，主要原因在于沟道洪水流量并不大，采用满足机械化施工的断面尺寸即可满足较大范围内水流的排泄要求，渣场挡水坝的高低对工程投资的增减并不明显。因此，从工程经济性上讲，对于占用沟道的渣场，不同洪水设计标准对工程投资的影响并不大，不适合作为渣场防洪设计标准选择考虑的主要因素。

4.2.3 渣场洪水设计标准

渣场洪水设计标准、防洪设计与渣场类型关系密切。

《水电工程施工组织设计规范》（DL/T 5397—2007）从渣场使用时段提出了施工期临时渣场、库区死水位以下渣场防洪标准在5~20年重现期内选用；工程永久性弃渣场其防洪标准在20~50年重现期内选用，渣场影响到永久建筑物，下游有重要设施，失事后将造成严重后果，经分析、论证后，可提高渣场的防洪标准。

根据渣场级别，拟定永久渣场与临时渣场洪水设计标准分别见表4.22和表4.23。

表4.22 永久渣场洪水设计标准表

渣场级别	1	2	3	4、5
洪水重现期/年	>100	50~100	30~50	10~30

表4.23 临时渣场洪水设计标准表

渣场级别	1	2	3~5
洪水重现期/年	>20	10~20	5~10

4.3 渣场边坡安全稳定标准研究

渣场边坡稳定安全系数标准主要可参照的规范有《水电水利工程边坡设计规范》（DL/T 5353—2006）、《碾压式土石坝设计规范》（DL 5395—2007）、《水利水电工程水土保持技术规范》（SL 575—2012），渣场稳定分析时不同单位有不同的习惯与传统，以上几种规范所规定的安全系数均有采用，尤其以《碾压式土石坝设计规范》（DL 5395—2007）和《水电水利工程边坡设计规范》（DL/T 5353—2006）采用最多，以下将各规范进行比较，考察其用于渣场稳定计算的合理性。

1.《水电水利工程边坡设计规范》（DL/T 5353—2006）规定的安全系数

该规范规定："水电水利工程边坡稳定分析应区分不同的荷载效应组合和运用状况，采用极限平衡方法中的下限解法时，其设计安全系数应不低于表4.24中规定的数值。针对具体边坡工程所采用的设计安全标准，应根据对边坡与建筑物关系、边坡工程规模、工程地质条件复杂程度以及边坡稳定分析的不确定性等因素的分析，从表4.24中所给范围内选取。对于失稳边坡风险度大的边坡，或稳定分析中不确定因素较多的边坡，设计安全系数宜取上限值，反之取下限值。”

表4.24　水电水利工程边坡设计安全系数表

级别＼类别及工况	A类（枢纽工程边坡）			B类（水库边坡）		
	持久状况	短暂状况	偶然状况	持久状况	短暂状况	偶然状况
Ⅰ	1.30~1.25	1.20~1.15	1.10~1.05	1.25~1.15	1.15~1.05	1.05
Ⅱ	1.25~1.15	1.15~1.05	1.05	1.15~1.05	1.10~1.05	1.05~1.00
Ⅲ	1.15~1.05	1.10~1.05	1.00	1.10~1.00	1.05~1.00	<1.00

2.《碾压式土石坝设计规范》（DL 5395—2007）规定的安全系数

该规范规定：采用计条间作用力的计算方法时，坝坡抗滑稳定的安全系数，不应小于表4.25规定的数值。采用不计条块间作用力的瑞典圆弧法计算时，坝坡抗滑稳定安全系数不应小于表4.26规定数值。

表4.25　坝坡抗滑稳定最小安全系数表（计条间作用力）

运用条件	土石坝级别			
	1	2	3	4、5
正常运用条件	1.50	1.35	1.30	1.25
非常运用条件Ⅰ	1.30	1.25	1.20	1.15
非常运用条件Ⅱ	1.20	1.15	1.15	1.10

表4.26　坝坡抗滑稳定最小安全系数表（不计条间作用力）

运用条件	土石坝级别			
	1	2	3	4、5
正常运用条件	1.30	1.25	1.20	1.15
非常运用条件Ⅰ	1.20	1.15	1.10	1.05
非常运用条件Ⅱ	1.10	1.05	1.05	1.05

3.《水利水电工程水土保持技术规范》（SL 575—2012）

弃渣场稳定计算包括堆渣体边坡及其地基的抗滑稳定计算。抗滑稳定计算应根据弃渣场级别、地形、地质条件，并结合弃渣堆置型式、堆置高度、弃渣组成、弃渣物理力学参数等选择有代表性的断面进行计算。弃渣场稳定计算应分为正常运用工况和非常运用工况，正常运用工况：弃渣场在正常和持久的条件下运用，弃渣场处在最终弃渣状态时，渣体无渗流或稳定渗流；非常运用工况：弃渣场在正常工况下遭遇Ⅶ度以上（含Ⅶ度）地震。

采用简化毕肖普（Bishop）法、摩根斯顿-普赖斯（Morgenstern-Price）法计算时，抗滑稳定安全系数不应小于表4.27中数值。

表 4.27　弃渣场抗滑稳定安全系数表（毕肖普法和摩根斯顿–普赖斯法）

应用情况	弃渣场级别			
	1	2	3	4、5
正常运用工况	1.35	1.30	1.25	1.20
非常运用工况	1.15	1.15	1.10	1.05

采用瑞典圆弧法计算时，抗滑稳定安全系数不应小于表 4.28 中数值。

表 4.28　弃渣场抗滑稳定安全系数表（瑞典圆弧法）

应用情况	弃渣场级别			
	1	2	3	4、5
正常运用工况	1.25	1.20	1.20	1.15
非常运用工况	1.10	1.10	1.05	1.05

4. *渣场边坡抗滑稳定安全系数的确定*

根据上述列表，《水电水利工程边坡设计规范》（DL/T 5353—2006）边坡分类按所属枢纽工程等级、建筑物级别、边坡所处位置、边坡重要性和失事危害程度来划分边坡类别和安全级别；《碾压式土石坝设计规范》（DL/T 5395—2007）坝坡抗滑稳定是根据土石坝的级别确定坝坡抗滑安全稳定系数；《水利水电工程水土保持技术规范》（SL 575—2012）根据渣场级别确定渣场边坡安全稳定系数。

从安全系数大小上看，《碾压式土石坝设计规范》（DL/T 5395—2007）中 3、4、5 级土石坝边坡安全稳定系数较《水电水利工程边坡设计规范》（DL/T 5353—2006）中 B 类Ⅰ、Ⅱ、Ⅲ级边坡安全稳定系数均要高，也高于《水利水电工程水土保持技术规范》（SL 575—2012）中规定的安全系数。

在计算工况上，渣场从场地地形、地质条件、填筑材料、填筑程序、结构功能、荷载工况等方面与碾压式土石坝均存在较大差异，具体在以下几个方面：

（1）从场地地形、地质条件来看，渣场一般置于覆盖层缓坡地，对堆渣基础无特殊要求；碾压式土石坝考虑坝体稳定及渗流要求，一般基础均开挖至基岩，且对坝基进行加固处理。

（2）从填筑材料及填筑程序来看，渣场堆渣边坡由工程开挖渣料自然堆积后通过修坡形成稳定坡面，填筑渣料没有特殊要求也未经碾压，土石坝则对坝体填筑料由严格要求且分层碾压上升，填筑料质量远高于渣场堆渣体。

（3）从结构功能上看，土石坝为挡水建筑物，运行需考虑渗透稳定、应力应变、边坡稳定等方面的综合要求，安全稳定要求高。渣场边坡形成后允许存在变形、沉降。

（4）从荷载工况来看，碾压式土石坝主要考虑施工期、稳定渗流期、水库水位降落期和正常运用与地震四种工况，分别需计算上下游坝坡稳定。渣场一般考虑最大堆渣边坡高度时的正常运行工况、暴雨工况及地震工况，计算荷载相对简单。

（5）《水利水电工程水土保持技术规范》（SL 575—2012）规定的安全系数仍然偏高，

在西部水电工程巨型渣场的设计中往往难以达到该规范规定的数值。而经过多年的运行情况，结合渣场的变形观测分析，渣场是稳定的，若按该规范执行，一方面造成渣场坡比需设计过缓、地基开挖较深，甚至需要采用抗滑桩的强支护措施；另一方面，若按照该规范，渣场场址的选择较为困难，第四系覆盖层地基经过多年沉积，多为临界稳定状态，清表、压实、堆渣后均很难达到该规范规定的安全系数。

（6）从渣场边坡所处位置、失事影响等方面来讲，与《水电水利工程边坡设计规范》（DL/T 5353—2006）对边坡分类相关规定较接近，渣场边坡与工程区堆积体（崩、坡积体）形成的自然边坡更为类似。

考虑到渣场规模越来越大、安全稳定风险更加突出及稳定分析中存在诸多不确定性因素，边坡设计安全稳定系数参考《碾压式土石坝设计规范》（DL/T 5395—2007）确定。采用计条块间作用力与不计条块间作用力分别推荐采用表4.29中的安全系数。

表4.29　渣场边坡设计安全系数表

计算方法	运用条件	渣场级别			
		1	2	3	4、5
瑞典圆弧法	持久状况	1.25	1.20	1.15	1.10
	短暂状况	1.15	1.10	1.05	1.05
	偶然状况	1.10	1.05	1.05	1.05
简化毕肖普法、摩根斯顿-普赖斯法	持久状况	1.35	1.30	1.25	1.20
	短暂状况	1.25	1.20	1.15	1.10
	偶然状况	1.15	1.10	1.10	1.05

4.4　已纳入《水电工程渣场设计规范》（NB/T 35111—2018）的相关内容

4.4.1　渣场分级

（1）渣场级别应根据渣场规模及失事后对主体工程或环境造成的危害程度划分为五个级别，并按表4.11的规定确定。

（2）渣场挡护、排水建筑物级别应根据渣场对应的级别选择，并按表4.12的规定确定。

结合《水电建设项目水土保持方案技术规范》（DL/T 5419—2009）、《水土保持工程设计规范》（GB 51018—2014）相关规定，依据渣场容量将渣场规模分为300万m^3及以上、300万～100万m^3、100万～50万m^3、50万～10万m^3及10万m^3以下共五个级别。按堆渣量、堆渣体高度、渣场失事的危害程度作为确定渣场级别的依据。部分已建及在建工程渣场堆渣规模见表4.30。

表 4.30 部分已建、在建工程堆渣规模一览表

工程名称	渣场名称	堆渣量/万 m^3	堆渣边坡高度/m	渣场类型
白鹤滩水电站	矮子沟渣场	4100	180	库面型
	海子沟渣场	4600	180	库面型
	荒田渣场	120	100	临河型
溪洛渡水电站	溪洛渡沟渣场	686	—	沟道型
	豆沙溪沟渣场	1720	—	沟道型
锦屏二级水电站	海腊沟渣场	500	—	沟道型
苗尾水电站	丹坞堑渣场	1200	—	沟道型
沙坪二级水电站	火烧营渣场	200	100	坡面型
	干河沟渣场	70	65	坡面型
杨房沟电站	上铺子沟渣场	1100	200	沟道型
	中铺子渣场	550	50	坡面型
锦屏一级水电站	印把子沟渣场	2600	350	沟道型
	三滩沟渣场	1604	190	库底型
	道班沟渣场	178	182	沟道型
长河坝水电站	响水沟渣场	710	180	库面型
	磨子沟渣场	950	200	沟道型
两河口水电站	瓦支沟渣场	2900	180	库底型
	左下沟渣场	400	160	沟道型
深溪沟水电站	深溪沟渣场	737	100	沟道型
猴子岩水电站	色古沟渣场	1854	240	库面型
桐子林水电站	头道河渣场	750	60	沟道型
官地水电站	黑水沟渣场	840	180	库面型
双江口水电站	英戈洛渣场	2525	170	库面型
龙滩水电站	雷公滩渣场	525	120	库底型
	姚里沟渣场	1030	110	沟道型
	纳付堡渣场	946	125	沟道库面型
	那边沟渣场	132	95	沟道型
	龙滩沟渣场	522	110	沟道型
向家坝水电站	莲花池渣场	1270	85	沟道型
	新田湾渣场	1670	115	沟道型
	新滩坝渣场	2340	65	库内滩地型
三板溪水电站	南斗溪 1 号沟渣场	70	80	沟道型
	南斗溪 2 号沟渣场	290	80	沟道型
	八洋河渣场	310	30	河流改道型

4.4.2　设计标准

（1）洪水标准应按永久渣场与临时渣场分别确定。

（2）永久渣场洪水标准应根据渣场级别按表 4.21 的规定确定。

（3）临时渣场洪水标准应根据渣场级别按表 4.22 的规定确定。

（4）渣场边坡抗滑稳定最小安全系数应符合表 4.28 规定的数值。

针对渣场防洪设计标准提出相关规定，渣场洪水设计标准根据渣场级别按永久渣场与临时渣场分别确定。

第5章　渣场安全稳定

5.1　概　　述

近几十年来工程渣场失事屡有发生，如2008年8月湖北省沪蓉西高速公路在建的夹活岩隧道及扁担哑隧道两个渣场均遭山洪冲刷，形成泥石流，造成拦渣坝垮塌，泥石流顺山沟冲入山谷河流主道，造成堵塞；2008年8月8日，山西省临汾市襄汾县陶寺乡塔山矿区因暴雨发生泥石流，致使该矿废弃尾矿库被冲垮。这些工程渣场的失事致使人民生命财产造成了重大的损失。与其他类型工程相比西部水电工程规模巨大，以白鹤滩工程为例，其枢纽工程石方开挖量约8000万m^3，弃渣量约1亿m^3（松方），渣场堆渣边坡高度甚至达到300m以上。渣场一般设置在主河道的支沟，而这些沟口沟道比降急剧变化，弃土堆渣后，阻碍了洪水正常排泄，处于沟口坡降骤变位置的沟道弃渣打乱了沟口原水位网络，渣场弃土随时都可能因暴雨洪水而失稳滑动。

渣场的安全稳定问题突出。由于弃渣开挖量大及征地等其他条件的限制，渣场在时间与空间的布置上往往较为紧张，在空间上挑选地质条件较好的余地很小。影响渣场稳定的两个主要方面，一是覆盖层地基：渣场布置区基础覆盖层深厚，一般不予以清除，渣体堆置于天然覆盖层基础之上，覆盖层成因复杂，其组成均一性差，颗粒粒径大小悬殊，覆盖层内部还往往存在软弱夹层、含砂透镜体等不良地质现象；二是堆渣体本身的稳定问题：堆置于渣场中的渣体来源于枢纽建筑物各个开挖部位，由于同时段开挖部位多，土料、石料一般混合堆放，渣体均一性差，渣体级配很难确定，堆渣体物理力学指标变化很大，渣场堆渣完成后，渣体形成的集雨面积大，暴雨工况下大量雨水的下渗对渣体安全稳定不利，堆渣体安全问题突出①。

5.2　渣场材料参数研究

不论何种渣场稳定分析方法，在实际计算分析时，都会涉及一个非常重要的问题——渣场稳定计算参数的确定，迄今为止，还没有专门的文献或研究对其进行具体阐述和分析。

渣场一般对覆盖层地基清除地表浮土后直接利用，其覆盖层地基一般为第四系堆积物，成因复杂、颗粒粒径悬殊，既有黏土、砂土等细粒土，又有砾石、漂石和卵石等粗粒土，对于一般的硬质颗粒散体材料抗剪强度具有以下的表述（陈殿强和王来贵，2011）。

对于一般硬质颗粒的散体材料，其抗剪强度由摩擦力与咬合力两部分组成，即摩擦强度和咬合强度。这也是经典的库仑（Coulomb）强度表达式在形式上的两个部分。但事实

① 长江水利委员会长江科学院，2016，水电工程大型弃渣场土工试验渗流与应力变形及边坡稳定分析研究报告。

上，摩擦与咬合的界限、比例、发展过程是难以分清的（刘建伟等，2007）。

滑动摩擦是由于材料颗粒表面粗糙不平，在接触处形成微细咬合而产生，可理解为，基本上是沿平面滑动产生的。因而，滑动过程中不产生明显的体积胀缩，其相应的内摩擦角表示为 φ_t。咬合摩擦是由于相邻颗粒对彼此之间的相邻位移产生约束作用而产生的，因为颗粒之间相互嵌接咬合，阻碍彼此相对位移，而要位移，颗粒必须竖起、翻动、挤压或者破碎、折断后才能进行。这就必须使得散体材料产生体积膨胀或收缩。这种剪切过程中产生的体积膨胀或收缩，即剪胀或剪缩，统称为剪胀现象。这是克服咬合产生的现象，由此产生的摩擦角，表示为 φ_i。散体类材料，在剪切作用下产生的这两种摩擦角之和，即材料的总摩擦角为 $\varphi=\varphi_t+\varphi_i$。咬合摩擦包含了剪胀效应和颗粒破碎，颗粒破碎又将产生剪缩、剪胀、颗粒破碎，而剪缩进而又将引起颗粒的定向和排列。因此，现时对于颗粒类散体材料的抗剪强度，已经普遍认为，主要由颗粒的滑动摩擦、剪胀性、颗粒破碎与重定向排列所产生，其形象示意图如图5.1所示。

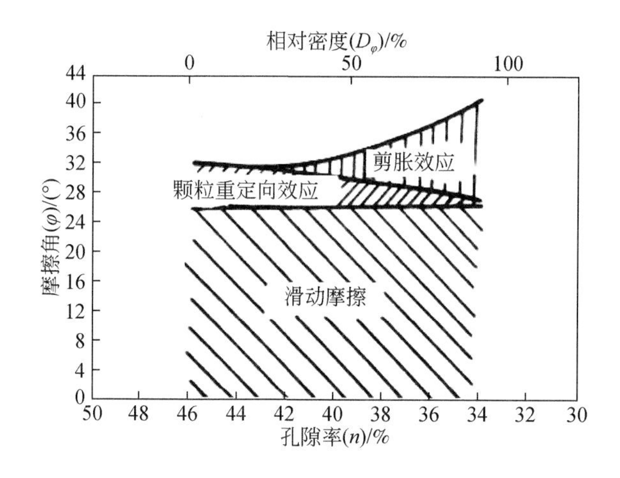

图5.1　散体材料强度组成分量

本章在对白鹤滩的四座主要渣场进行大量现场及室内试验的基础上，结合渣场潜在破坏模式和机理，对参数进行了统计分析，分析了参数的影响因素及变化趋势或规律。以下按渣场的地基土和渣体材料分开阐述。

5.2.1　基底覆盖层材料参数研究

西部水电工程渣场一般布置于主河道的支沟内或坡地上，其经过长期的地质作用，一般渣场选址范围内都有数十米深的第四系覆盖层堆积物，由于地质年代尚新，还未完成固结成岩作用。除可能清除表层耕植土或有机质土以外，弃渣一般直接堆置于覆盖层地基上，覆盖层的强度等物理力学性质往往决定了渣场的整体稳定性，其物理力学性质需引起重视，以往渣场设计时，渣场稳定分析覆盖层强度参数靠经验确定，无试验数据支撑，存在较大的主观性。力学参数特别是强度参数的高低与覆盖层堆积体的成因、颗粒组成（类型）、密度等密切相关，应通过试验、统计、分类等方法逐步完成对常遇类型的覆盖层进行力学归类。渣场地基常见的第四系堆积物按成因通常分为冲积（Q^{al}）、冲洪积（Q^{apl}）、残坡积（Q^{edl}）、崩坡积（Q^{col+dl}）；按颗粒级配组成又通常分为黏土质砾、黏土质砂、粉土质砂、粉土质砾、低液限粉土、低液限黏土、碎石混合土等。

根据对白鹤滩新建村、矮子沟、海子沟及荒田等四座渣场现场实测与统计，共涵盖了12类112组典型覆盖层堆积体物理力学参数，可作为以后渣场设计中物理力学参数资料库，以利于客观分析和评价渣场的稳定性。

5.2.1.1　基底覆盖层材料的现场勘探及试验研究

渣体堆置后，在基岩内部发生滑动的可能性甚微，与渣场稳定相关的主要是第四系覆盖层，渣场覆盖层材料的物理力学性质是渣场稳定、特别是整体稳定的先决条件。

一般渣场的勘察较为简单，也难以取得较为详细的地质资料，而白鹤滩工程在渣场勘察及可研设计阶段对新建村、矮子沟、海子沟及荒田等四座渣场工程地质条件进行了系统的研究，采用了勘探（钻孔和探坑）、物探（地震波测试、单孔剪切波）、现场试验（常规物理力学、颗粒分析、剪切、压缩试验）、重型动力触探测试等手段，取得了丰富的基底覆盖层土体组成及土体性质的第一手资料，可为后续类似工程或勘测条件有限的工程采用。通过丰富的勘探手段，采取了百余组覆盖层试样，采样过程及组数结合覆盖层土样类型分布范围、厚度、对后续建筑物（含渣场、渣场的附属排导结构物）的重要程度进行了分析，白鹤滩工区内渣场覆盖层土体性质分类比例见图5.2。

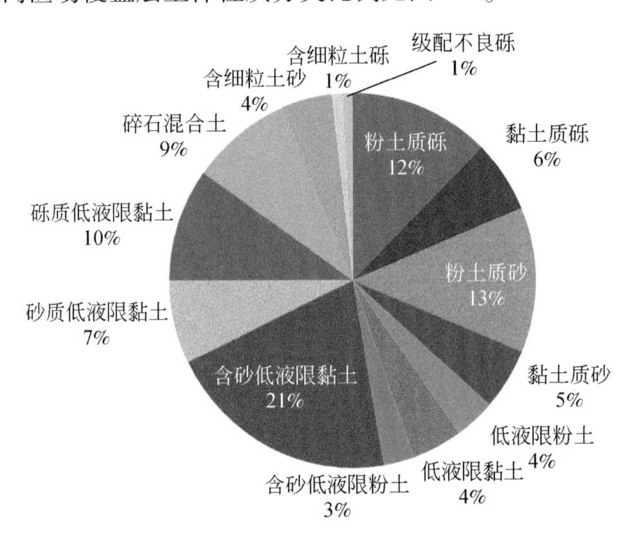

图5.2　白鹤滩工区内渣场覆盖层土体性质分类比例图

以下分述新建村、矮子沟、海子沟及荒田四大典型渣场基底覆盖层土体材料的基本地质情况及现场勘探、试验后的物理、力学参数指标。

1. 各渣场现场勘探、试验情况及基本地质条件

1）新建村渣场

新建渣场位于白鹤滩镇（原六城镇）北部新建村一带，斜坡地貌形态。其实际地形见

图5.3。渣场区及周边地区出露的地层主要有上二叠统峨眉山玄武岩组（$P_2\beta$）、下三叠统飞仙关组（T_1f）、上三叠统须家河组（T_3x）和第四系部分地层，其他地层没有出露或缺失。

图5.3　新建渣场地形地貌特征及渣场范围示意图

渣场涉及范围较大，且兼有排水及防护工程功能。根据设计最新方案，工程区共布置勘探剖面线10条（C1～C10）进行区域覆盖，完成的主要勘探内容见表5.1。

表5.1　新建渣场完成工作量汇总表

工作内容		单位	工作量	备注
地质测绘（1∶2000）		km^2	2.21	
勘探	钻孔	m/个	196.05/9	
	探坑	m^3/个	60/10	
物探	地震波测试	m/条	536/3	Ⅰ区中
	单孔剪切波	m/孔	33/3	Ⅱ区中
试验	常规物理性质	组	10	
	中型抗剪	组	6	
	中型压缩	组	6	
	现场容重	组	4	
	现场颗粒分析	组	4	
重Ⅱ型动力触探测试		段/次	20/56	

勘探表明，渣场及周边第四系分布广泛，沿金沙江河谷及平缓山坡等地均有分布。物质组成及成因复杂，根据地质测绘及勘察成果，本区第四系按成因特点可分为冲积（Q^{al}）、冲洪积（Q^{apl}）、残坡积（Q^{edl}）、崩坡积（Q^{col+dl}）等；按岩土材料组分性质可分为黏土质砾、碎石混合土、混合土碎块石、混合土碎块石及含细粒土砾，具体描述见表5.2及表5.3。

表5.2　新建渣场区综合地层简表

地层单位		地层代号	分段厚度/m	岩土性描述
界	系			
新生界	第四系	Q^{al}	8.10～16.90	卵砾石夹漂石，卵砾石磨圆度好，大小混杂。组成成分复杂，为玄武岩、砂岩、灰岩等、硅质岩，无分选性，中、粗砂充填
		Q^{apl}	3～10	卵砾石、黏土质砾、碎石混合土，棱角-次棱角状，成分杂，为玄武岩、砂岩、灰岩等，无分选性
		Q^{edl}	6.70～19.90	灰褐、黄褐、灰黄色粉黏土质砾、碎石混合土、含细粒土砾，土质不均一。碎砾石呈棱角状，成分以玄武岩石为主，少量砂岩，土为黏土，少量粉性，可塑-硬塑
		Q^{col+dl}	15.50～19.50	灰褐、黄褐色碎块石、混合土碎块石、黏土质砾，局部见巨块石，土质不均一。呈棱角状，成分为玄武岩、角砾熔岩等。碎块石构成巨粒的骨架，其间充填细粒、粗粒的黏土、砾石等

为查明渣场区土体物理力学性质，在渣场区布置10个坑探，采用中型环刀（直径300mm）取样六组，采用小环刀取样四组，同时进行现场颗粒分析试验和现场容重试验等。从试坑揭露，表层土体差异较大，TKC4、5、9中为黏土质砾，TKC1～3、6中为碎石混合土，TKC7、8、10为含细粒土砾，成果统计见表5.3。

通过不同勘测手段，得到了新建村渣场岩土体物理力学性质，渣场区土体存在不同成因的堆积物，其物理力学性状也是不同的。渣场前缘沿江一带分布冲积漂石、卵砾石，卵砾石磨圆度好，大小混杂，无分选性，中、粗砂充填，结构中密-密实；大沟及场区其他冲沟内为冲洪积卵砾石、中细砂、含砾黏土、混合土碎石等，卵砾石呈圆-次圆状，土质不均一，无分选性，结构稍密-密实；以大沟为界，渣场区北部为残坡积粉、黏土质砾，含少量碎石，碎砾石呈棱角状，土质较均一，可塑，结构稍密-中密。渣场区南部为崩坡积碎块石土、黏土质砾，碎块石呈棱角状，分布不均，大小悬殊，成层性较差，土质不均一，结构以稍密-中密为主。场区土体属中压缩性土，压缩模量为9.65～11.86MPa，表明场地土的压缩变形越小，土的压缩性越低。内摩擦角为30.2°～33.1°，黏聚力为18.0～43.0kPa，属于中等强度土。渣场区土体物质结构不均匀，成层性较差，结合工程区土体性状，综合提出新建渣场区土体物理力学参数建议值见表5.4。

表5.3　新建渣场区土体物理力学性质汇总统计表

序号	成因代号	岩土名称	统计项	天然状态的物理性指标						锥质量为76g			颗粒组成/%										压缩系数	压缩模量	中型直剪试验（饱和固快）	
				含水量	密度/(g/cm³)		土粒比重	孔隙比	饱和度	液限	塑限	塑性指数	卵石	碎石	砾石			砂粒			粉粒	黏粒			黏聚力	内摩擦角
				(W_0)/%	湿(ρ)	干(ρ_d)	(G_s)	(e)	(Sr)/%	(W_L)/%	(W_P)/%	(I_P)	>200 mm	60~200 mm	20~60 mm	5~20 mm	2~5 mm	0.5~2 mm	0.25~0.5 mm	0.075~0.25 mm	0.005~0.075 mm	<0.005 mm	($a_{v0.1\sim0.2}$)/MPa^{-1}	($E_{s0.1\sim0.2}$)/MPa	(c)/kPa	(φ)/(°)
1	Q_{dl}^{e}	黏土质砾	统计组数	3	3	3	3	3	3	3	3	3	—	3	3	3	3	3	3	3	3	3	3	3	3	3
			最大值	16.6	2.30	2.14	2.79	0.594	84.1	44.5	26.5	21.1	—	13.1	23.7	46.1	8.2	9.6	3.6	5.8	16.8	4.5	0.17	10.32	23.0	34.2
			最小值	7.4	2.00	1.75	2.73	0.296	67.1	36.5	20.4	16.1	—	4.1	18.1	14.8	4.0	4.1	1.8	3.6	13.8	2.8	0.13	8.99	18.0	33.1
			平均值	12.8	2.12	1.89	2.77	0.477	73.5	41.7	23.4	18.2	—	8.6	20.5	33.1	6.8	7.3	2.9	4.9	15.0	3.8	0.15	9.65	20.5	33.7
2		碎石混合土	统计组数	4	4	4	4	4	4	—	—	—	—	4	4	4	4	4	4	4	4	4	1	1	1	1
			最大值	15.1	2.12	1.92	2.84	0.801	80.7	—	—	—	—	31.0	36.1	32.9	4.7	5.5	1.4	3.3	20.1	3.4	0.16	9.71	31.0	32.0
			最小值	8.5	1.74	1.53	2.73	0.481	47.7	—	—	—	—	18.4	22.6	15.6	1.3	1.9	0.8	1.2	2.1	0.2	0.16	9.71	31.0	32.0
			平均值	13.1	2.00	1.77	2.78	0.581	64.5	—	—	—	—	23.5	29.1	25.7	3.2	3.4	1.1	2.0	10.2	2.0	0.16	9.71	31.0	32.0
3		含细粒土砾	统计组数	3	3	3	3	3	3	—	—	—	—	3	3	3	3	3	3	3	3	3	3	3	3	3
			最大值	11.2	2.22	2.08	2.72	0.358	84.5	—	—	—	—	14.1	31.6	38.3	7.6	14.0	3.5	3.1	9.9	4.1	0.12	12.56	43.0	33.5
			最小值	6.1	2.21	1.99	2.70	0.294	55.9	—	—	—	—	4.8	26.1	27.0	1.8	2.5	1.1	2.3	7.4	2.1	0.10	10.73	23.0	30.2
			平均值	8.4	2.21	2.04	2.70	0.325	69.2	—	—	—	—	8.8	28.3	33.3	5.3	7.7	2.4	2.8	8.4	3.0	0.11	11.86	33.3	31.7

表 5.4　新建渣场区土体物理力学参数建议值

土质名称	分层编号	成因类型	天然含水量/%	天然密度/(g/cm³)	地基承载力特征值（f_{ak}）/kPa	压缩模量（E_{s1-2}）/MPa	饱和抗剪强度		基底摩擦系数（μ）
							c/kPa	φ/(°)	
黏土质砾	①	Q^{edl}	12.0	2.15	180～220	8～10	18	28	0.40
碎石混合土	②	Q^{col+dl}	13.1	2.00	250～300	10～12	8	32	0.45
混合土碎块石	③		—	2.25	300～350	12～15	16	30	0.45
碎块石	④		—	2.35	350～380	15～20	10	34	0.45
含细粒土砾	⑤	Q^{edl}	—	2.15	200～250	8～10	20	28	0.40
卵石、漂石	—	Q^{al}	—	2.30	400～500	20～25	8	34	0.50
碎砾石	—	Q^{apl}	—	2.20	300～360	14～18	10	30	0.45

注：(1) 土的工程分类标准采用（GB/T 50145—2007）；

(2) 碎石混合土、黏土质砾、含细粒土砾系中型直剪试验，采用饱和固结快剪统计成果，考虑黏土质砾和含细粒土砾在细粒含量上有所差异，故将含细粒土砾进行分层。

2）矮子沟渣场

工程区共布置勘探剖面线 A1～A11 条，钻孔 16 只，物探拟布置在瓦窑沟泄水槽一带，探坑、探槽探按现场实际情况布置，探坑 11 处，探槽三条。重Ⅱ型动力触探测试 211 段次，土工试验 81 组。

勘探表明，渣场及周边第四系分布范围较广，物质组成及成因复杂，沿金沙江河谷、矮子沟及其支沟及平缓山坡等地均有分布。根据地质测绘及钻探成果，本区第四系按成因分为冲积（Q^{al}）、冲洪积（Q^{apl}）、残坡积（Q^{edl}）、崩坡积（Q^{col+dl}）、冰水堆积（Q^{gl}）、泥石流堆积（Q^{sef}）、滑坡堆积（Q^{del}）等，分层特点明显，其中滑坡堆积物及冲洪积物厚度大。

通过不同勘测手段，得到新建村渣场岩土体物理力学性质整体评价如下：

钻孔揭露，堆渣区内地层以混合土碎石、卵砾石等粗颗粒物质为主，地基土下部未见软弱易滑土层，砂层连续性较差，厚度变化大（0.93～13.75m），且埋深为 31.40～67.62m，仅钻孔 ZKA2 内砂层厚度较大，约 13.75m，埋深约 31.40m。

据勘察结果，Q^{apl-7}层含砾黏土，硬塑状，厚度较薄，一般厚 0.75～1.70m，分布于场区冲洪积台地表部，地基承载力特征值（f_{ak}）取 180～220kPa，压缩模量（E_s）为 5～7MPa，属中等压缩性土，为防止过量沉降，堆渣前宜对其进行碾压夯实处理，该层不宜作为挡护建筑物的基础持力层。

Q^{apl-6}层混合土碎石，分布广泛，堆积中密—密实，厚 10.86～18.60m，其地基承载力特征值可取 350～450kPa，压缩模量（E_s）在 12MPa 以上，属低压缩性土，可作为挡护建筑物的基础持力层。

Q^{apl-5}层卵砾石，分布广泛，堆积中密—密实，厚 6.46～18.25m，其地基承载力特征值可取 400～500kPa，压缩模量（E_s）在 20MPa 以上，属低压缩性土，可作为挡护建筑物的基础持力层。

根据现场原位测试成果及室内试验成果，提出渣场区各土层物理力学参数建议值，见表 5.5。

表5.5 渣场区各土层物理力学参数建议值表

地层代号	土体名称	密度（ρ）/(g/cm^3)	基底摩擦系数（μ）	压缩模量（E_s）/MPa	抗剪强度		地基承载力特征值（f_{ak}）/kPa
					c/kPa	φ/(°)	
Q^{gl}	角砾	2.35	0.45~0.50	20~25	16	30	350~450
Q^{del}	混合土碎石	2.25	0.35~0.45	8~12	20	24	200~300
Q^{col+dl}	混合土碎石	2.20	0.35~0.45	12~16	20	27	300~400
Q^{edl}	粉土质砾、含砾黏土	2.10	0.30~0.35	8~10	18	20	200~250
Q^{al}	漂卵砾石	2.30	0.45~0.50	20~25	8	32	400~500
Q^{apl-7}	含砾黏土	1.92	0.25~0.30	5~7	30	18	180~220
Q^{apl-6}	混合土碎石	2.20	0.40~0.45	12~16	20	27	350~450
Q^{apl-5}	卵砾石	2.25	0.45~0.50	20~25	10	32	400~500
Q^{apl-4}	砾砂	1.74	0.40~0.45	8~12	10	30	300~400
Q^{apl-3}	卵砾石	2.30	0.48~0.52	20~25	10	34	450~550
Q^{apl-2}	中细砂	1.90	0.35~0.40	12~15	10	29	250~300
Q^{apl-1}	漂卵砾石	2.30	0.50~0.55	25~30	10	35	550~650

3）海子沟渣场

海子沟渣场位于大寨镇海口村西侧金沙江边。渣场外围及堆渣场区内第四系分布范围较广，物质组成及成因复杂。根据地质测绘和勘探揭露，根据堆积物的成因类型，可分为冲洪积（Q^{apl}）物、崩坡积（Q^{col+dl}）物、滑坡堆积（Q^{del}）物等。

按岩土材料组分性质可分为黏土质砾、粉土质砾、砂质黏土、砾砂、碎石混合土、中细砂及漂卵砾石。本次勘察在渣场区（包括坝址区和排水渠线区）钻孔中共取56组原状土样，进行室内土工试验。

通过不同勘测手段，得到海子沟渣场岩土体物理力学性质整体评价如下：

勘察揭露表明，堆渣区内以巨粒和粗粒土层为主，局部夹有少量粉土、粉砂，但呈透镜或团块状分布，地基土未见软弱及易滑土层，场地土属于不液化土。

由于土层成因复杂，土体不均一，考虑试验取样局限性（所取物质均为细粒土），并不能完全代表现场土体的结构性状。根据现场原位测试成果及室内试验成果，参照临近相关工程类似土体性状，结合规程规范，提出渣场区内不同成因土体物理力学性质参数建议值见表5.6。

表5.6 渣场区各土体物理力学性质参数建议值表

地层代号	土体名称	重度（γ）/(g/cm^3)	孔隙比（e）	基底摩擦系数（μ）	压缩模量（E_s）/MPa	饱和抗剪强度		地基承载力特征值（f_{ak}）/kPa
						c/kPa	φ/(°)	
Q^{al}	漂卵砾石	2.10~2.40	0.35~0.45	0.40~0.50	20~25	10	32	400~500
Q^{apl}	碎石混合土、含泥砂卵砾石夹漂石	2.05~2.30	0.38~0.42	0.40~0.45	15~20	18	25	300~350

续表

地层代号	土体名称	重度（γ）/(g/cm^3)	孔隙比（e）	基底摩擦系数（μ）	压缩模量（E_s）/MPa	饱和抗剪强度		地基承载力特征值（f_{ak}）/kPa
						c/kPa	φ/(°)	
Q^{pl}	碎块石	2.00～2.30	0.40～0.45	0.40～0.45	20～25	10	30	300～400
Q^{edl}	含砾石黏土	1.95～2.05	0.30～0.32	0.30～0.35	10～12	18	20	130～150
Q^{col+dl}	混合碎（块）石土	2.05～2.25	0.38～0.45	0.40～0.45	14～16	20	25	250～300
Q^{del}	混合碎砾石土	2.00～2.15	0.35～0.40	0.35～0.40	12～14	20	23	200～250

2. *覆盖层材料分类、参数的统计与分析*

根据白鹤滩渣场的系统勘察成果，对基底覆盖层土体采用《土的工程分类标准》（GB/T 50145—2007）进行分类，并按各类别对土体统计了与渣场变形、稳定相关的孔隙比、压缩模量、黏聚力及内摩擦角等重要物理力学参数，经过分类整理后获得了近 80 组材料参数的实测试验数据，具体列于表 5.7。

表 5.7　渣场区各类土体性质分类表

序号	土分类符号	土分类名称	天然状态的物理性指标	固结试验指标	固结快剪		备注（来源）
			孔隙比（e）	压缩模量（$E_{s0.1\sim0.2}$）/MPa	黏聚力（c）/kPa	内摩擦角（φ）/（°）	
1	GM	粉土质砾	0.60	5.997	33	26.8	新建村
2	GM	粉土质砾	0.32	—	28	27.2	
3	GM	粉土质砾	0.57	8.390	38	25.5	
4	GM	粉土质砾	0.42	6.126	21	25.8	
5	GM	粉土质砾	0.44	6.023	25	24.5	
6	GM	粉土质砾	0.54	—	26	26.3	
7	GM	粉土质砾	0.61	—	16	25.0	
8	GM	粉土质砾	0.63	—	14	23.9	
9	GM	粉土质砾	0.36	11.108	11	34.5	海子沟
10	SM	粉土质砂	0.25	6.399	15	34.1	荒田
11	SM	粉土质砂	0.67	8.062	13	32.1	
12	SM	粉土质砂	0.49	11.537	17	31.8	
13	SM	粉土质砂	0.34	9.129	15	36.0	
14	SM	粉土质砂	0.47	8.710	14	33.0	
15	SM	粉土质砂	0.63	3.793	7	32.9	
16	SM	粉土质砂	0.40	12.217	8	36.0	—

续表

序号	土分类符号	土分类名称	天然状态的物理性指标	固结试验指标	固结快剪		备注（来源）
			孔隙比（e）	压缩模量（$E_{s0.1\sim0.2}$）/MPa	黏聚力（c）/kPa	内摩擦角（φ）/（°）	
17	SM	粉土质砂	0.45	8.251	17	30.5	海子沟
18	SM	粉土质砂	0.51	9.517	14	31.0	
19	SM	粉土质砂	0.53	5.102	9	30.3	
20	SM	粉土质砂	0.44	4.847	12	31.0	
21	SM	粉土质砂	0.64	6.232	15	31.4	
22	SM	粉土质砂	0.66	8.609	16	31.8	
23	SM	粉土质砂	0.51	10.812	16	29.6	
24	SC	黏土质砂	0.40	6.532	23	29.0	海子沟
25	SC	黏土质砂	0.35	4.532	18	28.2	
26	SC	黏土质砂	0.36	4.932	22	30.2	
27	SC	黏土质砂	0.64	—	15	30.5	
28	SC	黏土质砂	0.94	5.480	18	30.5	
29	SC	黏土质砂	0.74	7.394	17	30.2	
30	ML	低液限粉土	0.56	7.338	12.3	31.5	荒田
31	ML	低液限粉土	0.69	6.673	14	30.0	
32	ML	低液限粉土	0.62	4.685	20	30.2	
33	ML	低液限粉土	0.52	8.503	21	28.0	
34	CL	低液限黏土	0.87	5.519	33	22.0	
35	CL	低液限黏土	0.66	5.715	27	20.0	新建村
36	MLS	含砂低液限粉土	0.72	4.913	25	26.9	荒田
37	MLS	含砂低液限粉土	0.75	4.369	13	25.2	
38	MLS	含砂低液限粉土	0.62	4.301	20	29.1	
39	CLS	含砂低液限黏土	0.51	5.410	42	23.2	新建村
40	CLS	含砂低液限黏土	0.48	5.296	12	23.6	
41	CLS	含砂低液限黏土	0.47	5.008	15	22.7	
42	CLS	含砂低液限黏土	0.34	4.734	8	25.8	
43	CLS	含砂低液限黏土	0.26	7.357	10	23.5	
44	CLS	含砂低液限黏土	0.25	8.657	17	24.0	
45	CLS	含砂低液限黏土	0.35	6.363	12	22.3	
46	CLS	含砂低液限黏土	0.34	6.158	10	23.2	

续表

序号	土分类符号	土分类名称	天然状态的物理性指标	固结试验指标	固结快剪		备注（来源）
			孔隙比（e）	压缩模量（$E_{s0.1\sim0.2}$）/MPa	黏聚力（c）/kPa	内摩擦角（φ）/（°）	
47	CLS	含砂低液限黏土	0.34	7.856	55	23.6	新建村
48	CLS	含砂低液限黏土	0.48	6.442	60	20.1	
49	CLS	含砂低液限黏土	0.64	5.130	47	21.0	
50	CLS	含砂低液限黏土	0.46	4.420	20	20.8	
51	CLS	含砂低液限黏土	0.48	4.938	23	19.6	
52	CLS	含砂低液限黏土	0.90	—	32	19.5	
53	CLS	含砂低液限黏土	0.89	3.984	28	19.7	
54	CLS	含砂低液限黏土	0.89	3.781	24	21.3	
55	CLS	含砂低液限黏土	0.47	—	52	15.7	海子沟
56	CLS	含砂低液限黏土	0.50	—	55	18.3	
57	CLS	含砂低液限黏土	0.59	—	59	19.0	
58	CLS	含砂低液限黏土	0.44	—	65	20.2	
59	CLS	含砂低液限黏土	0.66	5.541	46	22.3	矮子沟
60	CLS	含砂低液限黏土	0.72	4.780	48	17.2	
61	CLS	砂质低液限黏土	0.43	4.912	47	22.7	
62	CLS	砂质低液限黏土	0.44	4.274	52	20.2	
63	CLS	砂质低液限黏土	0.45	5.442	38	16.5	
64	CLS	砂质低液限黏土	0.34	4.378	52	19.8	
65	CLS	砂质低液限黏土	0.46	4.587	40	17.1	
66	CLS	砂质低液限黏土	0.47	4.822	45	16.8	
67	CLG	砾质低液限黏土	0.43	6.861	28	24.8	荒田
68	CLG	砾质低液限黏土	0.48	4.346	41	18.3	海子沟
69	CLG	砾质低液限黏土	0.29	7.783	59	17.2	
70	CLG	砾质低液限黏土	0.27	5.697	55	20.8	
71	CLG	砾质低液限黏土	0.28	5.340	49	19.2	
72	SICba	碎石混合土	0.51	—	12	35.6	新建村
73	SICba	碎石混合土	0.52	9.499	31	32.0	
74	SF	含细粒土砂	1.05	—	1	32.5	
75	SF	含细粒土砂	1.00	—	2	31.6	

续表

序号	土分类符号	土分类名称	天然状态的物理性指标	固结试验指标	固结快剪		备注（来源）
			孔隙比（e）	压缩模量（$E_{s0.1\sim0.2}$）/MPa	黏聚力（c）/kPa	内摩擦角（φ）/（°）	
76	SF	含细粒土砂	0.56	12.401	22	31.9	海子沟
77	SF	含细粒土砂	0.51	9.238	18	33.2	
78	SF	含细粒土砂	0.72	14.315	10	32.0	

针对近 80 组试验参数统计后，共分为 10 种常遇见的基底覆盖层材料，以粉土质砾为例，对主要材料的孔隙比、压缩模量、黏聚力及内摩擦角的频数，此外，还统计了孔隙比与压缩模量的关系，见图 5.4。

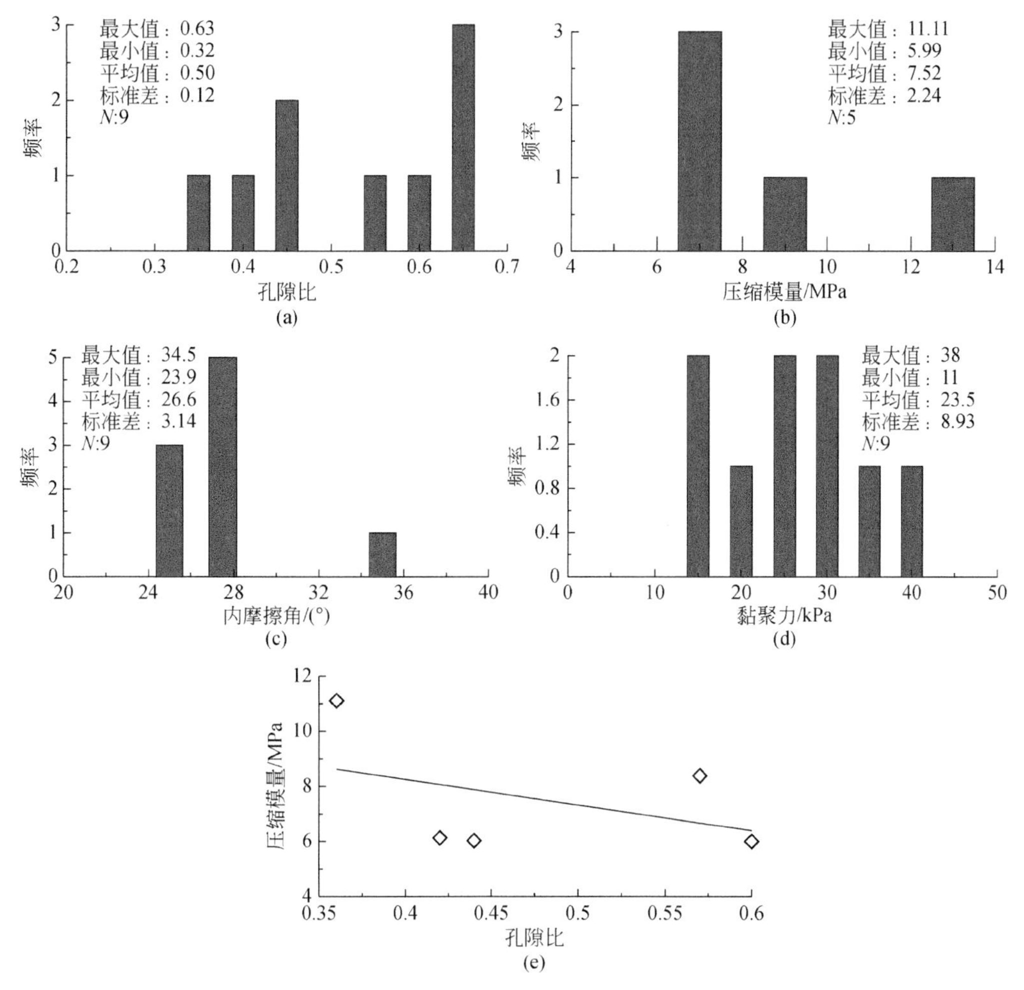

图 5.4　粉土质砾物理力学指标的频数统计

3. 覆盖层原位参数的分型特性统计

分形（fractal）一词最早由法国数学家曼德勃罗（B. B. Mandelbort）教授在总结前人成果基础上后首次提出的，源于拉丁语的形容词 fractus（破碎的），意为不规则（irregular）或破碎的意思。并于 1977 年出版了一本著作 *Fractal: Form, Chance and Dimension*，系统地阐述了分形几何的思想、内容、意义和方法，标志着分形几何作为一门独立的学科诞生。分形最初定义为豪斯多夫（Hausdorff）维数严格大于其拓扑维数的集合，后来由于集合的豪斯多夫维数的计算并不容易操作，为了在实际中推广分形几何的应用，1986 年曼德勒罗又对分形做出了更为广义的定义：局部与整体以某种方式相似的集合叫分形，而后对此概念进一步升华，并不寻求其分形的精确定义，一般认为具有以下几种典型特性的集合 F 称为分形：①F 如此不规则，以至于其整体与局部均不能通过传统的几何语言来描述；②F 常有某种自相似的形式，至少具有统计意义上的相似规律；③F 具有精细的结构，以至于在一定的尺度范围内具有任意小的细节。

分形几何现已被广泛地应用于研究自然界中最常见的、不稳定的、不规则的现象，即研究自然界中没有特征长度，而具有自相似的形状和现象，主要研究一些具有自相似性的不规则集合，简单地说，自相似性就是局部是整体按比例缩小，又称尺度不变，即在不同放大倍数的放大镜下观察对象，其“影像”都是一样的，与放大倍数无关。

分型理论由法国数学家曼德勃罗于 20 世纪 70 年代末、80 年代初创立的，该理论的主要内容是研究一些具有自相似性的不规则曲线和位线（线性分形），具有自反演性的不规则图形，具有自平方性的分形变换以及具有自仿射的分形集等。目前，应用广泛的自相似性分形，而进行定量描述自相似分形的参数是分形维度（分维）。分维可用下式表示：

$$D=\lim_{\varepsilon\to 0}\frac{\ln N}{\ln\varepsilon}\text{或}\ N(\varepsilon)\propto\varepsilon^{-D} \tag{5.1}$$

式中，ε 是标度；$N(\varepsilon)$ 为该标度下所得的度量值；D 为研究对象的分维。

式（5.1）亦提供了测定分维的方法，即只要测定一系列的 ε 与相应的 $N(\varepsilon)$，在双对数坐标系下，$N(\varepsilon)$-ε 直线部分的斜率就是所研究对象的分维。

对于土的颗粒组成，假设颗粒直径为 r，直径大于 r 的颗粒数目为 $N(r)$，若

$$N(\geqslant r)=\int_r^{\infty}p(r')\mathrm{d}r'\propto r^{-D} \tag{5.2}$$

则 D 就是上述的分维；式中，$p(r')$ 为粒径 r 的分布密度函数；r' 为粒径自变量。事实上，当式（5.2）成立时，必须存在 $N(r)\propto N(\lambda r)$，$\lambda>0$，故 $N(=r)$ 与 $N(\geqslant r)$ 是呈正比的，因而式（5.2）中 D 与式（5.1）中 D 是一致的。

不直接考察直径大于 r 的颗粒数目，而是用相应的质量关系来讨论颗粒分布之分维。设 $M(r)$ 为直径小于 r 的颗粒总数，M 为整个分析土样的总质量，如果

$$\frac{M(r)}{M}\propto r^{b} \tag{5.3}$$

则 $\mathrm{d}M\propto r^{b-1}\mathrm{d}r$，对式（5.2）求导得

$$\mathrm{d}N\propto r^{-D-1}\mathrm{d}r \tag{5.4}$$

由于粒径的增加与质量的增加是想对应的，则有 $\mathrm{d}M\propto r^3\mathrm{d}N$，也即，$r^{b-1}\mathrm{d}r\propto r^3r^{-D-1}\mathrm{d}r$，

故分维

$$D=3-b \tag{5.5}$$

从上述推导可见，只要在双对数坐标下$\frac{M(r)}{M}$就是粒径小于 r 的颗粒累计百分含量，这样，只要在$\frac{M(r)}{M}$与 r 的对数坐标系中求得直线段的斜率 b 值，即可按式（5.5）得出颗粒组成的分维值。

由于土体颗粒组成的复杂性，目前土体颗粒组成的综合表征只从定性上进行分析，缺乏合适的定量描述参数，分形理论解决了该问题，分维作为描述土体颗粒组成特征的参数，能较好反映各种粒径大小在土体中的组成特点，可将其作为土体工程分类的一个综合性定量指标。

结合四个渣场在不同覆盖层处所 112 组土样进行了颗粒组成分析，其覆盖层材料颗粒分析参数见表 5.8。

表 5.8　基底覆盖层材料颗粒分析参数总表

序号	土分类符号	土分类名称	颗粒组成/%										备注
			碎石			砾石		砂粒			粉粒	黏粒	
			>200 mm	60～200mm	20～60mm	5～20mm	2～5mm	0. 5～2mm	0. 25～0. 5mm	0. 075～0. 25mm	0. 005～0. 075mm	<0. 005 mm	
1	GM	粉土质砾	—	—	10. 1	31. 0	8. 2	8. 8	3. 5	6. 3	27. 8	4. 3	荒田
2	GM	粉土质砾	—	7. 8	16. 5	12. 8	7. 3	5. 9	1. 9	12. 3	25. 8	9. 7	
3	GM	粉土质砾	—	5. 9	14. 0	15. 4	9. 2	10. 4	5. 3	10. 1	17. 0	12. 7	新建村
4	GM	粉土质砾	—	6. 5	16. 7	18. 2	1. 7	8. 9	9. 7	12. 5	16. 3	9. 5	
5	GM	粉土质砾	—	13. 3	11. 7	17. 8	6. 0	5. 7	3. 0	9. 1	20. 7	12. 7	
6	GM	粉土质砾	—	—	4. 6	11. 0	25. 4	10. 7	4. 2	6. 6	26. 2	11. 3	
7	GM	粉土质砾	—	—	13. 0	26. 6	18. 1	9. 0	3. 0	3. 5	14. 0	12. 8	
8	GM	粉土质砾	—	—	11. 8	25. 5	11. 7	9. 7	4. 5	8. 0	19. 5	9. 3	
9	GM	粉土质砾	—	—	8. 9	14. 8	11. 6	9. 8	4. 4	11. 7	28. 0	10. 8	
10	GM	粉土质砾	—	—	13. 4	22. 4	9. 9	9. 6	4. 8	9. 4	20. 6	9. 9	
11	GM	粉土质砾	—	—	16. 1	8. 7	4. 2	3. 0	1. 4	19. 6	23. 0	24. 0	海子沟
12	GM	粉土质砾	—	—	32. 1	6. 7	4. 2	7. 4	6. 1	14. 5	17. 0	12. 0	
13	GM	粉土质砾	—	—	13. 5	14. 0	23. 0	21. 4	4. 2	5. 4	10. 9	7. 6	
14	GC	黏土质砾	—	—	2. 9	17. 6	12. 1	13. 0	5. 7	8. 2	19. 0	21. 5	荒田
15	GC	黏土质砾	—	—	38. 0	19. 6	8. 5	7. 7	2. 5	4. 4	11. 6	7. 7	海子沟
16	GC	黏土质砾	—	—	17. 0	8. 3	11. 7	3. 8	1. 6	17. 6	29. 0	11. 0	
17	GC	黏土质砾	—	—	14. 9	10. 8	3. 6	3. 2	1. 7	21. 0	34. 3	10. 5	
18	GC	黏土质砾	—	—	23. 4	6. 7	3. 5	3. 5	1. 4	22. 5	32. 5	6. 5	

续表

序号	土分类符号	土分类名称	颗粒组成/%										备注
			碎石			砾石		砂粒			粉粒	黏粒	
			>200mm	60~200mm	20~60mm	5~20mm	2~5mm	0.5~2mm	0.25~0.5mm	0.075~0.25mm	0.005~0.075mm	<0.005mm	
19	GC	黏土质砾	—	13.5	9.2	27.6	1.1	0.8	0.4	2.6	28.8	16.0	
20	GC	黏土质砾	—	—	11.3	41.0	6.7	6.0	2.5	6.5	23.7	2.3	矮子沟
21	GC	黏土质砾	—	—	6.2	30.9	4.6	5.0	2.7	10.0	36.0	4.6	
22	SM	粉土质砂	—	—	—	3.7	13.5	22.1	10.5	16.1	30.8	3.3	
23	SM	粉土质砂	—	—	1.6	2.3	2.2	9.0	24.7	33.7	24.6	1.9	
24	SM	粉土质砂	—	—	—	0.8	6.5	21.6	12.5	18.8	33.9	5.9	
25	SM	粉土质砂	—	—	6.0	14.7	8.5	15.8	7.3	9.9	32.7	5.1	荒田
26	SM	粉土质砂	—	—	3.8	2.2	3.4	13.9	11.6	17.5	37.5	10.1	
27	SM	粉土质砂	—	—	4.6	1.3	0.3	0.5	4.3	45.5	34.6	8.9	
28	SM	粉土质砂	—	—	0.5	2.2	0.7	6.4	23.4	33.9	22.3	10.7	
29	SM	粉土质砂	—	—	8.0	17.0	6.5	18.5	17.9	13.6	13.0	5.5	
30	SM	粉土质砂	—	—	—	1.9	6.3	29.8	20.5	17.5	15.5	8.5	
31	SM	粉土质砂	—	—	6.9	14.2	4.2	7.7	11.2	21.8	19.0	15.0	
32	SM	粉土质砂	—	—	12.4	13.0	3.8	6.0	8.6	21.7	28.0	6.5	
33	SM	粉土质砂	—	—	12.1	1.0	0.5	4.6	25.2	33.6	16.0	7.0	
34	SM	粉土质砂	—	—	11.6	1.1	0.1	2.7	28.6	31.9	16.0	8.0	
35	SM	粉土质砂	—	—	—	—	0.6	2.8	20.7	41.9	25.0	9.0	海子沟
36	SC	黏土质砂	—	—	15.6	9.4	3.7	2.4	1.1	27.8	33.0	7.0	
37	SC	黏土质砂	—	—	13.9	8.8	4.4	3.9	2.2	28.3	31.3	7.2	
38	SC	黏土质砂	—	—	17.5	9.9	3.5	3.7	1.6	24.8	32.8	6.2	
39	SC	黏土质砂	—	—	2.1	1.1	0.2	1.1	8.8	62.0	18.9	5.8	
40	SC	黏土质砂	—	—	—	0.4	6.2	0.6	1.7	56.1	30.5	4.5	
41	SC	黏土质砂	—	—	6.3	1.8	0	1.2	3.0	50.7	33.5	3.5	
42	ML	低液限粉土	—	—	—	—	—	1.5	0.2	16.2	79.1	3.0	
43	ML	低液限粉土	—	—	—	0.4	0	0.3	0.2	10.1	82.4	6.6	
44	ML	低液限粉土	—	—	—	—	—	0.3	0.1	16.7	79.7	3.2	荒田
45	ML	低液限粉土	—	—	—	—	2.1	0.4	0.1	11.9	80.3	5.2	
46	CL	低液限黏土	—	—	—	—	—	—	0.2	0.6	69.1	30.0	
47	CL	低液限黏土	—	—	—	1.1	0.4	2.4	3.2	17.1	42.0	33.8	新建村
48	CL	低液限黏土	—	—	0.5	2.7	1.4	1.2	0.7	3.5	61.0	29.0	
49	CL	低液限黏土	—	—	1.2	3.3	1.0	1.2	0.7	7.6	54.5	30.5	矮子沟
50	CL	低液限黏土	—	—	—	1.1	0	0	0.4	3.3	53.9	41.3	

续表

序号	土分类符号	土分类名称	颗粒组成/%										备注
			碎石			砾石		砂粒			粉粒	黏粒	
			>200mm	60～200mm	20～60mm	5～20mm	2～5mm	0.5～2mm	0.25～0.5mm	0.075～0.25mm	0.005～0.075mm	<0.005mm	
51	MLS	含砂低液限粉土	—	—	3.0	2.1	0.4	0.4	0.1	8.9	78.5	6.6	荒田
52	MLS	含砂低液限粉土	—	—	—	2.0	1.5	0.9	1.2	16.4	72.9	5.1	
53	MLS	含砂低液限粉土	—	—	2.5	2.7	1.1	1.7	0.9	26.6	62.5	2.0	
54	CLS	含砂低液限黏土	—	—	1.8	18.1	1.5	4.5	7.4	16.3	28.9	21.5	新建村
55	CLS	含砂低液限黏土	—	—	—	7.9	2.3	11.4	11.2	16.4	32.6	18.2	
56	CLS	含砂低液限黏土	—	—	2.5	11.1	2.5	9.3	9.8	14.3	36.4	14.1	
57	CLS	含砂低液限黏土	—	—	6.9	10.1	1.3	7.4	9.6	14.2	36.5	14.0	
58	CLS	含砂低液限黏土	—	—	6.9	10.1	1.3	7.4	9.6	14.2	36.5	14.0	
59	CLS	含砂低液限黏土	—	—	1.9	10.4	3.0	9.4	11.2	13.3	34.3	16.5	
60	CLS	含砂低液限黏土	—	—	1.9	10.4	3.0	9.4	11.2	13.3	34.3	16.5	
61	CLS	含砂低液限黏土	—	—	—	0.1	4.7	12.9	9.0	21.5	32.6	19.2	
62	CLS	含砂低液限黏土	—	—	—	0.1	4.7	12.9	9.0	21.5	32.6	19.2	
63	CLS	含砂低液限黏土	—	—	—	12.5	3.4	5.6	5.2	12.8	48.0	12.5	
64	CLS	含砂低液限黏土	—	1.3	3.5	3.4	5.8	4.1	2.5	12.1	38.0	29.3	
65	CLS	含砂低液限黏土	—	—	0.7	0.9	0.3	2.5	3.2	17.8	45.2	29.4	
66	CLS	含砂低液限黏土	—	—	—	1.2	1.2	3.4	5.3	20.1	58.0	10.8	
67	CLS	含砂低液限黏土	—	—	—	1.5	1.5	4.4	8.3	20.5	48.5	15.3	
68	CLS	含砂低液限黏土	—	1.1	5.4	5.4	1.2	1.8	2.5	26.8	46.9	8.9	
69	CLS	含砂低液限黏土	—	—	2.9	1.9	1.4	1.4	2.6	26.0	41.3	22.5	
70	CLS	含砂低液限黏土	—	—	9.0	1.6	1.4	1.4	2.4	29.7	43.3	11.2	
71	CLS	含砂低液限黏土	—	—	—	1.9	1.6	1.4	0.7	21.4	45.0	28.0	海子沟
72	CLS	含砂低液限黏土	—	—	0.6	2.1	1.1	1.5	0.6	12.1	46.0	36.0	
73	CLS	含砂低液限黏土	—	—	3.0	7.5	1.0	1.9	3.5	9.7	40.9	32.5	
74	CLS	含砂低液限黏土	—	—	—	4.5	4.5	6.1	3.0	8.5	39.8	33.6	
75	CLS	含砂低液限黏土	—	—	—	0.3	0.6	1.0	2.3	18.8	57.3	19.7	矮子沟
76	CLS	含砂低液限黏土	—	—	—	0.1	0.4	1.1	1.4	15.4	50.2	31.4	
77	CLS	砂质低液限黏土	—	—	3.1	1.9	3.4	1.1	0.5	40.0	46.0	4.0	海子沟
78	CLS	砂质低液限黏土	—	—	—	2.1	0.8	4.3	7.7	32.6	38.0	14.5	
79	CLS	砂质低液限黏土	—	—	8.7	6.5	2.8	3.0	1.0	24.0	45.8	8.2	
80	CLS	砂质低液限黏土	—	—	2.7	7.2	4.5	2.2	1.0	23.4	35.5	23.5	
81	CLS	砂质低液限黏土	—	—	7.0	10.6	5.6	3.3	1.6	20.9	28.0	23.0	
82	CLS	砂质低液限黏土	—	—	0.7	2.6	7.1	2.6	0.7	19.3	44.8	22.2	

续表

序号	土分类符号	土分类名称	颗粒组成/%										备注
			碎石			砾石		砂粒			粉粒	黏粒	
			>200mm	60~200mm	20~60mm	5~20mm	2~5mm	0.5~2mm	0.25~0.5mm	0.075~0.25mm	0.005~0.075mm	<0.005mm	
83	CLS	砂质低液限黏土	—	—	7.8	9.1	6.3	3.2	1.9	19.2	28.5	24.0	海子沟
84	CLS	砂质低液限黏土	—	—	8.8	8.5	4.0	3.4	2.6	17.7	30.0	25.0	
85	CLG	含砾低液限黏土	—	—	14.1	20.5	5.2	5.2	2.0	2.5	31.8	18.7	荒田
86	CLG	含砾低液限黏土	—	0.8	5.8	9.6	3.3	2.9	1.0	5.1	39.2	32.3	矮子沟
87	CLG	含砾低液限黏土	—	—	13.4	3.2	1.4	0.7	0.4	5.9	59.7	15.3	
88	CLG	砾质低液限黏土	—	—	14.4	4.7	2.9	2.0	0.7	17.3	34.5	23.5	海子沟
89	CLG	砾质低液限黏土	—	—	13.3	9.5	3.3	1.8	1.1	18.0	33.5	19.5	
90	CLG	砾质低液限黏土	—	13.5	3.6	1.9	3.0	1.0	0.2	12.8	43.5	20.5	
91	CLG	砾质低液限黏土	—	3.0	4.9	6.7	6.1	5.7	1.9	9.7	33.5	28.5	
92	CLG	砾质低液限黏土	—	—	—	12.4	18.3	9.3	2.6	7.4	29.5	20.5	
93	CLG	砾质低液限黏土	—	—	2.0	34.5	2.2	1.4	0.5	3.4	39.7	16.3	矮子沟
94	CLG	砾质低液限黏土	—	—	0.6	21.7	0.5	0.9	1.5	12.2	41.8	20.8	
95	CLG	砾质低液限黏土	—	3.8	7.6	21.7	1.6	1.8	0.8	4.8	37.4	20.5	
96	SICba	碎石混合土	—	20.5	27.0	23.5	6.3	5.7	2.5	4.0	7.3	3.2	新建村
97	SICba	碎石混合土	—	23.9	27.5	15.6	3.3	2.9	1.1	2.2	20.1	3.4	新建村
98	SICba	碎石混合土	—	18.4	36.1	30.3	4.7	5.5	1.4	1.3	2.1	0.2	
99	SICba	碎石混合土	—	20.6	22.6	32.9	3.5	3.1	1.0	3.3	10.7	2.3	
100	SICba	碎石混合土	—	31.0	30.0	24.0	1.3	1.9	0.8	1.2	7.7	2.1	
101	SICba	碎石混合土	—	36.6	13.6	8.3	2.5	1.7	1.0	6.8	20.0	9.5	海子沟
102	SICba	碎石混合土	—	20.6	16.4	21.0	2.4	1.2	1.0	5.4	22.6	9.4	矮子沟
103	SICba	碎石混合土	—	22.9	18.4	21.5	17.6	10.5	1.3	1.6	3.6	2.6	
104	SICba	碎石混合土	—	18.0	10.7	37.3	1.4	1.2	0.4	1.6	17.8	11.6	
105	SICba	碎石混合土	—	17.5	27.9	23.6	0.9	0.5	0.2	2.4	17.8	9.2	
106	SF	含细粒土砂	—	—	—	0.2	0.9	2.0	20.3	69.1	6.5	1.0	新建村
107	SF	含细粒土砂	—	—	—	0.5	0.5	1.2	17.0	73.3	6.5	1.0	
108	SF	含细粒土砂	—	—	—	0.1	23.0	37.1	15.0	13.6	5.9	5.3	海子沟
109	SF	含细粒土砂	—	—	—	1.0	15.9	43.4	12.5	15.7	7.7	3.8	
110	SF	含细粒土砂	—	—	—	—	2.7	0.6	1.4	86.5	8.8	0	
111	GF	含细粒土砾	—	5.8	43.3	33.7	2.8	1.3	0.2	1.4	8.8	2.7	矮子沟
112	GW	级配不良砾	—	—	56.2	7.5	15.0	13.8	1.9	1.5	2.1	2.0	海子沟

绘制了相应的粒度分布曲线，得到了粒度分布曲线的斜率（b），并根据分形理论，确

定了每组颗粒组成的综合表征值——分维（D）。以粉土质砾和黏土质砾为例，其分维统计关系分形拟合线如图5.5和图5.6所示。

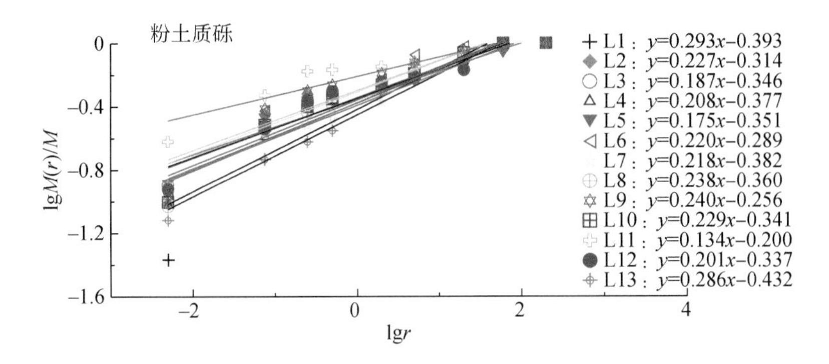

图5.5　粉土质砾的分形拟合线

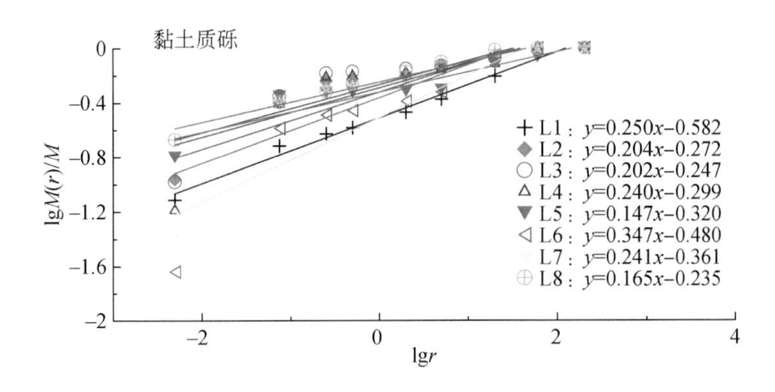

图5.6　黏土质砾的分形拟合线

4. 土体变形、强度参数与颗粒组成的相关性与预测

按3σ原则剔除部分异常点后统计基底覆盖层材料内摩擦角与分维的相关关系见图5.7。由总统计规律图可见内摩擦角与分维值呈现出递减的线性关系。

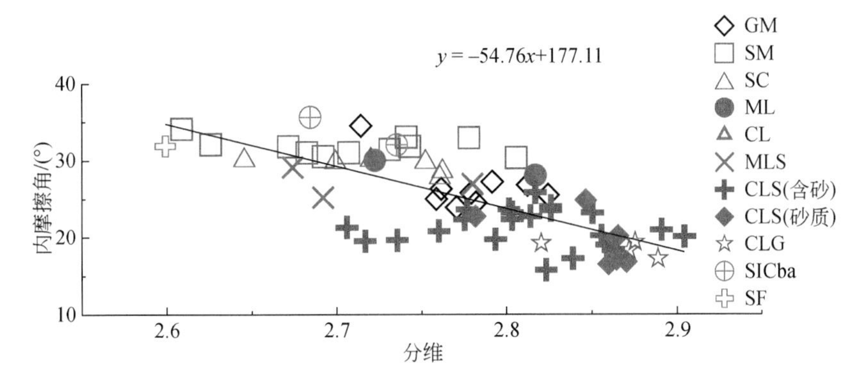

图5.7　分维与内摩擦角相关关系图

按 3σ 原则剔除部分异常点后统计基底覆盖层材料内摩擦角与细粒含量的相关关系见图 5.8。由总统计规律图可见内摩擦角与细粒含量呈现出递减的线性关系。

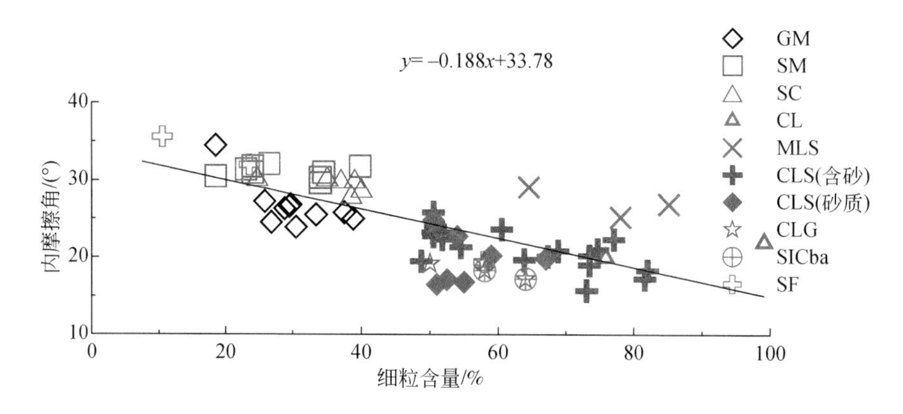

图 5.8　细粒含量与内摩擦角相关关系图

分维与细粒含量具有同样的本质意义，其差别是分维更能体现材料全级配整体的粒度大小。有了以上相关统计关系即可预测给定各粒组颗粒含量（或级配曲线）条件下的内摩擦角等强度指标。

5.2.1.2　基底覆盖层材料的大型三轴试验

鉴于可研设计阶段对渣场基底覆盖层材料采用的现场勘探与试验手段局限于设备条件，难以对碎石混合土等大粒径覆盖层材料进行测试，一方面为了实测获取大粒径、宽级配碎石土的物理力学参数，另一方面进一步对已有现场试验数据的合理性进行复核（王永明等，2013b）。项目组委托长江科学院对白鹤滩工程的渣场进行了覆盖层大型三轴试验（30cm×60cm 大型三轴剪切仪）。选取了海子沟、大田坝渣场底部共三组覆盖层材料（最常见的天然沉积地基浮土，剥离表层）进行了现场密度试验及大型三轴试验，其现场取样位置及挖坑容重试验见图 5.9 ~ 图 5.11。

(a) 海子沟3#地基浮土现场取样位置

(b) 海子沟3#地基浮土现场试验照片

图 5.9　海子沟 3#地基浮土大三轴试验现场取样照片（碎石混合土）

(a) 大田坝$4^{\#}$地基浮土现场取样位置

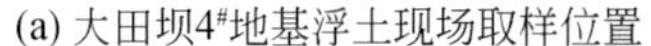

(b) 大田坝$4^{\#}$地基浮土现场试验照片

图5.10　大田坝$4^{\#}$地基浮土大三轴试验现场取样照片（含细粒土砂）

(a) 大田坝$6^{\#}$地基浮土现场取样位置

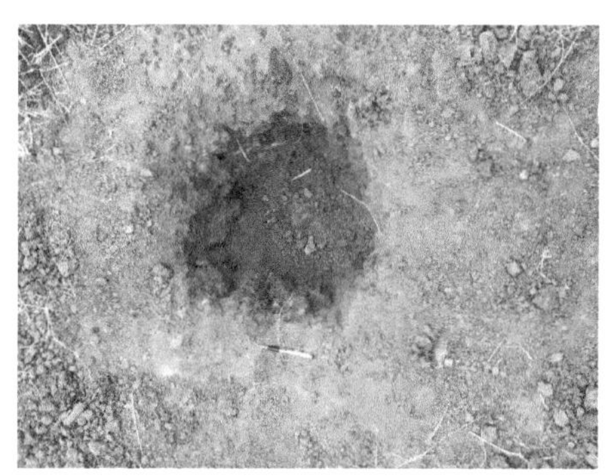

(b) 大田坝$6^{\#}$地基浮土现场试验照片

图5.11　大田坝$6^{\#}$地基浮土大三轴试验现场取样照片（黏土质砂）

1. 现场密度试验

在指定位置，采用灌水法进行了现场密度试验，灌水法所用钢套环有两个尺寸，大钢套环直径为120cm，小钢套环直径为60cm。洞挖料和明挖料的现场密度试验中采用大钢套环，碎石土和地基浮土的现场密度试验中采用小钢套环，实测的现场干密度见表5.9。

表5.9　白鹤滩工程渣场现场干密度试验成果表

料源	料场	干密度/(g/cm^3)
地基浮土	海子沟$3^{\#}$	1.94
	大田坝$4^{\#}$	1.91
	大田坝$6^{\#}$	1.80

2. 室内试验成果

现场测定的级配最大粒径超过室内试验允许的最大粒径为60mm，按规程要求对于超径部分采用等量替代法或混合法进行缩尺处理，得到的试验级配与原始级配见图5.12～

图 5.14，由图可见，虽然大型三轴试验仍难以采用原级配进行剪切试验，但相对于中型剪已经有长足的进步，缩尺级配接近原级配，尤其是后两种材料除剔除了个别大颗粒外与原级配基本保持一致（王永明等，2013a，2013b；Wu et al.，2014，2015）。

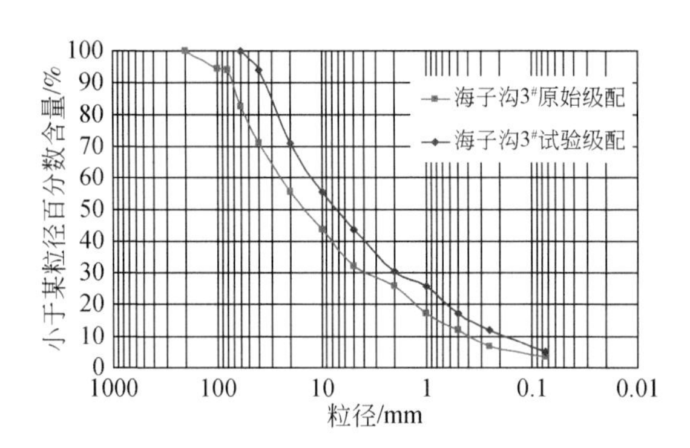

图 5.12　海子沟 3#缩尺前、后级配

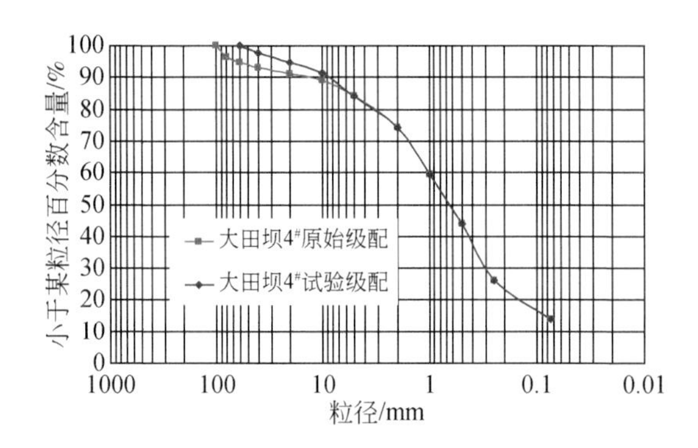

图 5.13　大田坝 4#缩尺前、后级配

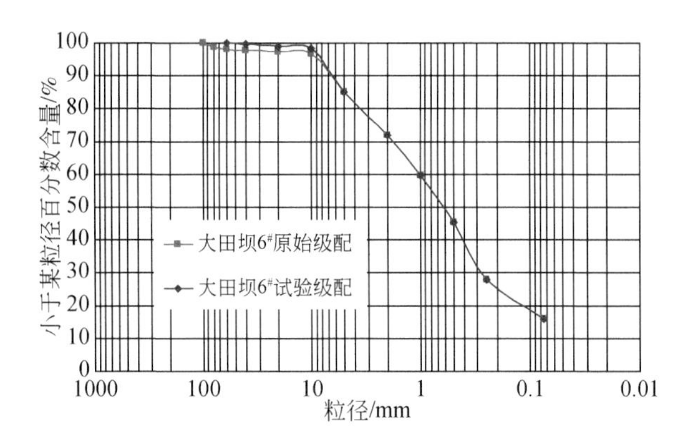

图 5.14　大田坝 6#缩尺前、后级配

三轴试验采用大型三轴压缩试验仪，试样尺寸 Φ300mm×H600mm，最大围压为 3.0MPa，最大轴向应力为 21MPa，最大轴向行程为 300mm。大型高压三轴压缩试验仪见图 5.15。

图 5.15　大型高压三轴压缩试验仪

试验时的周围压力分别为 0.3MPa、0.6MPa、0.9MPa、1.2MPa 四级，加载速率为 0.4mm/min。饱和固结排水剪切试验。试验曲线见图 5.16 ~ 图 5.18。根据试验曲线整理的邓肯（Duncan）非线性 $E\text{-}B(\mu)$ 模型参数和抗剪强度指标见表 5.10。

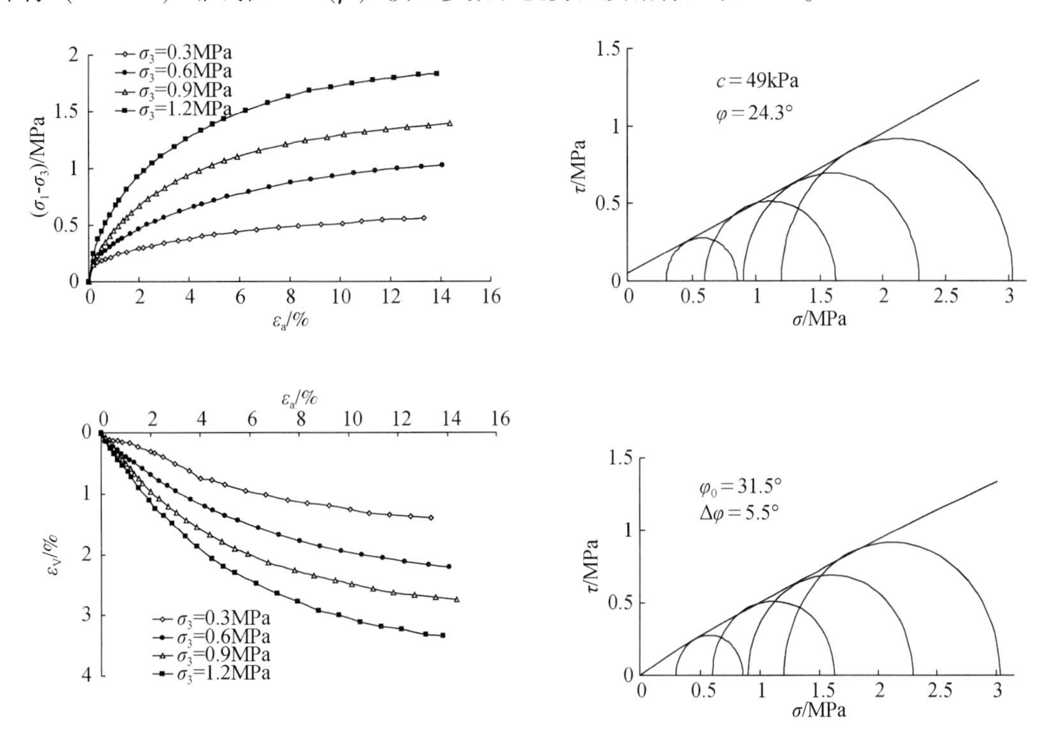

图 5.16　海子沟 3# 地基浮土三轴试验成果

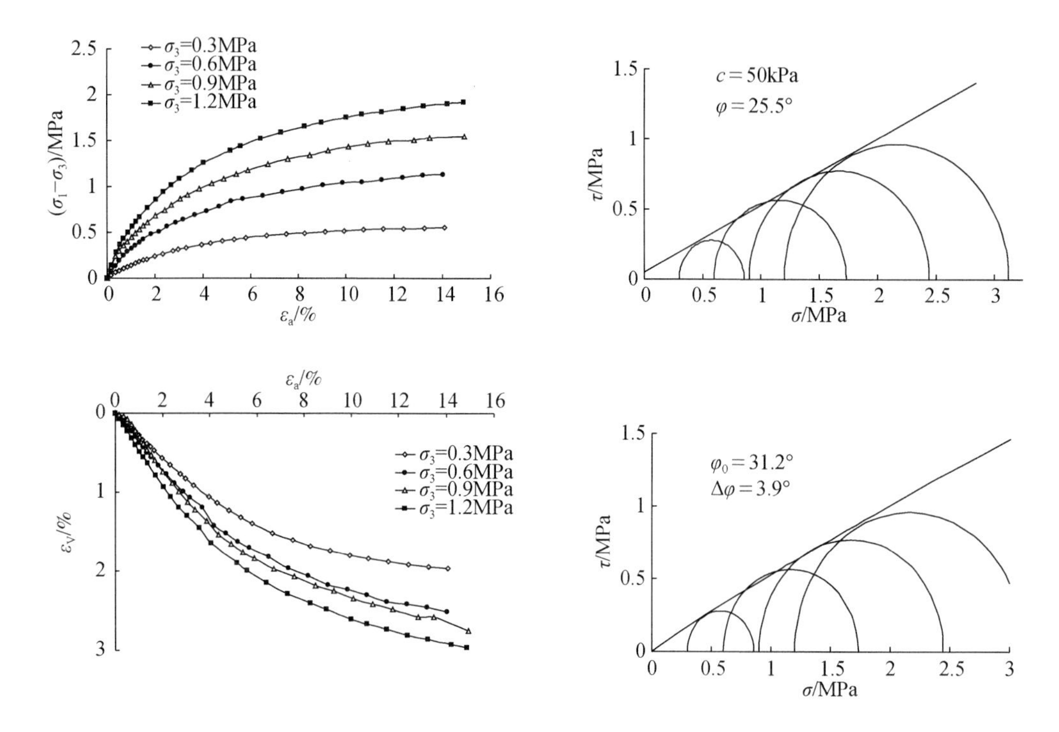

图 5.17　大田坝 4#地基浮土三轴试验成果

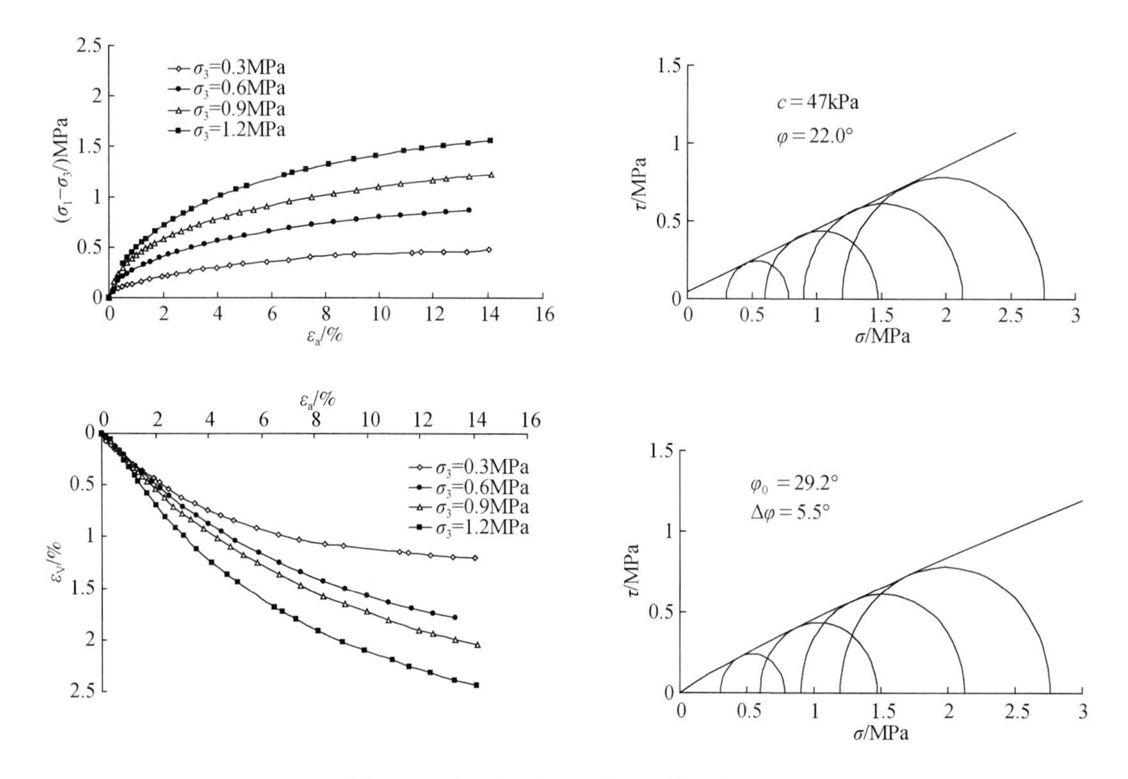

图 5.18　大田坝 6#地基浮土三轴试验成果

表 5.10　白鹤滩渣场大型三轴试验成果表

试样编号		试验控制条件		抗剪强度指标				E-B(μ) 模型参数							
		干密度 /(g/cm³)	压实度 /%	c /kPa	φ /(°)	φ_0 /(°)	$\Delta\varphi$ /(°)	k	n	k_b	m	R_f	G	F	D
地基浮土	海子沟 3#	1. 94	91. 6	49	24. 3	31. 5	5. 5	335	0. 32	140	0. 23	0. 87	0. 53	0. 30	2. 88
	大田坝 4#	1. 91	93. 4	50	25. 5	31. 2	3. 9	281	0. 34	133	0. 27	0. 81	0. 41	0. 11	2. 57
	大田坝 6#	1. 80	94. 3	47	22. 0	29. 2	5. 5	248	0. 33	117	0. 25	087	037	0. 12	2. 34

5. 2. 2　渣体材料参数研究

限于工程条件，一般水电工程渣场难以对堆渣体进行详细的参数研究，本项目首次对渣体材料进行了大型三轴试验，实测了不同常见渣体类型的应力、应变、抗剪强度、堆积密度的重要力学参数。

项目组委托长江科学院对白鹤滩渣场进行了堆渣体的大型三轴试验。试验研究内容主要包括渣场渣体材料的基本特性试验和大型三轴试验。

5. 2. 2. 1　渣体材料的基本特性试验

由于渣场的堆渣体主要为工程的开挖渣料，料源的级配变化大且一般不进行碾压，其密度较低且变化较大，其基本特性关系到弃渣场的边坡设计和储量。为此，要研究不同级配不同密度条件下弃渣料的力学参数，建立密度与力学参数之间的关系，为计算分析提供合理的计算参数，也为制定弃渣料的填筑标准提供依据。

以白鹤滩水电站工程渣场为研究对象，对洞挖石渣料（洞挖料）、明挖风化石渣料（明挖料）、表层碎石土开挖料（碎石土）等三类最常见渣料进行现场密度和级配试验，获取三类弃渣料的密度和级配等基本物理特性，为其进行室内大型三轴试验提供密度和级配。

每类料各进行三组密度和级配试验，共进行九组现场密度试验和九组级配试验。

1. 现场试验位置与基本性状

现场试验料场、试验位置、母岩等信息见表 5. 11，各组试验的位置和现场试验照片见图 5. 19 ~ 图 5. 21。

表 5. 11　白鹤滩渣场堆渣体材料现场试验位置统计表

序号	料场	料源	试验组数	试样名称
1	荒田料场	洞挖料（有用料）	1	荒田 1#洞挖料
2		明挖料	1	荒田 2#明挖料
3		碎石土	1	荒田 3#碎石土
4	海子沟料场	飞仙关组	1	海子沟 1#飞仙关组
5		玄武岩	1	海子沟 2#玄武

续表

序号	料场	料源	试验组数	试样名称
6	大田坝料场	明挖料	1	大田坝$1^{\#}$明挖料
7		洞挖料	1	大田坝$2^{\#}$洞挖料
8		碎石土	1	大田坝$3^{\#}$碎石土
9		地基浮土	—	—
10		洞挖料	1	大田坝$5^{\#}$洞挖料

(a) 现场试验位置

(b) 现场试验照片

图 5.19　荒田$1^{\#}$洞挖料现场试验照片

(a) 现场试验位置

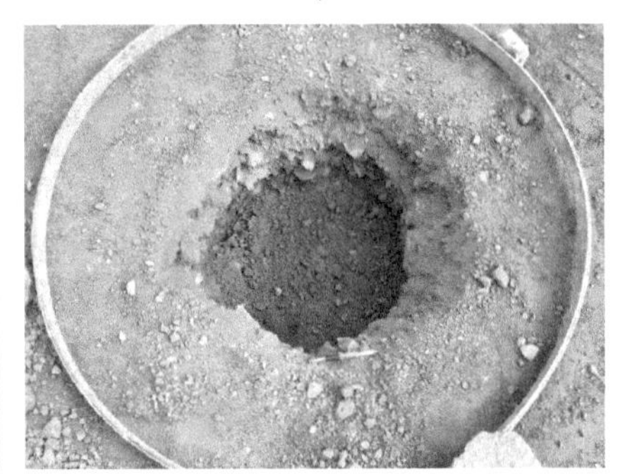

(b) 现场试验照片

图 5.20　海子沟$1^{\#}$飞仙关组现场试验照片

(a) 现场试验位置

(b) 现场试验照片

图 5.21　大田坝$1^{\#}$明挖料现场试验照片

2. 现场密度试验成果

在指定位置，采用灌水法进行了现场密度试验，灌水法所用钢套环有两个尺寸，大钢套环直径为120cm，小钢套环直径为60cm。洞挖料和明挖料的现场密度试验中采用大钢套环，碎石土和地基浮土的现场密度试验中采用小钢套环，实测的现场干密度见表5.12。

表5.12　白鹤滩渣场渣体材料现场干密度试验成果表

料源	试样名称	干密度/(g/cm^3)
洞挖料	荒田1#洞挖料	2.19
	海子沟2#玄武	2.22
	大田坝2#洞挖料	2.14
	大田坝5#洞挖料	2.16
明挖料	荒田2#明挖料	2.07
	海子沟1#飞仙关组	2.10
	大田坝1#明挖料	2.15
碎石土	荒田3#碎石土	2.13
	大田坝3#碎石土	—

注：大田坝3#碎石土不具备现场试验条件，没有进行密度试验，只取样。

3. 现场级配成果

将现场密度试验完成后的试样，进行颗粒分析试验，得到的各组的级配见表5.13。

表5.13　现场试验级配汇总表

料源	试样名称	颗粒组成/%														按(DL/T 5355—2006)分类定名
		200～400mm	100～200mm	80～100mm	60～80mm	40～60mm	20～40mm	10～20mm	5～10mm	2～5mm	1～2mm	0.5～1mm	0.25～0.5mm	0.075～0.25mm	<0.075mm	
洞挖料	荒田1#洞挖料	4.8	11.0	7.3	8.9	13.0	15.8	10.5	8.3	4.9	4.4	2.6	3.2	2.1	3.2	碎石混合土
	海子沟2#玄武	—	—	2.8	10.7	13.5	24.5	17.4	15.8	2.5	4.7	2.4	2.3	1.6	1.8	级配良好砾
	大田坝2#洞挖料	16.8	11.1	4.0	9.7	13.8	13.3	10.3	7.5	2.5	2.6	1.4	2.4	1.8	2.7	碎石混合土
	大田坝5#洞挖料	—	—	2.3	6.2	12.6	20.2	17.1	13.5	9.1	6.8	3.3	3.5	2.4	3.1	级配良好砾
明挖料	荒田2#明挖料	36.0	6.5	1.5	6.0	7.6	13.2	11.0	7.1	4.1	2.5	1.1	1.3	0.8	1.2	块石混合土
	海子沟1#飞仙关组	—	—	1.5	4.6	9.3	22.4	18.9	14.8	6.6	6.3	3.7	4.1	3.4	4.5	级配不良砾
	大田坝1#明挖料	—	1.1	2.4	10.6	17.3	23.4	16.1	11.4	5.7	4.1	2.0	2.8	1.6	1.5	级配良好砾
碎石土	荒田3#碎石土	—	2.7	1.8	4.4	6.8	18.1	16.8	16.9	8.6	9.5	4.8	5.3	2.2	2.2	级配良好砾
	大田坝3#碎石土	—	—	1.4	4.9	10.8	16.2	14.5	12.8	12.0	10.1	5.6	5.5	3.2	2.9	级配良好砾

洞挖料和明挖料基本为碎石混合土或级配良好砾，少量为块石混合土与级配不良砾。碎石土为级配良好砾，地基浮土为碎石混合土或含细粒土砂或黏土质砂，不同取样位置的差异较大。

5.2.2.2　渣体材料的大型三轴试验研究[①]

对白鹤滩洞挖石渣料、明挖风化石渣料、表层碎石土开挖料等三类渣料，采用 Φ300mm×H600mm 大型三轴仪进行大型三轴试验研究，试样尺寸采用直径为 30cm，高度为 60cm，试验最大围压根据现场渣场实际情况确定。试验符合《水电水利工程粗粒土试验规程》（DL/T 5356—2006）中“粗粒土三轴剪切试验”的相关规定。根据试验结果提出弃渣料的非线性抗剪强度指标，并整理出 E-$B(\mu)$ 模型参数。

粗粒土的物理力学以及变形特性与粗粒土的级配和密度紧密相关，根据级配和密度的组合进行三轴压缩试验，选定的级配和密度组合，均只进行一组试验。每类渣体材料进行三组大型三轴试验，三类渣体材料共进行九组大型三轴试验，均为饱和固结排水剪切试验。

任务承担单位长江科学院于 2015 年 1 月到达白鹤滩水电站大型弃渣场现场，与中国电建集团华东勘测设计研究院有限公司地质工作人员共同确定了本次试验所需料源和现场试验位置，在白鹤滩的荒田、海子沟、大田坝渣场，选定了三种料源，九个现场密度试验位置。

1. 密度试验成果

对白鹤滩渣场土料进行了大型击实试验、堆积密度试验等，获得了试验土料的最大干密度、最小干密度、堆积密度等成果。大型击实试验：击实筒尺寸为 Φ300mm×H288mm，表面振动法，试样分三层填装，每层振击 6min。获得最大干密度和最优含水率。

最小干密度试验：采用松填法进行，人工采用小铲贴近筒内土面，使铲中土样徐徐滑入筒内。

堆积密度试验：将容量筒置于坚实的平地上，在筒底垫放一根直径为 25mm 的钢筋，将试样分三层装入容量筒，每装完一层后，将筒按住，左右交替颠击地面各 25 次。得到的击实试验成果见表 5.14。

表 5.14　击实试验成果表

料源	试样名称	现场挖坑密度/(g/cm³)	松填密度/(g/cm³)	堆积密度/(g/cm³)	最大干密度/(g/cm³)	现场检测压实度/%
洞挖料	荒田 1#洞挖料	2.19	1.76	1.96	2.28	96.3
	海子沟 2#玄武	2.22	1.86	2.09	2.39	93.0
	大田坝 2#洞挖料	2.14	1.73	1.99	2.34	91.4
	大田坝 5#洞挖料	2.16	1.80	2.01	2.38	90.6
明挖料	荒田 2#明挖料	2.07	1.72	1.94	2.22	93.4
	海子沟 1#飞仙关组	2.10	1.70	1.90	2.25	93.5
	大田坝 1#明挖料	2.15	1.77	1.97	2.39	89.6

① 中国电建集团华东勘测设计研究院有限公司，2014，白鹤滩水电站大型弃渣场关键技术研究专题研究报告。

续表

料源	试样名称	现场挖坑密度/(g/cm³)	松填密度/(g/cm³)	堆积密度/(g/cm³)	最大干密度/(g/cm³)	现场检测压实度/%
碎石土	荒田3#碎石土	2.13	—	—	2.28	93.4
	大田坝3#碎石土	—	—	—	1.93	—

2. 大型三轴试验成果

1）洞挖料和明挖料的试验密度确定

洞挖料和明挖料的室内试验干密度，按下述方法控制，理由如下：

根据现场挖坑测试的密度及室内密度试验的成果比较，室内松填密度试验基本小于1.80g/cm^3，而现场挖坑测试的密度基本大于2.10g/cm^3，差异较大，弃渣料系自然堆积而未经碾压，密度一般不会大于2.10g/cm^3，其原因可能是现场测试密度的挖坑位置在顶部，受到施工车辆扰动的可能性较大，以现场挖坑测试的密度，代表弃渣料的密度状况不太合适。而室内松填密度试验的成果是在没有落距，轻轻堆放状态下的密度，与现场实际情况完全不一样，仅仅只是了解一下松填状态下的密实状况；根据弃渣料堆填的情况，按《水工混凝土砂石料试验规程》（DL/T 5151—2001）的堆积法进行的密度试验成果可能与弃渣料堆填的状况要相近些。另考虑弃渣料堆填达100m以上，在弃渣料自重作用下，密度也会有所提高，因此后续力学性试验的密度是按照在堆积密度的基础上施加0.1MPa的上覆压力后的所得密度进行备样的，具体试验干密度是堆积密度的1.05倍进行备样。

2）碎石土和地基浮土的试验密度确定

碎石土和地基浮土的现场密度，均是在未扰动位置进行的试验，其测定的干密度能较好地代表其实际密度，因此室内试验干密度采用现场密度值。三轴试验采用大型三轴压缩试验仪，试样尺寸为$\Phi300\times H600$mm，最大围压为3.0MPa，最大轴向应力为21MPa，最大轴向行程为300mm。大型三轴压缩试验仪见图5.15，试验时的周围压力分别为0.3MPa、0.6MPa、0.9MPa、1.2MPa四级，加载速率为0.4mm/min。饱和固结排水剪切试验。试验曲线见图5.22～图5.24。根据试验曲线整理的邓肯（Duncan）非线性E-$B(\mu)$模型参数和抗剪强度指标见表5.15。

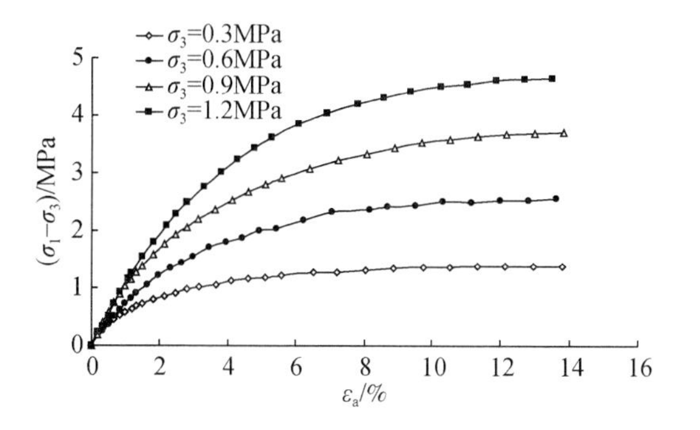

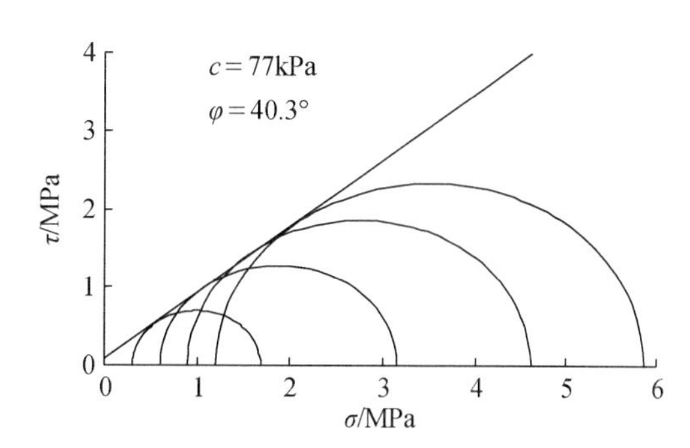

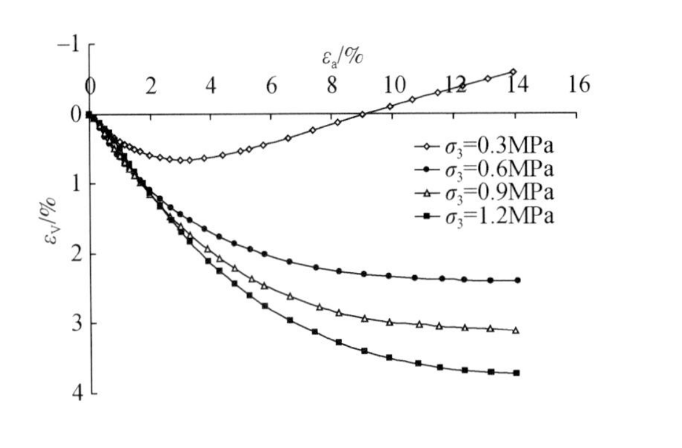

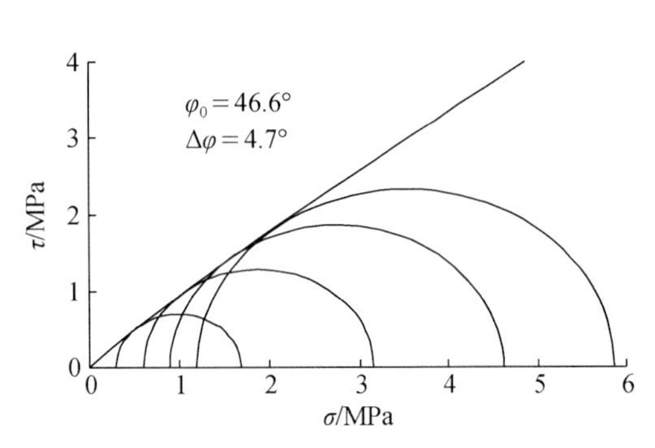

图 5.22　荒田 1[#]洞挖料三轴试验成果

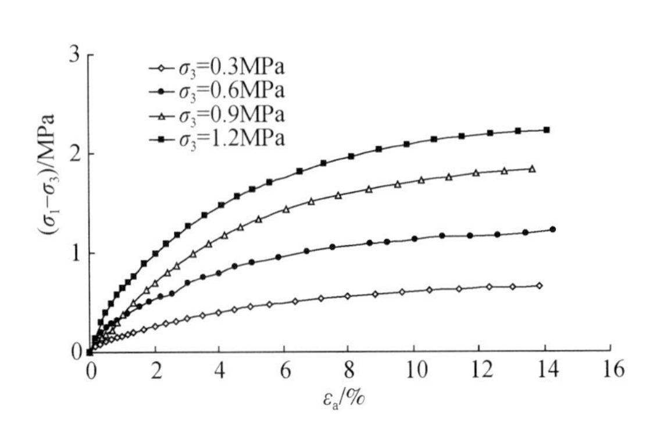

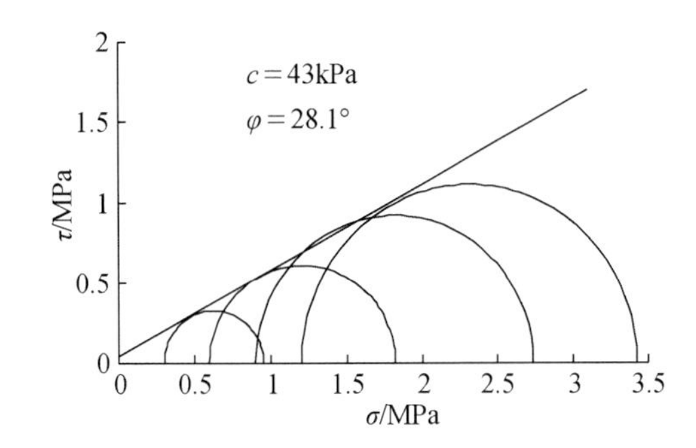

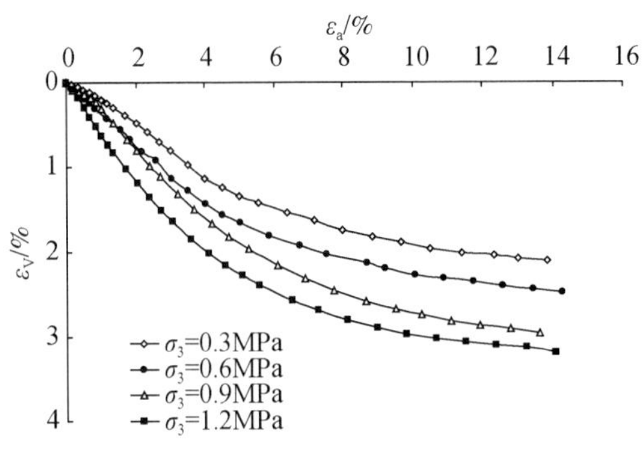

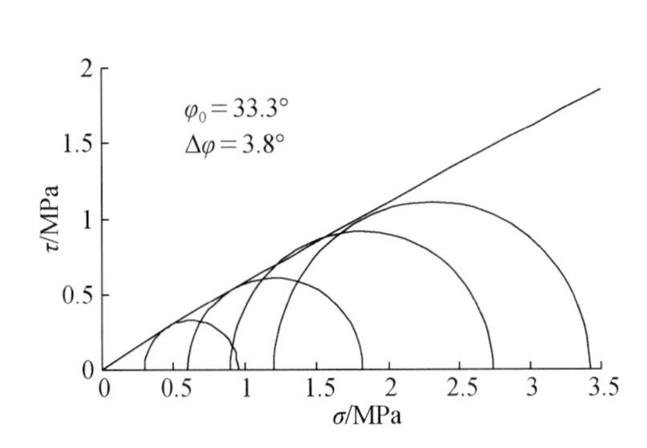

图 5.23　海子沟 1[#]飞仙观组三轴试验成果

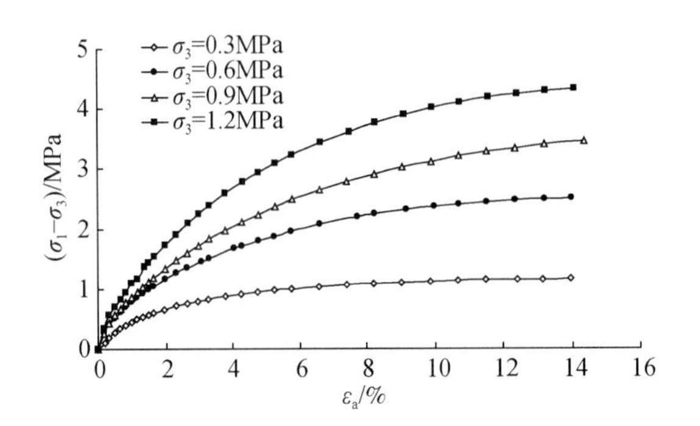

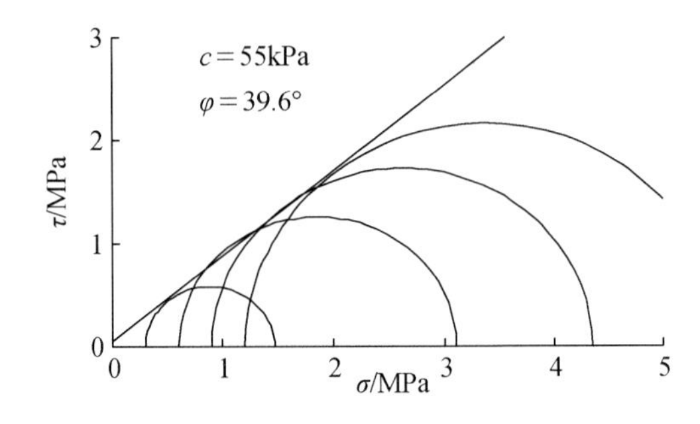

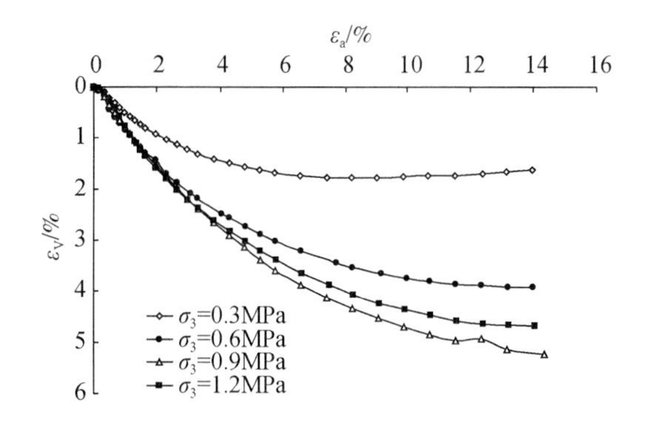

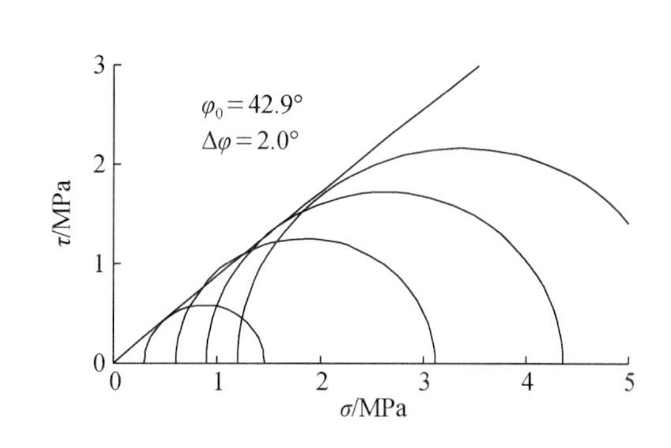

图5.24　大田坝1#明挖料三轴试验成果

表5.15　白鹤滩渣场大型三轴试验成果表

料源	试样名称	试验控制条件		抗剪强度指标				E-B(μ) 模型参数							
		干密度/(g/cm³)	压实度/%	c/kPa	φ/(°)	φ_0/(°)	$\Delta\varphi$/(°)	k	n	k_b	m	R_f	G	F	D
洞挖料	荒田1#洞挖料	2.06	90.5	77	40.3	46.6	4.7	676	0.32	311	0.17	0.78	0.24	0.08	4.86
	海子沟2#玄武	2.19	91.7	67	40.8	45.9	3.7	863	0.39	429	0.25	0.83	0.48	0.23	3.34
	大田坝2#洞挖料	2.09	89.2	90	39.6	47.1	5.6	774	0.33	336	0.23	0.84	0.41	0.28	4.82
	大田坝5#洞挖料	2.11	88.6	83	40.4	46.2	4.0	820	0.37	402	0.24	0.77	0.44	0.30	4.69
明挖料	荒田2#明挖料	2.04	92.0	93	39.1	46.1	5.0	737	0.32	300	0.24	0.85	0.26	0.11	4.94
	海子沟1#飞仙关组	1.99	88.6	43	28.1	33.3	3.8	257	0.31	111	0.24	0.77	0.51	0.25	1.91
	大田坝1#明挖料	2.07	86.5	55	39.6	42.9	2.0	587	0.32	252	0.24	0.82	0.34	0.21	4.26
碎石土	荒田3#碎石土	2.12	93.4	67	37.9	46.2	7.1	624	0.33	240	0.30	0.74	0.30	0.08	4.67
	大田坝3#碎石土	1.77	91.7	19	27.4	30.9	3.1	415	0.31	185	0.30	0.82	0.30	0.12	4.32

5.3　边坡稳定计算方法及安全标准研究

5.3.1　刚体极限平衡计算方法

鉴于渣场一般为散体介质材料，刚体极限平衡稳定性分析时原则上须采用适合于土体介质的稳定性计算方法。渣场边坡稳定性分析时，相关规范推荐采用考虑条间作用力的简化毕肖普法和摩根斯顿-普赖斯法。以毕肖普法为例做简要介绍。

毕肖普法考虑了条间力的作用，定义抗滑安全系数为

$$F_S = \tau_f/\tau \tag{5.6}$$

式中，τ_f为沿整个滑动面的抗剪强度；τ为滑动面上实际产生的剪应力。

如图 5.25 所示，E_i及 X_i分别表示法向及切向条间力，W_i为条块自重，Q_i为水平力，N_i、T_i分别为条块底部的总法向力（包括有效法向力及孔隙水压力）和切向力，其余符号见图 5.25 所示。

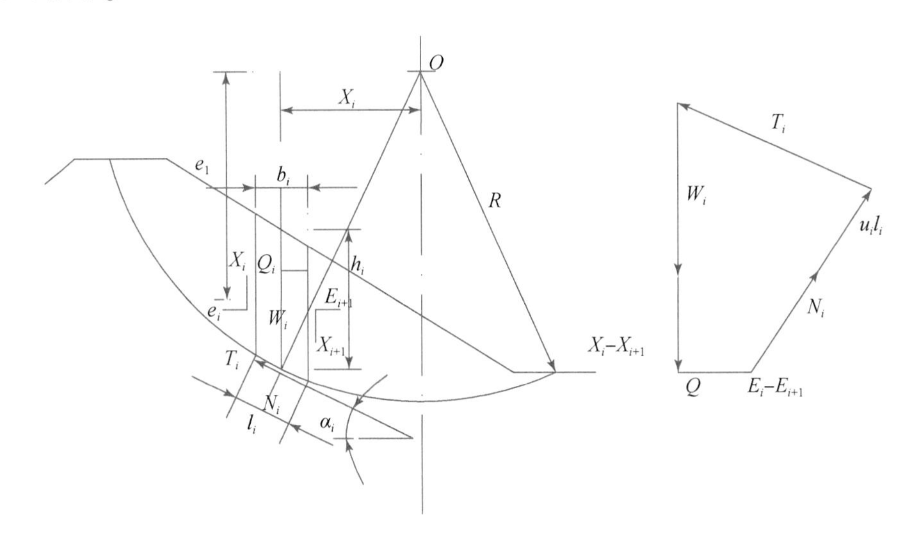

图 5.25　毕肖普法计算图式

根据每一条块垂直方向力的平衡条件有

$$W_i + X_i - X_{i+1} - T_i\sin\alpha_i - N_i\cos\alpha_i = 0 \tag{5.7}$$

按照抗滑安全系数的定义及莫尔-库仑（Mohr-Coulomb）准则，T_i为

$$T_i = \tau l_i = \frac{\tau_f}{F_S} + (N_i - u_il_i)\frac{\tan\varphi_i'}{F_S} \tag{5.8}$$

求得条块底部总法向力为

$$N_i = \left[W_i + (X_i - X_{i+1}) - \frac{c_i'l_i\sin\alpha_i}{F_S} + \frac{u_il_i\tan\varphi_i'\sin\alpha_i}{F_S}\right]\frac{1}{m_{\alpha_i}} \tag{5.9}$$

式中，$m_{\alpha_i} = \cos\alpha_i + \dfrac{\tan\varphi_i'\sin\alpha_i}{F_S}$。

在极限平衡时，各条块对圆心的力矩之和为 0，此时条间力的作用将相互抵消。因此，得

$$\sum W_ix_i - \sum T_iR + \sum Q_ie_i = 0 \tag{5.10}$$

将式（5.8）、式（5.9）代入式（5.7），且 $x_i = R\sin\alpha_i$，得到计算抗滑安全系数的公式如下：

$$F_S = \frac{\sum \frac{1}{m_{\alpha_i}}\{c_i'b_i + [W_i - u_ib_i + (X_i - X_{i+1})]\tan\varphi_i'\}}{\sum W_i\sin\alpha_i + \sum Q_i\frac{e_i}{R}} \tag{5.11}$$

式（5.11）中，由于 X_i 及 X_{i+1} 是未知的，为使问题可解，毕肖普假定各条块间的切向力均略去不计，也就是假定条间力的合力是水平的，于是式（5.11）可简化为

$$F_S = \frac{\sum \frac{1}{m_{\alpha_i}}\{c_i' b_i + [W_i - u_i b_i]\tan\varphi_i'\}}{\sum W_i \sin\alpha_i + \sum Q_i \frac{e_i}{R}} \tag{5.12}$$

式（5.12）就是国内外使用相当普遍的简化毕肖普法。由于在 m_{α_i} 内也有 F_S 因子，在计算 F_S 时要进行试算。

5.3.2　不同方法的比较

毕肖普法、简布（Janbu）法、摩根斯顿–普赖斯法都是基于条分法理论。它们的基本出发点都是一样的，即假定滑动体是理想塑性材料（以莫尔–库仑准则为基础），同时把滑动体作为一个刚体，按极限平衡的原则进行力的平衡分析，而不考虑滑动体本身的应力–应变关系。几种方法最大的不同之处在于相邻条块间的内力作用假定有差异，也就是如何增加已知条件使超静定问题变成静定问题。以下给出了介绍的几种方法所能满足的平衡条件及使用情况（表5.16）。

表5.16　三种方法所能满足的平衡条件及使用情况比较

计算方法	所满足的平衡条件				滑动面形式
	整体力矩	条块力矩	垂直力	水平力	
毕肖普法	满足	不满足	满足	不满足	任意
简布法	满足	满足	满足	满足	任意
摩根斯顿–普赖斯法	满足	满足	满足	满足	任意

比较几种方法计算抗滑安全系数（F_S）的差异可以用 F_S–λ 来说明。毕肖普法中 $\lambda=0$，简布法的抗滑安全系数可以按照推力线推出一个平均的 λ 值，而摩根斯顿–普赖斯法可以求出 F_{Sf}–λ 及 F_{Sm}–λ 曲线，其中，F_{Sf}–λ 仅仅满足力平衡条件，而 F_{Sm}–λ 则仅仅满足力矩平衡条件，两曲线的交点 F_S 则表示力平衡和力矩平衡均满足（图5.26）。

由图5.26可以看出，和力矩平衡相应的抗滑安全系数（F_{Sm}）对条间力假设的反应并不灵敏。因此，根据摩根斯顿–普赖斯法计算的结果与毕肖普法计算的结果基本一致，而简布法计算的结果相对较低，偏于保守。另外，在摩根斯顿–普赖斯法中，不同的 $f(x)$ 函数值对抗滑安全系数的影响也很小。所以，有研究者指出，毕肖普法由于忽略了切向条间力的影响，对抗滑安全系数的误差仅仅在2%～7%，这就是由于函数 $f(x)$ 对力矩平衡的抗滑安全系数（F_{Sm}）影响很小的原因。

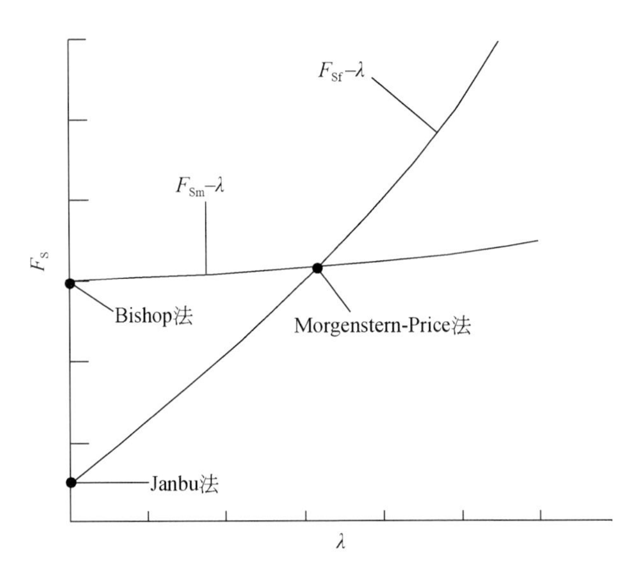

图 5.26　F_{Sf}、F_{Sm}与 λ 的关系曲线对比

5.4　暴雨对渣场的地下水作用研究

5.4.1　考虑降雨入渗的饱和–非饱和渗流理论

水是影响边坡稳定性的重要因素之一。降水（特别是强度大、历时长的暴雨）、泄洪雾化、水位骤降等都是引起边坡失稳破坏的主要因素，尤其是强降雨情况下，水的大量入渗使边坡土体饱和度增加，非饱和区基质吸力降低，土体抗剪强度下降，当雨水的强度和持续时间超过一定程度时，便可能导致边坡失稳。目前国内外一些专家学者分别从土体渗透性和抗剪强度、非饱和土基质吸力、降水强度、土坡坡度和植被等方面对该问题进行了相应的研究（刘建伟等，2007；吴礼舟和黄润秋，2011；王运敏和项宏海，2011；孙世国等，2011；许虎等，2012；李晓凌和岳克栋，2013）。

降雨引起岩土坡滑坡是常见的自然灾害。雨水入渗将改变边坡内地下水渗流场，降雨对边（滑）坡稳定性的影响主要表现为：雨水入渗使得坡体含水量增加，最终结果是在加大下滑力（矩）的同时，使坡体强度参数降低；降雨从坡体及边界裂缝下渗，使坡体暂态饱和区不断扩展，地下水位不断升高，滑带饱水，强度降低，同时渗流作用所产生的附加渗透力加大了边坡的下滑力，这种瞬态的地下水运动及其所产生的暂态附加水荷载常常成为非饱和土边坡在雨季失稳的控制因素（张家发，1994，1997；许凯等，2007）。

大多数滑坡都受到降雨的严重影响，降雨下渗引起地下水状态、坡体、滑带介质含水量及力学参数发生改变而诱发滑坡发生。降雨、地下水与边坡变形破坏有着十分密切的联系，在边坡稳定、变形破坏等计算分析中合理地考虑降雨作用的影响是十分必要的。

基于多孔介质饱和-非饱和渗流理论，通过对降雨条件下具体边坡暂态渗流场的模拟和稳定性分析，研究降雨入渗过程及其对于坡体渗流场的影响规律，探讨了降雨强度、持续时间等方式对边坡稳定性的影响，为降雨型边坡破坏的治理工作提供参考，为弃渣场在降雨条件下的稳定性及相应处理措施研究提供依据。

在地勘设计资料基础上，分析渣场坡体自身渗透结构分区，渣场周围的地下水补给径流排泄条件，研究确定渗流模型的范围和边界性质，确定各渗透性分区的岩土体渗流参数，尤其是渣土的饱和-非饱和渗流参数。

针对典型工程区域的弃渣场，研究确定对于坡体稳定性影响具有典型意义的次降雨条件（包括降雨强度和历时）。采用饱和-非饱和非稳定渗流数学模型和计算软件，模拟降雨入渗条件下的坡体非稳定渗流场，分析不同的初始条件及不同降雨条件下的降雨入渗过程，坡体内湿润峰的推进过程，坡体内渗流场的分布及其变化规律；研究提出降雨入渗对渣场坡体渗流场的影响规律（柳金峰等，2012；焦亮，2020；简平，2020）。

5.4.1.1　饱和-非饱和渗流模型

非饱和带的特点为介质的含水量小于孔隙率，任何一点的压强小于0，如图5.27所示。

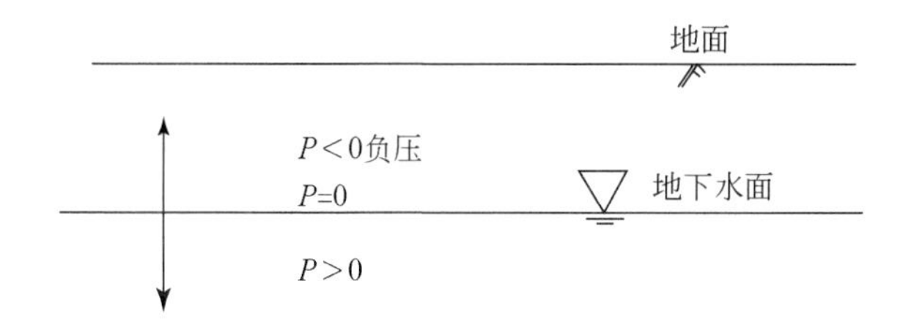

图5.27　饱和-非饱和区域压力示意图

一般认为达西（Darcy）定律也同样适用于非饱和水分运动，水流在势能差的驱动下由势能高处向低处运动，总水土势为重力、压力、运动、溶质和热能势之和。

降雨入渗是最为典型的非饱和渗流问题。一般认为，水在非饱和土中的渗流也服从达西定律，受水力梯度驱动。在非饱和土中，孔隙水压力为负值，且渗透系数为饱和度（或基质吸力）的函数。非饱和渗流与饱和渗流可以具有统一的方程形式；从而可以将浸润面上下的非饱和区和饱和区作为一个统一的区域进行饱和-非饱和渗流计算。在这个统一的计算系统中，浸润面被假定为孔隙水压力为零的等势面在数值模型中进行求解，对于非稳定渗流可以大大缩短迭代计算时间，浸润面的确定也相对简单。

根据势能函数连续的原理，可采用饱和非饱和理论统一求解流场，既能够真实地反映地下水流场分布和水流运动规律，还可以避免确定自由面位置带来的边界非线性求解困难。

连续介质中的饱和-非饱和水流运动可用下列Richards势函数方程描述：

$$\mathrm{div}\rho K(\theta)\ \nabla H=\frac{\partial(\rho\theta)}{\partial t}\tag{5.13}$$

式中，H 为总水头势，也就是全水头；ρ 为密度；θ 为介质的含水率；$K(\theta)$ 为水力传导率函数，它在同一介质层中随含水率的变化而变化；t 为时间变量。

假定 X_1、X_2 为笛卡儿坐标系中水平面上的两个坐标系，X_3 为正向向上的铅直坐标轴，则总水头势 H 可以表示为 $H(X_1, X_2, X_3)=h(X_1, X_2, X_3)+X_3$，式中，$h$ 变量在饱和区为正压力水头；在非饱和区为负压水头，即与介质的含水率互为函数关系。$K(\theta)$ 和 $h(\theta)$ 是反映介质水力特性的重要参数，也决定了非饱和流区域内的参数非线性特征。含水率与介质的空隙（包括裂隙和孔隙）率（n）和饱和度（S_w）的关系为 $\theta=nS_w$，这样式（5.13）也可表示如下：

$$\mathrm{div}\rho K(h)\nabla(h+X_3)=\frac{\partial(\rho n S_w)}{\partial t}\frac{\partial h}{\partial t}=\left[nS_w\frac{\partial\rho}{\partial h}+\rho S_w\frac{\partial n}{\partial h}+\rho\frac{\partial\theta}{\partial t}\right]\frac{\partial h}{\partial t} \tag{5.14}$$

式中，右端括号中的第一项是水密度随压力而变化时引起的水量的变化，第二项是含水层孔隙率随水压力变化时引起的水量的变化。注意到 S_w 在饱和区为1，而在非饱和区不妨假定$\frac{\partial n}{\partial h}=0$ 和$\frac{\partial\rho}{\partial h}=0$。式（5.14）右端括号中的第二项决定于介质的水分特征曲线 $h(\theta)$，称$\frac{\partial\theta}{\partial h}=C(h)$ 为容水率，显然 $C(h)$ 在饱和区为零。对于水而言，ρ 可近似取1，这样式（5.14）可进一步简化为

$$\mathrm{div}K(h)\nabla(h+X_3)=[\alpha S_s+C(h)]\frac{\partial h}{\partial t} \tag{5.15}$$

式（5.15）为饱和-非饱和流模型的控制方程，式中，α 在饱和区（即 $S_w=1$ 时）为1，在非饱和区（即 $S_w<1$ 时）为0；S_s 为贮水率，它包括了式（5.14）右端括号中的前两项，综合反映水压力变化时含水层空隙率和水密度的变化引起的水量的变化，对于承压含水层，它反映的是单位体积含水层介质的弹性释放和贮水能力。

模型的初始条件表示为

$$h(X_i,0)=h_0(X_i) \tag{5.16}$$

模型的边界条件包括

已知水头条件为

$$H(X_i,t)=h(X_i,t)+X_3=f_1(X_i,t) \tag{5.17}$$

已知流量条件为

$$\left[K_{ij}(h)\frac{\partial h}{\partial X_j}+K_{i3}\right]n_i=-f_2(X_i,t) \tag{5.18}$$

式中，n_i 为边界面的单位法向矢量，最典型的已知流量边界是降水入渗和蒸发边界。

式（5.18）所示的控制方程为参数非线性方程。采用 Galerkin 有限元法，时间上采用隐式或中心差分法，通过迭代实现非线性方程组的线性化，并采用预调整的共轭梯度法解方程组。

将式（5.15）进一步简化为

$$L(H)=\nabla A\nabla H-B\frac{\partial H}{\partial t}=0 \tag{5.19}$$

其中，$A=K(h)$，$B=C(h)+aS_s$ 在经过有限单元剖分的计算区域 G 内，每个单元内的势函

数可以用形函数近似地表达如下：

$$H(X_i,t)=N_n(X_i)\,H_n(t)\quad(n=1,2,\cdots,n)\tag{5.20}$$

式中，$N_n(X_i)$为形函数；$H_n(t)$为时间函数，将式（5.16）代入式（5.19）后有

$$L(H)=R\tag{5.21}$$

式中，R为残差，如果R趋近于零，则$H(X_i,\ t)$逼近微分方程的精确解。为此，要求R在整个计算域内满足：

$$\int_G Rw\mathrm{d}G=0\tag{5.22}$$

式中，w为权函数。这样通过残差加权积分为零求势函数的方法为加权残差积分法。当w采用特定函数，如以下采用形函数N时则称为Galerkin法：

$$w_k(X_i)=N_k(X_i)\tag{5.23}$$

由式（5.19）、式（5.22）、式（5.23）可得

$$\int_G N_n\left[\nabla A\ \nabla N_m H_m-B\frac{\partial N_m H_m}{\partial t}\right]dG=0\tag{5.24}$$

运用格林公式得

$$\int_G A\ \nabla N_n\ \nabla N_m H_m\mathrm{d}G+\oint_s AN_m\ \nabla N_m H_m n\mathrm{d}s+\int_G BN_n\frac{\partial N_n H_n}{\partial t}\mathrm{d}G=0\tag{5.25}$$

对于离散化的整个计算区域有

$$\sum_{i=1}^{n}\left[\int_{Gi}A_i\ \nabla N_n\ \nabla N_m H_m\mathrm{d}G+\int_{Gi}B_iN_i\frac{\partial N_m H_m}{\partial t}\mathrm{d}G-\oint_{si}A_iN_m\ \nabla N_m H_m n\mathrm{d}s\right]=0\tag{5.26}$$

对于等参数有限元，式（5.26）成为

$$A_{nm}h_m+F_{nm}\frac{\mathrm{d}h_m}{\mathrm{d}t}=Q_n-B_n-D_n\tag{5.27}$$

其中

$$A_{nm}=\sum_{e=1}^{n}K_{ij}\int_{Ge}\frac{\partial N_n^e\partial N_m^e}{\partial X_i\partial X_j}\mathrm{d}G\tag{5.28}$$

$$\begin{cases}F_{nn}=\displaystyle\sum_{e=1}^{n}\int_{Ge}(CN_n^e+N_n^e aS_s)\mathrm{d}G\\ F_{nn}=0\quad(n\neq m)\end{cases}\tag{5.29}$$

$$Q_n=-\sum_{e=1}^{n}\oint_{Se}VN_n^e\mathrm{d}s=-\sum\nolimits_e(S_nV)_n\tag{5.30}$$

$$B_n=\sum_{e=1}K_{i3}\int_{Ge}\frac{\partial N_n^e}{\partial X_i}\mathrm{d}G\tag{5.31}$$

$$D_n=\sum_{e=1}^{n}\int_{Ge}SN_n^e\mathrm{d}G\tag{5.32}$$

式（5.30）是流量边界点的贡献，其中，V为边界上的水流强度；S_n为结点的控制面积。式（5.32）是域内源汇项的贡献，S为源或汇的强度。

上述积分通过高斯积分进行。当在时间上采用隐式差分时，式（5.26）成为

$$\left(A_{nm}^{K+\frac{1}{2}}+\frac{F_{nm}^{k+\frac{1}{2}}}{\Delta t_k}\right)h_m^{k+1}=Q_n^{k+\frac{1}{2}}-B_n^{K+\frac{1}{2}}-D_n^{k+\frac{1}{2}}+\frac{F_{nm}^{k+\frac{1}{2}}}{\Delta t_k}h_m^k\quad (n=1,2,3,\cdots,N)\tag{5.33}$$

式（5.33）形同如下的矢量方程：

$$Ax=b\tag{5.34}$$

通过采用预调整的共轭梯度法解上述方程组，并通过迭代，直至误差向量达到误差控制要求。

长江科学院通过改编和完善得到三维饱和-非饱和非稳定渗流有限元程序 US3D，已经成为开展饱和非饱和渗流问题模拟和研究的重要工具。

5.4.1.2　土水特征曲线和非饱和渗透系数

在非饱和介质中，水分运动的参数起到非常关键的作用，包括压力水头与含水率或者有效饱和度的关系，以及相对渗透系数与有效饱和度的非线性函数关系。掌握这些参数的特性及其变化规律是十分重要的。

非饱和介质和饱和介质中水流动的一个重要区别是导水率，即水力传导度（k）。如图 5.28 所示，当介质处于饱和状态时，全部孔隙都充满了水，因而具有较高的水力传导度，且为常数。而当介质处于非饱和状态时，由于介质中部分孔隙被气体所充填，故其水力传导度值低于介质饱和导水率。而且，非饱和介质的导水率是基质势或含水率的函数，水力传导度随基质势或含水量减小而降低。

$$K=K_sK_r\tag{5.35}$$

式中，K_s为饱和渗透系数；K_r为相对渗透系数。

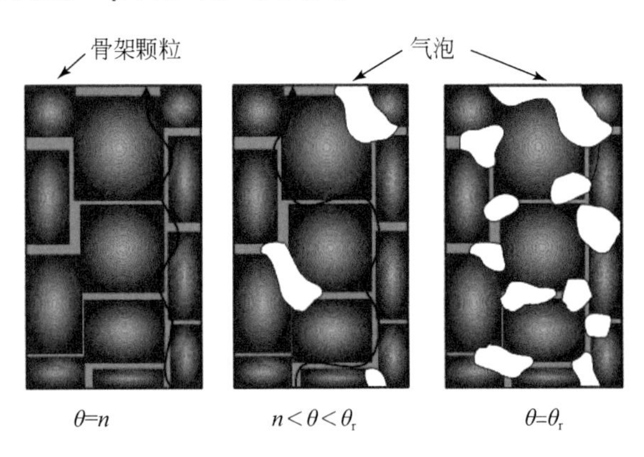

图 5.28　连续介质中饱和-非饱和渗流示意图

多孔介质中水的基质势或吸力是含水率的函数，它们之间的关系曲线称为水分特征曲线。该曲线反映了介质中水的能量与数量的关系，是反映介质水分运动基本特征的曲线。

根据含水量和基质吸力的关系，当介质中的水分处于饱和状态时，吸力为零。随着吸力的增加，起初吸力较小对，介质中尚无水排出，仍维持饱和状态，当吸力增加至或超过某一临界值时，首先介质中最大孔隙不能抗拒所施加的吸力，其水分开始向外排出，相应地含水率开始减小。饱和介质开始排水意味着空气随之进入，该临界负压值称为进气值，即由饱和转为非饱和时的负压值。不同介质的进气值不同，当基质吸力超过进气值继续增大时，介质中的水分就开始从大的孔隙再到小的孔隙逐渐排出。由于水先从大孔隙中排出，而小孔隙中保持的水量主要受毛细作用和孔径的大小所支配，所以当吸力不大时，水分运动受介质结构的强烈影响，随着基质吸力的变化，含水率变化较大。而当吸力达到很高时，只有在很狭小的孔隙中才能保持有限的水分，所保持的水受颗粒的吸附作用逐渐增强，水分运动主要受介质质地、颗粒表面积的影响。当含水率减小到一临界值时，吸力再怎么变化也不会使含水率减小，此时的临界含水率称为剩余含水率或残余含水率。

负压与含水量的关系至今尚不能从理论上得出，因而水分特征曲线都用试验方法测定。为了计算和分析的需要，常拟合为经验公式。目前采用较多的是 Gardner（1958），Brooks 和 Corey（1964），Van Genuchten（1980）以及 Fredlund 和 Xing（1994）的公式。

最常用的 Van Genuchten 模型将 θ 与 ψ 的关系表达为

$$S_e = \left[\frac{1}{1 + (\alpha\psi)^n}\right]^m \tag{5.36}$$

式中，$m=1-1/n$；S_e为有效饱和度；ψ 为基质吸力；α 为与进气值有关的参数。

$$S_e = \frac{\theta - \theta_r}{\theta_s - \theta_r} \tag{5.37}$$

式中，θ 为体积含水率；θ_s 为饱和含水率；θ_r 为残余含水率。

Mualem 提出的非饱和相对水力传导度曲线数值模型表达式为

$$K_r = S_e^{1/2}\left[1 - (1 - S_e^{1/m})^m\right]^2 \tag{5.38}$$

代入体积含水率（θ）与基质吸力（ψ）的关系函数方程，经转换可得 VG 模型的常用形式：

$$K_r = \frac{\{1 - (\alpha\psi^{(n-1)})[1 + (\alpha\psi^n)^{-m}]\}^2}{[(1 + \alpha\psi)^n]^{\frac{m}{2}}} \tag{5.39}$$

将水分特征曲线 Van Genuchten 模型的方程参数 α、n、m 代入 Mualem 提出的水分特征曲线和非饱和渗透系数的数值模型中，可以得到非饱和渗透系数。

5.4.1.3　降雨入渗及其模拟

影响土壤降水入渗的因素很多，主要有土壤自身性质（土壤质地、容重、含水率、地表结皮、水稳性团粒结构含量）、降水历时、地形地貌等。

降雨入渗非饱和渗流问题主要涉及两个方面：①在降雨、蒸发等外部条件变化下，有多少水分进入土体或从土体中排出；②进入土体的水分在土体中运动和分布规律。在非饱和渗流计算中一般把前者作为边界条件进行处理，把后者考虑为瞬态渗流场的问题进行求解。

降雨入渗的过程十分复杂，Mein 和 Larson（1973）采用由降雨强度（q）、土壤允许入渗的容量（f_q）、土壤饱和时的水力传导系数（渗透系数）（K_{ws}）这三个因子来描述降雨入渗的过程和行为。

（1）当 $q<K_{ws}$时，地表径流不会发生，降雨将全部入渗，此时水的入渗率保持不变。

（2）当$f_q>q>K_{ws}$时，所有的雨水会入渗，f_q 会随着入渗深度的增加而变小，但此时降雨强度没有达到土壤允许入渗的容量，故入渗率不会降低，且入渗率很高。

（3）当 $q>f_q$ 时，由于降雨强度大于土壤允许入渗的容量，故部分降雨并不会入渗，而形成地表径流、排泄，而入渗率在降雨达到允许的入渗容量后，将逐步下降。

5.4.2　暴雨时程曲线的选择

1. 白鹤滩区域年降雨特征

白鹤滩流域属亚热带季风气候区。根据云南省巧家县大寨镇和白鹤滩雨量观测站年降雨量资料，大寨沟流域降雨主要集中在5～10月的湿季，其降雨量占全年降雨总量的85%以上（表5.17、表5.18）。降雨过程一般从5月开始，此后降雨量逐渐增加，至6月达到最大月降雨量，经过7月后，月降雨量便迅速减少，至10月后，月降雨量便减少到冬半年的水平（图5.29）。

表5.17　大寨镇年降雨量统计表

月份	降雨量/mm							
	1995年	1996年	1997年	1998年	1999年	2000年	2001年	平均值
1	6.5	0	15.6	2.6	45.4	19.5	2.2	13.0
2	27.7	28.7	23.0	2.3	0	21.6	2.5	15.1
3	9.6	49.4	3.9	7.6	0.8	31.8	15.0	16.9
4	7.4	32.1	41.9	38.4	33.1	33.0	7.2	27.6
5	75.7	34.5	38.2	9.3	92.7	56.3	116.1	63.3
6	297.3	122.0	113.2	243.3	63.1	154.1	183.7	168.1
7	147.3	167.4	237.5	158.7	157.7	75.0	194.5	162.6
8	78.4	93.0	95.8	182.4	126.6	165.9	136.8	125.6
9	161.0	28.4	192.3	69.5	60.5	111.9	128.8	107.5
10	106.6	52.9	42.4	78.0	142.8	53.6	96.4	81.8
11	85.2	19.0	1.4	13.1	35.8	13.5	18.8	26.7
12	7.5	0	7.4	2.9	5.2	3.5	0	3.8
年降雨量	1010.2	627.0	812.6	828.1	762.2	739.7	902.0	811.7
5～10月降雨量	866.3	497.8	719.4	761.2	643.4	616.8	856.3	708.7
5～10月占年雨量比例/%	85.8	79	88.53	91.92	84.41	83.4	94.9	87.3

注：大寨镇降雨量观测点海拔为1375m。

表5.18　白鹤滩气象站气象要素观测数据统计表

月份	气温/℃			降雨量/mm			蒸发量/mm	相对湿度/%	
	年均	最高	最低	多年平均	年百分比	最大日		多年平均	历年最小
1	13.3	29.6	3.5	3.7	0.5	5.2	140.4	45	3

续表

月份	气温/℃			降雨量/mm			蒸发量/mm	相对湿度/%	
	年均	最高	最低	多年平均	年百分比	最大日		多年平均	历年最小
2	15.6	34.4	2.4	4.1	0.6	6.5	174.0	43	4
3	20.0	38.0	8.0	16.4	2.3	29.0	268.5	42	2
4	25.4	41.5	12.4	18.6	2.6	22.0	342.4	41	7
5	27.0	42.2	14.6	38.4	5.3	28.4	308.6	50	11
6	27.1	41.5	17.0	160.6	22.1	100.8	203.0	67	8
7	27.1	40.0	19.0	158.3	21.8	51.8	164.0	77	12
8	27.3	41.5	18.2	147.1	20.2	55.5	181.7	74	15
9	24.4	39.5	14.0	104.7	14.4	73.3	143.8	73	14
10	21.7	37.0	11.5	56.3	7.7	32.5	138.4	66	20
11	18.2	31.7	4.5	16.8	2.3	16.5	122.0	60	20
12	14.1	27.7	2.1	2.2	0.3	4.5	119.9	53	16
年特征值	21.8	42.2	2.1	727.2	—	100.8	2306.7	57.6	2

注：据白鹤滩气象站1994～2000年观测资料统计。

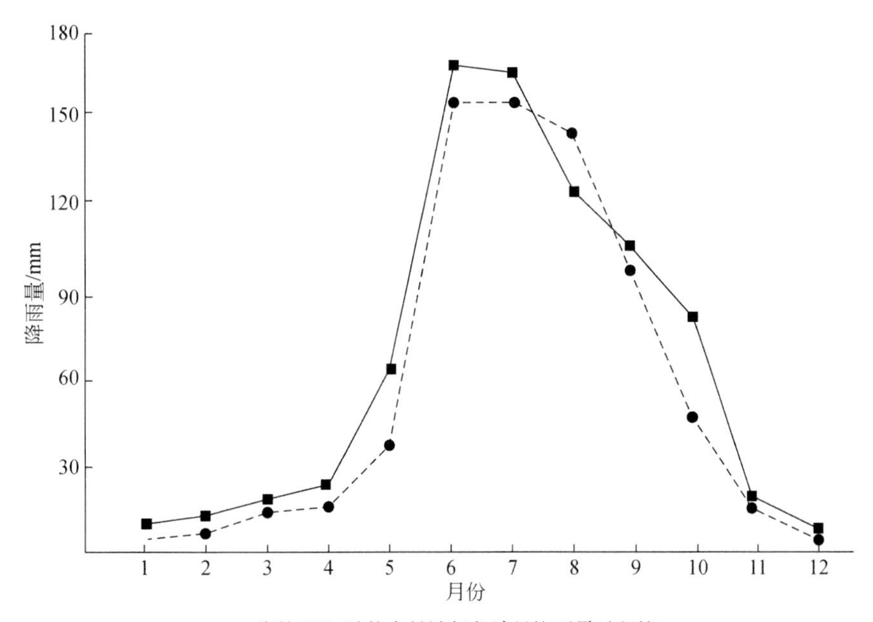

图5.29　大寨沟流域降雨年内分布图

2. 降雨极值特征

1）暴雨雨强

根据云南省昭通地区巧家县水利局大寨镇观测点的降雨观测资料，大寨镇所在地的大寨沟流域内，1995 年 1 月至 2001 年 12 月期间，历年 1h 最大降雨量如表 5.19 所示，1h 最大降雨量主要出现在 6、7 月，最大雨强达 30.5mm/h。

表 5.19　大寨沟流域 1h 最大降雨量（大寨镇气象台站）

时间	1995 年 6 月 10 日 （8～9 时）	1996 年 7 月 17 日 （10～11 时）	1997 年 7 月 27 日 （21～22 时）	1998 年 6 月 29 日 （3～4 时）	1999 年 6 月 30 日 （7～8 时）	2000 年 9 月 5 日 （4～5 时）	2001 年 6 月 28 日 （23～24 时）
降雨量/mm	18.8	11.7	25.3	30.5	13.2	11.9	16.7

在 1995～2001 年的七年间，总共出现大雨－暴雨 41 场，1h 最大降雨量可达 11.7～30.5mm，其中日降水量大于 50mm 的暴雨在这七年间仅出现三场，最大日降雨量达 92.9mm。

2）日降雨量

在大寨沟流域 1995 年以来的降雨观测数据中，采取每年内两个最大观测数组，进行日暴雨频率（P）计算，计算结果见表 5.20。

表 5.20　日暴雨频率计算表

序号	时间 （年．月）	日降雨量/mm （排序）	$K_i=Q_i/Q$	K_i-1	$(K_i-1)^2$	P/% （$=m/(n+1)$）
1	1998.6	92.9	2.11	1.11	1.232	6.67
2	1995.6	64.4	1.46	0.46	0.212	13.4
3	1995.6	52.3	1.19	0.19	0.036	20
4	1997.7	46.7	1.06	0.06	0.0036	26
5	1998.8	45.8	1.04	0.04	0.0016	33
6	2001.7	43.3	0.98	−0.02	0.0004	40
7	1999.7	42.1	0.95	−0.05	0.0025	46.7
8	1996.8	34.3	0.80	−0.20	0.04	53.3
9	1997.8	34.2	0.77	−0.23	0.0529	60
10	2000.8	33.4	0.76	−0.24	0.0576	66.7
11	2000.8	32.8	0.75	−0.25	0.0625	73.3
12	1999.10	32.3	0.73	−0.27	0.0729	86
13	2001.5	32.1	0.73	−0.27	0.0729	86.7
14	1996.7	29.4	0.67	−0.33	0.1089	93.3
总计		615.9	14.00	0	1.9558	—

应用适线法进行拟合修正后，得 $C_v=0.467$，$Q=43.99$，计算出不同频率的日降雨量。由于大寨镇的降雨量观测时间短，对其进行必要修正后得到的日降雨量见表5.21。

表5.21　大寨沟流域不同频率日降雨量计算表

累计频率/%	0.1	0.2	1	2	5	10	20	50	100
离均系数（φ）	5.23	4.28	3.33	2.64	1.95	1.33	0.69	−0.24	−1.31
K_p/%（$=\varphi C_v+1$）	3.44	2.99	2.56	2.23	1.91	1.62	1.32	0.89	0.39
Q_p/%（$=Q\times K_p$）	151.3	131.5	112.6	98.1	84.0	71.3	58.1	39.1	17.2
修正后日降雨量/mm	204.2	177.5	152.0	134.4	113.4	96.2	78.4	52.8	23.1

3. 设计暴雨时程曲线

对白鹤滩渣场地基覆盖层开展暴雨入渗条件下自然边坡及工程边坡的非稳态渗流场研究，揭示不同暴雨强度、历时条件下渗流场分布规律，探究降雨入渗过程中孔隙水应力的变化过程。可采用24h典型暴雨分配法、1998年实际降雨过程缩放法、2001年实际降雨过程缩放法三条暴雨设计曲线分别进行暴雨工况下渗流场分析，可得不同时刻边坡地下水位以及表层暂态饱和区变化情况，24h设计暴雨过程见表5.22。

表5.22　24h设计暴雨过程表　（单位：mm）

时段/h	24h典型暴雨分配法		1998年实际降雨过程缩放法		2001年实际降雨过程缩放法	
	20年一遇	50年一遇	20年一遇	50年一遇	20年一遇	50年一遇
1	2.7	3.1	4.2	6.0	29.2	34.7
2	0.6	0.7	7.8	7.1	14.9	13.5
3	1.3	1.5	14.5	13.2	7.4	6.8
4	2.4	2.7	29.2	34.7	8.6	12.1
5	2.8	3.1	4.0	5.7	2.9	4.0
6	4.1	4.6	4.6	6.5	1.4	2.0
7	8.2	9.4	2.3	2.6	6.1	6.8
8	5.2	5.9	3.1	3.4	0	0
9	35.9	40.8	0	0	0	0
10	6.2	7.0	0.8	0.9	0	0
11	4.9	5.6	0	0	0	0
12	1.9	2.1	0	0	0	0
13	1.2	1.4	0	0	0	0
14	0.8	0.9	0	0	0	0
15	0.6	0.7	0	0	0	0
16	0.5	0.6	0	0	0	0
17	1.3	1.5	0	0	0	0

续表

时段/h	24h 典型暴雨分配法		1998 年实际降雨过程缩放法		2001 年实际降雨过程缩放法	
	20 年一遇	50 年一遇	20 年一遇	50 年一遇	20 年一遇	50 年一遇
18	0	0	8.0	9.3	0	0
19	0	0	0.7	0.8	0	0
20	0	0	0.1	0.1	0	0
21	0	0	0.2	0.2	2.0	2.4
22	0	0	0	0	1.7	2.0
23	0	0	0.3	0.3	3.1	3.6
24	0	0	0.7	0.8	3.1	3.6

5.4.3　暴雨入渗条件下堆渣体边坡渗流场分析（白鹤滩荒田渣场）

1. 模型概化

荒田渣场位于坝址区下游金沙江左岸，基本地貌类型为河流强烈下切的中山峡谷地貌。荒田渣场为坡道型渣场，选取 A1-A1′典型断面建立饱和—非饱和非稳定渗流模型。A1-A1′典型断面结构如图 5.30 所示。

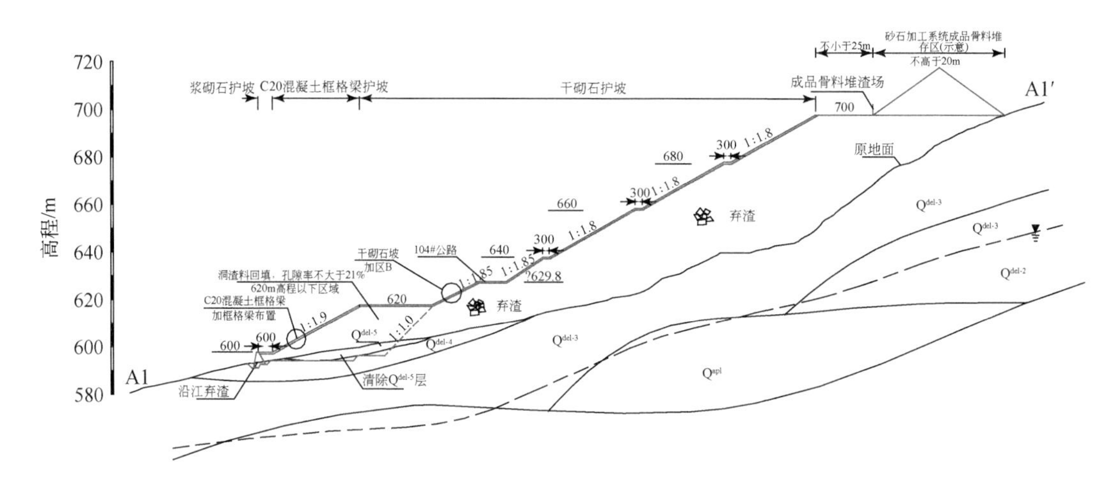

图 5.30　A1-A1′典型断面结构图

选取荒田渣场 A1-A1′典型断面建立渗流计算模型。计算模型范围：河床中心线为左边界，底边界取至 500m 高程，山体侧边界取至渣体后缘边界处，山体侧边界处高程为 700m，模型宽约 430m，上边界为地表。依据地质资料及设计资料，模型共概化为五类渗透介质：基岩、坡体 Q^{apl}、坡体 Q^{del}、渣体、坡面护坡层，模型概化如图 5.31 所示。

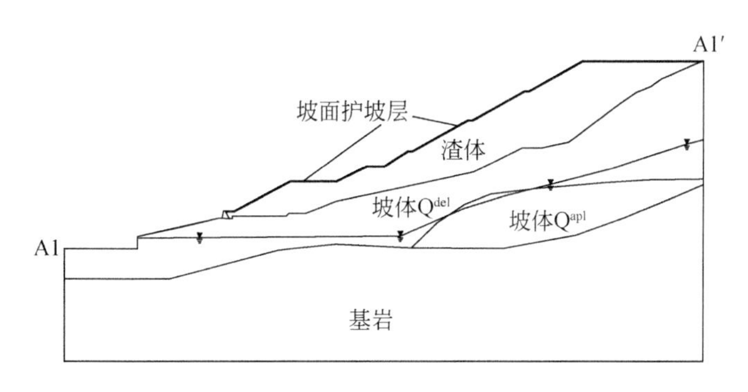

图5.31　荒田渣场A1-A1′典型断面渗流计算模型概化示意图

2. 计算网格

荒田渣场A1-A1′典型断面渗流计算模型共剖分为13277个节点、13353个单元，有限元计算网格如图5.32所示。

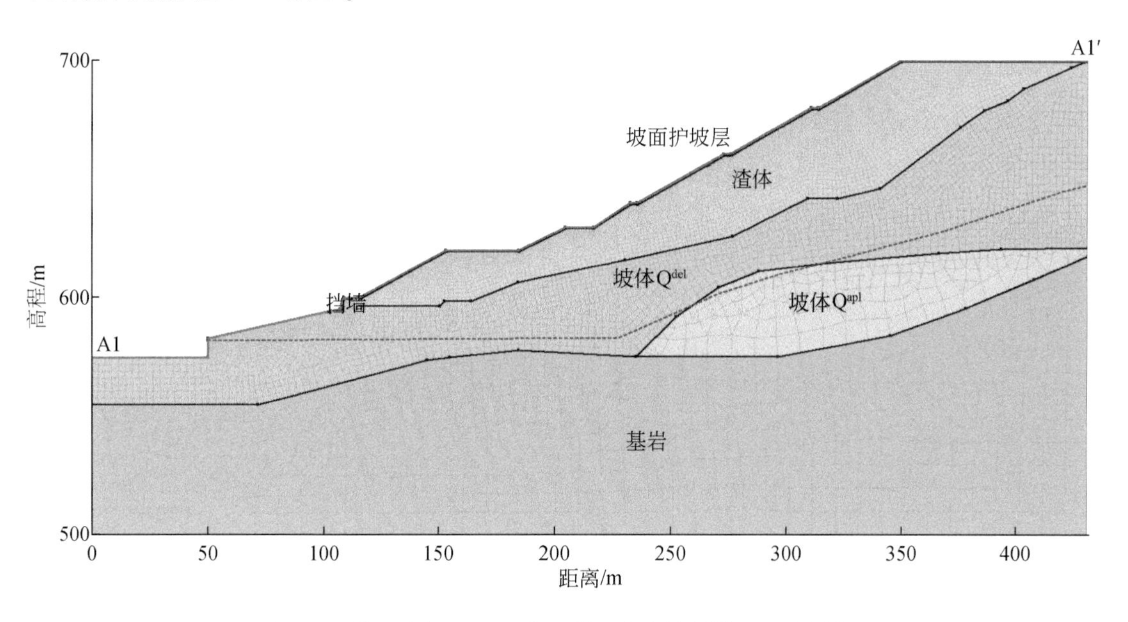

图5.32　荒田渣场A1-A1′典型断面渗流计算模型网格剖分图

3. 计算参数

坝区堆积土体土层结构极不均匀，所以土体的渗透性差异较大。本次渗流计算中坡体第四系土层饱和渗透系数取为1.0×10^{-3}cm/s；坡面为渣体表层0.7m厚的护坡层，基本方案中坡面、渣体渗透性相同，采用的饱和渗透系数为1.0×10^{-3}cm/s，同时对其渗透性进行了对比分析，基岩饱和渗透系数为1.0×10^{-5}cm/s。依据饱和渗透系数，渣体、坡体土层的非饱和渗流参数参考西垣诚文献资料中的中砂，基岩的非饱和渗流参数参考西垣诚文献资料中的泥岩，获取水分特征曲线Van Genuchten模型的、Mualem模型水分特征曲线Van Genuchten模型的方程参数α、n、m。各材料分区的饱和-非饱和参数见表5.23和图5.33、

图 5. 34。

表 5. 23　渗透分区及参数取值表

土性	K_s/(cm/s)	S_s/m^{-1}	非饱和参数			
			α/mm^{-1}	n	θ_r	θ_s
渣体	1.0×10^{-3}	1.0×10^{-5}	0. 00574	1. 63	0. 05	0. 35
坡体 Q^{apl}	1.0×10^{-3}	1.0×10^{-5}	0. 00574	1. 63	0. 05	0. 35
坡体 Q^{del}	1.0×10^{-3}	1.0×10^{-5}	0. 00574	1. 63	0. 05	0. 35
坡面护坡层	1.0×10^{-3}	1.0×10^{-5}	0. 00574	1. 63	0. 05	0. 35
基岩	1.0×10^{-5}	1.0×10^{-5}	0. 00759	1. 455	0. 02	0. 1

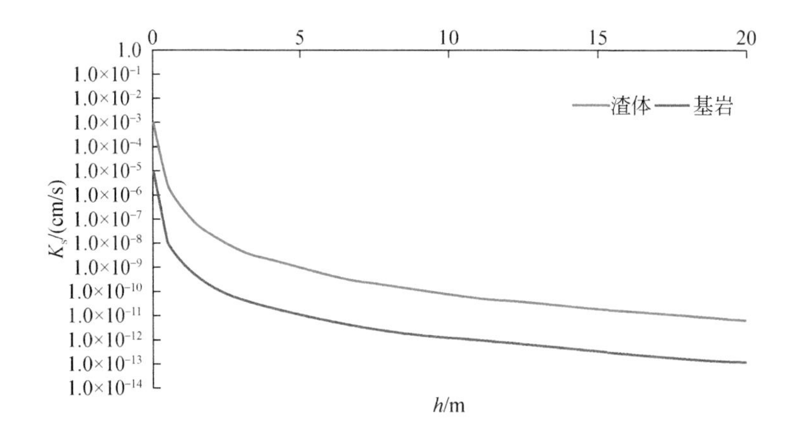

图 5. 33　水力传导度曲线

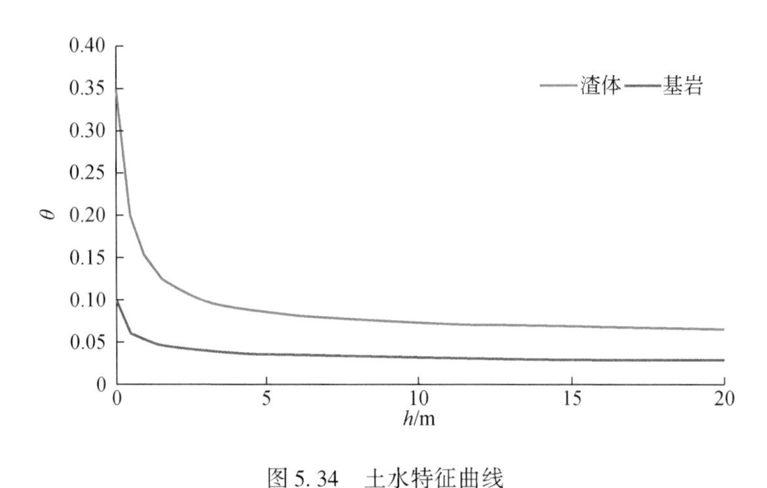

图 5. 34　土水特征曲线

4. 计算工况

本次采用非饱和、非稳定渗流有限元计算模型对降雨入渗条件下渣场边坡渗流场开展研究。本模型中渣体厚度较大，初始地下水位埋深较深，通过模型试算，短期的降雨入渗对地下水位的影响较小，因此本次渗流数值模拟重点分析坡面降雨入渗对坡体渗流场的影响。

考虑到渣体的渗透性差异及其对降雨入渗的影响，在拟定的强降雨条件下，对渣体渗透性开展了对比计算，计算方案及条件见表5.24。

表5.24　计算方案表

方案编号	饱和渗透系数/(cm/s)			非饱和参数	初始负压	降雨条件
	坡面	渣体	坡体			
F1	1.0×10^{-3}	1.0×10^{-3}	1.0×10^{-3}	Van Genuchten 模型、Mualem 模型参数见表5.23	0.5m	连续3d降雨，降雨强度为0.1m/d
F2	1.0×10^{-4}	1.0×10^{-4}				

方案F1为基本方案，各渗透分区的饱和渗透系数、饱和含水率、贮水率、非饱和水力特性Van Genuchten模型、Mualem模型参数见表5.23。初始水位为地质勘探地下水位，自由面以上区域初始负压为0.5m。连续3d降雨，降雨强度为0.1m/d。

方案F2中坡面层及渣体饱和渗透系数为1.0×10^{-4}cm/s，其他条件与方案F1相同。

5. 成果分析

1）坡体渗流场分布

方案F1、F2强降雨入渗第3天时的渗流场压力水头等值线及流速矢量分布见图5.35、图5.36。从图中可以看出，坡体地下水流动主要由两部分组成，坡面降雨入渗和坡体地下水流动（主要从山体向金沙江排泄）。0.1m/d的强降雨入渗3d后，坡体浅表降雨入渗水流的影响深度非常有限。

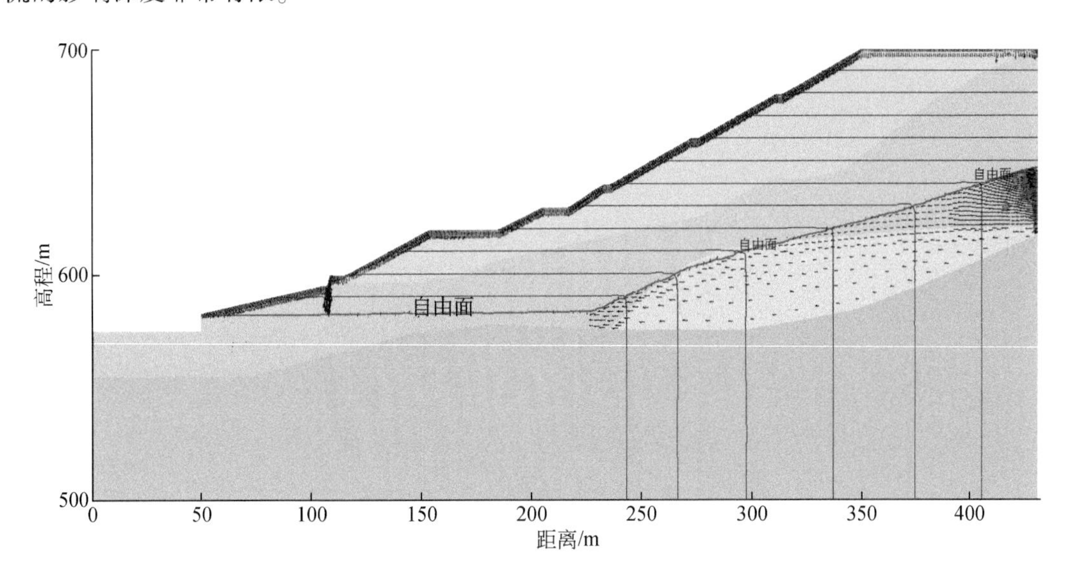

图5.35　方案F1非稳定渗流场压力水头及流速矢量分布图（入渗第3天时）

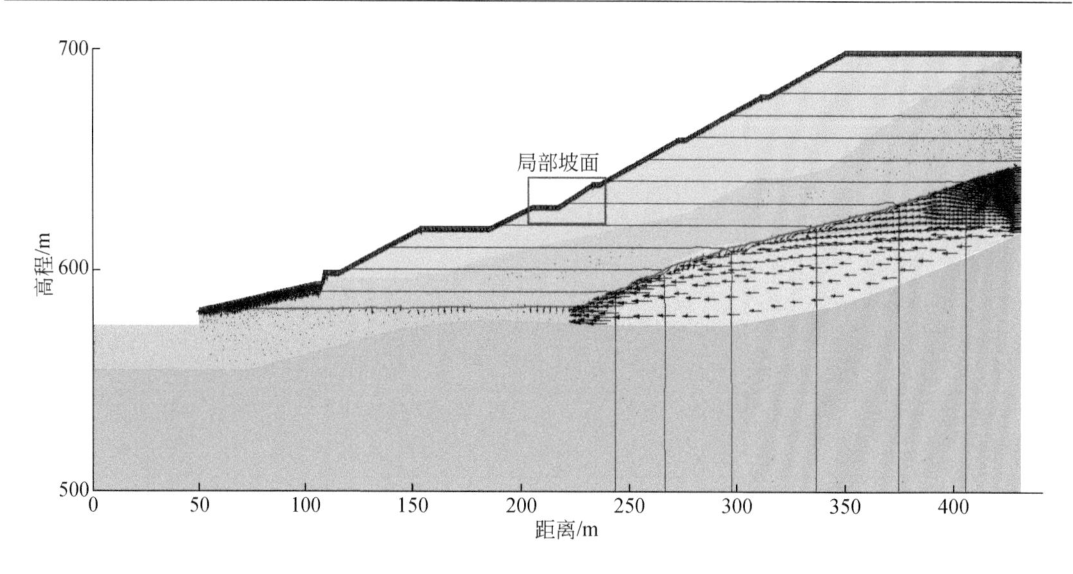

图 5.36　方案 F2 非稳定渗流场压力水头及流速矢量分布图（入渗第 3 天时）

方案 F1 中渣体的饱和渗透系数为 1.0×10^{-3} cm/s，即 0.864m/d，降雨入渗强度为 0.1m/d，渣体饱和渗透系数显著大于降雨强度，不考虑坡面入渗面影响，降雨应该能完全入渗，由于渣体的入渗能力大于入渗强度，渣体内难以形成饱和区。

方案 F2 中渣体的饱和渗透系数为 1.0×10^{-4} cm/s，即 0.0864m/d，降雨入渗强度为 0.1m/d，渣体饱和渗透系数略小于降雨强度，由于渣体的入渗能力小于入渗强度，渣体表层形成饱和区，并随着降雨入渗时间的延长逐渐向坡体内部扩展，入渗自由面基本平行于坡面。第 3 天时，渣体表层入渗自由面深度约 0.7m。

为显示方便，选取如图 5.36 所示的 630m 高程平台处局部坡面放大显示坡面附近的入渗自由面及流速矢量分布，见图 5.37。从图 5.37 中可以看出，降雨进入坡体后，在坡面表层一定埋深范围内入渗形成了连续分布的饱和区，入渗水流方向为垂直坡面流向坡体内部。

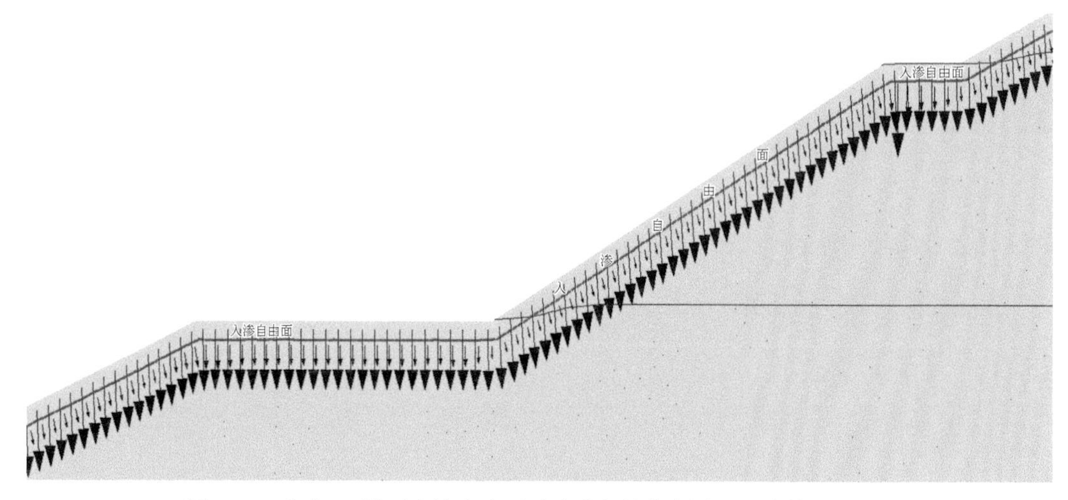

图 5.37　方案 F2 坡面入渗自由面及流速矢量分布图（入渗第 3 天时）

2）入渗自由面变化过程

方案F1中渣体接受的入渗能力大于入渗强度，渣体内难以形成连续分布的饱和区。方案F2中降雨入渗形成的入渗自由面分布形态基本上与坡面平行，入渗自由面位置随着降雨入渗时间的延长而逐渐向坡体内部扩展，从而形成坡面至入渗自由面之间的坡体浅表层饱和区。

方案F2中降雨入渗形成的上部饱和区深度，以640m高程平台处为例，统计的入渗自由面变化过程见表5.25。除直立坡外，马道和斜坡部位情况差别不大。

表5.25　方案F2入渗自由面变化过程

入渗时间/d	入渗自由面深度/m
0	0
0.5	0.07
1.0	0.15
1.5	0.30
2.0	0.45
2.5	0.67
3.0	0.74

方案F2中渣体饱和渗透系数为1.0×10^{-4}cm/s，即0.0864m/d。从入渗自由面变化过程可以看出饱和区下移速度约为0.24m/d，大于渣体饱和渗透系数。这是由于降雨入渗水流除了位置势能梯度外，在入渗湿润锋附近由于基质吸力的变化，形成较大的水力梯度。

3）坡体孔隙水压力变化过程

随着降雨入渗时间的延长，降雨入渗进入渣体的水流在坡体内流动，形成饱和-非饱和连续分布的渗流场。选取如图5.38所示的640m高程附近的坡体不同深度的位置点，分析不同深度位置降雨入渗的影响过程。点N01为坡面点，点N02、N03、N04、N05距离坡面深度分别为0.5m、1.0m、3.0m、5.0m。方案F1、方案F2各特征点压力水头变化过程见图5.39、图5.40。

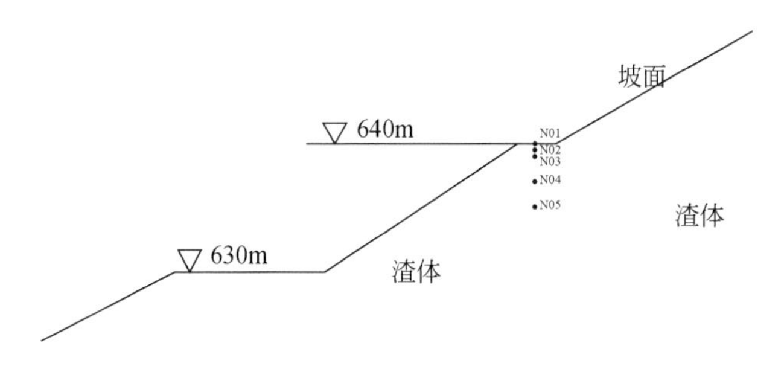

图5.38　坡体640m高程附近节点位置示意图

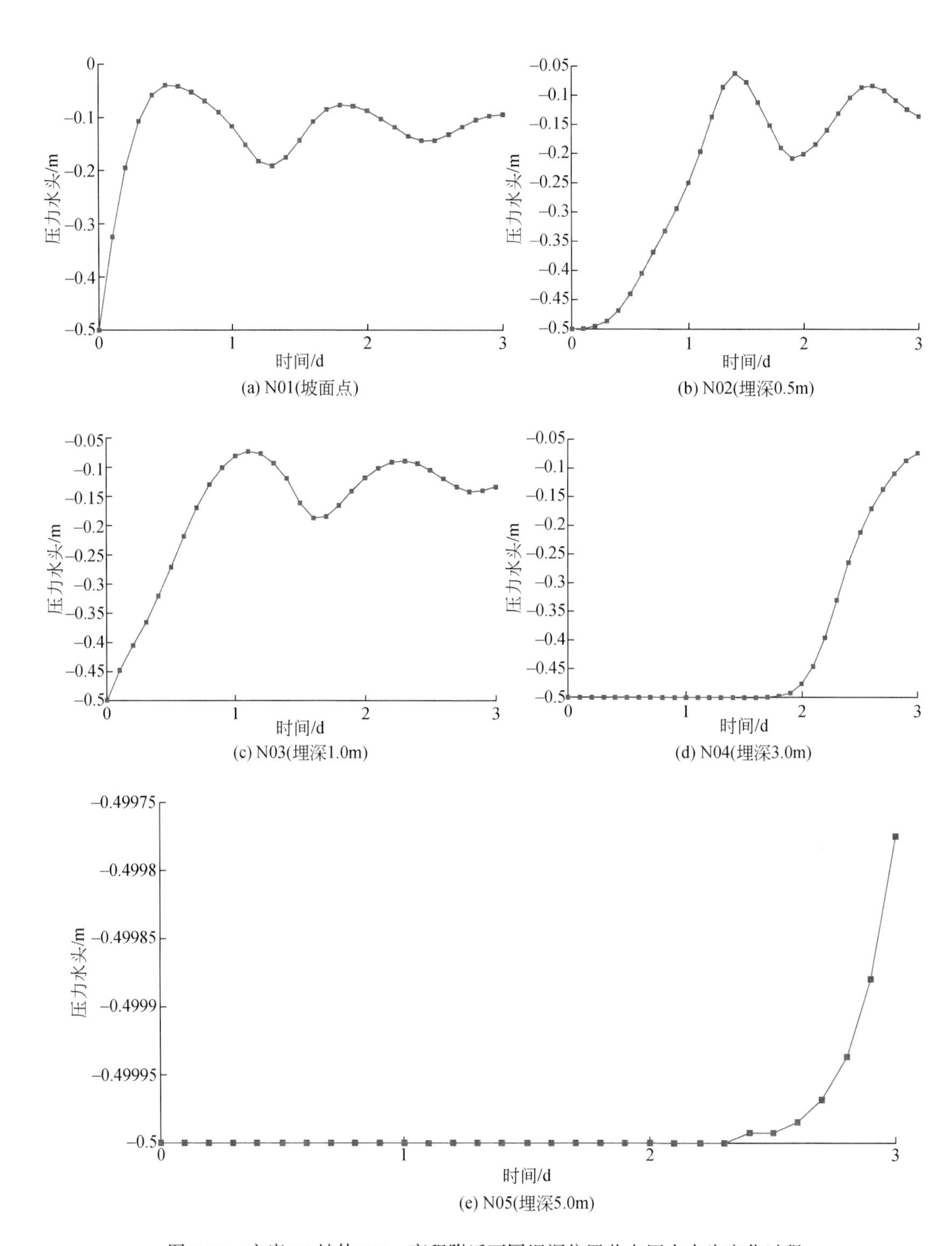

图 5.39　方案 F1 坡体 640m 高程附近不同埋深位置节点压力水头变化过程

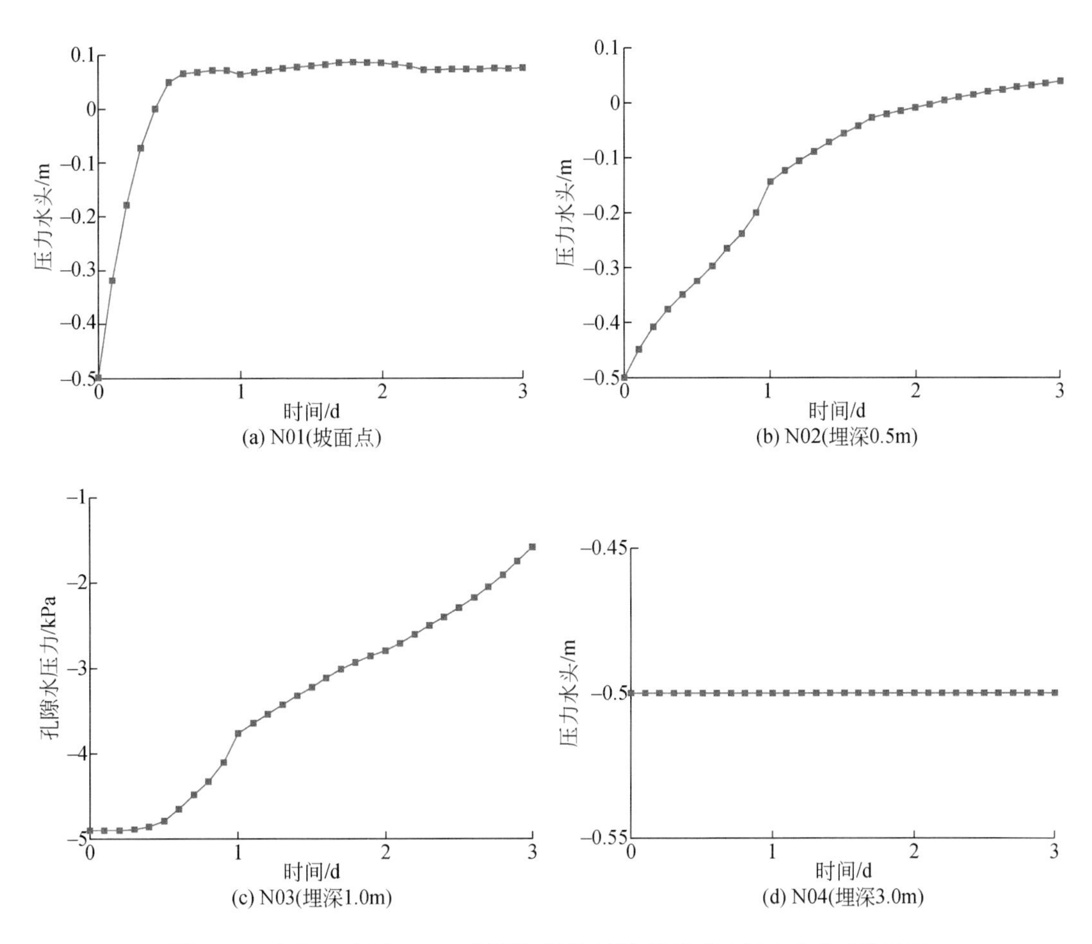

图 5.40　方案 F2 坡体 640m 高程附近不同埋深位置节点压力水头变化过程

计算表明：

方案 F1 中地下水位以上的坡体及渣体初始负压均为 0.5m，随着 0.1m/d 强度的降雨入渗进入坡体，随着坡体浅表层含水量升高，基质吸力降低，但由于入渗强度小于土体的入渗能力，没有形成饱和区。距离坡面 3.0m 的 N04 处在降雨第 2 天时基质吸力开始显著降低，距离坡面 5.0m 的 N05 处在降雨第 2.4 天时基质吸力开始显著降低。

方案 F2 中地下水位以上的坡体及渣体初始负压均为 0.5m，随着 0.1m/d 强度的降雨入渗进入坡体，随着坡体浅表层含水量升高，基质吸力降低，并且在坡面一定深度范围内形成饱和区（如 N02）。坡面点 N01 在降雨开始时就迅速处于饱和状态，坡面因此也迅速成为饱和入渗面，入渗面基本处于无压入渗状态。距离坡面 1.0m 的 N03 处在降雨第 0.5 天时基质吸力开始显著降低，距离坡面 3.0m 的 N04 处在降雨第 3 天时基质吸力仍无显著变化，表明降雨入渗的影响范围有限。

方案 F1、方案 F2 不同埋深位置节点的压力水头变化过程表明，随着降雨入渗，坡体一定深度范围的基质吸力降低。当渣体渗透性较强，饱和渗透系数大于降雨强度的时候，3d 的降雨过程难以使坡体形成新的饱和区，只是入渗在较大深度范围引起了含水量和吸力变化。渣体饱和渗透系数小于降雨强度时，坡面形成饱和无压入渗面，随着降雨时间的延长，入渗形成的饱和区逐渐向坡体内部扩展。

5.4.4　地下水作用的工况计算简化处理方法探讨

一般性渣场设计与稳定计算中，由于非饱和条件下渗流参数及强度参数难以准确获取，对暴雨后的孔隙水压力通常采用简化且容易量化的方法计算其对边坡稳定的影响，通常不进行非稳定、非饱和过程有限元分析其孔隙水压力的变化过程。

为此，《水电水利工程边坡设计规范》（DL/T 5353—2006）及《水利工程边坡设计规范》（SL 386—2007）采用了简化方法估算久雨后的最终孔隙水压力，经 5.4.3 节中孔隙水压力大小、饱和发展过程的数值计算，对比相关规范中暴雨后孔隙水应力的取值方法，证明渣场稳定计算时采用简化方法也是方便、可行且计算结果是有保证的。

1.《水电水利工程边坡设计规范》附录 F

（1）持久设计状况：无雨时，按实测雨季最高地下水位作为基准值或初始值，边坡设计的水荷载参见图 5.41。

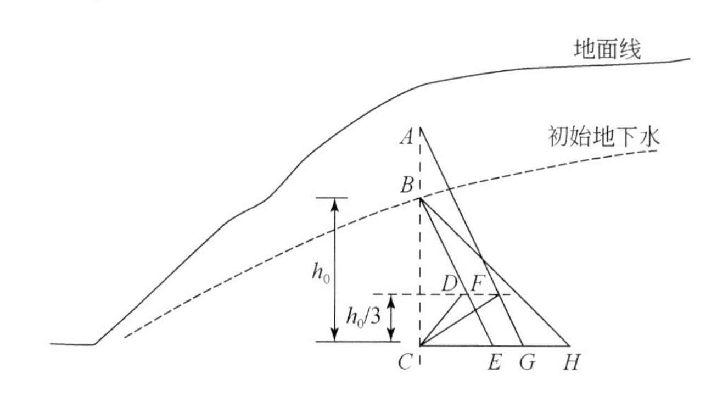

图 5.41　边坡设计的水荷载示意图

①水荷载的初始值应按地下水位产生的静水压力乘以折减系数（β），该值根据不同情况在不大于 1 范围内选择。有条件时可在同一钻孔不同高程埋设渗压计，按实测水压或水位求得 β 值；也可进行初始渗压场分析求取 β 值，即静水压力按图 5.41 中 ΔBCE 计算。

在有顺坡向卸荷裂隙发育而雨水不易排走时，降雨暂态水压力可按 $\beta=1$ 取值，即按图 5.41 中 ΔBCH 计算。

②当坡内在地下水位以下深度为 h_0 处有排水措施时，认为该处静水压力为 0，其上部作用的静水压力按图 5.41 中 ΔBCD 计算，即以深度为 $(2/3)h_0$ 处为界，其上方静水压力按正的直角三角形分布，其下方静水压力按倒的直角三角形分布。

（2）短暂设计状况：降雨时，临时地下水位高出地下水位 Δh，其以下各深度静水压力均按叠加一增量 $\beta\gamma\Delta h$ 计算。

①无排水措施时，按图 5.41 中 ΔACG 计算。

②当坡内在地下水位以下深度为 h_0 处有排水措施时，认为该处静水压力为 0，作用的

静水压力按图5.41中ΔACF计算，即以深度为（2/3）h处为界，其上方静水压力按正的直角三角形分布，其下方静水压力按倒的直角三角形分布。

③对南方多雨地区，或气象记录有连续大雨5h以上，且地面未设防渗层时，地下水位可升至地面。对北方干旱地区，或地面加设防渗层，地下水面应适当低于地面。

（3）当地下排水设施不能有效排水时，该深度静水压力应大于0，可根据分析判断设定。

2.《水电工程边坡设计规范》条文说明（D2.9；图5.42）

对于边坡受降雨和泄水雨雾引起边坡体饱和的孔隙压力，美国一些工程采用水面达到地表的静水压力分布。这一假定基于以下认识：历时长的降雨使得边坡裂隙完全饱水，暂态有效地下水达到地表。对于边坡工程，采用这一加固设计过于保守。我国一些边坡工程常将静水压力乘以折减系数进行边坡设计，如漫湾水电站采用折减系数0.4；五强溪水电站采用类似Hoek建议图形，但取值较小；三峡工程曾采用折减系数0.3，目前采用强排水体系而不考虑暂态孔隙压力。

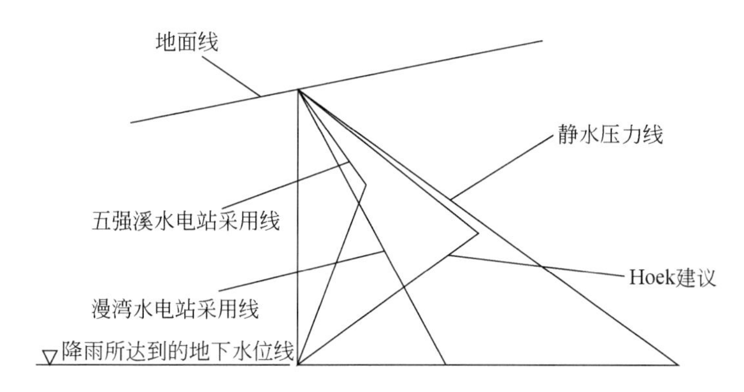

图5.42　各工程采用的因降雨而形成孔隙压力分布图

由于岩性多样，岩体构造复杂多变，不易给出折减系数的定量规定，因此，只做定性规定。在实际工程中需根据不同入渗、排水条件和坡体渗透性能，经工程类比后由设计者自行选定折减系数。

3. 简化处理方法

多数边坡稳定计算软件中（如Rocscience Slide、中国水利水电科学研究院STAB）中采用r_u表示孔隙水应力系数，$r_u = \frac{u}{\mathrm{d}W/\mathrm{d}x}$。渣场边坡依据渣体渗透性的大小，一般采用在0.05～0.15的区间内选取，相当于《水利工程边坡设计规范》（SL 386—2007）D2.9中折减系数取0.3。

4. 地下水简化处理的合理性分析

1）非饱和土抗剪强度影响

土体非饱和特性对土坡稳定的影响主要体现在基质吸力对土体抗剪强度的影响上，其本质问题是非饱和土中应力状态的描述。对于非饱和土应力状态的描述目前常用Fredlund

和 Morgenstern（1977）所提出的双应力变量理论，即取净法向应力（$\sigma - u_a$）和基质吸力（$u_a - u_w$）作为独立的应力状态变量。在此基础上，Fredlund 等（1978）发展了非饱和土的强度理论，即

$$\tau = c' + (\sigma - u_a)\tan\varphi' + (u_a - u_w)\tan\varphi^b \tag{5.40}$$

式中，φ^b 为由于基质吸力增加引起抗剪强度增加的吸力摩擦角。有关试验结果表明 φ^b 并不是一个常量，其本身也可能随基质吸力的变化而变化。作为简化分析，一般可假设 $\varphi^b = \frac{1}{2}\varphi'$为常量，并且一般情况下，可以考虑孔隙气体处于大气压力状态，即 $u_a = 0$，干燥情况下 u_w 为负压，降雨过程中，边坡内部随着饱和度的提高，u_w 由负转正，抗剪强度逐步降低。

实际计算时已采用饱和参数已经充分考虑了（偏保守）降雨饱和后基质吸力的丧失影响。

2）孔隙水应力的影响

多数边坡稳定计算软件中采用 r_u 表示孔隙水应力系数，$r_u = \frac{u}{\mathrm{d}W/\mathrm{d}x}$，一般在 0.05～0.15 的区间内选取。水工隧洞设计时对作用在混凝土、钢筋混凝土和预应力混凝土衬砌上的外水压力，采用类似的处理方式，外水压力按下式：

$$P_c = \beta_c \gamma_w H_c \tag{5.41}$$

式中，P_c 为作用在衬砌结构外表面的地下水压力；β_c 为外水压力折减系数，根据围岩的渗透系数、岩层结构、地质构造、渗流类型、衬砌型式、补给水源、排水或出水点等条件，通过渗流计算来确定作用在衬砌上的外水压力可能比较准确。但是，由于计算工作量较大，计算参数确定的难度，这种计算对重要工程或重要洞段是必要的，对所有水工隧洞就不现实。该方法已经在《水工隧洞设计规范》（DL/T 5195—2004）中广泛采用。

同理，对于一般渣场而言，给出孔隙水压力系数（r_u）是一种较好的方法。

5.5 泄洪雾化对渣场稳定影响研究

5.5.1 泄洪雾化条件分析（白鹤滩荒田渣场）

泄洪雾化是泄水建筑物泄洪时伴随着的一种物理现象。不管泄水建筑物采用哪种泄洪方式，下泄水流以何种流态与下游连接，均会出现雾化现象。尤其是采用新型消能方式（空中消能充分）的高坝，泄洪雾化问题尤为突出。从大量已建工程原体泄洪时暴露出的严重问题来看，泄洪雾化雨导致岩坡滑坡时常发生，是一种损失很大的灾害。例如，1992 年东江水电站泄洪造成两岸山体风化岩及土体滑落，中断进厂公路交通；1986 年白山水电站泄洪导致局部山体发生滑坡，等等。

白鹤滩水电站是一座巨型水电工程，最大坝高 289m，河谷狭窄、泄流量大、泄洪水

头高、空中泄流落差大，加上泄洪消能型式多样化，空中消能使用频繁，因此泄洪雾化问题必然突出。枢纽泄洪采用坝身、岸边泄洪设施相结合的联合泄洪方式，设置六个坝身表孔、七个深孔和左岸三条泄洪洞三套泄洪设施，左岸山体布置三条无压直泄洪洞，泄洪洞进水口布置在左岸电站进水口和大坝之间，出口位于白鹤滩村滩地对岸。三条泄洪洞均采用洞内“龙落尾”型式，由进水口、闸门段、上斜坡直线段、竖曲线段、下斜坡直线段、挑流鼻坎段组成。1# ~3#泄洪洞长度分别为2307.0m、2248.5m和2170.0m。进口为短有压进水口，控制闸门尺寸为15m×9.5m（宽×高），进口底高程为770.0m，出口高程为650.0m，泄洪时产生的雾化雨会直接影响水垫塘区岸坡、下游荒田渣场等边坡的稳定性。因此，研究雾化雨入渗对岸坡稳定性的影响程度，并提出针对性的控制和防治措施非常必要。

本章正是基于这一背景，开展雾化雨入渗对白鹤滩下游荒田渣场稳定性的影响研究，一是对雾化雨入渗影响荒田渣场稳定性的程度做出基本评价，并对现有工程处理措施进行评价和建议；二是对雾化雨入渗影响渣场稳定有一个量化的概念。

荒田渣场位于坝址下游左岸约5km荒田村附近缓坡地，以牛路沟为界，上游为存料场、下游为弃渣场。牛路沟下游弃渣场考虑弃渣容量及荒田砂石料系统布置要求，堆渣顶高程至700.0m，渣场沿江侧修建挡渣墙，104#公路以下堆渣坡比为1∶1.9，公路以上堆渣坡比为1∶1.8。

由于荒田弃渣场位于坝址下游约5km，其上布置104#公路，一旦发生滑坡，将影响大坝的发电效益和对外交通，因此需要研究其稳定性和工程影响，并进行处理措施设计。

本计算稿主要的分析内容包括：

（1）泄洪雾化条件下荒田弃渣场边坡内孔隙水应力发展全过程；

（2）无泄洪雾化条件下荒田弃渣场边坡的稳定性；

（3）泄洪雾化条件下荒田弃渣场边坡的稳定性；

（4）泄洪雾化且考虑浆砌石护坡条件下荒田弃渣场边坡的稳定性。

依据白鹤滩水电站可行性研究阶段泄洪消能专题研究报告，设计工况下坝身泄洪与泄洪洞泄洪的影响区域见表5.26和表5.27。

表5.26　设计工况下坝身泄洪时各级雾化降雨最大影响区域

雨强等级	纵向范围（起点—终点）	最大高程/m	
		左岸	右岸
Ⅴ级（降雨强度≥600mm/h）	坝下—0+560.0m	710.0	710.0
Ⅳ级（降雨强度≥200mm/h）	坝下—0+750.0m	730.0	750.0
Ⅲ级（降雨强度≥50mm/h）	坝下—0+900.0m	780.0	790.0
Ⅱ级（降雨强度≥10mm/h）	坝下—0+1000.0m	815.0	830.0
Ⅰ级（降雨强度<10mm/h）	坝下—0+1500.0m	870.0	960.0

表 5.27　设计工况下泄洪洞泄洪时各级雾化降雨最大影响区域

Ⅲ级		Ⅱ级		Ⅰ级		位置
降雨强度≥50mm/h		降雨强度≥10mm/h		降雨强度<10mm/h		
纵向范围	最大高程/m	纵向范围	最大高程/m	纵向范围	最大高程/m	
坝下 2700～3400m	650.0	坝下 2500～3500m	700.0	坝下 2400～3900m	770.0	左岸
	670.0		720.0		780.0	右岸

荒田渣场位于坝址下游 5km，按Ⅰ级雾化对应的降雨强度：$q=10\text{mm/h}$ 进行计算。一个洪峰过程按 30d 进行持续泄洪计算。

荒田渣场位于坝址区下游金沙江左岸，基本地貌类型为河流强烈下切的中山峡谷地貌。荒田渣场为坡道型渣场，坡体内冲沟发育，主要有大石垴、蔡家坪等切割较深冲沟。渣场区及周边地区出露的地层主要有志留系石门坎组（S_2s）、中泥盆统幺棚子组（D_2y）、下二叠统梁山组（P_1l）、下二叠统茅口组（P_1m）和第四系部分地层。

5.5.2　考虑雾化降水入渗的荒田渣场边坡饱和-非饱和-非稳定渗流计算

5.5.2.1　计算理论

雾化入渗非饱和渗流问题主要涉及两个方面：①在入渗、蒸发等外部条件变化下，有多少水分进入土体或从土体中排出；②进入土体的水分在土体中运动和分布规律。在饱和-非饱和渗流计算中一般把前者作为边界条件进行处理，把后者考虑为瞬态渗流场的问题进行求解。其计算相关理论具体可参考 5.4.2 节。

5.5.2.2　计算参数与程序

按照工程经验，Van Genuchten 模型对应的非饱和渗流计算参数见表 5.28，列出渣体土水特征曲线见图 5.43。

表 5.28　渗透分区及基本方案参数取值表

序号	堆积体物质	土性	K_s/(cm/s)	S_s/m^{-1}	非饱和参数			
					α/mm^{-1}	n	θ_r	θ_s
K1	含砾黏土	Q^{del-5}	1.0×10^{-4}	1.0×10^{-5}	0.00574	1.63	0.05	0.30
K2	黏土质砾（少量碎石）	Q^{del-4}	5.0×10^{-4}	1.0×10^{-5}	0.00574	1.63	0.05	0.37
K3	混合土碎块石	Q^{del-3}	1.0×10^{-3}	1.0×10^{-5}	0.00574	1.63	0.05	0.37
K4	黏土质砾（多量碎石）	Q^{del-2}	1.0×10^{-3}	1.0×10^{-5}	0.00574	1.63	0.05	0.37
K5	块石土	Q^{del-1}	1.0×10^{-3}	1.0×10^{-5}	0.00574	1.63	0.05	0.37
K6	卵石夹漂石	Q^{al}	5.0×10^{-3}	1.0×10^{-5}	0.00574	1.63	0.05	0.37

续表

序号	堆积体物质	土性	K_s /(cm/s)	S_s/m^{-1}	非饱和参数			
					α/mm^{-1}	n	θ_r	θ_s
K7	碎砾石	Q^{apl}	2.0×10^{-3}	1.0×10^{-5}	0.00574	1.63	0.05	0.37
K8	渣体	人工填渣	1.0×10^{-3}	1.0×10^{-5}	0.00574	1.63	0.05	0.35
K9	基岩	基岩	1.0×10^{-5}	1.0×10^{-5}	0.00759	1.455	0.02	0.10

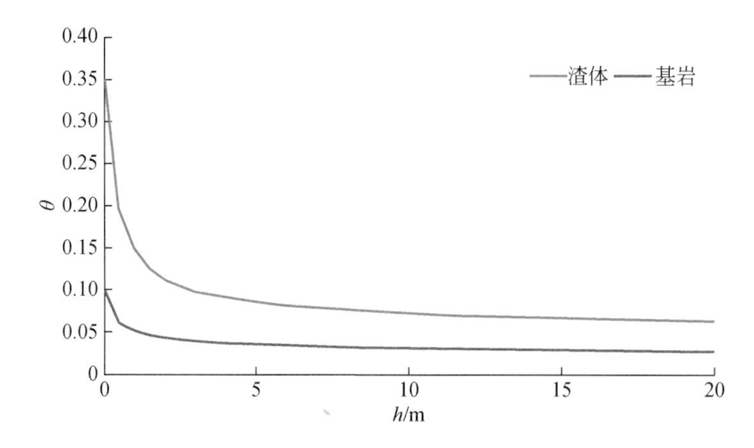

图5.43 土水特征曲线

本次边坡渗流及稳定分析采用GeoStudio软件，是由加拿大GEO-SLOPE公司开发的一套专业、高效而且功能强大的适用于岩土工程和岩土环境模拟计算的仿真软件。本次计算主要采用SEEP/W（地下水渗流分析软件）、SLOPE/W（边坡稳定性分析软件）两个模块。先进行渗流有限元计算，获取对应工况下的孔隙水应力后再进行边坡稳定计算。

5.5.2.3 计算模型

选取荒田弃渣场稳定性较差的E6剖面进行有限元计算。荒田弃渣场E6剖面二维渗流非饱和-非稳定渗流有限元计算模型划分4637个单元，单元以四边形单元为主，局部采用三角形单元过渡，单元尺寸控制在3m左右，模型节点4671个，计算剖面网格见图5.44。

5.5.2.4 饱和-非饱和-非稳定渗流计算成果

1. 泄洪雾化降雨入渗条件下浸润线进化过程

泄洪雾化过程中雨水入渗矢量见图5.45，泄洪雾化降雨入渗引起的浸润线抬升及饱和区发展过程见图5.46，由图可见，强降雨入渗后浸润线随入渗时间逐步抬升，且坡脚位置最先饱和，浸润线抬升较快，第30天时整个弃渣场斜坡面基本全部达到饱和状态；水平坡顶下部尚存在局部的非饱和区，但也出现了不规则且不连续的囊状饱和区域。

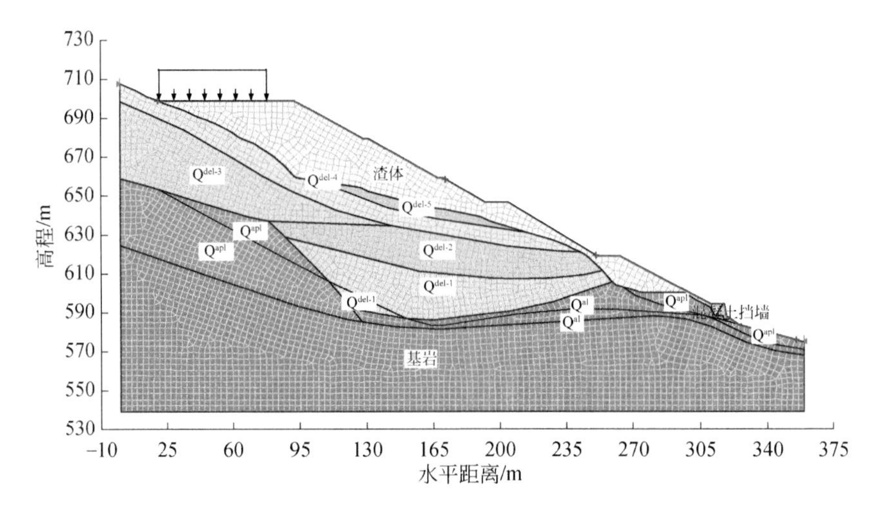

图 5.44　荒田渣场非饱和–非稳定渗流计算有限元模型

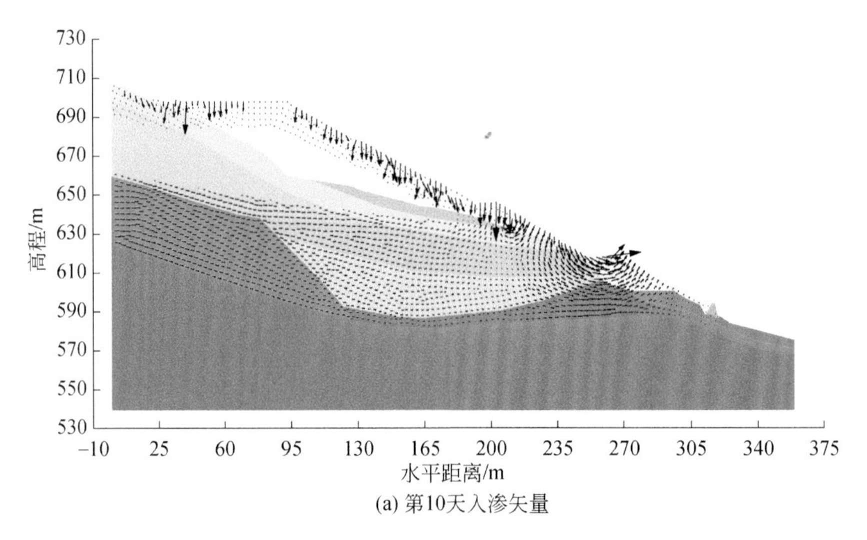

(a) 第10天入渗矢量

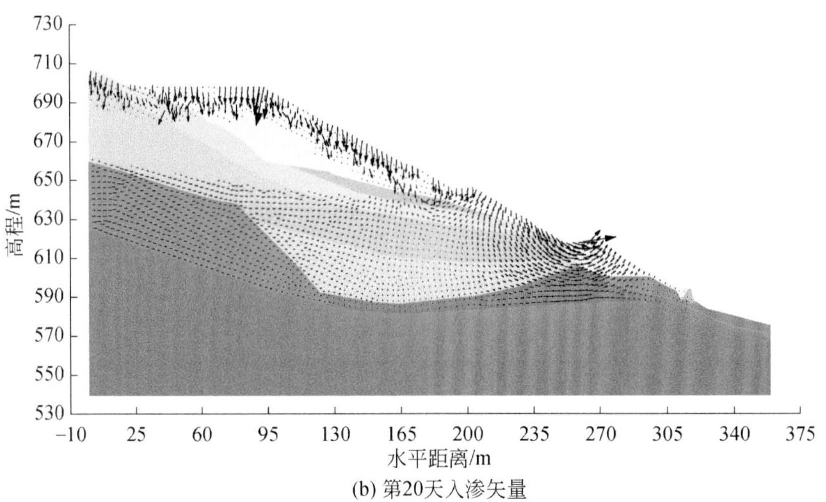

(b) 第20天入渗矢量

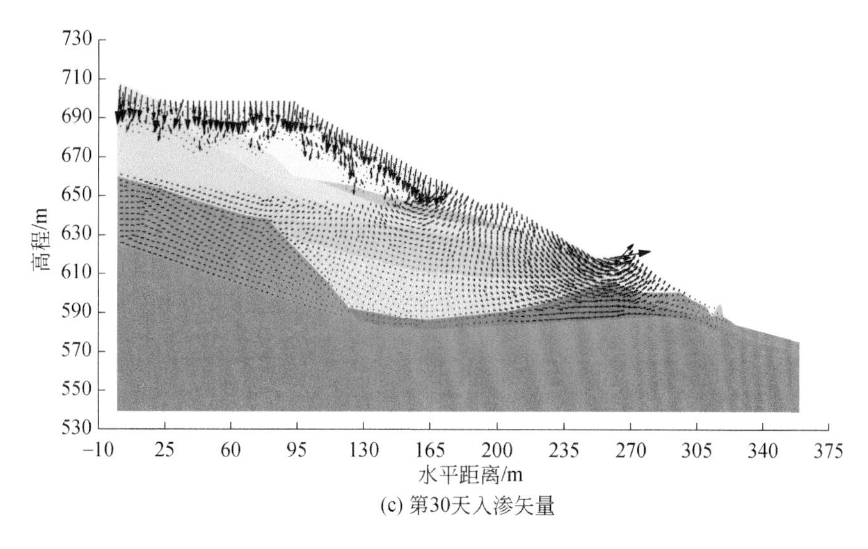

(c) 第30天入渗矢量

图 5.45　泄洪雾化降雨入渗矢量图

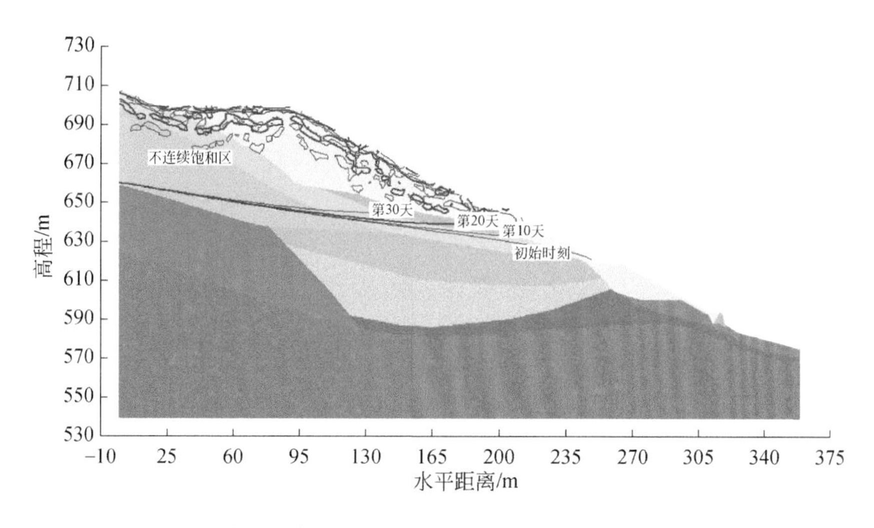

图 5.46　泄洪雾化降雨入渗条件下浸润线抬升及饱和区发展过程线

2. 泄洪雾化降雨入渗条件下的孔隙水应力发展情况

泄洪前荒田弃渣场边坡的孔隙水应力分布见图 5.47，泄洪雾化降雨入渗引起的孔隙水应力发展过程见图 5.48（a）～（c），由图可见，随着雾化降雨的入渗，边坡非饱和区逐步减小且基质吸力降低，正孔隙水应力分布范围及量值逐步增加，零压线（浸润线）逐渐抬升。

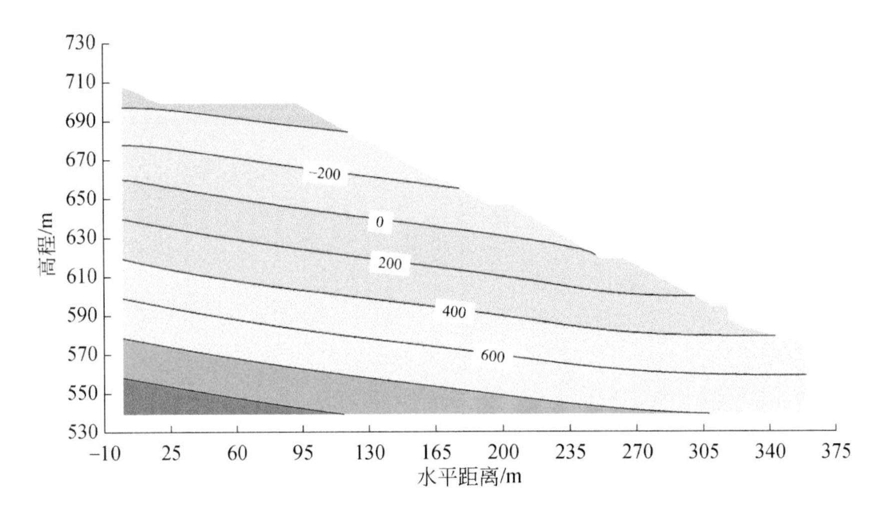

图 5.47　泄洪前荒田弃渣场边坡的孔隙水应力分布（初始时刻；单位：MPa）

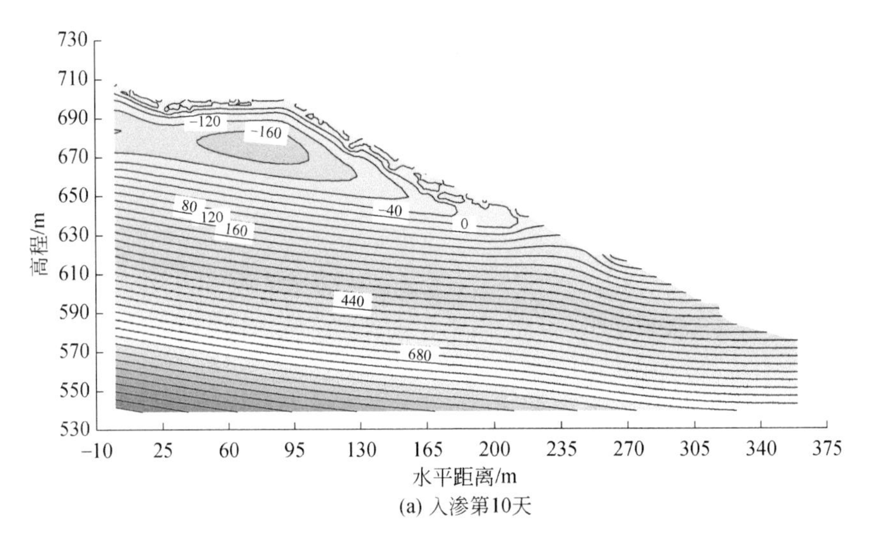

(a) 入渗第10天

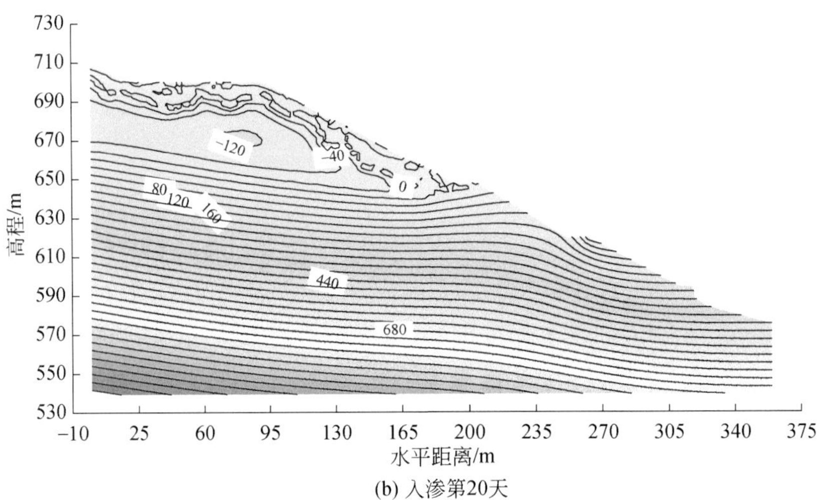

(b) 入渗第20天

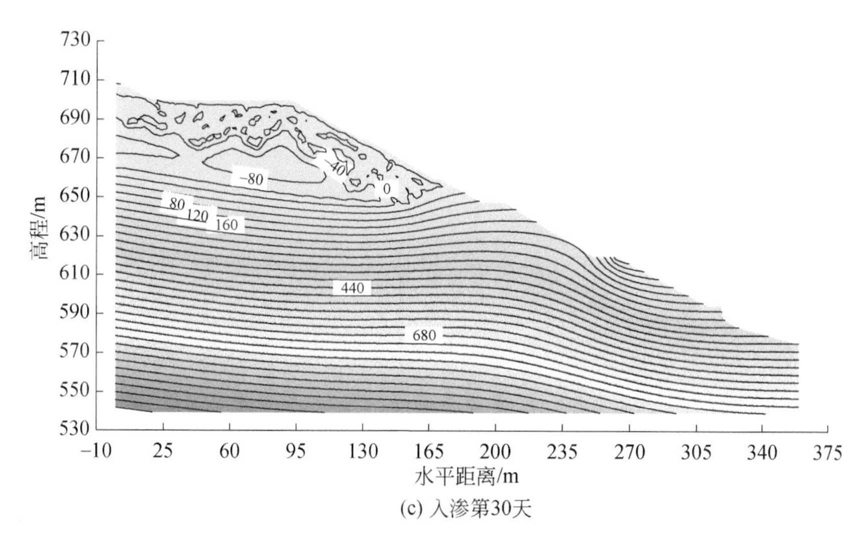

(c) 入渗第30天

图5.48　泄洪雾化降雨入渗条件下孔隙水应力发展过程（单位：MPa）

5.5.3　考虑雾化降水饱和-非饱和-非稳定渗流过程的边坡稳定计算成果

1. 边坡基本情况与设计标准

荒田渣场位于白鹤滩主体工程下游，一旦发生失稳滑坡，将影响大坝的发电效益和对外交通。按照《水电水利工程边坡设计规范》（DL/T 5353—2006）中“边坡分级与设计安全系数”的规定，将荒田弃渣场划分为B类Ⅱ级水库边坡。边坡抗滑稳定最小安全系数如表5.29、表5.30所示。

表5.29　边坡抗滑稳定最小安全系数

类别及工况	持久状况	短暂状况	偶然状况
安全系数	1.05～1.15	1.05～1.10	1.00～1.05

表5.30　边坡稳定计算工况及荷载组合表

编号	设计状况	计算工况	荷载作用组合	设计安全系数
1	持久状况	汛期天然状况	自重+汛期地下水位+岸边外水压力	1.05～1.15
2	短暂状况	泄洪雾化暴雨状况	自重+汛期地下水位+岸边外水压力+雾雨入渗	1.05～1.10

2. 非饱和抗剪强度参数

土体非饱和特性对土坡稳定的影响主要体现在基质吸力对土体抗剪强度的影响上，计算公式见 5.4.4 节。荒田弃渣场区域土层物理力学参数建议值见表 5.31。

表 5.31　荒田弃渣场区域土层物理力学参数建议值表

堆积体物质	地层编号	密度/(kN/m³)		饱和抗剪强度参数		
		天然	饱和	c'/kPa	φ'/(°)	b/(°)
含砾黏土	Q^{del-5}	21.00	21.50	23.75	19.95	9.0
黏土质砾（少量碎石）	Q^{del-4}	20.50	21.00	17.10	24.70	12.0
混合土碎块石	Q^{del-3}	22.50	23.00	15.20	30.40	15.0
黏土质砾（多量碎石）	Q^{del-2}	21.00	21.50	19.00	26.60	13.0
块石土	Q^{del-1}	23.00	23.50	9.50	32.30	16.0
卵石夹漂石	Q^{al}	23.00	23.50	7.60	32.30	16.0
碎砾石	Q^{apl}	22.00	22.50	9.50	28.50	14.0
渣体	—	2.00	2.10	0	35.00	17.0
基岩	—	2.30	2.35	1000.00	45.00	—

3. 坡面无防护条件下的边坡稳定计算成果

泄洪雾化引起强降雨入渗，随着降雨入渗导致原地下水位线以上渣体逐步饱和，对边坡稳定产生两方面的影响。一方面，浅部渣体及覆盖层逐步饱和，导致非饱和土体的基质吸力消失，土颗粒之间的孔隙水由负压转变为正压，边坡抗剪强度降低，主要影响浅部土体（或渣体）稳定性；另一方面，随着湿润锋向深部推进，深部地下水面遇雨水补给后抬升，深部土体的孔隙水应力增加，主要影响深部土体（或渣体）稳定性。将 3.4 节中计算所得泄洪雾化降雨过程中饱和-非饱和-非稳定渗流计算成果导入 SLOPE/W 模块进行各时刻边坡稳定计算。

（1）泄洪雾化前边坡见图 5.49；

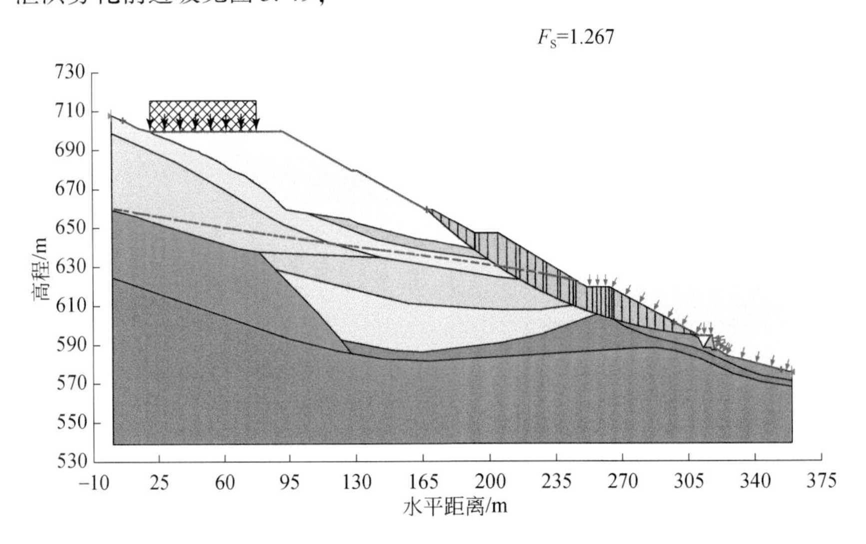

图 5.49　未泄洪雾化边坡的滑弧及安全系数（初始时刻）

（2）泄洪雾化降雨入渗边坡见图5.50。

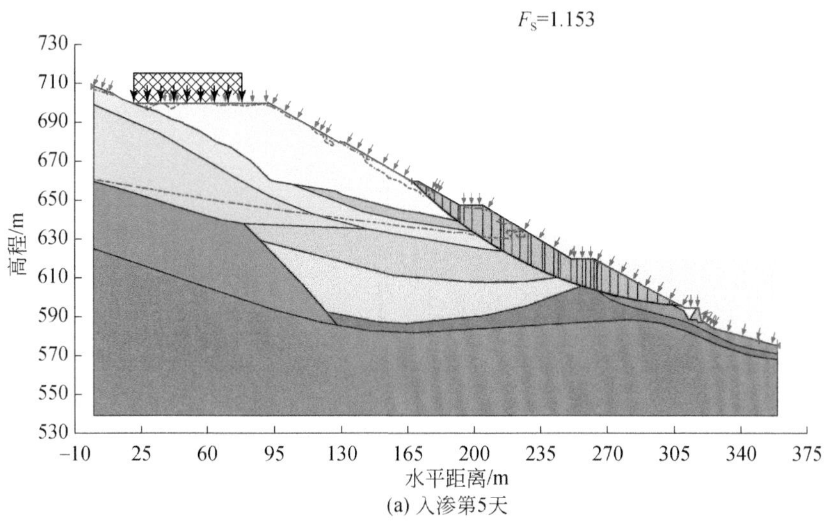

(a) 入渗第5天

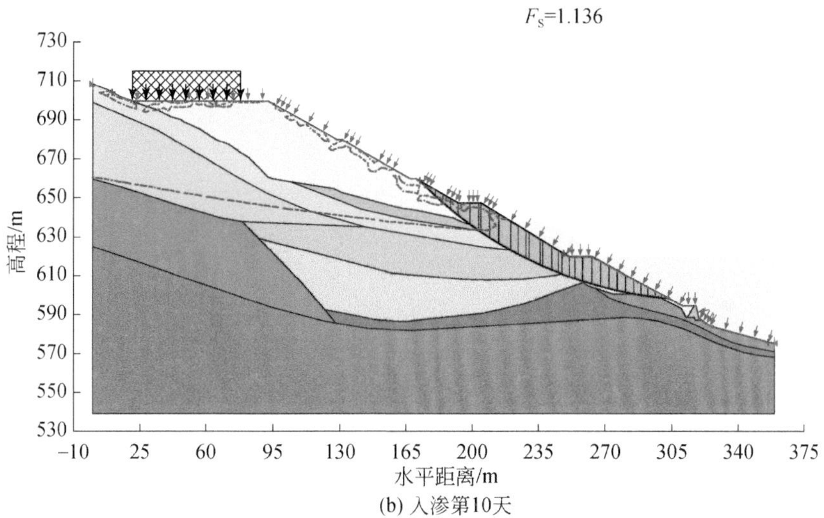

(b) 入渗第10天

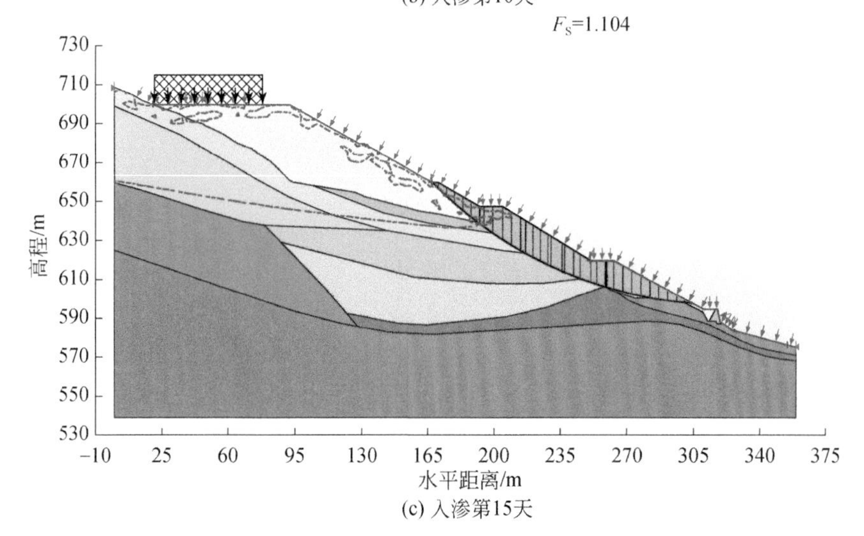

(c) 入渗第15天

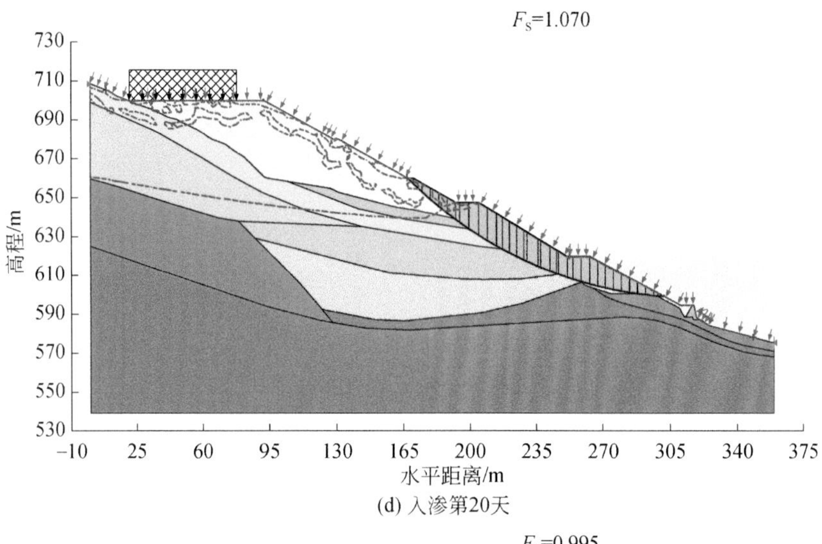

(d) 入渗第20天

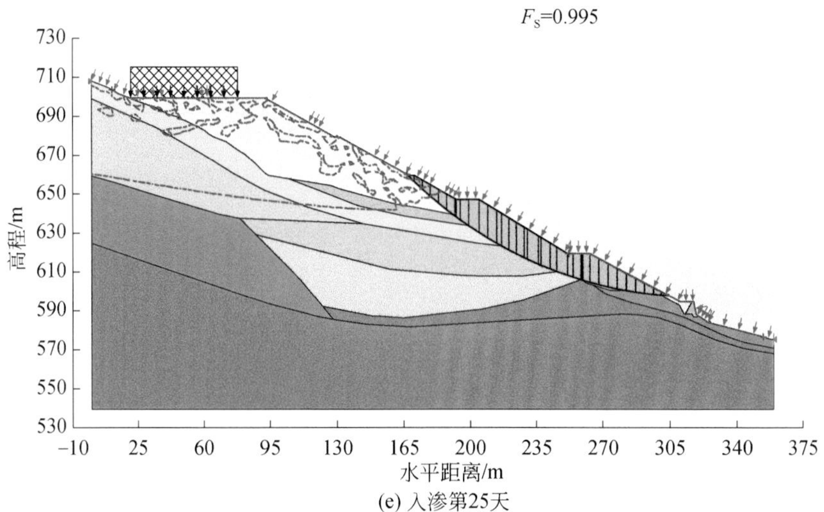

(e) 入渗第25天

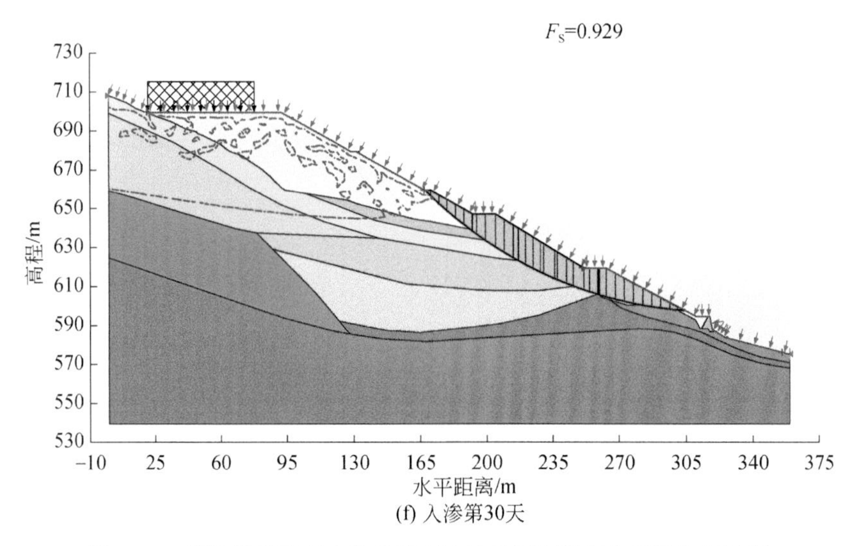

(f) 入渗第30天

图 5.50 泄洪雾化降雨入渗条件下边坡的滑弧及安全系数发展过程

4. 浆砌石护坡条件下的边坡稳定计算成果

弃渣场边坡坡面进行浆砌石防护后，能有效降低泄洪雾雨入渗，将坡面入渗转化为坡面径流而排走。参照工程经验，考虑浆砌石护坡后，降雨入渗系数按 $\lambda=0.3$ 考虑，入渗强度 $q'=\lambda q=3\text{mm/h}$ 进行计算，一个洪峰过程仍按 30d 进行持续泄洪雾化计算。

1）浸润线进化过程计算成果（图 5.51）

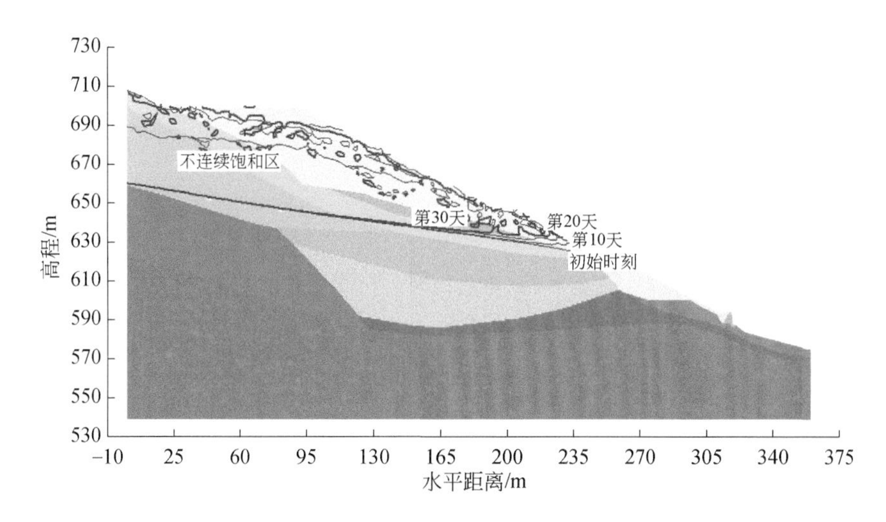

图 5.51　泄洪雾化降雨入渗条件下浸润线进化过程线（考虑浆砌石护坡）

2）边坡的滑弧及安全系数发展过程计算（图 5.52）

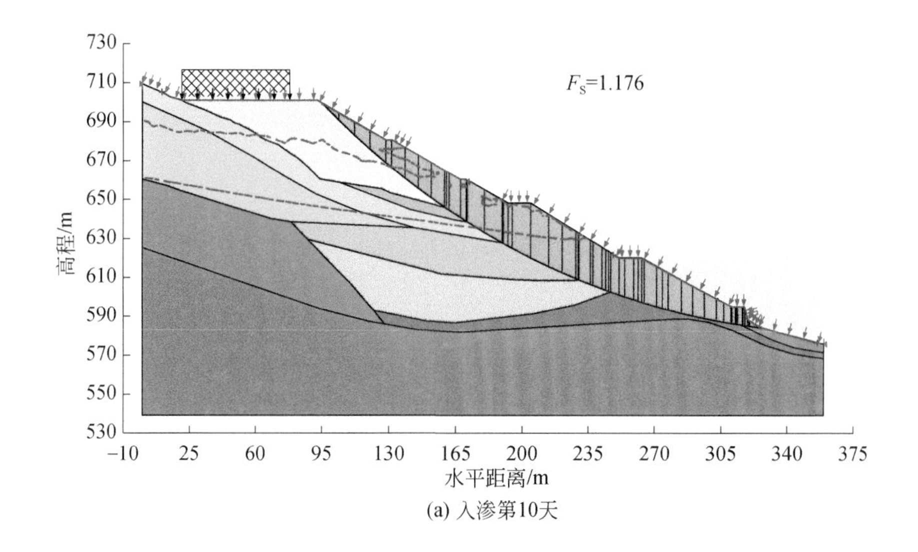

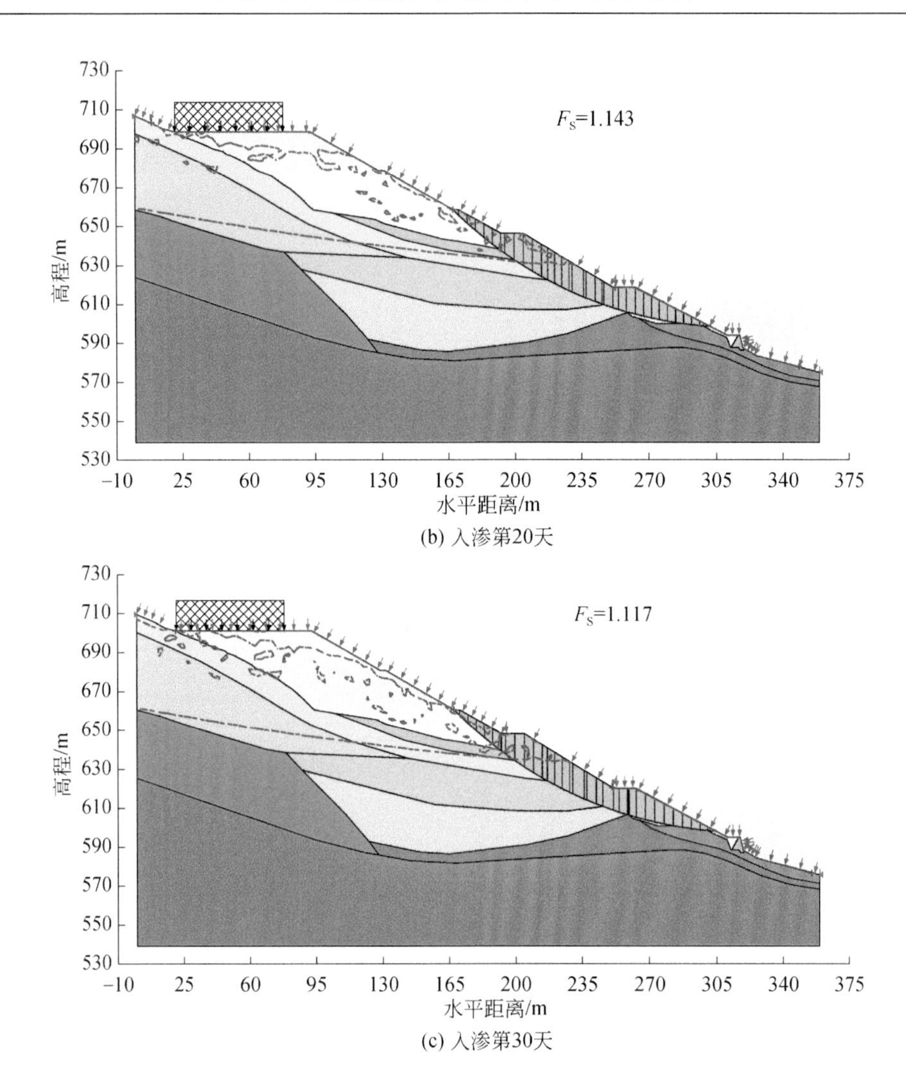

(b) 入渗第20天

(c) 入渗第30天

图 5.52　泄洪雾化降雨入渗条件下边坡的滑弧及安全系数发展过程

5.5.4　边坡稳定评价及计算结论

5.5.4.1　边坡稳定性评价

边坡稳定性评价结果见表 5.32 和图 5.53。

表 5.32　稳定计算成果表（E6 剖面）

计算工况		最小安全系数		稳定安全系数标准	是否稳定
		简化毕肖普法	摩根斯顿-普赖斯法		
无雾化	初始未雾化	1.263	1.267	1.05 ~ 1.15	稳定

续表

计算工况		最小安全系数		稳定安全系数标准	是否稳定
		简化毕肖普法	摩根斯顿-普赖斯法		
泄洪雾化（坡面无防护）	泄洪 5d	1.147	1.153	1.05～1.10	稳定
					稳定
	泄洪 10d	1.128	1.136		稳定
	泄洪 15d	1.096	1.104		稳定
	泄洪 20d	1.059	1.070		稳定
	泄洪 25d	0.991	0.995		不稳定
	泄洪 30d	0.924	0.929		不稳定
泄洪雾化（浆砌石护坡）	泄洪 5d	1.236	1.234		稳定
	泄洪 10d	1.171	1.176		稳定
	泄洪 15d	1.146	1.155		稳定
	泄洪 20d	1.133	1.143		稳定
	泄洪 25d	1.121	1.130		稳定
	泄洪 30d	1.108	1.117		稳定

注：泄洪雾化计算的滑动面为规模较大的滑动面，滑弧深度在 10m 以上，在靠近坡脚挡墙部位最下一级马道尚存在较浅的局部滑动面，需通过对挡墙下伏抗剪强度指标相对较低 Q^{apl} 层进行局部清挖及外侧增加抛块石压重等措施解决。

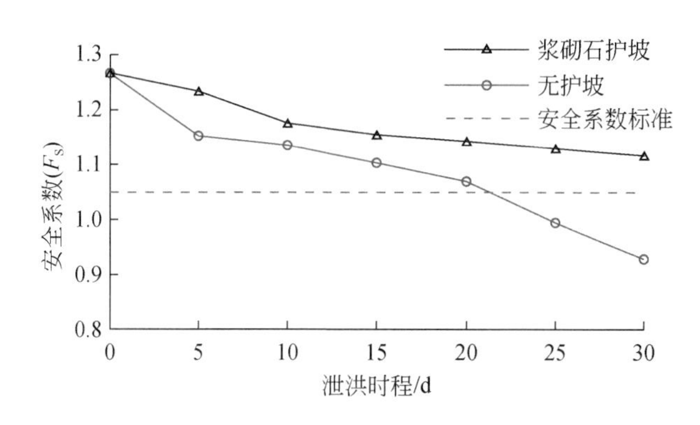

图 5.53　泄洪雾化降雨入渗条件下荒田渣场边坡安全系数时程曲线

5.5.4.2　雾化降水渗流与边坡稳定分析结论

（1）针对荒田弃渣场的泄洪雾化情况，对荒田渣场边坡进行了长达 30d 的雾化降雨入渗条件下的二维饱和-非饱和-非稳定渗流有限元计算，计算成果表明：泄洪雾化降雨入渗后边坡内浸润线随入渗时长逐步抬升，且坡脚位置最先饱和，该部位浸润线抬升较快，泄洪第 30 天时靠坡脚侧浸润线抬升了 25m 左右；渣场斜坡面形成了暂态饱和区，深度为 2m 左右；水平坡顶下部尚存在局部的非饱和区，但也出现了不规则且不连续的囊状饱和区域。

（2）基于渗流有限元计算所得雾化降雨入渗孔隙水应力分布和发展过程，对荒田弃渣场边坡进行了二维极限平衡分析，计算成果表明：随着泄洪雾化引起的强降雨入渗，一方面，浅部渣体及覆盖层逐步饱和，导致非饱和土体的基质吸力消失，土颗粒之间的孔隙水由负压转变为正压，边坡土体抗剪强度降低，主要影响浅部土体（或渣体）稳定性；另一方面，湿润锋向深部推进，深部地下水面遇雨水补给后抬升，深部土体的孔隙水应力增加，边坡深部安全性降低。

（3）泄洪前荒田渣场边坡是稳定的，安全系数为 1.267（摩根斯顿–普赖斯法），满足规范要求。

（4）若弃渣场表面无防护措施，任由雾化雨雾入渗，则在泄洪雾化过程中，随着降雨入渗，边坡稳定安全系数逐步降低，持续泄洪 20d 安全系数为 1.07，满足规范要求。泄洪 21d 以后安全系数逐渐低于规范要求，第 25 天时安全系数为 0.995，第 30 天时安全系数仅为 0.929。

（5）若弃渣场表面采用浆砌石防护，在保证降雨入渗系数不大于 0.3 的前提下，浸润线抬升高度及饱和区面积较无防护的情况明显减小。弃渣场边坡在泄洪雾化过程中是稳定的，其安全系数虽仍随持续泄洪时长而降低，但降低幅度明显减缓，第 30 天时最小安全系数为 1.117，大于规范要求。可见，采用浆砌石护坡后防护效果明显。

（6）弃渣场边坡在泄洪雾化过程中靠近坡脚部位最先饱和，该部位浸润线上抬明显，需配合浆砌石护坡对弃渣场边坡 645m 高程以下增设系统排水，降低内部孔隙水应力。

5.6 复杂条件下渣场边坡稳定计算分析实例

5.6.1 新建村渣场基本情况

新建渣场分为两个区，占地面积为 48.7 万 m^2。Ⅰ区前缘高程为 610～622m、后缘高程为 710m；Ⅱ区前缘高程为 602～605m、后缘高程为 830m。根据地形条件，新建渣场分为两个区块，Ⅰ区块为临江狭窄的斜坡地带，Ⅱ区块北部为斜坡，是新建渣场的主堆渣场。沟水处理采用全年 50 年一遇洪水设计标准，渣场防护采用金沙江天然河道 20 年一遇洪水设计标准。

新建渣场自 2011 年 9 月上旬开始启用，最早由简易的施工道路 670m 高程，从 3#冲沟（大沟）南、北两侧向下堆载，逐渐向大沟合拢，渣源物质成分差异较大，为坡积碎石土和风化的块碎石选择堆填压底，自上而下自由落体呈松散下落，堆体高度为 40～50m，坡度约 40°以上，贯通形成 3#道路，堆渣强度较大，方量约 25 万 m^3。新建村渣场作为前期工程开挖有用料与弃料主堆存场地，由于其投入使用时间较为紧迫，渣场Ⅱ区在未进行沟水的引排及表层植被清理的情况下提前投入使用，现已形成 710m、660m 高程左右的大平台，平台宽度为 60～70m，堆渣坡比为 1∶1.3 左右。渣场区自 2011 年 9 月 20 日开始占沟堆渣，共经历两次较大的变形。2011 年 11 月 4 日出现第一次变形，660m 高程弃渣平台出现裂缝，渣场前缘沿江侧原沟口堆积体产生挤压破坏并出现椭圆形分布的裂缝带，最大裂缝宽度约30cm，局部深度超过5m，当时渣场堆渣面貌及裂缝形状见图5.54、图5.55。

图5.54　新建村渣场堆渣面貌（2011年11月）

图5.55　新建村渣场660～680m平台裂缝形状（2011年11月）

此后，施工单位采取临时排水措施，但未能将全部沟水引排，大量沟水已从渣体渗入至地基，近沟内及周边堆渣体已趋于饱和，且在沿江侧有大量水流从渣体渗出，同时在660m平台上方继续堆存有用料，在原710m有用料堆渣平台上游侧形成700m堆渣平台。2012年1月4日出现第二次较大的变形，有用料堆渣区700m高程平台出现近长约40m拉裂缝，渣体下滑产生约3m错台，初步判断该区与下方660m高程弃渣平台处于整体滑动状态，主要原因是沟水渗入渣体和地基，导致下覆地层软化，同时700m高程有用料堆渣区继续堆渣加载，使660m弃渣平台继续下滑并牵引上部渣体所致。目前滑面贯通后地层残余强度更低，临时排水钢管已失效，渣场稳定条件极差。渣场堆渣面貌及裂缝形状、位置见图 5.56 ~ 图 5.59。

图 5.56　新建村渣场堆渣面貌及拉裂缝位置图（2012 年 1 月）

图 5.57　700m 高程堆渣平台前沿裂缝（2012 年 1 月）

图5.58　680m高程坡体裂缝（2012年1月）

图5.59　前缘620m坡体变形（2012年1月）

以下通过稳定计算来反映新建村渣场边坡的稳定性状，并预测重新启用该渣场后的稳定性态。

为应对2012年左、右岸导流隧洞、场内交通洞的弃渣，拟重新启用新建村渣场700m高程以上1号冲沟上游200m附近至2号冲沟下游100m附近区域。考虑到土石方平衡规划，新建村渣场容渣量需达到320万m^3左右，此时堆渣体将向下游延伸占据3号冲沟容积导致堆渣区与古滑带土残留低液限含砂黏土区有较大重叠区域，且700高程以下该区域已经产生过失稳先例，对稳定极为不利。因此，新建村渣场设计宜以保障渣场安全性优先，拟先控制容渣量为210万m^3，渣场顶面高程为805m，而将320万m^3作为对比方案，通过计算和调整寻求渣场安全性和经济性相平衡的较优堆渣方案。

5.6.2　新建村渣场稳定计算

1. 新建村渣场稳定性的制约因素

1）潜在滑动面岩土物理力学条件分析

根据新建村渣场Ⅱ区块各亚区的坡面形态特征，覆盖层物质组成及结构特征，堆积物厚度及富水特征，下伏基岩面性状、产状及堆积体变形破坏特征，初步认为渣场堆渣后可能沿以下潜在滑动面失稳。

（1）地表上部1.5～5m含砂低液限黏土。

依据“金沙江白鹤滩水电站施工图设计阶段新建渣场工程地质勘察报告”描述，渣场地基各区浅部分布为坡积层，表面0～1.5m为耕植土，土质疏松，需清除；上部1.5～5m以含砂低液限黏土为主，该层在渣场范围的Ⅱ-1、Ⅱ-2、Ⅱ-3及Ⅱ-4亚区均有分布，土工试验表明该土层黏粒含量达到22%，粉粒含量达39%，W_L为32.4%，$I_P=15.0$，塑性高且属于弱透水性土层。而依据新建村渣场规划，渣场将占据1、2、3号冲沟容积，若施工期冲沟的临时排水措施不能完全阻止沟水下渗，则沟水下渗至含砂低液限黏土层时一方面需考虑该层土体饱和后性质的劣化，另一方面需考虑由于上部快速堆载可能造成孔隙水无法及时排出所造成的边坡失稳。

（2）古滑坡残留低液限含砂黏土。

Ⅱ-2 亚区土体结构复杂，基岩面与覆盖层接触部位，普遍分布一层紫红色含砂黏土层，为残留的古滑带土，厚度0.5～3m不等，自然状态内摩擦角约20°，饱水条件下，强度骤减，内摩擦角仅15°。原700m高程以下渣场滑坡也主要是由于该层饱水、软化失稳引起。

（3）覆盖层底部强风化凝灰岩及C9、C10层间带。

覆盖层以下较大范围内为强风化凝灰岩及C9、C10层间带，岩质较软弱，岩层倾向与坡向一致，倾角与软弱层倾角相近，对坡体稳定不利。

2）潜在滑动范围分析

依据地表上部含砂低液限黏土、古滑坡残留低液限含砂黏土及强风化凝灰岩与层间带的分布范围、产状关系，认为可能的滑动区域如下：

（1）地表低液限含砂黏土在整个渣场范围内均有分布，整个渣场均有可能沿该层发生浅层滑动。

（2）古滑坡残留低液限含砂黏土主要分布在2号冲沟（大沟）底部及以北区域，堆渣区与该区域重叠部位发生深层滑动的可能性大。堆渣方案需考虑尽可能规避该区域，若堆渣210万m^3，可通过调整堆渣边线局部规避，但若堆渣320万m^3，则难以进一步避让该部分重叠区域。

（3）强风化凝灰岩及层间带在1号冲沟至2号冲沟（大沟）之间埋深较浅且倾向与覆盖层及坡面基本一致，发生深层滑动的可能性较大。

2. 计算工况及荷载组合

按《水电水利工程边坡设计规范》（DL/T 5353—2006）对水电水利工程边坡类别和安全级别划分，将新建渣场边坡定为B类Ⅱ级边坡，对本工程边坡采用持久状况、短暂状况等两种运行状况进行稳定计算和处理设计。各工况及其荷载组合及设计安全系数见表5.33。

表5.33　计算工况及荷载组合设计安全系数表

工况	编号	荷载组合内容	规范要求设计安全系数
持久状况	1	自重+地下水+岸边外水	1.05～1.15
短暂状况	2	自重+地下水+岸边外水+暴雨	1.05～1.10

注：暴雨工况将地下水位线提高5m，同时在地表设置一条孔隙水压力线，两条线之间为暂态饱和区，该区土体孔隙压力按静水压力的0.4倍系数处理（即$r_u=0.2$）。

针对以上工况，计算分两种情况进行：①假设渣场临时排水系统充分发挥作用或加载过程足够缓慢，潜在滑面位置超静孔隙水压力完全消散；②估算加载过程中的超静孔隙水压力，并进行计及孔隙水压力的边坡稳定分析。

3. 计算参数

采用地质建议值，计算参数见表5.34。

表5.34　新建村渣场区岩土参数地质建议值

区块亚层	分层编号	土质名称	成因类型	天然含水量/%	密度/(g/cm³)	饱和抗剪强度		基底摩擦系数(μ)
						c/kPa	φ/(°)	
Ⅱ-1 Ⅱ-2 Ⅱ-3 Ⅱ-4	①-a	含砂低液限黏土 1.5～5m	Q^{dl}	8.16	2.14	15	23	0.40
	①-b	碎石混合土 5～24.5m		11.2	2.06	20	27	0.45
Ⅱ-1 Ⅱ-2 Ⅱ-3	②	卵石、漂石	Q^{al}	—	2.34	40	35	0.55
Ⅱ-3	③-a	碎石混合土	Q^{col+dl}	13.2	2.03	21	30	0.45
	③-b	含细粒土碎石		11.2	2.06	19	24	0.42
Ⅱ-2	④-a	混合土碎石	Q^{del}	13.2	2.13	21	33	0.45
	④-b	含砂低液限黏土		8.67	2.10	10	15	0.25
Ⅱ-1 Ⅱ-2 Ⅱ-3 Ⅱ-4	—	强风化凝灰岩及C9、C10层间带	—	—	2.2	50	20	—
Ⅱ-1 Ⅱ-2 Ⅱ-3 Ⅱ-4	—	人工堆渣	Q^{s}	—	2.2	1	37	—

4. 超静孔压完全消散情况下的边坡稳定计算

1）计算假定

假定渣场临时排水系统充分发挥作用或堆渣过程较慢，潜在低渗透性滑面位置孔隙水应力具有足够的消散时长，上部堆渣荷载引起的附加应力完全转化为有效应力。

2）计算软件及剖面

计算方法采用规范推荐的基于极限平衡理论的简化毕肖普法，采用工程中广泛运用的Rocscience系统软件中的Slide模块进行计算。

计算选取了同时切过堆渣与滑带土（古滑坡残留低液限含砂黏土）的Ⅲ-Ⅲ′剖面；沿堆渣坡度方向（垂直河流）的C4-C4′、Ⅳ-Ⅳ′、Ⅴ-Ⅴ′剖面；沿岩层倾向的B2-B2′剖面；斜交渣体及滑带分布范围的B4-B4′剖面。

3）计算成果

针对各剖面地层分布特性、可能的滑动型式及滑面组合方式，对各剖面进行了自动搜索圆弧型滑面、沿地表低液限含砂黏土、沿强风化凝灰岩及层间带、沿紫红色残留滑带土分别进行了稳定分析，分析成果见表5.35～表5.38，典型剖面的滑面位置见图5.60～

图5.63。

表5.35 自动搜索圆弧型滑面安全系数表

计算剖面		Ⅲ-Ⅲ′	C4-C4′	Ⅳ-Ⅳ′	Ⅴ-Ⅴ′	B2-B2′	B4-B4′
持久工况	天然	1.407	1.358	1.334	1.518	1.878	1.604
短暂工况	暴雨	1.244	1.120	1.078	1.150	1.481	1.279

表5.36 沿地表低液限含砂黏土安全系数表

计算剖面		C4-C4′	Ⅳ-Ⅳ′	Ⅴ-Ⅴ′	B2-B2′	B4-B4′
持久工况	天然	1.277	1.295	1.329	1.736	1.509
短暂工况	暴雨	1.011	1.020	1.054	1.396	1.195

表5.37 沿强风化凝灰岩及层间带安全系数表

计算剖面		C4-C4′	Ⅳ-Ⅳ′	Ⅴ-Ⅴ′	B2-B2′	B4-B4′
持久工况	天然	1.414	1.340	1.541	2.057	1.560
短暂工况	暴雨	1.107	1.166	1.414	1.828	1.364

表5.38 沿紫红色残留滑带土安全系数表

序号	计算剖面		Ⅲ-Ⅲ′
1	持久工况	天然	1.077
2	短暂工况	暴雨	0.966

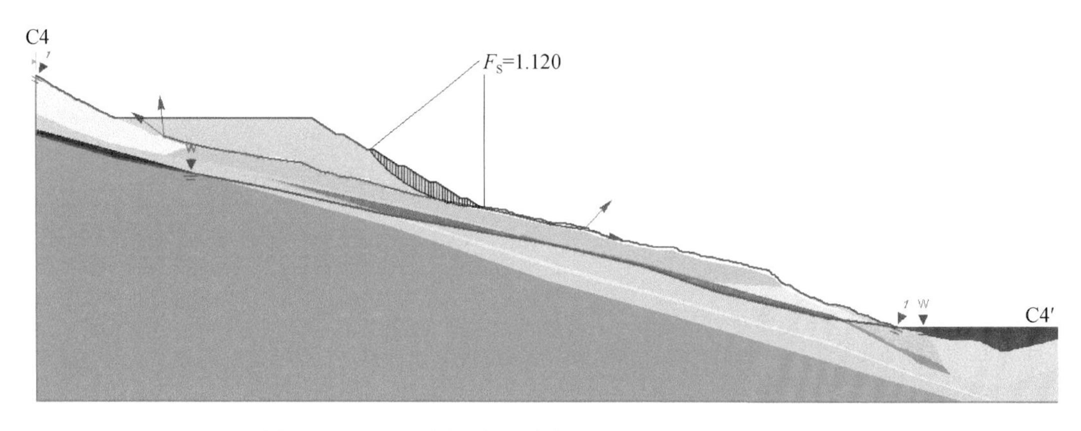

图5.60 C4-C4′剖面自动搜索圆弧型滑面（暴雨工况）

1. 边坡轮廓面；W. 水位面，下同

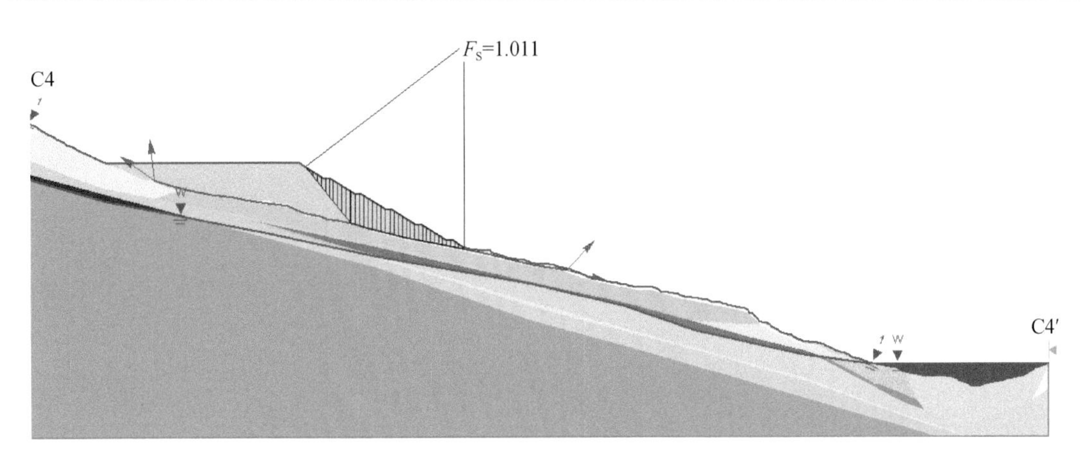

图5.61　C4-C4′剖面沿地表低液限含砂黏土滑动（暴雨工况）

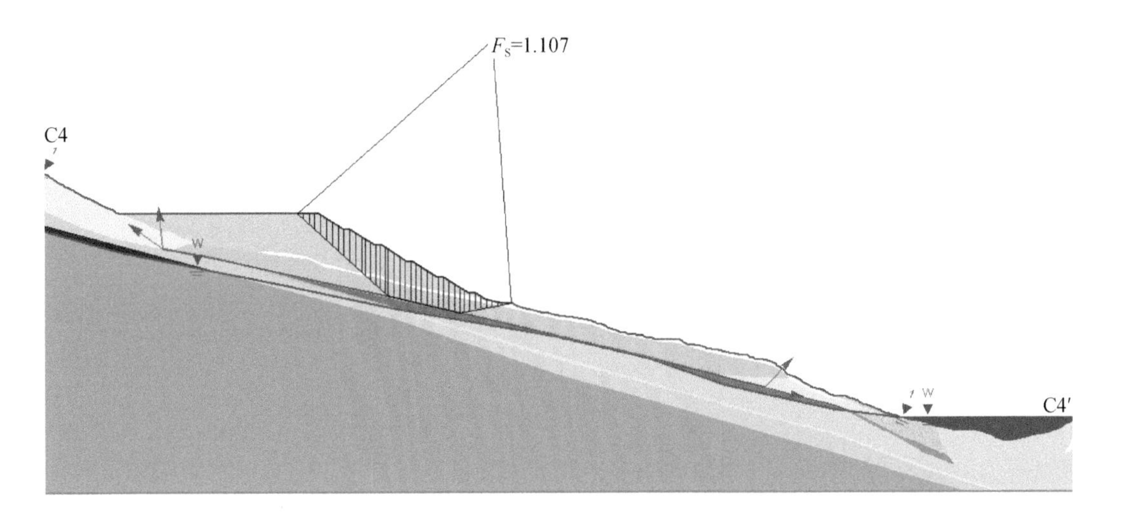

图5.62　C4-C4′剖面沿强风化凝灰岩及层间带滑动（暴雨工况）

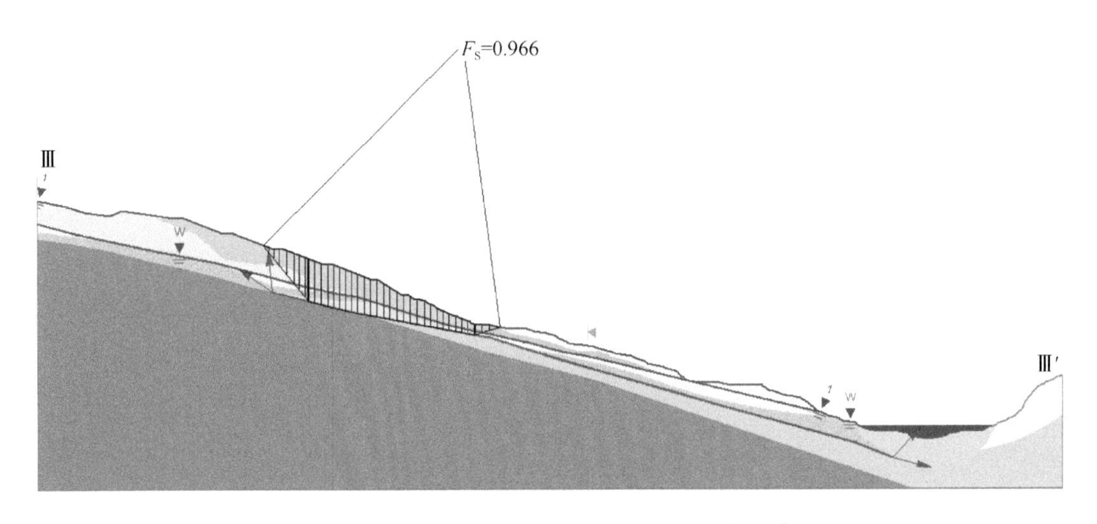

图5.63　Ⅲ-Ⅲ′剖面沿古滑带低液限含砂黏土滑动（暴雨工况）

5. 残余超静孔压情况下的边坡稳定计算

1）边坡稳定计算中孔压估算

（1）计算原理及假定。

边坡堆渣稳定计算中孔压的累积及消散较为复杂，直至目前难以准确计算。以下采用太沙基（Terzaghi）单向固结理论估算堆渣过程的孔隙压力，其公式如下：

$$u = \frac{4}{\pi}p\sum_{m=1}^{\infty}\frac{1}{m}\sin\left(\frac{m\pi z}{2H}\right)e^{-m^2\frac{\pi^2}{4}T_v} \tag{5.42}$$

式中，$T_v = \frac{C_v t}{H^2}$ 为时间因数，无因次，$C_v = k/m_v\gamma_w$ 为固结系数。

根据新建村堆渣规划，共堆渣200万m^3，大部分堆渣都将在2012年底完成，假设用300d时间完成整个堆渣，且渣体匀速堆存，计算堆渣过程中的孔隙水应力及孔隙压力的变化。

边坡稳定计算过程中常用孔隙水压力系数为 $\bar{B} = \Delta u/\Delta\sigma_v$，其中，$\Delta u$ 为堆渣引起的孔隙水压力增量；$\Delta\sigma_v$ 为堆渣引起的竖向总应力增量。

（2）孔压系数。

根据“白鹤滩水电站施工图设计阶段新建渣场工程地质勘察报告”勘探揭露表明，该场区由堆渣可引起超静孔压的主要有以下三层，①地表低液限含砂黏土：地表以下1.5～5m广泛分布低液限含砂黏土层，为弱透水性。孔压计算取该层厚度 H 为5m，渗透系数（K）为10^{-6}cm/s，压缩模量 $E_{s0.1\sim0.2}$为6.28MPa。②紫红色残留滑带土；Ⅱ-2亚区基岩面与覆盖层接触部位，普遍分布一层紫红色含砂黏土层，为残留滑带土，厚度0.5～3m不等。孔压计算取该层厚度（H）为3m，渗透系数（K）为10^{-6}cm/s，压缩模量 $E_{s0.1\sim0.2}$为5.64MPa。③强风化凝灰岩及层间岩：覆盖层以下较大范围内为强风化凝灰岩及C9、C10层间带，岩质软弱，弱渗透性。孔压计算取该层厚度（H）为10m，渗透系数（K）为10^{-6}cm/s，压缩模量（E_s）为1000MPa。

计算所得超静孔隙水压力系数 $\bar{B}$ 见表5.39。

表5.39　超静孔隙水压力系数（$\bar{B}$）

类型	厚度/m	渗透系数/(cm/s)	压缩模量/MPa	堆渣高度/m	堆渣所用天数/d	$\bar{B}$
①地表低液限含砂黏土	5	10-6	6.28	1/3H	33	0.5557
				2/3H	133	0.1111
				H	300	0.04405
②紫红色残留滑带土	3	10-6	5.64	1/3H	33	0.2295
				2/3H	133	0.02015
				H	300	0.008044
③强风化凝灰岩及层间带	10	10-6	1000	1/3H	33	0.00218
				2/3H	133	0.00036
				H	300	0.000144

2）计算剖面

针对各剖面潜在滑面特性及孔隙水压力赋存条件，选取Ⅲ-Ⅲ′剖面沿紫红色残留滑带土的抗滑稳定性；计算主要选取C4-C4′剖面考察渣场沿地表低液限黏土层、强风化凝灰岩及层间带的抗滑稳定性。

3）计算成果

针对各剖面地层分布特性、可能的滑动型式及滑面组合方式，分析成果见表5.40、表5.41，由于孔隙水压力系数前期较高，需考虑堆渣过程中孔隙压力系数的变化，选取堆渣至三个阶段［分别为（1/3）H、（2/3）H、H］过程中安全系数的变化。典型滑面位置见图5.64～图5.66。

表5.40　Ⅲ-Ⅲ′剖面计算成果

断面编号	滑面类型	工况	堆渣高度/m	安全系数
Ⅲ-Ⅲ′	紫红色残留滑带土	持久工况	(1/3)H	1.201
			(2/3)H	1.091
			H	1.074
		短暂工况	(1/3)H	1.056
			(2/3)H	0.972
			H	0.965

表5.41　C4-C4′剖面计算成果

断面编号	滑面类型	工况	堆渣高度/m	安全系数
C4-C4′	地表低液限含砂黏土	持久工况	(1/3)H	1.065
			(2/3)H	1.207
			H	1.232
		短暂工况	(1/3)H	0.778
			(2/3)H	0.942
			H	0.969
	强风化凝灰岩及层间带	持久工况	(1/3)H	1.827
			(2/3)H	1.448
			H	1.397
		短暂工况	(1/3)H	1.477
			(2/3)H	1.157
			H	1.107

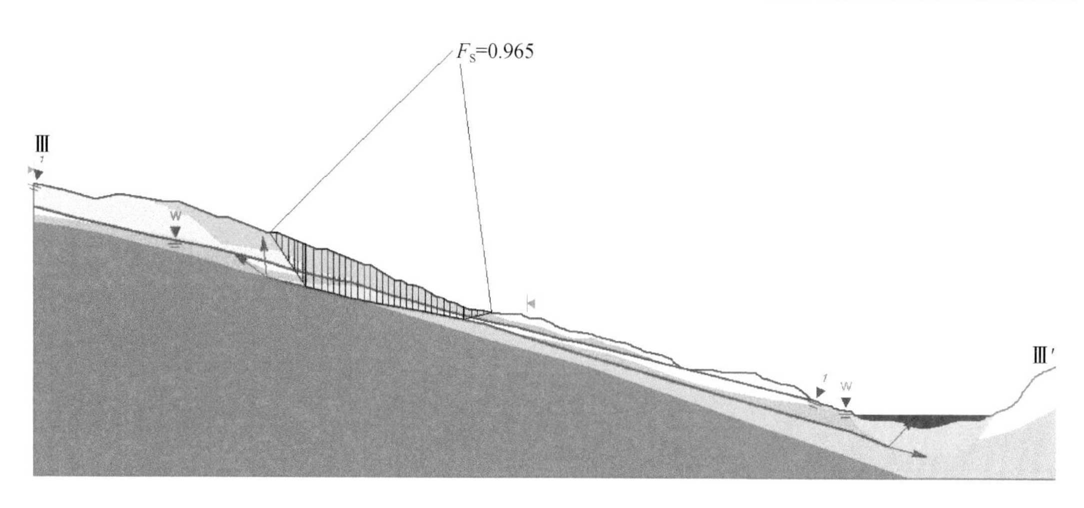

图 5.64　Ⅲ-Ⅲ′剖面暴雨工况沿古滑带土低液限含砂黏土滑动（堆渣高度为 H）

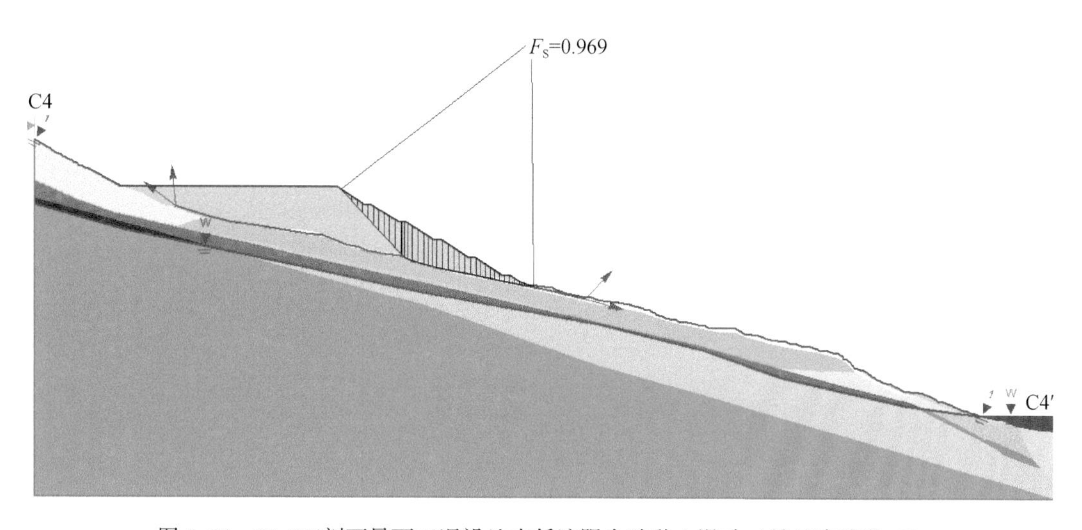

图 5.65　C4-C4′剖面暴雨工况沿地表低液限含砂黏土滑动（堆渣高度为 H）

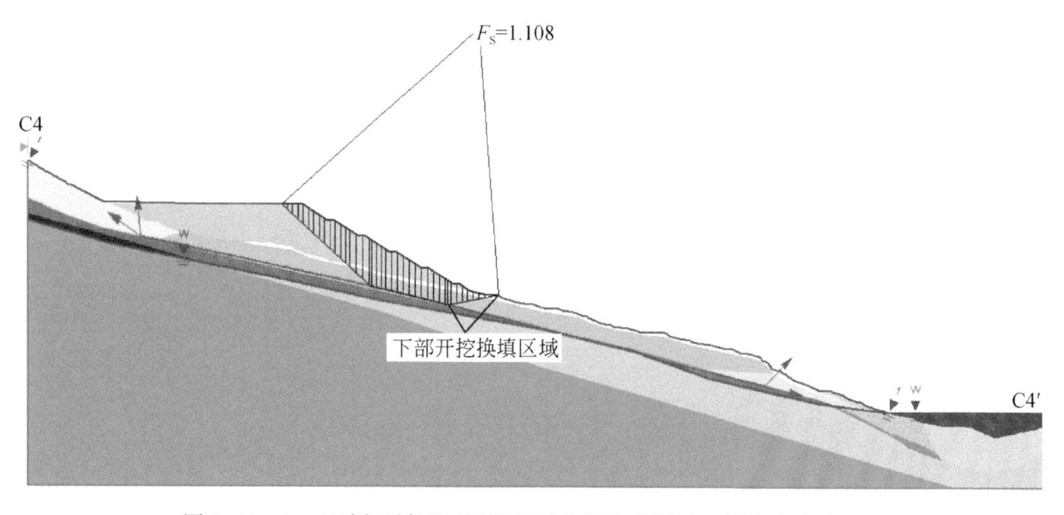

图 5.66　C4-C4′剖面暴雨工况沿强风化凝灰岩滑动（堆渣高度为 H）

6. 计算小结

计算成果表明：

（1）西部水电工程渣场地基条件复杂，一般为非均质、各向异性体，常含有明显的软弱夹层带，夹层带一般分布在三层位置上，即堆渣前原始地表分布的低液限含砂黏土层（或难以清除的厚耕植土、有机质土层）、覆盖层内部残留的古滑坡层、覆盖层底部基覆界线处的强风化软岩交界层。地勘阶段需详查该类潜在软弱带。

（2）稳定计算再现了新建村渣场在雨水或施工用水等入渗条件下，孔隙水应力累计发生作用后，对边坡稳定有较大影响。软弱带与水组合将对渣场稳定产生非常不利影响。

（3）软弱夹层控制渣场的整体稳定性，暴雨工况下，堆渣导致渣场沿夹层安全系数小于1.0，渣场产生滑动。

（4）软弱夹层通常由细颗粒土构成，其渗透系数一般小于10^{-5}cm/s，其受孔隙水应力的双层影响：一方面考虑受降雨入渗后引起的按静水头折减的孔隙水应力影响；另一方面软弱夹层土由于降雨入渗或施工用水入渗饱和后再在其上快速堆渣的条件下，将引起超孔隙水应力，渣场的抗滑安全系数进一步降低，沿古滑带土的安全系数随着堆渣高度的增加逐渐降低至0.96左右。

5.7 已纳入《水电工程渣场设计规范》（NB/T 35111—2018）的相关内容

5.7.1 概述

（1）渣场稳定分析应按永久渣场与临时渣场分别考虑。永久渣场应考虑正常、短暂、偶然三种设计状况，临时渣场应考虑正常、短暂两种设计状况。

渣场稳定分析需选取合适的部位、代表性剖面、计算方法及合理的设计状况。渣场边坡稳定三种计算状况沿袭水电工程边坡设计传统，且与《水利水电工程结构可靠度设计统一标准》（GB 50199—2013）规定的三种设计状况是一致的，具体为持久设计状况、短暂设计状况及偶然设计状况。由于临时性渣场主要只在施工期临时堆存，不考虑遭遇地震荷载的偶然设计状况。

（2）临时渣场应按施工期渣体最大填筑高度以及最不利填筑体型进行稳定分析。

鉴于渣场堆置过程中几何边界条件及力学条件发生变化，最后的堆置面貌并不一定是最危险状态，部分转存料场堆渣过程中堆渣体型最大，有用料回采过程中堆渣高度逐渐降低。

（3）对地质条件较差或结构受力复杂的渣场，其抗滑稳定分析宜做专门研究，并应采取工程措施确保渣场整体稳定。

（4）有场地利用要求的渣场，应按其使用要求进行相应的分析论证。

有复耕或场地利用要求的渣场，由于顶部增加附加荷载，需考虑附加荷载下渣场边坡稳定性。

5.7.2　渣场荷载及其组合

1. 渣场边坡稳定分析

渣场边坡稳定分析时，永久渣场应分别进行基本荷载组合和偶然荷载组合计算分析，临时渣场进行基本荷载组合计算分析。

2. 渣场荷载及作用

渣场荷载及作用应主要包括自重荷载、水荷载、加固力、地震作用，其类别划分应符合下列要求：

（1）渣场岩土体及附属建筑物的自重，宜包括：

①岩土体自重；

②渣场附属建筑物自重；

③渣场顶部其他设备自重。

（2）地下水产生的荷载，宜包括：

①持久状态地下水产生的荷载；

②挡水坝拦蓄后引起的地下水产生的荷载；

③含水量较高的细颗粒渣料引起的地下水产生的荷载；

④暴雨或久雨引起的地下水产生的荷载；

⑤库水位引起的地下水产生的荷载；

⑥泄洪雾化引起的地下水产生的荷载。

（3）渣场进行挡护时施加的加固力。

（4）其他出现机会较多的荷载。

（5）校核水位对应的地下水产生的荷载。

（6）地震作用。

（7）其他出现机会很少的作用。

需选取渣场在施工及运行过程中可能遭遇的主要荷载（或作用），并依据可能遭遇情况进行不利荷载组合。渣场荷载主要包括渣体自重、渣体上建筑物等产生的附加荷载、地下水产生的荷载（包括静水压力和渗透压力等）、加固力、地震荷载等。具体组合如下：

（1）渣场岩土体及附属建筑物的自重。

①岩土体自重：在地下水位以上时，岩土体的自重采用天然重度；在地下水位以下时，则需要根据计算方法合理选择。

②渣场附属建筑物自重：渣场坡体上的附属建筑物，可作为坡体自重计。

③渣场顶部其他设备自重：渣场顶部兼作施工场地或大型设备堆场时，需考虑相应荷载。

（2）地下水产生的荷载，包括静水压力、渗透压力等。各种条件下地下水产生的荷载宜通过渗流数值分析确定。

①持久状态地下水位：采用地下水最高水位作为持久状态水位。渣场地基天然边坡各

部位孔隙水压力可根据水文地质资料和地下水位长期观测资料确定。渣场堆渣以后工程边坡持久状态水位需要通过渗流数值分析确定。

②挡水坝拦蓄后引起的地下水位：渣场上游有挡水坝时，需要考虑挡水坝不设防渗体系时引起渣场内部地下水位线变化情况下的孔隙水应力。

③含水量较高的细颗粒渣料引起的地下水位：渣体内含水量较高的细颗粒渣料时需要考虑渣场内部地下水位线变化情况下的孔隙水应力。

④暴雨或久雨引起的地下水位：暴雨或久雨引起地下水位短期壅高情况宜通过渗流数值分析确定。暴雨强度依渣场级别按50～100年重现期计，连续降雨5h以上为久雨。

⑤库水位引起的地下水位：库区内渣场蓄水后的地下水位线可通过渗流数值分析确定，当存在水位骤降等不利工况时可通过非稳定渗流计算渣场内部孔隙水应力。

⑥泄洪雾化引起的地下水位：泄流雨雾引起地下水位短期壅高情况，地下水位可通过非稳定渗流计算确定。

（3）加固力。

渣场进行挡护时施加的抗滑力，如挡渣坝、抗滑桩提供的抗滑力。

（4）其他出现机会较多的荷载。

（5）校核洪水引起的地下水位。

库区内渣场遭遇水库泄放校核洪水时的水位骤降工况时可通过非稳定渗流计算渣场内部孔隙水应力。

（6）地震作用。

地震对渣场边坡的作用和相应的边坡抗震可按《水工建筑物抗震设计规范》（DL 5073—2000）的规定。对于地震基本烈度不小于Ⅶ度的地区，可参照《水工建筑物抗震设计规范》（DL 5073—2000）关于土石坝的规定进行边坡地震稳定分析。目前各设计单位大多对边坡采用拟静力法进行分析。一般边坡只考虑滑动方向的水平地震力作用。

（7）其他出现机会很少的作用。

3. 荷载组合

荷载组合应符合表5.42的规定。

表5.42　荷载组合

设计状况	荷载组合	主要考虑情况	荷载类别					备注
			自重	地下水	加固力	地震荷载	其他荷载	
持久状况	基本组合	1. 正常运用情况	1	2 1)	3	—	4	
		2. 上游挡水坝库内高水位情况	1	2 2)	3	—	4	沟道型渣场，上游设置挡水坝
		3. 渣场内部存在含水量较高的细颗粒渣料情况	1	2 3)	3	—	4	与砂石加工系统配套的渣场，易产生石粉、泥饼等细颗粒渣料

续表

设计状况	荷载组合	主要考虑情况	荷载类别					备注
			自重	地下水	加固力	地震荷载	其他荷载	
短暂状况	基本组合	1. 施工期情况	1	2 1)	—	—	4	施工过程各个阶段临时荷载
		2. 暴雨或久雨情况	1	2 4)	3	—	4	
		3. 库区内水位骤降情况	1	2 5)	3	—	4	水位在设计正常蓄水位、洪水位与死水位之间降落
		4. 泄洪雾化情况	1	2 6)	3	—	4	
偶然状况	偶然组合	1. 库区内校核洪水水位骤降情况	1	5	3	—	7	水库水位的非常降落，如自校核洪水位降落、降落至死水位以下，以及大流量快速泄空
		2. 地震情况	1	2	3	6	7	

注：(1) 基本组合为《水电工程渣场设计规范》(NB/T 35111—2018) 第 6.2.2 条第 1 款 ~ 第 4 款的永久和可变作用产生的效应组合，偶然组合应在基本组合下计入《水电工程渣场设计规范》(NB/T 35111—2018) 第 6.2.2 条第 5 款 ~ 第 7 款的一个偶然作用。

(2) 荷载类别中数字 1 ~ 7 分别表示《水电工程渣场设计规范》(NB/T 35111—2018) 第 6.2.2 条中对应的 7 类荷载，1) ~ 6) 分别表示《水电工程渣场设计规范》(NB/T 35111—2018) 第 6.2.2 条第 2 款中 6 类荷载对应项下的细分荷载。

持久设计状况主要为渣场正常运用情况，库区内渣场尚需根据库水位蓄水计划，将不同水位作为设计水位。此时设计荷载组合应采用基本组合 1（自重+岸边外水压力+地下水压力）。

短暂设计状况：包括施工期短暂堆渣面貌；施工用水形成地下水位增高；运行期暴雨或久雨，或可能的泄流雾化雨；水库水位骤降等情况。此时设计荷载组合应采用基本组合 2（自重+岸边外水压力+各对应地下水压力）。

偶然设计状况：主要为遭遇地震，此时设计荷载组合应采用偶然组合（基本组合+地震荷载）。

4. 渣场边坡稳定分析计算

渣场边坡稳定分析计算时，各种条件下地下水产生的荷载宜通过渗流分析确定。

地下水产生的荷载（作用）的确定方法一直是边坡稳定计算的难点。渣场地基天然边坡各部位孔隙水可根据水文地质资料和地下水位长期观测资料确定。渣场（尤其是沟道型渣场）堆渣后改变了地下水排泄的天然网络，需截取渣场覆盖层地基一定范围作为边界条件计算堆渣后渣场内的持久水位。降雨或泄洪雨雾引起的地下水位壅高亦采用同样的处理方法。

现阶段渗流数值分析工具已经较普遍采用（尤其是平面渗流有限元程序），可计算渣场堆置后、库区内渣场蓄水后、库水位骤降、渣场降雨、泄流雾化条件下的孔隙水压力分布。鉴于非饱和非稳定渗流计算参数的选取存在一定的难度，降雨、泄洪雾化也可参考下述方法估算孔隙水压力。

降雨或泄洪雨雾入渗渣场边坡后，常形成上层滞水，随着饱和度的增加，岩土力学强度也明显降低，发生滑坡。

在实际工程中需根据不同入渗、排水条件和坡体渗透性能，经工程类比后由设计者自行选定折减系数，依据渣体渗透性的不同，折减系数可在 0.3 ~ 0.4 的范围内选择。有条件时可采用实测的孔隙水压力。

5.7.3　渣场岩土物理力学参数选择

（1）渣场地基的岩土物理力学参数宜采用地质建议值或通过工程类比确定，也可通过试验确定。渣场地质勘察报告一般提供覆盖层的岩土物理力学参数。部分水电工程渣场的岩土体物理力学参数见表 5.43。

表 5.43　部分水电工程渣场的岩土体物理力学参数

工程名称	渣场名称	主要地基土类型	主要地基土有效抗剪强度指标		主要堆渣类型	主要堆渣有效抗剪强度指标	
			c'/kPa	φ'/(°)		c'/kPa	φ'/(°)
白鹤滩水电站	矮子沟渣场	混合土碎石	20.0	27.0	石渣	0	37.0
		粉土质砾	18.0	20.0			
		砾砂	10.0	30.0			
	海子沟渣场	漂卵砾石	10.0	32.0	石渣	0	37.0
		碎块石	10.0	30.0			
		含砾石黏土	18.0	20.0			
		混合碎砾石土	20.0	23.0			
	荒田渣场	黏土质砾	24.0	28.0	石渣	0	37.0
		混合土碎块石	20.0	34.0			
		含砾黏土	32.0	24.0			
	新建村渣场	含砂低液限黏土	10.0	15.0	石渣	0	37.0
		碎石混合土	20.0	27.0			
		混合土碎石	21.0	33.0			
		含细粒土碎石	19.0	24.0			
沙坪二级水电站	火烧营渣场	含黏土碎石	12.5	31.0	石渣	0	37.0
		含碎石黏土	15.5	28.0			
杨房沟水电站	上铺子沟渣场	混合土卵石	0	30.0 ~ 35.0	中转石渣	0	37.0
		中砂	0	19.0 ~ 22.0			

续表

工程名称	渣场名称	主要地基土类型	主要地基土有效抗剪强度指标		主要堆渣类型	主要堆渣有效抗剪强度指标	
			c'/kPa	φ'/(°)		c'/kPa	φ'/(°)
杨房沟水电站	中铺子渣场	耕植土	16.0～18.0	18.0～20.0	表土堆存	0	37.0
		碎石混合土	10.0～15.0	23.0～25.0			
		混合土卵石	0	30.0～35.0			
		卵石混合土	5.0～10.0	25.0～28.0			
		中砂	5.0～10.0	19.0～22.0			

（2）渣体的物理力学参数应考虑渣料性质和排水条件，通过工程类比或试验确定。

渣体抗剪强度参数应结合实际加载情况、填土性质和排水条件选择。现场原位试验在砂性土和饱和黏性土地基中可分别采用以下测试手段：①砂性土中主要使用标准贯入、静力触探、大型锥探等手段，相应的试验成果为土的有效内摩擦角（φ'）。②饱和黏性土中主要使用十字板剪切、静力触探和旁压试验等手段，相应的试验成果为地基土在不同深度测定的固结不排水剪的总强度 τ_f，可直接用来进行总应力法稳定分析，即在地基不同深度赋以 $c_{cu}=\tau_f$ 和 $\varphi_{cu}=0$ 的强度参数。

5.7.4　渣场抗滑稳定分析

（1）渣场边坡抗滑稳定分析计算宜采用瑞典圆弧法、简化毕肖普法、摩根斯顿-普赖斯法。

目前边坡分析中一般仍采用二维平面极限平衡分析，有完善的计算公式及运用经验，对于三维效应明显的狭窄沟道型渣场其侧向作用仅作为安全储备。常用的方法为条分法，有不计条块间作用力和计及条块间作用力两类，按滑动面形状分为圆弧法和折线（滑楔）法两种。最早的瑞典条分法是不计条块间作用力的方法；而简化毕肖普法、摩根斯顿-普赖斯法等属于计及条块间作用力的方法。瑞典圆弧法计算简单，已积累了丰富的经验，可优先采用，但当孔隙水压力较大和地基软弱时误差较大，简化毕肖普法及其他计及条块间作用力的方法更能反映土体滑动土条间的客观状况，虽然计算比瑞典圆弧法复杂，但由于计算机的广泛应用，使得计及条块间作用力的方法的计算变得简单，容易实现。根据计及条块间作用力和不计及条块间作用力对抗滑安全系数影响的分析，简化毕肖普法比瑞典圆弧法最小安全系数可提高5%～10%，不同方法应采用对应的安全系数。

（2）渣场边坡稳定分析计算应符合下列规定：

①砂、碎石或砾石堆积物宜按平面滑动计算。

②黏性土、混合土和均质堆积物宜按圆弧滑面计算。

③沿土层或堆积物底面或其内部特定软弱面发生滑动破坏时，宜按复合形滑面计算。

④对多层结构土边坡，应采用试算法得出最危险滑面和相应安全系数。

渣场边坡稳定分析计算应符合以下规定：

①对于欠碾压的砂性、碎石或砾石堆积物内部一般呈现无黏性的平面破坏模式。

②对于堆置较为密实的、渣料具有一定黏性的渣体可按圆弧滑面计算，简化毕肖普法考虑了力矩及垂直力的平衡，且对垂直条分间的传力分布方式不敏感，其解接近严格解，推荐使用。

③对沿渣场底部基覆界面或覆盖层内部某一软弱层面复合形态滑面滑动时推荐采用摩根斯顿-普赖斯法，即考虑了力矩平衡又考虑了力的平衡。

④对于地基土存在多个分层软弱带时需试算比较不同复合滑面的安全系数，获取最危险滑面。

（3）渣场堆渣坡比宜由渣场稳定分析计算确定。当缺乏工程地质资料时，对于 4 级、5 级渣场，稳定的堆渣比可根据渣料自然安息角并考虑安全裕度分析确定。

（4）渣体自然安息角应根据渣体岩土体组成确定。

当缺乏工程地质资料时，对于 4 级、5 级渣场，稳定的堆渣比可根据渣料自然安息角的正切值除以正常工况的安全稳定系数。

（5）渣场边坡抗滑稳定计算方法：

①圆弧滑动条分法（图 5. 67），应符合下列规定：

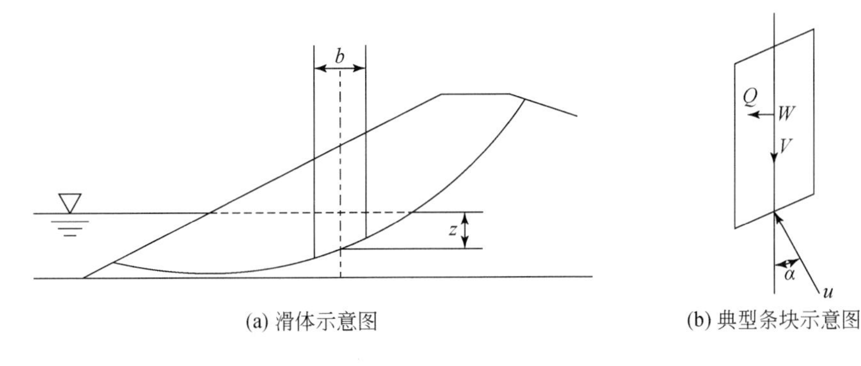

(a) 滑体示意图　(b) 典型条块示意图

图 5. 67　圆弧滑动条分法

瑞典圆弧法应按下式计算：

$$K=\frac{\sum\{[(W+V)\cos\alpha-ub\sec\alpha-Q\sin\alpha]\tan\varphi'+c'b\sec\alpha\}}{\sum[(W+V)sin\alpha+M_c/R]} \tag{5.43}$$

简化毕肖普法应按下式计算：

$$K=\frac{\sum\{[(W+V)\sec\alpha-ub\sec\alpha]\tan\varphi'+c'b\sec\alpha\}[1/(1+\tan\alpha\tan\varphi'/K)]}{\sum[(W+V)\sin\alpha+M_c/R]} \tag{5.44}$$

式中，W 为土条重力，kN；Q 为地震水平惯性力（与边坡滑动方向一致取“+”，反之取“-”），kN；V 为地震垂直惯性力（向上取“-”，向下取“+”），kN；u 为作用于土条底面的单位孔隙水压力，kN/m；α 为条块重力线与通过此条块底面中点的半径之间的夹角，(°)；b 为土条宽度，m；c' 为土条底面的有效黏聚力，kPa；φ' 为土条底面的有效内摩擦角，(°)；M_c 为地震水平惯性力对圆心的力矩，kN · m；R 为圆弧半径，m；K 为安全系数。

②摩根斯顿–普赖斯法（图 5.68），应采用下列公式计算：

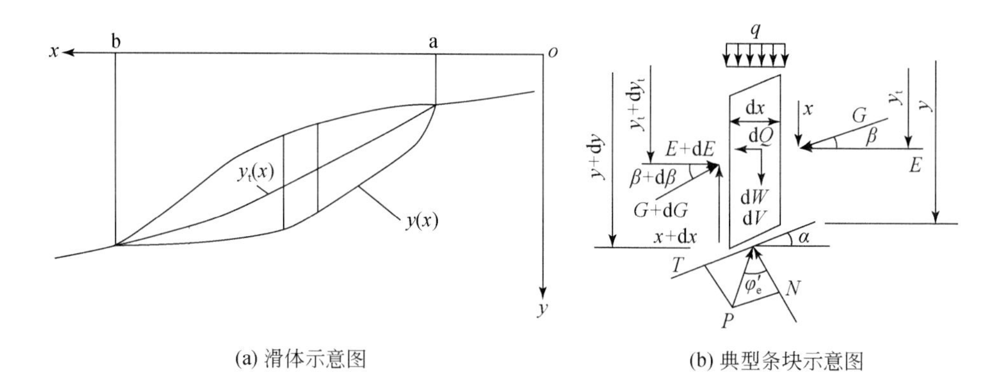

(a) 滑体示意图　　(b) 典型条块示意图

图 5.68　摩根斯顿–普赖斯法

$$\int_a^b p(x)s(x)\mathrm{d}x = 0 \tag{5.45}$$

$$\int_a^b p(x)s(x)t(x)\mathrm{d}x - M_e = 0 \tag{5.46}$$

$$p(x) = \left(\frac{\mathrm{d}W}{\mathrm{d}x} \pm \frac{\mathrm{d}V}{\mathrm{d}x} + q\right)\sin(\varphi_e' - \alpha) - u\sec\alpha\sin\varphi_e' + c_e'\sec\alpha\cos\varphi_e' - \frac{\mathrm{d}Q}{\mathrm{d}x}\cos(\varphi_e' - \alpha) \tag{5.47}$$

$$s(x) = \sec(\varphi_e' - \alpha + \beta)\exp\left[-\int_a^x \tan(\varphi_e' - \alpha + \beta)\frac{\mathrm{d}\beta}{\mathrm{d}\zeta}\mathrm{d}\zeta\right] \tag{5.48}$$

$$t(x) = \int_a^x (\sin\beta - \cos\beta\tan\alpha)\exp\left[\int_a^\xi \tan(\varphi_e' - \alpha + \beta)\frac{\mathrm{d}\beta}{\mathrm{d}\zeta}\mathrm{d}\zeta\right]\mathrm{d}\xi \tag{5.49}$$

$$M_e = \int_a^b \frac{\mathrm{d}Q}{\mathrm{d}x} h_e \mathrm{d}x \tag{5.50}$$

$$c_e' = \frac{c'}{K} \tag{5.51}$$

$$\tan\varphi_e' = \frac{\tan\varphi'}{K} \tag{5.52}$$

$$\tan\beta = \lambda f(x) \tag{5.53}$$

式中，$\mathrm{d}x$ 为土条宽度，m；c'为土条底面的有效黏聚力，kPa；φ'为条块底面的有效内摩擦角，(°)；$\mathrm{d}W$ 为土条重力，kN；u 为作用于土条底面的单位孔隙水压力，kN/m；q 为坡顶的外部竖向荷载，kN/m；M_e 为地震水平惯性力对土条底部中点的力矩，(kN · m)；$\mathrm{d}Q$ 为土条的地震水平惯性力，kN；$\mathrm{d}V$ 为土条的地震垂直惯性力，kN；α 为土条底面与水平面的夹角，(°)；β 为土条侧面的合力与水平方向的夹角，(°)；h_e 为地震水平惯性力到土条底面中点的垂直距离，m；$f(x)$ 为 $\tan\beta$ 的分布形状函数，一般可取为 1；λ 为确定 $\tan\beta$ 值的待定系数；K 为安全系数。

（6）渣体堆置自然安息角见表 5.44。

表5.44　渣体堆置自然安息角

弃渣类别			自然安息角/(°)	堆渣坡比
岩石	硬质岩石	花岗岩	35～40	1∶1.85～1∶1.60
		玄武岩	35～40	1∶1.85～1∶1.60
		致密灰岩	32～36	1∶2.10～1∶1.85
	软质岩石	页岩（片岩）	29～43	1∶2.35～1∶1.45
		砂岩（块石、碎石、角砾）	26～40	1∶2.70～1∶1.60
		砂岩（砾石、碎石）	27～39	1∶2.55～1∶1.70
土	碎石土	砂质片岩（角砾、碎石）与砂黏土	25～42	1∶2.80～1∶1.65
		片岩（角砾、碎石）与砂黏土	36～43	1∶1.80～1∶1.65
		砾石土	27～37	1∶2.55～1∶2.0
	黏土	松散的、软的黏土及砂质黏土	20～40	1∶3.60～1∶1.80
		中等紧密的黏土及砂质黏土	25～40	1∶2.80～1∶1.80
		紧密的黏土及砂质黏土	25～45	1∶2.80～1∶1.5
		特别紧密的黏土及砂质黏土	25～45	1∶2.80～1∶1.5
		亚黏土	25～50	1∶2.80～1∶1.30
		肥黏土	15～50	1∶4.85～1∶1.30
	砂土	细砂加泥	20～40	1∶3.60～1∶1.80
		松散细砂	22～37	1∶3.20～1∶2.00
		紧密细砂	25～45	1∶2.80～1∶1.50
		松散中砂	25～37	1∶2.80～1∶2.00
		紧密中砂	27～45	1∶2.55～1∶1.50
	人工土	种植土	25～40	1∶2.8～1∶1.8
		密实的种植土	30～45	1∶2.3～1∶1.5

5.8　渣场失稳边坡加固措施研究

5.8.1　白鹤滩水电站新建村渣场实例[①]

针对5.5.2节中新建村渣场失稳情况，采取以下方式进行加固并重新启用。

1. 地表低液限含砂黏土区域处理方案

对地表低液限含砂黏土层拟采用局部挖除换填的方法进行加固，现对拟挖除部位的加

① 中国水电顾问集团华东勘测设计研究院，2010，金沙江白鹤滩水电站新建村渣场沟水处理及防护工程地质勘察报告。

固效果进行对比分析。主要以 C4-C4′为典型剖面进行计算。

1）沿地表滑动面上部挖除及换填方案

计算成果见表 5.45。

表 5.45　C4-C4′剖面挖除换填上部地表土计算成果

断面编号	滑面类型	工况	挖除范围	安全系数
C4-C4′	地表低液限含砂黏土	短暂暴雨	上部入口 30m	0.968
			上部入口 70m	0.969
			上部入口 100m	1.028

计算表明，即使挖除并换填上部入口 100m 处地表低液限含砂黏土层，安全系数仅提高至 1.028，新滑动入口将向下发展，见图 5.69，加固效果不明显。

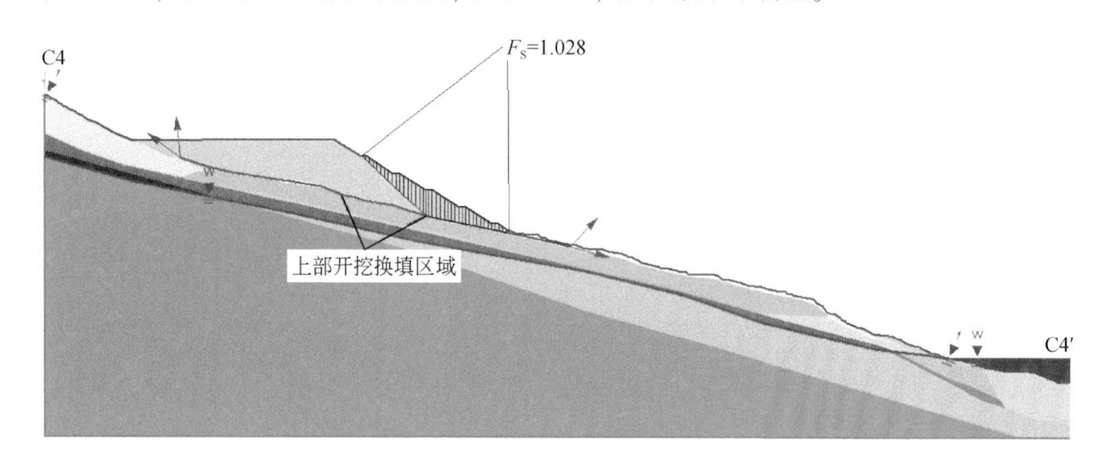

图 5.69　C4-C4′剖面挖除换填上部地表土典型滑面

2）沿地表滑动面下部挖除及换填方案

计算成果见表 5.46。

表 5.46　C4-C4′剖面挖除换填下部地表土计算成果

断面编号	滑面类型	工况	挖除范围	安全系数
C4-C4′	地表低液限含砂黏土	短暂暴雨	下部出口处 30m	0.986
			下部出口处 50m	1.069
			下部出口处 70m	1.104

计算表明，挖除并换填下部出口 70m 处地表低液限含砂黏土层，安全系数能提高至 1.104，加固效果较明显，见图 5.70。

综上所述，挖除并换填设计堆渣剖面坡脚以上 70m 左右地表低液限含砂黏土层将具有双重效果：其一，将显著提高堆渣过程中及堆渣后沿该层的抗滑稳定性；其二，堆渣坡脚

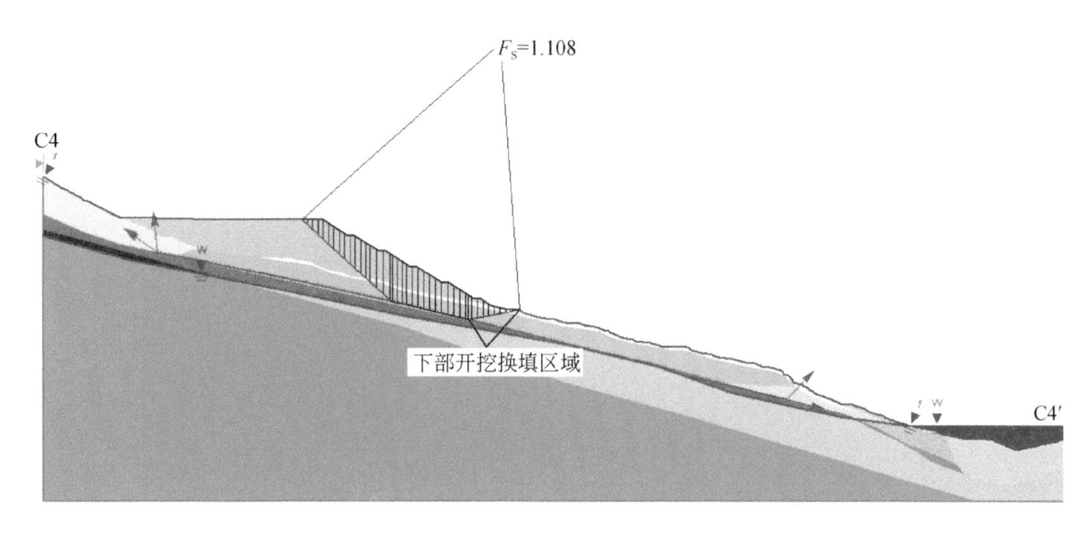

图 5.70　C4-C4′剖面挖除换填下部地表土典型滑面

处为孔隙水消散出口，挖除换填后更有利于排水消散降雨、沟水下渗等引起的孔隙水应力，对提高该层以下各层的抗滑稳定皆有益处。

计算也表明，采用换填加固时在边坡的阻滑段加固比在下滑段加固效果更为明显。

2. 古滑带土低液限含砂黏土区域抗滑桩加固设计

通过边坡稳定计算分析表明，古滑带土低液限含砂黏土区域安全系数较低，需进行加固，鉴于其下伏古滑带土抗剪强度极低，则滑动剖面处剩余下滑力较大，而目前针对大推力的滑坡加固一般选用抗滑桩型式。

1）抗滑桩设计推力计算

Ⅲ-Ⅲ′剖面为切过渣体及下伏古滑带低液限含砂黏土区域均为最大的剖面，抗滑桩设计以该剖面为依据。抗滑桩所受推力方向与滑体滑动方向平行，单排单桩所受推力大小按桩中心两侧各 1/2 中心距范围内滑动岩土体满足设计安全系数要求所需平衡的剩余下滑力计算。经综合考虑，抗滑桩设置在滑坡体较薄，基岩埋深浅的边坡前缘靠近阻滑区，抗滑桩在剖面上的布置位置如图所示。试算表明，Ⅲ-Ⅲ′剖面短暂暴雨工况为抗滑桩推力设计的控制工况，以该工况剩余下滑力及剩余抗滑力为依据计算桩需程度的设计推力，计算结果见表 5.47。

表 5.47　抗滑桩所受推力计算成果表

控制工况	设计安全系数	剩余下滑力/(kN/m)	剩余抗滑力/(kN/m)	桩前被动压力/(kN/m)	抗滑桩所受推力/(kN/m)
短暂暴雨工况	1.10	6987.35	4008.56	8202.134	2978.78

由计算结果可知，桩前剩余抗滑力小于桩前被动土压力，因此桩前的阻滑力取桩前剩余抗滑力。实际抗滑桩的设计推力为其所受推力的水平向分力，故抗滑桩设计推力：

$$F' = F \cdot \cos\alpha = 2978.78 \times \cos 10.32° = 2930.59 \text{ kN/m}$$

滑坡推力的应力分布图形根据滑体的性质和厚度确定，本滑坡中滑体为含细粒土砾，刚度较小且密实度不均匀，故采用三角形分布进行计算，桩前滑体抗力采用与推力相同的分布形式，即同为三角形分布。

2）计算成果

此次计算考虑抗滑桩在平面上布置为一排，由于堆渣体滑动方向明确，故采用矩形断面。根据抗滑桩设计推力、设桩位置稳定地层强度以及方便施工等因素，综合考虑采用断面尺寸为 $b \times h = 3.5\text{m} \times 5.0\text{m}$ 的矩形桩，桩中心线间距为 6m，桩长 30m，其中滑面以上长 19.1m，滑面以下锚固段长 10.9m。

根据地质资料，锚固段位于强风化下限附近以及弱风化带内，岩性为隐晶质玄武岩，采用“K 法”进行内力计算，桩底按自由支撑处理，参考地质资料确定其地基系数为 $K=300\text{MN/m}^3$。

抗滑桩内力计算采用理正岩土抗滑桩设计软件，其采用有限元方法分析桩的内力和变形。计算求得Ⅲ-Ⅲ′剖面抗滑桩最大弯矩为 126859.4kN · m，距离桩顶 20.7m；最大剪力为 20190.1kN，距离桩顶 25.3m；最大侧壁应力为 2.4MPa，桩顶最大位移 55mm。桩身弯矩、剪力如图 5.71 所示。

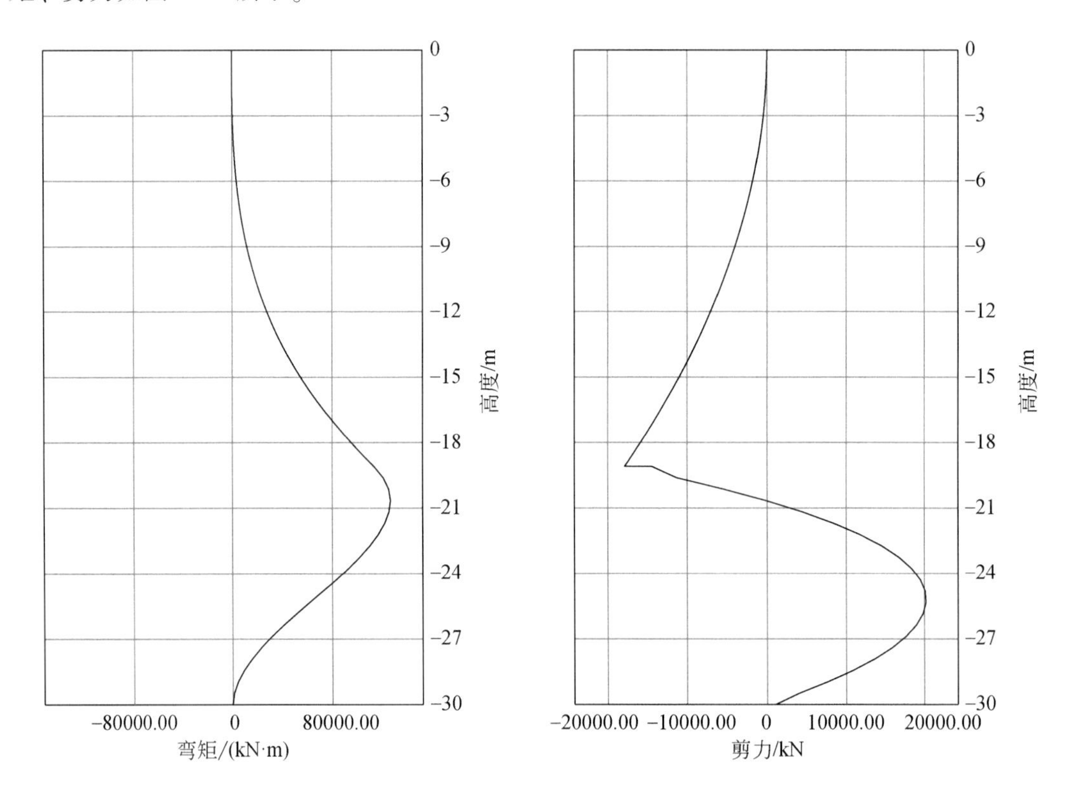

图 5.71　抗滑桩桩身弯矩、剪力分布图

本阶段桩身断面尺寸取 3.5m×5.0m，混凝土强度等级采用 C30，截面尺寸满足抗剪要

求，配置三排抗弯钢筋束［直径（Φ）40mm，每排12束］及抗剪箍筋。根据计算结果，在堆渣体下部滑带土范围及其附近设置抗滑桩进行加固，布桩轴线长度为85.0m，桩中心间距为6.0m，共需15根抗滑桩。

经抗滑桩加固后安全系数小于1.1滑弧的位置分布见图5.72，可见抗滑桩加固后并不会冒顶滑出。

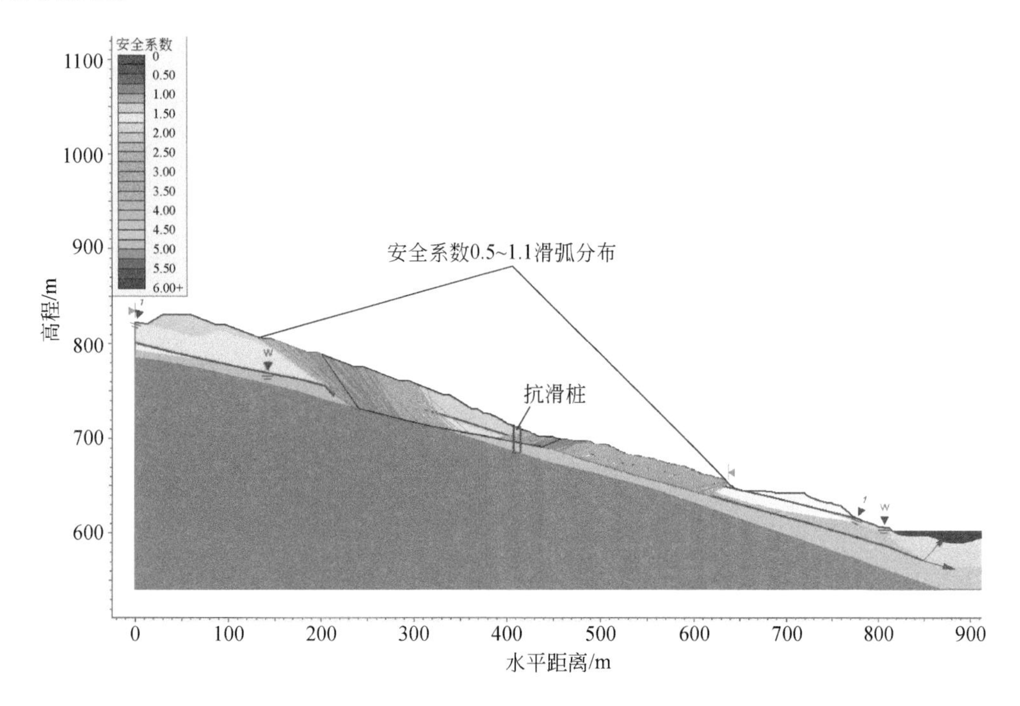

图5.72 Ⅲ-Ⅲ′剖面处安全系数低于1.1的滑弧位置分布

5.8.2 沙坪二级水电站火烧营渣场综合治理实例

1. 工程及火烧营渣场概况

沙坪二级水电站位于四川省乐山市峨边彝族自治县（峨边县）和金口河区交界处，其左岸位于金口河区境内，右岸位于峨边县境内，坝址位于大渡河和其支流官料河交汇口上游230m处的大渡河干流上，距峨边县城约7km。该工程是大渡河干流22级水电梯级开发中的第20个梯级的第二级，上游为沙坪一级水电站，下游为已建的龚嘴水电站。坝址控制流域面积为73632km^2，多年平均流量为1390m^3/s，采用河床式开发方式。正常蓄水位为554.00m，装机容量为348MW（刘振旺等，2011）。

该工程为二等大（2）型工程，永久建筑物按2级建筑物设计，次要建筑物按3级建筑物设计，枢纽主要由泄洪闸、导漂闸、右岸挡水坝段、河床式厂房等建筑物组成，坝顶全长319.4m，挡水建筑物最大坝高为63.00m。

火烧营弃渣场位于坝址右岸下游的火烧营沟内，它的主要功能是堆存弃渣和混凝土骨料中转料场，规划容量约230万m^3，堆放高程为710.00～810.00m，其中760.00m高程以下为弃渣场，堆存容量约80万m^3；760.00m高程以上为混凝土骨料的中转料场，中转容量约150万m^3。火烧营表土堆存场紧邻布置在火烧营弃渣场上游，它是火烧营弃渣场底部原耕植土的临时堆存场，规划容量约2万m^3，堆放高程为754.00～762.00m。

火烧营弃渣场的最大临时堆渣量约195万m^3，有用料回采以后的永久堆渣量约115万m^3，永久堆放高程为710.00～770.00m，最大堆渣高度为60.0m，根据《水电工程施工组织设计规范》（DL/T 5397—2007）等规范的规定，为Ⅳ级永久性弃渣场，渣场拦护设施和排水设施为4级永久建筑物。

平面布置图及典型剖面图分别见图5.73和图5.74。

2. 渣场失稳状况与性状

火烧营弃渣场挡排工程于2011年10月正式开工，渣场从2011年12月开始启用堆渣，边堆渣边施工挡排工程。截至2012年12月22日，弃渣场已堆渣至约789.00m高程，堆渣量约190万m^3，其中渣场底部7～16m厚度为无用料，堆渣最大高度约80m，排水渠底板及两侧挡墙已完成施工。

1）挡墙及底板挤压变形过程

排水渠底板及边墙发生变形的主要为H0+208.41～H0+234.00段的垂直渠身方向变形和H0+144.00段的沿渠身方向变形，见图5.75。从发现挡墙及底板挤压开始变形（图5.76～图5.78），其主要变形过程如下：

6月28日火烧营弃渣场H0+144.00上游段排水渠底板混凝土受压隆起变形，A型挡墙有受压向排水渠方向位移，至7月8日，桩号H0+144.00处A型挡墙施工缝顺渠身方向错动位移约0.3m，见图5.76，7月9日底板混凝土浇筑后，该处变形趋缓。

6月29～30日排水渠底板混凝土有受压隆起变形加剧趋势。A型挡墙继续垂直渠身推移。

7月1日设代发出设计联系单，对A型挡墙顶部堆渣进行修坡处理，要求渣体起坡线距离墙顶5.0m，底板采用1.0m厚的钢筋混凝土进行加固。

7月16日上午，发现桩号H0+160.00钢筋混凝土底板两仓混凝土有相互挤压现象，局部底板混凝土表面有薄层挤压变形现象，见图5.78。该现象表明底板出现顺渠身向位移，渣场局部有蠕变。

7月20日底板加固完成后，A型挡墙相对位移整体得到了控制，排水渠左侧挡墙最大横渠向位移约为1.2m，顺渠向位移约为0.3m。

2）挡渣顶裂缝发展过程

7月1日：发现堆渣顶部778.00m高程地表有多条裂缝，缝宽0.5～3cm，一般延伸长度小于10m，少量断续延伸长达20～30m，略成弧形分布，见图5.79，裂缝分布见图5.80、图5.81。

裂缝张开程度不同，部分裂缝两侧地形有微小错台，裂缝弧形的圆心位置约位于A型挡墙H0+236.00～H0+266.00位置。该处挡墙及底板挤压破碎情况较严重。

7月2～12日：渣顶裂缝日均变化幅度在±3mm，各观测点累计变化幅度约10mm，缝宽10～40mm。其间790.00m高程平台正在向778.00m高程弃渣，从上游向下游方向推进，逐步将部分上游裂缝掩埋，同时下游裂缝缓慢出现。

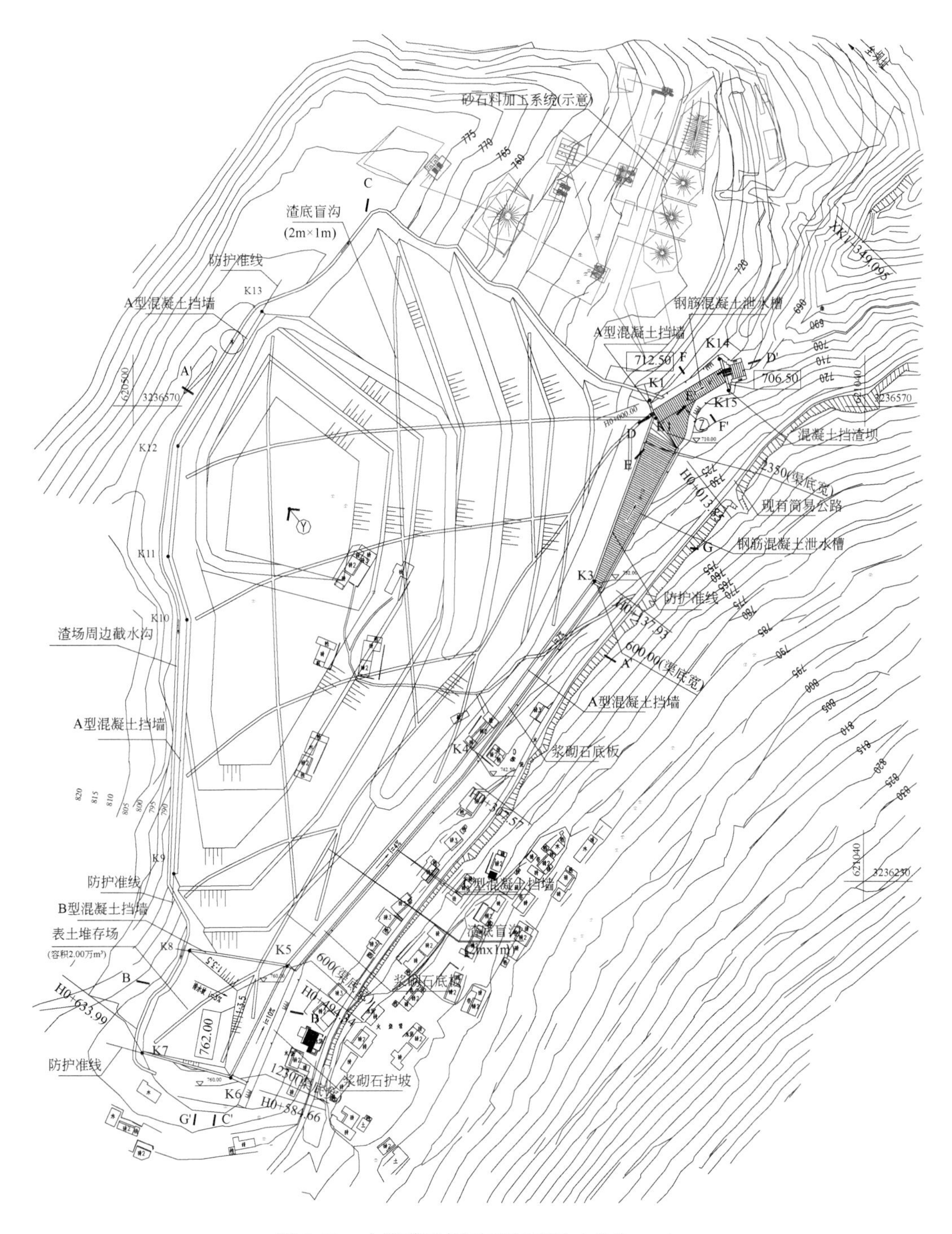

图 5.73　火烧营渣场平面布置图（单位：m）

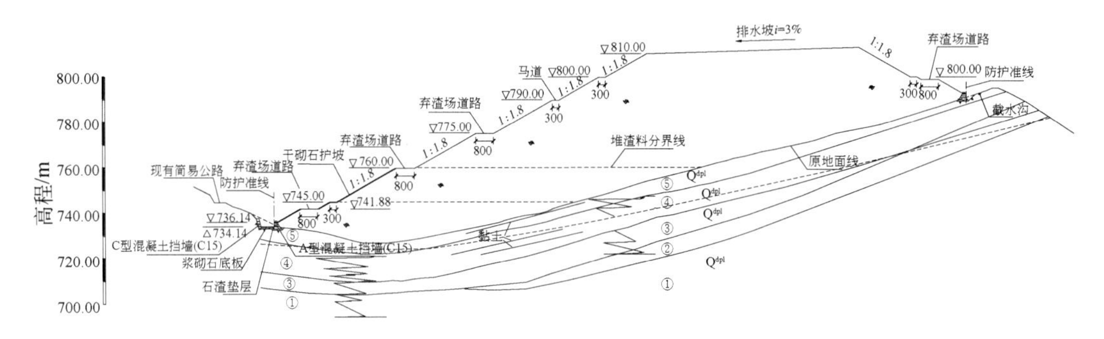

图 5.74　火烧营渣场典型剖面图

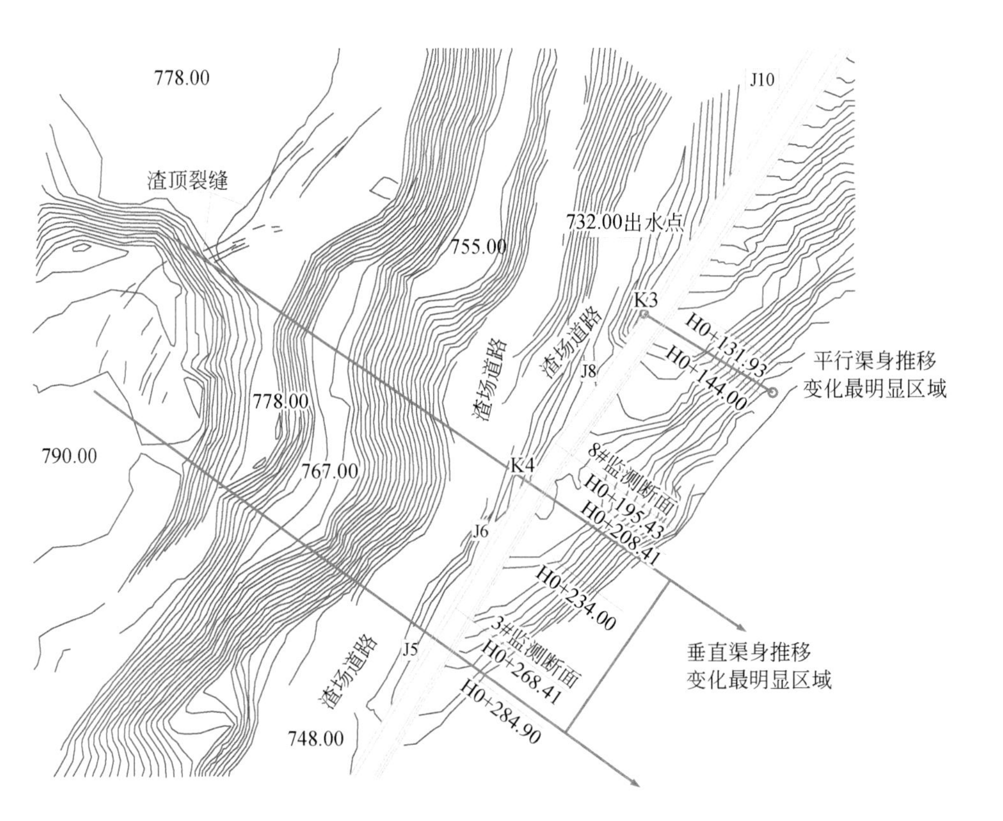

图 5.75　挡墙及底板变形范围示意图（单位：m）

7 月 12 ~ 22 日：渣顶裂缝日均变化幅度在±2mm，大部分观测点累计无变化，仅四处观测点有变形，除一处观测点变形幅度在 5mm 以内，最大缝宽 1 ~ 4cm。

根据排水渠裂缝和弃渣场顶裂缝变化情况的现场巡视和变形监测结果，7 月 20 日现场参建四方研究决定对堆渣体进行削坡减载。

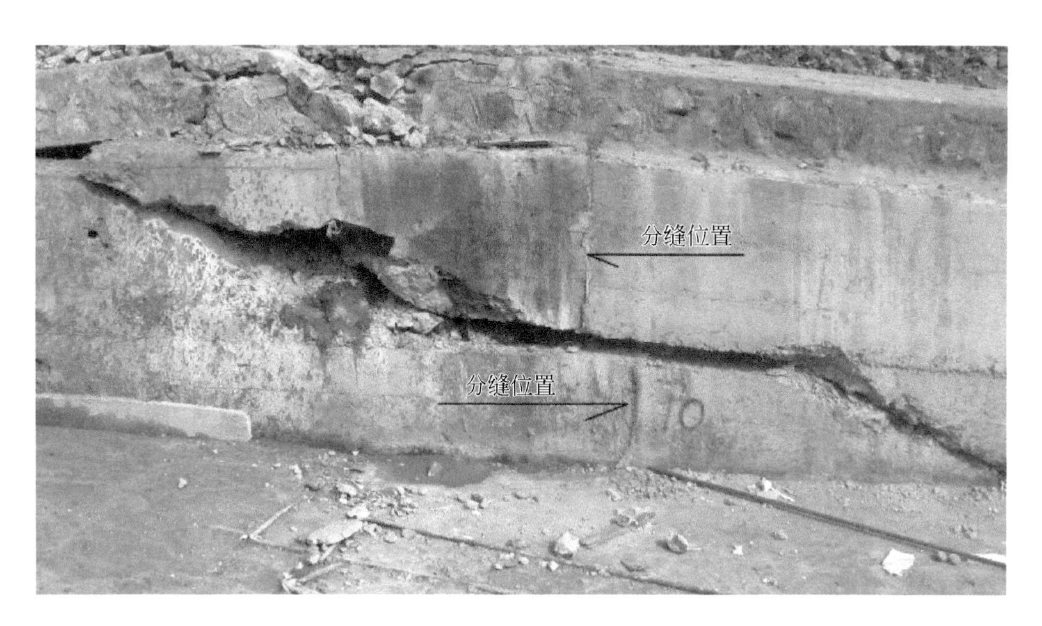

图5.76　7月8日桩号H0+144.00处A型挡墙已错动约0.3m

图5.77　7月1日桩号H0+208.41～H0+234.00底板挤压破碎、边墙位移

图 5.78　7 月 16 日桩号 H0+160.00 底板混凝土表面薄层挤压变形

图 5.79　渣顶发生的裂缝

图5.80　778.00m平台裂缝展布趋势（各人站立的位置）

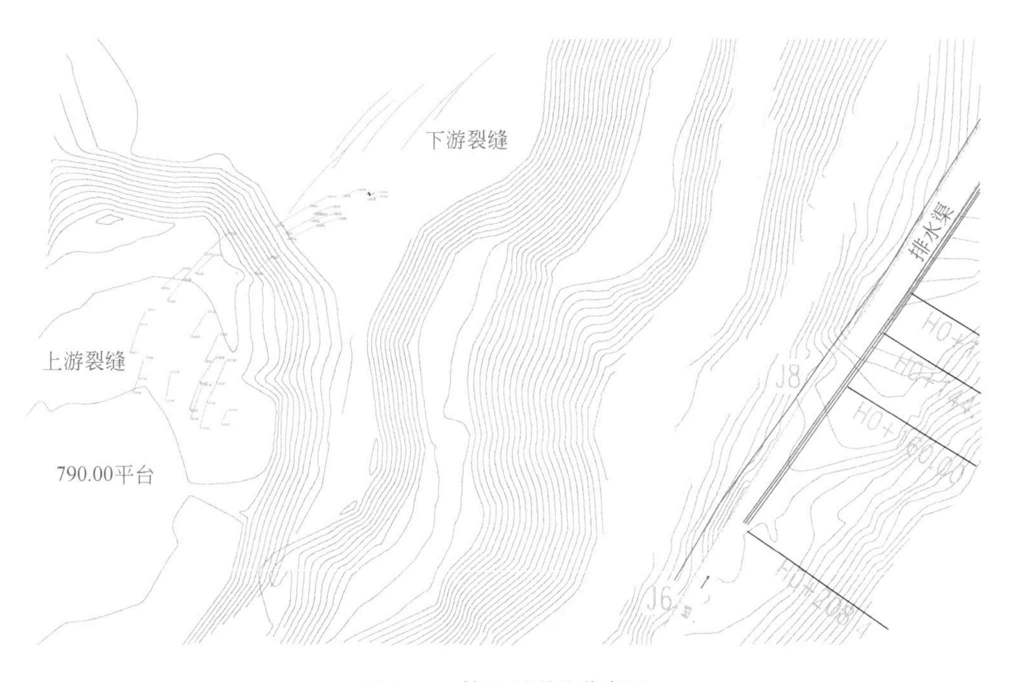

图5.81　挡渣顶裂缝分布图

3. 渣场失稳要因分析

通过对火烧营弃渣场挡排工程存在的施工质量问题以及现场监测成果的初步分析，产生挡墙及排水渠底板挤压变形的主要原因有以下八种，见表5.48。

表 5.48　渣场失稳要因列表

序号	末端因素	确认方法	确认时间
1	挡墙基础的抗滑能力差	计算分析	2013 年 10 月
2	排水渠底板的抗压强度低	现场调查	2013 年 11 月
3	挡墙排水孔失效	现场调查	2013 年 11 月
4	墙后回填料的性状较差	现场调查	2013 年 10 月
5	下部堆渣的黏土含量高	现场调查	2013 年 10 月
6	第⑥层的性状较差	现场调查、计算分析	2013 年 11 月
7	第⑥层的厚度较大	现场调查、计算分析	2013 年 11 月
8	渣场的局部边坡较陡	现场调查	2013 年 11 月

1）挡墙基础的抗滑能力差

部分挡墙基础坐落在第⑥层（即含碎石黏土层）上，基础与墙底之间的抗滑摩擦系数仅为 0.267，极大降低了挡墙基础的抗滑力。

选取挤压变形严重的部位进行稳定分析，在基本组合工况下，A 型挡墙的抗滑稳定安全系数最小值为 0.579，C 型挡墙的抗滑稳定安全系数最小值为 0.444，不满足大于 1.20 的规范要求值，挡墙基础的抗滑能力差。

局部挡墙滑动后造成墙体位移，并对排水渠底板造成挤压和破坏。

2）排水渠底板的抗压强度低

发生排水渠底板破坏的位置是桩号 H0+184.93 ~ H0+268.41，与渣场边坡挤压变形较大的位置基本吻合，说明两者存在必然联系。

A 型挡墙和 C 型挡墙之间排水渠底板原设计采用不受力结构，即采用抗压强度较低的浆砌石修筑，因此造成排水渠底板破坏的主要原因是渣场边坡挤压变形造成局部挡墙位移，并挤压和破坏排水渠底板。两者具有先后发生的顺序，因此不是造成渣场抗滑稳定安全系数低的主因。

3）挡墙排水孔失效

由于 A 型挡墙的墙后填渣含泥多，使挡墙排水孔的排水效果差，局部渗水从墙顶的渣面上溢出，见图 5.82。

在连续降雨后，渣场边坡集中出水点仅 1 ~ 2 处，且水量较少，没有造成较大范围内的 A 型挡墙水压力明显上升。

局部渗水点位置与挡墙位移、渣场边坡抗滑稳定安全系数低的位置不是完全相符，两者没有明显的对应关系。

4）墙后回填料的性状较差

挡墙后部回填料的含泥多，物理力学强度较低，见图 5.83。在连续降雨后增加了墙后土压力，增加了挡墙的滑动力。

5）下部堆渣的黏粒含量高

下部堆渣主要是公路开挖弃渣等性状较差甚至更差的松散黏土料，黏土含量为 20% ~ 30%，饱水后呈软塑状；下部黏性土含量稍高，达 40%，饱水后呈软塑状，不利于渣场整

图5.82 水从坡面逸出

图5.83 墙后填料含泥量高

体稳定，见图5.84。

由于黏土含量高，排水固结速度慢，连续降雨后，其岩土物理力学值进一步变差，降低了渣场下部的抗滑力，造成了渣场边坡局部抗滑稳定安全系数低。

堆渣已全部完成，不具备挖除或置换的条件。

6）第⑥层的性状较差

通过对第⑥层的 c 值、φ 值和倾角的敏感性分析，表明其与渣场抗滑稳定安全系数基本呈线性关系，均是敏感性因素，其中 c 值对每提高 1kPa 增加安全系数约 0.02，φ 值每提高 1°增加安全系数约 0.04，陡倾角的安全系数明显降低，因此可以确定第⑥层明显降

图 5.84　下部堆渣料性状较差

低了渣场基础的抗滑力，是造成渣场边坡稳定安全系数低的软弱结构面。

7）第⑥层的厚度较大

根据对因素 7 的分析可知，第⑥层是造成渣场边坡挤压变形的主要软弱结构面，该层厚度为 0.6～5m，在渣场范围内的厚薄分布不均，对渣场边坡稳定影响可能存在差异。

8）渣场的局部边坡较陡

在堆渣过程中，由于没有及时控制渣场边坡，局部达 39°，成为头重脚轻的体型，增加了下滑力，在与第⑥层的联合作用下，不利于渣场稳定。

在最陡的桩号 H0+184.93～H0+268.41 区域，渣顶出现多条弧形裂缝，见图 5.85。部分裂缝有上、下错台，且在渣场边坡蠕变期间有持续增宽现象。如果该部位渣场边坡发生蠕变，其滑动剪出面将位于该段附近的排水渠底板，与现场位置基本相符。

结合监测成果，也说明了该部位发生蠕变的可能性。

4. 稳定分析及对策措施

针对渣场蠕变失稳及产生挡墙及排水渠底板挤压变形的八大原因，针对性制定四大方案见表 5.49。

1）区域对第⑥层参数进行反演计算

运用反演参数计算得到各区域的渣场抗滑稳定安全系数，与现场渣场边坡的挤压变形情况是一致的，说明相关参数是正确的，可以作为下一步计算的基础数据。将渣场平面划分为 A、B 和 C 共三个区域，分别进行反演计算（图 5.86、表 5.50）。

分别对渣体无用料、渣体有用料、原地形（即第⑥层）、已发生和未发生蠕变的渣场边坡等具有代表性的部位进行了单独反演和综合反演，取得了各区域相对可靠的第⑥层及其他土层的相关参数。

在后续的治理措施中，作为基础数据，运用到渣场抗滑稳定计算中。

图 5.85　渣场顶部裂缝

表 5.49　渣场失稳针对性处理措施

序号	要因	对策	目标	措施	完成时间
1	第⑥层的性状分布不均匀	分区域对第⑥层参数进行反演计算	计算值与现场挤压变形部位确认一致，得到正确的参数	将渣场平面划分为三个区域，分别对各区域的第⑥层 c 值和 φ 值反演计算	2014 年 1 月
2	渣场的局部边坡较陡	减缓渣场边坡	边坡减缓后提高抗滑稳定安全系数 5%	1）对已有渣场边坡，进行削坡减载； 2）对后续堆渣边坡，严格控制堆渣范围和坡比	2014 年 2 月
3	第⑥层的性状较差	设置针对第⑥层的抗滑措施	抗滑措施再提高抗滑稳定安全系数 5%（与对策 2 的目标不累计）	在具备条件的部位，进行堆渣压脚；局部布置抗滑桩	2014 年 3 月
4	挡墙基础的抗滑能力差	设置挡墙外部的抗滑措施，提高抗滑性能	挡墙抗滑稳定满足规范值 1.20	1）对已浇筑完成的挡墙，在渠底板上新增钢筋混凝土板； 2）对尚未浇筑的挡墙，将分离式渠底板改为整体式钢筋混凝土 U 型槽	2014 年 2 月

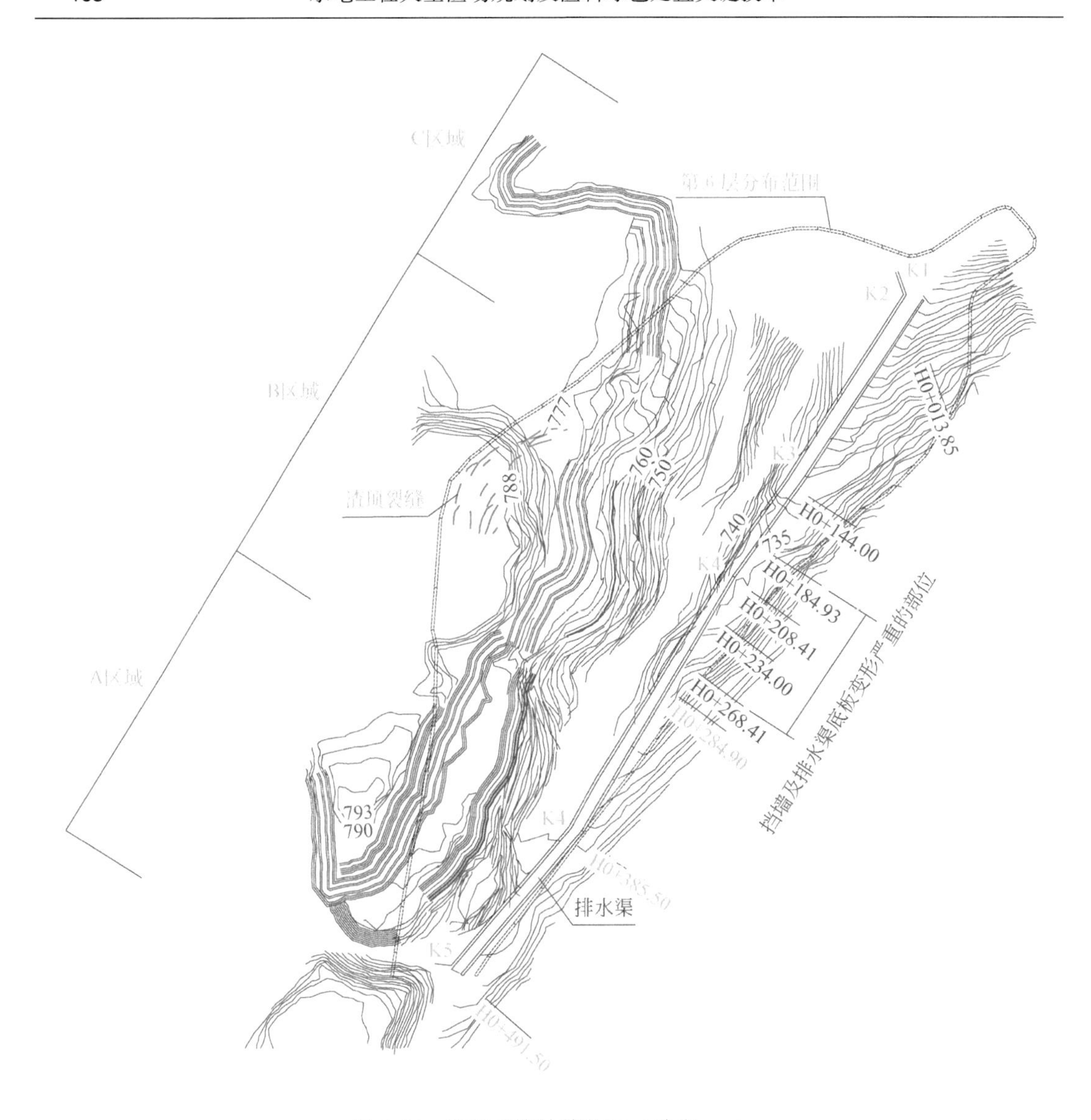

图 5.86　渣场反演计算分区（单位：m）

表 5.50　渣场反演参数计算情况

渣场边坡部位		安全系数	理论计算分析	现场渣场蠕变情况	对比
A 区域	剖面 1	1.050	部分剖面满足抗滑稳定要求，但富裕度较低，其余剖面接近于蠕变临界值	偶尔向外侧堆渣时发生非连续位移，判断处于蠕变的临界状态	符合
	剖面 2	1.055			
	剖面 3	1.010			
	剖面 4	1.048			
	剖面 5	0.998			

续表

渣场边坡部位		安全系数	理论计算分析	现场渣场蠕变情况	对比
B区域	剖面6	1.038	所有剖面不满足抗滑稳定要求，且接近于蠕变临界值，边坡稳定性相对较差	曾经发生过明显蠕变，挡墙及排水渠底板有明显挤压变形。目前偶尔向外侧堆渣时发生非连续位移，判断处于蠕变的临界状态	符合
	剖面7	0.990			
	剖面8	1.009			
	剖面9	1.004			
	剖面10	1.041			
	剖面11	1.047			
C区域	剖面12	1.163	部分剖面满足抗滑稳定要求，且富裕度相对较高，边坡稳定性相对较好	挡墙及排水渠底板没有明显挤压变形，判断处于基本稳定状态	符合
	剖面13	1.101			
	剖面14	1.000			
	剖面15	0.979			
	剖面16	1.121			

2）减缓渣场边坡

对已有渣场边坡：利用现有渣面公路作为削坡施工道路，将较陡的渣场边坡坡比减小为1∶1.8，局部边坡需适当开挖内移。

对后续堆渣边坡：严格控制堆渣范围和坡比，后续堆渣的范围分为两个部分，均避开渣顶裂缝及第⑥层的分布区域。

3）设置针对第⑥层的抗滑措施

堆渣压脚，在渣脚平台上堆放容重大、性状好的石渣，其顺渠方向的展布范围约90m，堆渣压脚坡比为1∶1.8，见图5.87。

图5.87　现场堆渣压脚施工

设置九根抗滑桩于渣场沟口部位，按多排、梅花型布置，抗滑桩末端伸入持力层（锚固层）第⑤层及第④层不小于1/2桩长，见图5.88。

图5.88　现场抗滑桩施工

4）设置挡墙外部的抗滑措施，提高抗滑性能

对已浇筑的挡墙：新增1m厚C25钢筋混凝土板；对于继续变形的挡墙，设置工字钢进行支撑，同时在新增混凝土板和挡墙之间设置三层泡沫板，保证不受挡墙继续位移的影响。

对未浇筑的挡墙：将原分离式的排水渠底板及边墙调整为1m厚的整体式C25钢筋混凝土U型槽，并采取跳仓和间隔施工方法，见图5.89。

图5.89　排水渠底板加固现场U型槽施工

5. 实施效果

在以上各项对策实施后，所有剖面的抗滑稳定安全系数均达到国家规范的规定最小值1.05以上，最危险剖面安全系数提高了10%（即剖面15），从理论上可知蠕变已经停止。渣场边坡具体加固效果见图5.90。

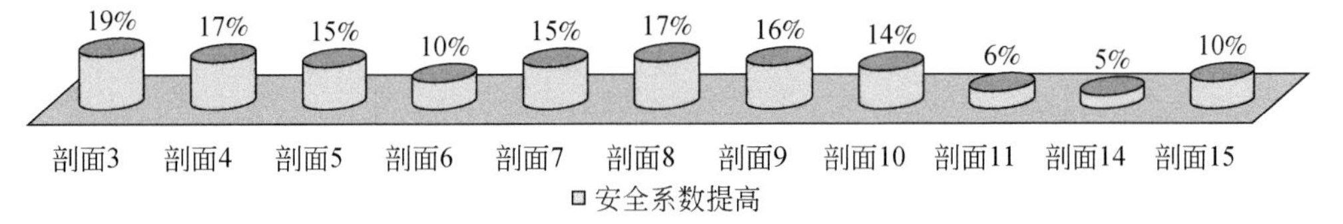

图5.90　渣场边坡加固效果图

为了印证理论上的正确性，工地现场结合渣场治理工程在渣场布置了15个观测墩，雨季7～8月每天监测一次，之后每周监测一次，截至目前已累计监测68期。各测点变形已收敛，见图5.91。

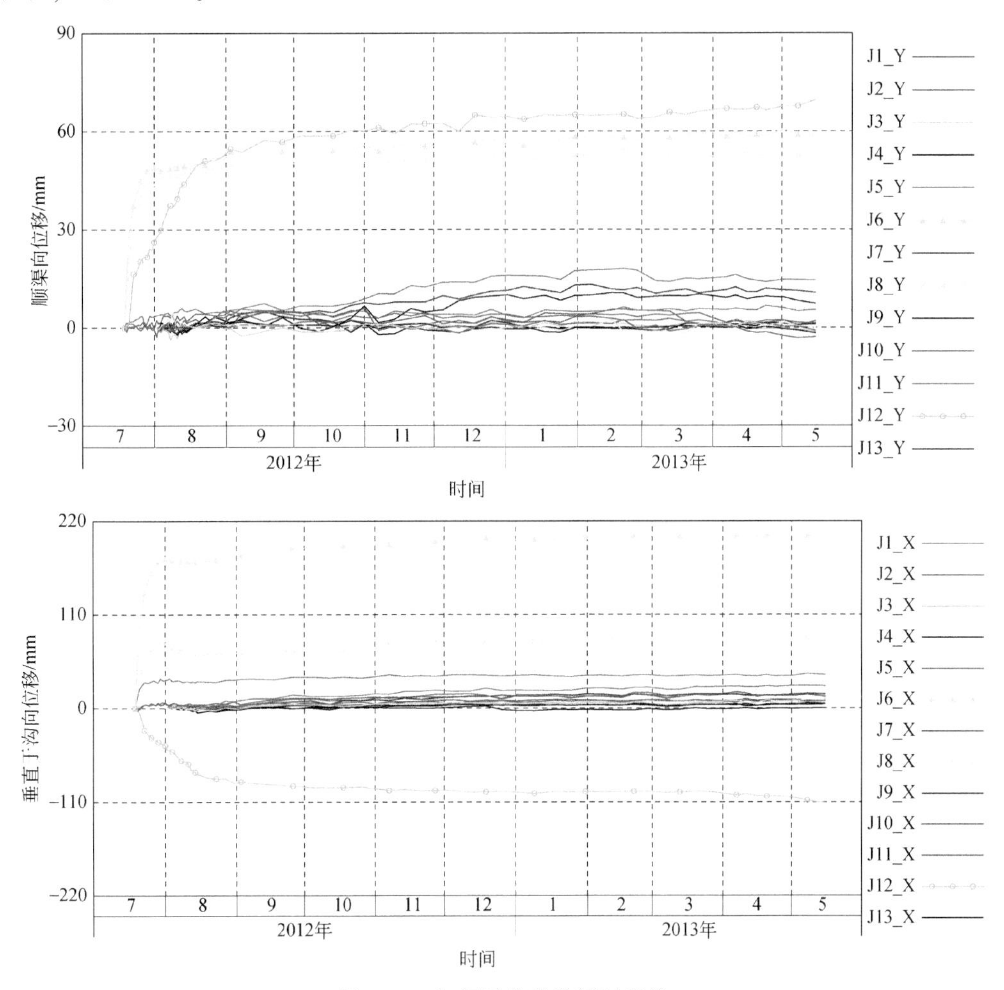

图5.91　加固后位移监测过程线

第6章　渣场韧性挡护

6.1　概　　述

渣场挡护设计应根据渣场稳定分析成果及运行防护要求对渣场采取坡脚支挡和坡面防护等措施。渣场挡护设施应满足自身稳定及防洪标准要求，并应满足耐久性要求。

为保证渣场稳定，防止水土流失，确保渣体坡脚、坡面不受水流冲刷影响，需在渣场坡脚、坡面设置挡护设施。渣场挡护设施主要包括渣场坡脚支挡结构、坡面防护建筑物等（吴伟和杜运领，2014）。

6.2　渣场坡脚支挡

（1）渣场坡脚支挡结构应根据渣场布置型式、地形地质条件、防护要求、建筑材料来源等综合选定，可选用重力式、衡重式、悬臂式、扶壁式或加筋式等结构型式。

渣场坡脚支挡结构设计主要参照《水工挡土墙设计规范》（SL 379—2007）相关规定。在该规范基础上增加建筑物级别为5级的挡渣墙抗滑、抗倾覆稳定安全系数允许值，挡渣墙基底抗滑稳定安全系数可参考表6.1规定的允许值，土质地基挡渣墙抗倾覆安全稳定系数允许值见表6.2。

表6.1　挡渣墙基底抗滑稳定安全系数允许值

<table>
<tr><th rowspan="3">计算工况</th><th colspan="2">土质地基</th><th colspan="3">岩石地基</th></tr>
<tr><th colspan="2">挡渣墙级别</th><th colspan="2">挡渣墙级别</th><th rowspan="2">抗剪断公式</th></tr>
<tr><th>3</th><th>4、5</th><th>3</th><th>4、5</th></tr>
<tr><td>正常运用工况</td><td>1.25</td><td>1.20</td><td>1.08</td><td>1.05</td><td>3.00</td></tr>
<tr><td>非常运用工况</td><td>1.10</td><td>1.05</td><td>1.03</td><td>1.03</td><td>2.50</td></tr>
</table>

表6.2　土质地基挡渣墙抗倾覆安全稳定系数允许值

计算工况	挡渣墙级别	
	3	4、5
正常运用工况	1.45	1.40
非常运用工况	1.35	1.30

（2）渣场坡脚支挡结构断面型式及尺寸应通过抗滑稳定、抗倾覆稳定和基底应力计算等确定。

（3）渣场坡脚支挡结构布置应根据渣场布置型式及堆渣规划确定。

坡脚支挡主要功能为渣场坡脚防护，对于临江布置的渣场，支挡结构设计还需考虑防冲、防淘刷功能，支挡结构型式大多采用重力式、衡重式。

（4）对于临江、临河渣场，坡脚支挡结构型式应满足抗冲稳定要求。

临江、临河渣场受水流冲刷影响较大，需采取可靠的防护型式，挡墙埋置深度应由水流冲刷深度确定，挡渣墙需采用块石护脚，块石粒径一般不小于50cm。挡渣墙宜选择断面尺寸较大的重力式结构型式，永久渣场应采用混凝土或埋石混凝土结构。

对于不受水流冲刷影响的渣场坡脚挡墙，可采用钢筋石笼挡渣墙或浆砌石挡渣墙结构型式，就近利用渣料，降低工程投资。

施工期临时渣场或库区死水位以下渣场坡脚挡墙，采用投资小、施工快捷的钢筋石笼挡渣墙。钢筋石笼挡渣墙需要满足以下要求：

①充填钢筋石笼、双绞钢丝笼的块石粒径不得小于网笼的孔径，网笼孔径一般为20～40cm，填料密实度应大于75%。

②不允许使用薄片、条状、尖角等形状的小粒径块石，风化岩石、泥岩等亦不得用作填充石料。岩石的干抗压强度应大于30MPa。

③钢筋石笼挡渣墙高度不宜超过6m。

④钢筋石笼、双绞钢丝笼块石应精心摆放，力求块石大小搭配适当，充分密实，避免同粒径块石过分集中或石料架空等施工缺陷。严禁强力抛掷冲击钢筋网。

⑤钢筋石笼尺寸应满足施工方便、便于吊装码放。

⑥钢筋石笼挡墙采用台阶式交错码放，钢筋笼之间采用钢筋连接，为提高钢筋石笼使用时限，可在钢筋石笼表面喷混凝土护面。

6.3　渣场坡面防护

（1）渣场坡面防护应满足坡面稳定、环境保护和水土保持的要求。渣场坡面防护目的是确保渣体表面稳定、满足环境保护与水土保持要求。

（2）坡面防护型式可采用堆石、干砌石、浆砌石、混凝土板块、框格梁、土工合成材料及草皮等，应结合渣场类型、设计洪水位、水流流速等综合选取。

渣场坡面防护型式根据渣场坡面与洪水位的关系选择。防洪标准设计水位以下的坡面选择抗冲刷的混凝土框格梁浆砌石、钢筋石笼等护坡型式。混凝土框格梁浆砌石一般用于永久渣场护面，钢筋石笼一般用于施工期临时坡面防护。工程上为降低钢筋石笼的造价，也有采用钢绞线代替钢筋石笼的次筋。

（3）渣场迎水坡面水位变幅区宜采用混凝土框格梁、浆砌石、钢筋石笼等护坡型式。

防洪标准设计水位以上的坡面防护型式较为简单，一般采用干砌石、毛石理砌等工程措施，对于坡面防护面积较大的渣场，选用干砌石投资较大，为节约投资，一般在渣场坡面休整时将渣体粒径较大的块石置于渣体表面即可。处于库区水位变幅区的渣场，渣体表面采用排水性能较好的干砌石、块石、钢筋石笼护面。

（4）永久渣场挡护措施宜采用工程措施与植物措施相结合，在满足安全稳定的前提下，渣场坡面防护宜以植物措施为主。

6.4　龙开口水电站渣场挡护实施方案[①]

6.4.1　渣场实施规划

龙开口水电站是金沙江中游河段规划的八个梯级电站中的第 6 级，工程土石方开挖（包括永久建筑物、导流工程、石料场剥离料开挖及缆机平台工程）共计约 1634.00 万 m^3（自然方）。经土石方平衡计算，本工程共需弃渣 1888.19 万 m^3（松方）。根据坝区地形条件，结合场内交通布置，本工程共设八个弃渣场，一个存料场（位于 5#存弃渣场顶部）及两个表土堆存场（陈义军和任金明，2015；任金明等，2016a）。

6.4.2　土石方平衡及弃渣场规划

6.4.2.1　土石方平衡规划成果

龙开口水电站工程土石方开挖（包括永久建筑物、导流工程、石料场剥离料开挖及缆机平台工程）共计约 1634.00 万 m^3（自然方，下同），其中土方开挖约 601.13 万 m^3，石方明挖约 777.52 万 m^3（包括围堰拆除）、石方洞挖约 0.35 万 m^3、石料场无用料开挖约 255.00 万 m^3，土石方填筑总量为 142.93 万 m^3（压实方）。经土石方平衡计算，本工程共需弃渣约 1888.19 万 m^3（松方）。土石方平衡规划见表 6.3。

6.4.2.2　渣场规划

根据枢纽及导流工程布置格局和土石方平衡流向，龙开口水电站工程库区布置 1#弃渣场、2#弃渣场、3#弃渣场、4#弃渣场、5#存弃渣场、7#弃渣场，共六个渣场及一个存渣场（5#存弃渣场顶部），大坝下游布置 6#弃渣场、左岸表土堆存场和右岸表土堆存场，金河石料场附近冲沟布置一个无用料弃渣场——金河弃渣场。

各渣场规划特性见表 6.4。

6.4.3　渣场、堤防工程设计

6.4.3.1　渣场、堤防防护设计原则

（1）渣场、堤防设计应首先满足在各种设计组合情况整体稳定，满足抗滑稳定的要求；

① 中国水电顾问集团华东勘测设计研究院，2007，云南省金沙江龙开口水电站渣场挡排工程实施规划报告。

表 6.3　龙开口水电站工程土石方平衡规划表　　（单位：万 m^3）

工程名称		开挖量			石方填筑及开挖利用				弃渣量			各弃渣场弃渣量(松方)								
		土方明挖	石方明挖	石方洞挖	混凝土骨料(自然方)	石方填筑			土方(自然方)	石方(自然方)	土石方(松方)	1#弃渣场(容渣量262)	2#弃渣场(容渣量578)	3#弃渣场(容渣量455)	4#弃渣场(容渣量230)	5#存弃渣场(容渣量101)	6#弃渣场(容渣量91)	7#弃渣场(容渣量204)	左岸表土堆存场(容渣量71)	金河弃渣场(容渣量110)
						项目	填筑方	自然方												
大坝工程	下游岸坡防护	26.60	5.97	—	—	—	—	—	26.60	5.97	40.28	—	—	18.00	—	—	22.28	—	—	—
	左岸坝头及坝肩	—	13.18	0.05	—	—	—	—	—	13.23	18.53	—	12.00	—	—	—	—	—	6.53	—
	左岸挡水坝段	2.55	48.50	—	—	围堰黏土	0.93	1.09	1.46	48.50	69.65	—	—	—	58.00	—	—	—	11.65	—
	左泄洪中孔坝段	—	13.64	—	—	—	—	—	—	13.64	19.10	—	19.10	—	—	—	—	—	—	—
	泄洪表孔坝段	0.86	47.65	—	16.90	抛石护脚	6.88	8.60	0.86	22.15	32.04	—	32.04	—	—	—	—	—	—	—
	右泄洪中孔坝段	0.26	8.17	—	—	—	—	—	0.26	8.17	11.75	—	11.75	—	—	—	—	—	—	—
	厂房坝段	52.08	67.62	—	15.80	—	—	—	52.08	51.82	135.04	—	35.46	99.58	—	—	—	—	—	—
	冲沙底孔坝段	11.40	4.99	—	—	—	—	—	11.40	4.99	20.67	20.67	—	—	—	—	—	—	—	—
	右岸挡水坝段	153.77	122.66	—	—	围堰石渣填筑	65.39	68.83	153.77	53.83	259.88	—	59.88	200.00	—	—	—	—	—	—
	右岸坝头及坝肩	8.64	7.71	0.11	—	明渠封堵、厂房围堰	5.45	5.74	8.64	2.08	13.28	—	—	—	—	13.28	—	—	—	—
	冲坑覆盖层清理	20.58	52.54	—	—	—	—	—	20.58	52.54	98.25	—	98.25	—	—	—	—	—	—	—
	灌溉渠	—	0.31	—	—	—	—	—	—	0.31	0.44	—	0.44	—	—	—	—	—	—	—
	抗剪洞塞	—	—	0.19	—	—	—	—	—	0.19	0.27	—	0.13	0.14	—	—	—	—	—	—
	滑坡体治理	27.05	2.06	—	—	滑坡体治理浆砌石排水沟	0.32	0.32	27.05	1.74	34.89	—	—	34.89	—	—	—	—	—	—
厂房工程	厂房	44.43	39.07	—	—	石渣回填	34.90	36.74	44.43	2.33	56.58	—	10.00	46.58	—	—	—	—	—	—
	尾水渠	212.07	55.66	—	—	浆砌石	1.62	1.62	212.07	54.04	330.14	—	234.66	54.81	—	20.67	—	—	20.00	—
导流工程		19.29	140.70	—	20.40	—	—	—	19.29	120.30	191.57	—	20.00	—	104.99	—	66.58	—	—	—
围堰拆除		—	85.91	—	—	—	—	—	—	85.91	120.27	—	—	—	—	—	—	120.27	—	—
左岸缆机平台		3.48	29.49	—	—	缆机供料平台石方填筑	5.06	5.33	3.48	24.16	38.01	—	—	—	20.01	—	—	—	18.00	—
右岸缆机平台		18.07	31.69	—	—	—	—	—	18.07	31.69	66.05	—	—	—	—	66.05	—	—	—	—
金河石料场剥离料		—	75.00	—	—	—	—	—	—	75.00	97.50	—	—	—	—	—	—	—	—	97.50
大菁沟石料场剥离料		—	180.00	—	—	—	—	—	—	180.00	234.00	234.00	—	—	—	—	—	—	—	—
总计		601.13	1032.52	0.35	53.10	—	120.55	128.27	600.04	852.60	1888.19	254.67	533.71	454.00	183.00	100.00	88.86	120.27	56.18	97.50

表 6.4 渣场规划特性表

<table>
<tr><th colspan="2">渣场名称</th><th>渣场位置</th><th>渣顶高程/m</th><th>规划容量/万 m³</th><th>渣场类型</th></tr>
<tr><td colspan="6">库区</td></tr>
<tr><td colspan="2">1#弃渣场</td><td>右岸上游南坡沟</td><td>1290.00</td><td>262</td><td>水库型渣场</td></tr>
<tr><td colspan="2">2#弃渣场</td><td>左岸上游下甘村</td><td>1290.00</td><td>578</td><td>水库型渣场</td></tr>
<tr><td colspan="2">3#弃渣场</td><td>右岸上游南坡沟</td><td>1290.00</td><td>455</td><td>水库型渣场</td></tr>
<tr><td colspan="2">4#弃渣场</td><td>左岸小庄河上游</td><td>1290.00</td><td>230</td><td>水库型渣场</td></tr>
<tr><td rowspan="2">5#存弃渣场</td><td>弃渣</td><td>右岸上游坝前</td><td>1250.00</td><td>101</td><td rowspan="2">水库型渣场</td></tr>
<tr><td>存渣</td><td>5#存弃渣场顶部</td><td>1270.00</td><td>200</td></tr>
<tr><td colspan="2">7#弃渣场</td><td>1#与3#弃渣场之间</td><td>1290.00</td><td>204</td><td>水库型渣场、拦沟型渣场</td></tr>
<tr><td colspan="6">大坝下游</td></tr>
<tr><td colspan="2">6#弃渣场</td><td>左岸下游江东</td><td>1300.00</td><td>91</td><td>临河型渣场、拦沟型渣场</td></tr>
<tr><td rowspan="2">左岸表土堆存场</td><td>弃渣</td><td>6#弃渣场下方</td><td>1240.00</td><td>71</td><td rowspan="2">临河型渣场</td></tr>
<tr><td>表土</td><td>表土堆存场顶部</td><td>1248.00</td><td>30</td></tr>
<tr><td rowspan="2">右岸表土堆存场</td><td>弃渣</td><td>右岸下游沿江</td><td>1238.00～1243.00</td><td>22</td><td rowspan="2">临河型渣场</td></tr>
<tr><td>表土</td><td>表土堆存场顶部</td><td>240.00</td><td>10</td></tr>
</table>

（2）挡渣建筑物、堤防建筑物的基础应布置在最小安全系数滑弧面的下部 1～2m，确保渣场、堤防的整体稳定，发挥挡渣、堤防建筑物的作用；

（3）挡渣、堤防建筑物能够满足抗冲要求，其基础埋深应大于冲坑深度；

（4）挡渣、堤防建筑物的护坡能够满足设计流量的情况下稳定和安全；

（5）在设计流量以上的水位的护坡应满足环保的要求，采取植被覆盖技术防止水土流失。

挡渣建筑物的结构形式拟采用混凝土或埋石混凝土挡墙、浆砌石挡墙、钢筋笼等结构形式。挡墙的顶宽、边坡等参数根据计算成果进行调整，在满足工程需要的同时，优化设计断面，降低工程投资。

6.4.3.2 渣场、堤防设计

1. 设计荷载组合及安全系数

参照《碾压式土石坝设计规范》（SL 274—2001），渣场及护坡应在施工期、运行期、库水位骤降期、正常运用加地震的不同工况计算护坡、堆渣体的抗滑稳定。

计算采用中国水利水电科学研究院陈祖煜的 STAB 程序计算。

1）荷载组合（表6.5）

表6.5 荷载组合设计表

设计状况	荷载组合	主要考虑工况	主要荷载							备注
			自重	水压力	浪压力	土压力	汽车、人群荷载	其他荷载	地震荷载	
运行期	基本荷载组合	20年一遇洪水位	√	√	√	√	√	√	—	地震作用时水位为常水位，可为较低水位
		库区及下游最低水位	√	√	√	√	√	√	—	
		库区死水位和坝址下游常水位	√	√	√	√	√	√	—	
短暂工况1	偶然荷载组合1	设计水位下降至最大水位	√	√	√	√	√	√	—	
短暂工况2	偶然荷载组合2	地震荷载	√	√	√	√	√	√	√	

注：坝址下游常水位可用多年平均流量的水位；在计算挡墙时，如挡墙位于库水中，应考虑水位骤降时对挡墙的不利影响，考虑到挡墙排水孔的排水作用，挡墙的内外水位差1.5m。

2）堆渣体及护坡抗滑稳定最小安全系数（表6.6、表6.7）

表6.6 堆渣体抗滑稳定最小安全系数表

堤防级别（库区渣场）		5
安全系数	基本荷载组合	1.10
	偶然荷载组合1	1.05
	偶然荷载组合2	1.00

注：（1）表格内系数为采用计及条块间作用力的计算方法；
（2）采用其他方法时需参照《碾压式土石坝设计规范》（SL 274—2001）的相关规定。

表6.7 护坡抗滑稳定最小安全系数表

堤防级别（坝下游弃渣场及岸坡防护）		4
安全系数	基本荷载组合	1.15
	偶然荷载组合1	1.05
	偶然荷载组合2	1.05

注：（1）表格内系数为采用计及条块间作用力的计算方法；
（2）采用其他方法时需参照《碾压式土石坝设计规范》（SL 274—2001）的相关规定。

2. 稳定计算

1）抗剪强度指标的选取

强度指标的选取应采用试验指标，室内试验过程主要模拟现场的破坏过程，因此，应合理选用试验指标（表6.8）。

表 6.8　抗剪强度指标

控制稳定的时期	强度计算方法	土类别		使用仪器	试验方法与代号	强度指标	试验起始状态
施工期	有效应力法	无黏性土		直剪仪	慢剪（S）	c_1、φ_1	填土用填土含水率和填筑容重的土，坝基用原状土
				三轴仪	固结排水剪（CD）		
		黏性土	饱和度小于80%	直剪仪	慢剪（S）		
				三轴仪	不排水剪测孔隙压力（UU）		
			饱和度大于80%	直剪仪	慢剪（S）		
	总应力法	黏性土	渗透系数小于10^{-7}cm/s	三轴仪	固结不排水剪测孔隙压力（UU）	c_u、φ_u	
			任何渗透系数	直剪仪	快剪（Q）		
				三轴仪	不排水剪（CU）		
稳定渗漏期和水库水位降落期	有效应力法	无黏性土		直剪仪	慢剪（S）	c_1、φ_1	同上，但要预先饱和，而浸润线以上的土不需要饱和
				三轴仪	固结排水剪（CD）		
		黏性土		直剪仪	慢剪（S）		
				三轴仪	固结不排水剪测孔隙压力（UU）或固结排水剪		
枯水位降落期	总应力法	黏性土	渗透系数小于10^{-7}cm/s			c_{cu}、φ_{cu}	
			任何渗透系数	直剪仪	固结快剪（R）		
				三轴仪	固结不排水剪（CU）		

注：（1）试验值说明：黏性土抗剪强度大于11组时，其强度指标应采用小值平均值。对坝体（弃渣体、防护堤）粗骨料、砾石土以及黏性土，在试验指标较少情况下，可根据试验成果和类似高程确定。由于试验指标不能完全与计算吻合，计算时可以根据经验选定；

（2）表内施工期总应力法抗剪强度为坝体填土非饱和土，对于坝基饱和土，抗剪强度指标应改为c_{cu}、φ_{cu}。

2）计算方法选取

护坡和弃渣场进行稳定计算时，按照以下公式进行计算，具体计算时可根据计算程序的要求进行调整。

土体的抗剪强度指标应按照有效应力法计算：

$$\tau=c+(\sigma-u)\mathrm{tg}\varphi=c+\sigma\mathrm{tg}\varphi \tag{6.1}$$

黏性土施工期同时应采用总应力法计算：

$$\tau=c_u+\sigma\mathrm{tg}\varphi_u \tag{6.2}$$

黏性土库水位降落期同时应采用总应力法计算：

$$\tau=c_{cu}+\sigma\mathrm{tg}\varphi_{cu} \tag{6.3}$$

式中，τ为土的抗剪强度；c、φ为有效应力抗剪强度指标；σ为法向有效应力；u为孔隙压应力；c_u、φ_u为不排水剪总强度指标；c_{cu}、φ_{cu}为固结不排水剪总强度指标。

6.4.3.3　挡墙工程

在选定挡墙结构的基础上，挡墙工程应在满足渣体整体稳定后，进行挡墙工程的抗倾、抗滑稳定和基础应力等计算。

挡墙的稳定计算采用设计水位工况下的基本荷载（设计水位水压力+汽车、人群荷载+自重+土压力）+墙内外水位差进行稳定计算。

1. 安全系数

根据《水工挡土墙设计规范》送审稿，龙开口水电站工程挡土墙为次要部位挡土墙，库区建筑物为 5 级，即挡墙建筑物为 5 级建筑物考虑，下游左右岸为 4 级建筑物，由于下游左右岸均为公路边坡，建议按 3 级建筑物设计。挡墙底部基础为土质基础、部分为玄武岩基岩，安全系数见表 6. 9、表 6. 10。

表 6. 9　沿挡土墙基底面（土质基础）抗滑稳定安全系数表

荷载组合	挡土墙级别		
	1	2、3	4、5
基本荷载组合	1. 35	1. 25	1. 15
特殊荷载组合 Ⅰ	1. 20	1. 10	1. 05
特殊荷载组合 Ⅱ	1. 10	1. 05	1. 00

注：特殊荷载组合 Ⅰ 适用于施工期工况及水位骤降工况，特殊荷载组合 Ⅱ 适用于地震工况。

表 6. 10　挡土墙抗倾覆安全系数表

荷载组合	挡土墙级别		
	1	2、3	4、5
基本荷载组合	1. 60	1. 50	1. 40
特殊荷载组合	1. 50	1. 40	1. 30

2. 基础应力计算要求

1）岩石基础

根据工程地质资料，挡渣建筑物所在基础基岩为中风化玄武岩和弱风化岩玄武岩，其中，中风化玄武岩地基承载力特征值（f_{ak}）>1500kPa，弱风化岩玄武岩地基承载力特征值（f_{ak}）≥1500kPa。

2）软基基础

根据工程地质资料，挡渣建筑物所在基础软基主要为碎石土（f_{ak}=250～300kPa）、砾石、漂石夹碎块石（f_{ak}=500～550kPa）、卵砾石、漂石（f_{ak}=450～500kPa）、卵砾石、漂石夹砂土（f_{ak}=450～550kPa）。

6.4.3.4　冲刷计算

根据渣场的具体布置情况，结合河流走向，对渣场临江断面进行设计洪水情况下的局部冲刷深度计算，以确定防护建筑物的建基高程及布置。根据《堤防工程设计规范》（GB 50286—1998）和《水力学计算手册》计算如下：

$$h_{\mathrm{B}} = h_{\mathrm{P}} + \left[\left(\frac{v_{\mathrm{cp}}}{v_{允}}\right)^{n} - 1\right] \tag{6.4}$$

式中，h_{B}为局部冲刷深度（从水面算起），m；h_{P}为冲刷处的深度（以近似设计水位最大深度代替），m；v_{cp}为平均流速，m/s；$v_{允}$为河床面上允许不冲流速，m/s；n 为系数，与防护岸坡在平面上的形状有关，一般取 1/4。

6.4.3.5　基础处理

挡渣工程基底位于覆盖层上时，进行基础抗冲刷计算，计算标准为各弃渣场洪水标准情况下的基础冲刷深度，因此，挡渣工程基底应位于冲刷深度以下，并回填抗冲刷的结构设施，如大块石、钢筋笼等。

刚性结构的挡墙建筑物如混凝土挡土墙的基础等原则上应坐落在基岩上，但如有困难，技术、经济比较不合理时，可采用换填处理。

根据地质资料，龙开口水电站工程 1# ~4#、7#弃渣场和 5#存存弃渣场、弃渣场基础基本为卵砾石、漂石夹碎块石，其中 1#弃渣场、5#存弃渣场底部局部为玄武岩基岩。右岸表土堆存场底部基本为碎石土层，厚 10 ~30m，局部为基岩裸露；左岸表土堆存场底部基岩裸露。根据基础是否为基岩采取不同的基础处理方式。

非基岩基础：根据地质资料，无论是库区弃渣场的卵砾石、漂石夹碎块石基础，还是右岸表土堆存场的碎石土层基础都可以作为持力层，但考虑到挡墙底部受水流冲刷，同时弃渣场堆渣较高等因素，拟对非基岩基础采用换填素混凝土的措施。清除基础表层耕植土、细砂及粉质黏土，并挖至基础持力层一定深度，并穿过计算的滑弧面，在持力层以上浇筑素混凝土，混凝土厚度为 0.5 ~1.5m。为方便施工，混凝土宽度以挡墙底部宽为准，向两侧各延伸 0.5 ~1.5m。对于基岩部位清除表层粉质黏土夹碎石后作为挡墙基础。

基岩基础：1#弃渣场、5#存弃渣场基岩部分、左右岸基岩部分采用清除表层耕植土、破碎岩体后直接浇筑建筑物的方式。

6.4.3.6　堆渣分区原则

挡墙的稳定主要是指土层在荷载作用下产生的破裂角对挡墙的影响，根据计算显示，墙后回填料的物理、力学性能对挡墙的稳定及边坡的稳定影响较大，堆渣料较差时，破裂角较大，作用于挡墙上的土压力较大，对挡墙的稳定不利。同时，较差的堆渣料堆存于底部，容易在堆渣料体中产生深层滑动，不利于边坡的整体稳定。

渣场堆渣时，墙后回填料，底部需堆存物理、力学参数较好的石渣，建议挡墙顶高程以下部分堆渣为石渣，挡墙顶部以上按照堆渣的物理、力学参数分层堆渣，物理、力学参数较差的土质弃料需堆存在渣场顶部。为保证挡墙及边坡的稳定，弃渣场的马道宽度，堆渣边坡，挡墙前堆渣平台的宽度需结合稳定计算进行设计。

6.4.3.7　沟水处理工程

龙开口水电站工程区两岸冲沟发育，但大部分冲沟向山坡延伸短，汇水面汇水面积小，且沟两侧边坡较陡，植被不发育，岩体裸露，完整，岩体较稳定，不具备泥石流发育的条件。因此，沟口主要采取排水处理方式。

按照《水土保持骨干治理工程技术规范》（SL 289—2003）的规定，其建筑物级别为5级，相应洪水标准为20～30年一遇标准，根据对渣场等级及防洪标准的划分，弃渣场的沟水及坡面水标准均采用20年一遇标准设计，30年一遇校核的标准，6#、7#弃渣场的冲沟水文资料见表6.11。沟水处理采用涵洞排水，坡面水采用设置边沟排水的工程措施。

表6.11　龙开口水电站工程6#、7#弃渣场冲沟流量表　（单位：m^3/s）

名称	Q		
	5%	10%	20%
6#弃渣场冲沟	12.80	10.40	8.03
7#弃渣场冲沟	45.20	36.80	28.40

1. 挡水建筑物设计

根据坝址部位地形地质条件，挡水建筑物采用浆砌块石结构。该坝型具有对施工机械设备要求低、可就地取材、施工方便、节省投资等优点。

坝顶高程由设计洪水位加安全超高值控制。

2. 排水涵洞设计

涵洞顺冲沟地形设计，若主沟较陡，涵洞可以布置在主沟附近地形较好边坡上。在挡水坝前部设置挡水建筑物，挡水建筑物中间预留涵洞孔口与涵洞衔接，涵洞的进口高程需结合挡水建筑物和地形、地质条件确定；涵洞洞身采用现浇钢筋混凝土结构，洞身坡度根据地形条件分级设置，洞身分缝，缝内设止水措施，陡坡段设置台阶消能设施；涵洞尾部根据实际情况设置消能设施，以消除水能，降低对原河床的冲刷。根据涵洞的设计断面，需对涵洞的受力条件、泄流能力等进行复核。

3. 坡面水处理

（1）在渣场周边设置截水沟，以拦截周边坡面来水，截水沟采用矩形断面，截水沟的过流断面根据设计洪水流量确定。弃渣场截水沟在设计流量下的水流在经过较陡的地段，水流急，具有较大的能量，因此在较陡的地段的沟槽内设置跌水坎，跌水坎采用C20混凝土浇筑。

（2）挡渣建筑物为挡墙的，根据挡渣墙实际高度及设计水位高度，在墙身底部、中部、上部设置Φ100mmPVC排水管，其中坝下游排水管高程间距为2m，水平间距为3m；库区排水管垂直间距为1.5m，水平间距为2.5m，墙背侧排水管用土工布包裹，墙前伸出墙面20cm，并保持倾向墙面3%的比降，墙背侧采用回填过渡料的方式。

6.4.3.8　库区渣场工程设计

1. 方案设计

龙开口水电站工程库区渣场在运行期淹没于水库内，挡渣建筑物主要为施工期的防护。设计提出两个方案进行比较：

1）方案一（钢筋笼+浆砌石贴坡方案）

堆渣前，为防止堆渣时的滚石下河造成水土流失，采取浆砌块石挡墙对坡脚进行临时拦挡，挡墙高度为2.5m，顶宽为0.8m，外边坡坡比为1：1.8；同时为防止堆渣过程中洪水对挡墙及挡墙下部基础的淘刷，采取钢筋石笼护脚的防护措施，钢筋石笼外围进行大块石抛填；石笼沿坡面铺设高度至浆砌块石挡墙顶高程。钢筋石笼以上堆渣形成坡面采用浆砌块石护坡，护坡高程按照施工期20年一遇洪水位加超高设计，护坡厚度在底部为1.0m，至设计护顶高程渐变为0.5m。为防止施工期渣体内水对浆砌块石护坡的挤压，对浆砌块石护坡体内采取排水措施，排水管布孔方式采用梅花行，间距为2.0m，采用Φ100mmPVC管预埋方式，进口段包土工膜，以防背后细颗粒被水流冲走。

若挡墙基础为非基岩，挡墙下部进行混凝土回填，混凝土厚度为0.5m；若挡墙基础为基岩则无需混凝土回填，同时视基岩情况，可以取消坡脚外侧钢筋石笼。

方案一防护图见图6.1。

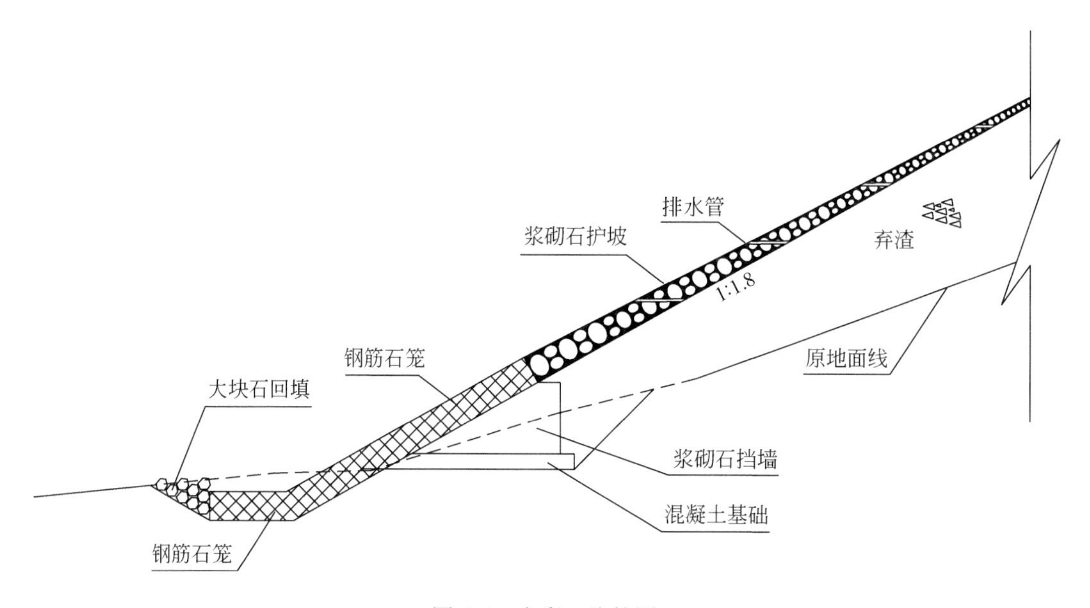

图6.1　方案一防护图

2）方案二（全钢筋笼方案）

堆渣前，为防止堆渣时的滚石下河造成水土流失，采取浆砌块石挡墙对坡脚进行临时拦挡，挡墙高度为3.0m，顶宽为1.0m，外边坡坡比为1：0.5；挡墙体内采取排水措施，排水管布孔方式采用梅花行，间距1.0m，采用Φ100mmPVC管预埋方式，进口段包土工膜，挡墙背侧回填过渡料。同时为防止堆渣过程中洪水对挡墙及挡墙下部基础的淘刷，采取钢筋石笼护脚的防护措施，防护高程按照施工期20年一遇洪水位加超高设计，底部采用大块石回填，大块石回填面上铺设一层钢筋石笼。

若挡墙基础为非基岩，挡墙下部进行混凝土回填，混凝土厚度为0.5m；若挡墙基础为基岩则无需混凝土回填，同时视基岩情况，可以取消坡脚外侧钢筋石笼。

方案二防护图见图6.2。

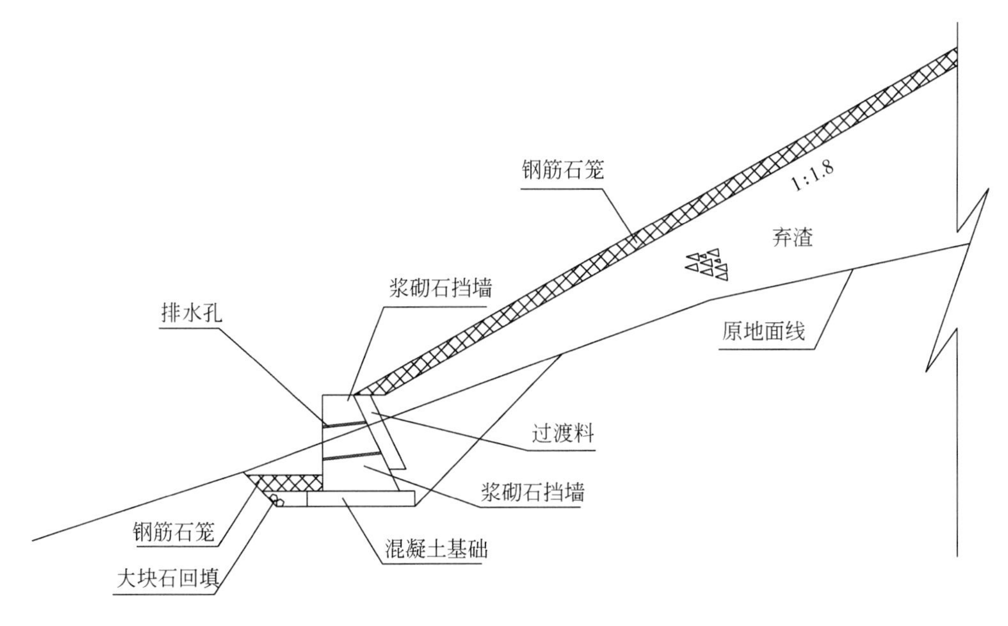

图6.2　方案二防护图

2. 方案比较

在满足边坡稳定及挡墙自身稳定的基础上对方案一及方案二进行比较。

(1) 方案二比方案一工程量小、投资较小：方案一与方案二的可比工程量主要体现在挡墙和冲刷坑上，方案一挡墙边坡与堆渣边坡一致，在相同挡墙高度的情况下，方案二挡墙工程量较小；方案一需开挖冲刷坑，增加了工程的土石方开挖量及钢筋笼量。因此，方案二比方案一的可比工程量小，相应的可比投资也小。

(2) 方案二比方案一施工方便：方案一护坡采用浆砌石结构，施工复杂且慢；方案二采用钢筋笼护坡，钢筋笼可在渣场分析削坡前绑扎好，待削坡完成后采用履带吊辅以人工码放整齐即可，施工简单且快，对工期的适应性好。

(3) 方案二比方案一适应沉降：渣场弃渣时一般不做碾压或碾压要求不高，弃渣往往不密实，在堆渣完成后产生沉降，且在边坡施工时沉降往往还没终结。方案一护坡采用浆砌石结构，属于刚性结构，在渣体不均匀沉降过程中容易断裂破坏，影响边坡的稳定性；方案二护坡采用钢筋笼结构，属于柔性支护，能够适应渣体的不均匀沉降，保证边坡的稳定。

通过以上方案优缺点比较，方案二对于方案一来说具有工程量小、投资较小、施工方便、适应沉降等优点，因此，选择方案二作为推荐方案。

6.4.3.9　库区渣场设计

以龙开口水电站工程1#弃渣场设计为例。1#弃渣场位于坝址右岸上游约3.00km的南坡沟口上游滩地，线形根据地形变化采用直线与圆弧相衔接的方式。

弃渣场防护采用3.0m左右的挡墙挡渣，坡面防护采用钢筋笼护坡，基脚钢筋笼抗冲刷。堆渣完成后采取削坡开级、设置马道的措施。根据渣孔5揭露的地质情况，挡墙基础为冲-洪积卵砾石、漂石，密实，厚度为25m左右，挡墙基础采用素混凝土换填的方式。根据渣孔7揭露的地质情况，挡墙基础为玄武岩基岩，把表层破碎、松动的岩体清除后直接将挡墙坐于基岩上。由于1#弃渣场处于死水位以下，不做植被覆盖措施。

1. 护坡设计

渣场堆渣完成后进行分级削坡，原则上按照10m设置一马道，马道宽度为2.0~3.0m，边坡坡比为1∶2.0~1∶1.8。施工期导流明渠过流时，20年一遇洪水在1#渣场处水位为1272.98m，相应的防护高程取1273.50m，边坡防护采用钢筋石笼防护。

对原始边坡进行稳定计算的基础上，对弃渣后的边坡进行稳定复核。

深层滑动面：深层滑动面安全系数满足设计要求，危险滑动面坡脚处设置挡墙，滑动面穿过挡墙。护坡稳定分析计算成果见表6.12。

表6.12　护坡稳定分析计算成果表

项目	基本组合		特殊组合Ⅰ		特殊组合Ⅱ	
	计算值	允许值	计算值	允许值	计算值	允许值
1#弃渣场	1.3200	1.10	1.3105	1.05	1.2960	1

2. 挡墙设计

根据护坡计算成果，在滑动面坡脚处设置挡墙（滑动面穿过挡墙），采用浆砌石结构，挡墙顶宽为1.0m，面坡侧垂直，背坡侧坡比为1∶0.5，高为3.0m，底高程为1228.00m，顶高程为1231.00m，基础采用50cm厚的C15素混凝土。

挡墙稳定分析及强度验算成果见表6.13。

表6.13　挡墙稳定分析及强度验算成果表

防护区	典型地段代表断面	抗滑稳定安全系数（K_c）>1.15	抗倾覆稳定安全系数（K_o）>1.4	基底应力/kPa	
				外缘	内缘
1#弃渣场	①砾石、漂石夹碎块石；②玄武岩	1.170	2.492	16.040	115.432

3. 坡面水处理

弃渣场周边坡面采取排水沟方式处理，弃渣场顶部平整成“人”字形坡，向两侧坡度为1.5%，通过排水沟将坡面水排向金沙江。

6.4.3.10　坝下游渣场防护设计

龙开口水电站工程6#弃渣场（包括左岸表土堆存场），位于坝下左岸沿江，沿江防护段长为1193m，采用挡墙型式，挡墙顶高程为1232.30m，线形根据地形变化采用直线与圆弧相衔接的方式。

1. 6#弃渣场、左岸表土堆存场设计

1）护坡设计

防护标准采用天然流量20年一遇洪水位，在表土堆存场附近水位为1231.79m，挡墙顶高程取1232.30m。

6#弃渣场及左岸表土堆存场基础均为基岩，边坡稳定性好，通过计算深层滑动面安全系数远满足规法要求。弃渣场形成后表层进行植树绿化，可以有效地防止表层滑动面，护坡稳定分析计算成果见表6.14。

表6.14　护坡稳定分析计算成果表

项目	基本组合		特殊组合Ⅰ		特殊组合Ⅱ	
	计算值	允许值	计算值	允许值	计算值	允许值
左岸表土堆存场	1.7830	1.15	1.6250	1.05	1.4240	1.05

2）挡墙设计

根据20年一遇天然水位，在左岸表土堆存场处洪水水位为1231.69m，相应的挡墙顶高程取1232.30m，挡墙采用浆砌石结构。

挡墙选取典型断面（H=6m）进行计算，挡墙断面特性表见表6.15，挡墙稳定分析及强度验算成果见表6.16。

表6.15　挡墙断面特性表

挡墙高 (H)/cm	顶宽 (L)/cm	上墙高 (H_1)/cm	下墙高 (H_2)/cm	衡重台宽 (L_1)/cm	上坡 (N_1)	下坡 (N_2)	墙身断面积 (S)/m^2	地基承载力特征值(f_{ak})/kPa
100	100	100	0	0	0.5	0	1.25	1500
200	100	200	0	0	0.5	0	3.00	1500
300	100	300	0	0	0.5	0	5.25	1500
400	180	160	240	180	0.33	0.3	13.3929	1500
500	200	200	300	200	0.33	0.3	18.9260	1500
600	210	240	360	210	0.33	0.3	24.7334	1500

表6.16　挡墙稳定分析及强度验算成果表

防护区	典型地段代表断面（H=6m）	抗滑稳定安全系数（K_c）>1.25	抗倾覆稳定安全系数（K_o）>1.5	基底应力/kPa	
				外缘	内缘
左岸表土堆存场	玄武岩	1.572	2.373	223.788	555.844

3）坡面水处理

坡面排水与灌溉渠结合，弃渣场周边坡面采取排水沟方式处理，弃渣场顶部平整成“人”字形坡，向两侧坡度为1.5%，坡面水汇向灌溉渠，通过灌溉渠排放。

2. 6#弃渣场沟水处理

1）挡水建筑物设计

（1）挡水建筑物高程：考虑到挡水坝附近地形较陡，挡水坝低于弃渣场高程水流会漫入弃渣场，对弃渣场稳定不利，6#弃渣场堆渣高程为1300.00m，考虑0.5m超高，本阶段坝顶高程为1300.50m。

（2）平面布置：平面外形为“八”字形，坝顶高程为1300.50m，最大坝高为26.0m，坝顶长为34.14m。挡水坝采用重力式，混凝土结构，顶宽为2.0m，上游面垂直，下游坝坡坡比为1∶0.5。坝体共设二条横缝，横缝内设两道PVC止水片，PVC设置在混凝土防渗层内，距离上游面0.5m，PVC底部嵌入坝基岩石内，埋入基岩内的一定深度。

（3）基础处理：挡水建筑物建议位于弱风化基岩上限。

2）排水建筑物设计

根据现场地形条件，采用引水渠、涵洞两种方案。

（1）引水渠方案：依附弃渣场堆渣边侧地形，修建引水渠，采用梯形断面，浆砌石结构，消能采用台阶跌水消能的方式。引水渠方案的优点是施工简单、质量容易控制、结构简单；缺点是引水渠沿线长，局部需额外征地，存在过路涵洞、泄槽较陡、消能防冲刷等问题，特别是6#弃渣场，引水渠需结合当地灌溉渠布置，施工干扰较大。

（2）涵洞方案：在弃渣场内部沿地形修建涵洞，矩形或城门洞形，混凝土结构，消能采用台阶跌水消能的方式。涵洞方案的优点是施工干扰小、沿线短，工程量较少；缺点是涵洞埋深较深、对基础要求较高、施工相对困难。

通过以上综合分析，确定采用涵洞方案。

根据6#弃渣场冲沟的地形、地质条件，考虑施工总体布置规划，弃渣场排水涵洞布置在冲沟主沟右侧，施工期（枯水期）来水利用原有沟口排泄。排水涵洞呈折线布置，进水口布置在距离沟口约420m处，出口布置在距离沟口约40m处。

由于高差较大，在进口处地形较陡，在进口处设置集水井，排水涵洞采用平段与斜段分段设计方法。排水涵洞进口高程为1292.60m，出口高程为1225.30m，排水涵洞沿中心线全长389.98m，排水断面为3.0m×3.0m的矩形，钢筋混凝土衬砌，厚度为45cm。

第7章　渣场沟水处理及泥石流防治

7.1　渣场截排水

7.1.1　截排水设计原则

（1）渣场截排水应考虑渣体外截排水、渣体排水，渣体排水标准与渣体外截排水标准应一致。

渣体外截排水是指为避免渣场周边冲沟沟水、坡面雨洪对渣场稳定造成不利影响，将该部分水流引排至渣场区域以外。渣体内排水是指为避免降雨对渣体冲刷、抬高渣体浸润线，对渣体稳定不利，将该部分水流从渣体内快速排走。

（2）渣场截排水设计应根据渣场周边环境的水流特性，采取适宜的渣体外和渣体内截排水方式。

（3）渣场截排水应结合渣场规划统筹考虑，可分期实施，各阶段可采用不同的截排水方式。

对于堆渣规模较大、堆渣高度较高的渣场，其堆渣时段一般会经历多个汛期，相应可分阶段实施渣场截排水工程。

（4）当渣场布置于泥石流沟道时，渣场截排水应结合泥石流防治工程统筹考虑。

当渣场存在受泥石流带来的安全风险时，渣场排水与泥石流防治相结合考虑，泥石流防治工程设施兼顾排水作用，减少工程投资。

7.1.2　渣体排水方式

（1）渣体排水方式应包括渣体内部排水和渣体表面排水两部分。

（2）渣体内部排水方式宜通过在渣体底部顺原始沟道或低洼地形设置的排水盲沟、排水涵管排至渣体外；渣体表面排水措施包括在堆渣体顶部、周边及马道设置截排水措施。

渣场盲沟一般布置于渣体底部，盲沟顺原始地面沟道布置。盲沟尺寸考虑施工方便，宽度和高度一般为2m左右，盲沟排水堆石采用强度较高的块石料，为防止土料进入，块石料周边设置砂砾石垫层及土工布。

（3）渣体底部一定厚度范围内应堆置透水性较好的石渣。

（4）渣场规模较大、填筑时段较长，宜考虑渣体临时排水措施，并宜与渣体永久排水设施相结合。

7.1.3　渣体外截排水方式

（1）沟道渣场上游宜设置截排水工程措施将上游沟水排至渣体外。

渣场截水建筑物包括堰坝、沟渠等建筑物；排水建筑物型式包括排水涵洞、明渠、竖井、斜井等。

（2）渣体外截排水方式应根据地形地质、渣场布置等条件综合分析确定。

（3）渣体外截排水建筑物选择应符合下列要求：①排水洞适用于沟道两岸地形较陡、布置排水渠困难、地质条件适合开挖排水洞的情况；②排水明渠适用于地形较缓，布置排水渠的开挖或填筑边坡不高，施工条件较好的情况；③排水竖井、斜井适用于进出口高差大的情况，需采用竖井、斜井对各部位的排水建筑物进行连接的方式。

渣场排水方式与渣场布置区地形、地质条件等相关，根据工程经验，常用的排水方式主要有排水洞、排水明渠（槽）、排水涵洞、排水竖井（斜井），其中排水洞应用较多。部分已建工程的排水方式见表7.1。

表7.1　部分已建工程的排水方式

工程名称	渣场名称	排水方式
白鹤滩水电站	矮子沟渣场	排水洞、排水渠
	海子沟渣场	排水洞、非常排泄通道
	荒田渣场	排水渠
溪洛渡水电站	溪洛渡沟渣场	排水洞
	豆沙溪沟渣场	排水洞
锦屏二级水电站	海腊沟渣场	排水洞
	模萨沟渣场	排水洞
苗尾水电站	丹坞堑渣场	排水洞
杨房沟水电站	上铺子沟渣场	排水明渠
锦屏一级水电站	印把子沟渣场	排水洞、沟底临时暗涵
	三滩沟渣场	透水坝
	道班沟渣场	排水洞
长河坝水电站	响水沟渣场	排水洞
	磨子沟渣场	排水洞
两河口水电站	瓦支沟渣场	排水洞
	左下沟渣场	排水洞、临时暗涵
深溪沟水电站	深溪沟渣场	排水洞
猴子岩水电站	色古沟渣场	排水洞
桐子林水电站	头道河渣场	排水洞
官地水电站	黑水沟渣场	排水洞

续表

工程名称	渣场名称	排水方式
龙滩水电站	姚里沟渣场	沟底拱涵
	纳付堡渣场	施工期沟底盖板涵洞、永久明渠
	那边沟渣场	沟底拱涵
	龙滩沟渣场	沟底拱洞
向家坝水电站	莲花池渣场	排水隧洞接沟底拱涵
	新田湾渣场	沟底拱涵
三板溪水电站	南斗溪1号沟渣场	排水洞
	南斗溪2号沟渣场	排水洞
	八洋河渣场	排水洞

（4）对于排水出口受库水位影响的排水涵、排水洞，应考虑施工和运行期排水方式，保证渣体运行安全。

部分渣场施工期排水洞、排水涵一般按临时建筑物设计，不考虑电站运行期间的永久使用。对于库区内堆渣高程高于正常蓄水位的渣场，为考虑电站运行期间渣场内外水平衡，需采取措施将内外水连通。如白鹤滩水电站矮子沟渣场在沟道一侧预留缺口保证沟道水流与库区水位连通，海子沟渣场在渣体上预留不小于30m的缺口连通内外水。

7.1.4　截排水建筑物设计

（1）截排水建筑物规模宜根据渣体安全、布置条件、水力计算成果、运行要求及技术经济比较确定。

水力学计算成果是排水建筑物尺寸确定的主要依据。渣场排水设计中，大量沟道设计流量较小，根据水力学计算成果，排水建筑物断面尺寸一般较小，但考虑到施工便利因素及为防止树枝、漂木堵塞排水建筑物，排水洞断面尺寸在满足过流所需断面基础上有所增大。

苗尾水电站丹坞堑渣场，设计洪水流量为45.8m^3/s，根据水力学计算成果，排水洞所需最大断面面积约10m^2，实际排水洞断面采用4.8m×5.0m（宽×高）的城门洞形断面（任金明等，2015）。

（2）渣场排水建筑物设计应结合地形、地质条件，顺直布置。应根据排水建筑物运行维护要求，设置排水设施的维修通道。

（3）渣场挡水坝设计应满足下列要求：

①挡水坝坝址应根据地形、地质条件、渣场布置等综合确定；

②挡水坝宜与堆渣体相结合布置。

根据工程经验，渣场挡水坝大多与渣场相结合布置，一般采用土石坝坝型，在施工时序上，挡水坝先于渣体填筑。

与渣场相结合布置的土石挡水坝，坝体下游堆渣体起到堆渣压坡及延长渗径的作用，可通过坝体渗透稳定分析确定是否可以简化防渗体系。白鹤滩水电站矮子沟渣场挡水坝、海子沟渣场挡水坝，通过坝体边坡稳定分析、渗透稳定分析，坝体表面采用喷混凝土、上游设置黏土铺盖的简易防渗型式；锦屏二级水电站海腊沟渣场挡水坝、苗尾水电站丹坞堑渣场挡水坝坝基设计采用帷幕灌浆。

坝顶宽度应满足结构要求，当有交通及防灾抢险要求时，有条件时坝顶宽度可根据要求适当加宽。

（4）渣场排水洞设计应满足下列要求：

①渣场排水洞进口、出口布置应避开滑坡、泥石流、崩塌等区域。

②排水洞进口上游可设置拦渣、拦漂设施，确保排水洞进口不淤堵。排水洞出口宜与已有的沟道、河道顺接，出口应设置消能防冲措施。

③排水洞的纵坡可根据运行要求、施工和检修条件等确定，并应保证洞内不淤积、不冲刷。

④当排水洞设计为泥石流排导洞时，应同时满足泥石流排导和排洪的要求。

我国西部水电站沟道推移质、漂木较多，排水洞设计需考虑不淤积、不堵塞、减少排水洞清淤及减少检修频次等条件，确保排水洞运行安全。根据工程设计经验，采取的主要措施有适当抬高排水洞进口高程、排水洞进口以下预留一定的淤积库容、排水洞进口设置挡渣设施、加大排水洞纵坡等。

白鹤滩水电站矮子沟为泥石流沟，排水洞进口高出沟底高程约 8m，进口距挡水坝约 500m，挡水坝坝前库容约 260 万 m^3，能够满足停淤 50 年一遇泥石流的要求。同时在进口设置拦渣坎拦挡推移质及漂木，白鹤滩水电站矮子沟渣场排水洞进口拦渣坎布置见图 7.1。

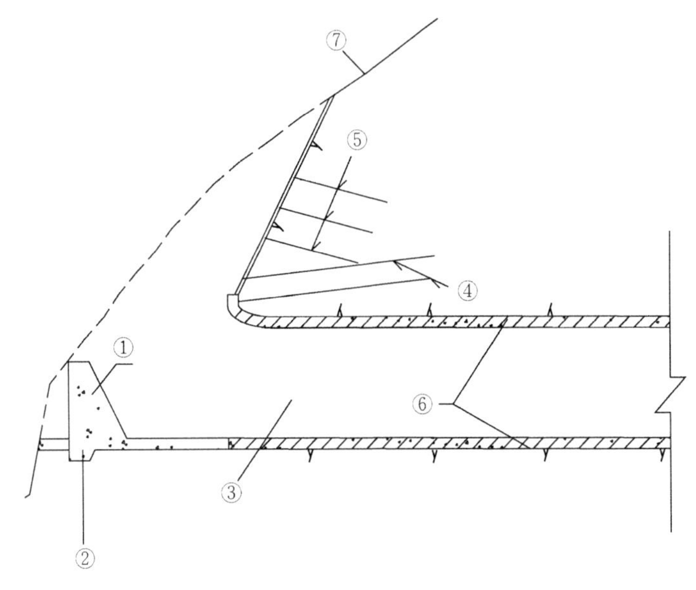

图 7.1　白鹤滩水电站矮子沟渣场排水洞进口拦渣坎布置图

①拦渣坎；②底板插筋；③矮子沟排水洞；④锁口锚杆；⑤边坡支护锚杆；⑥排水洞衬砌；⑦地面线

对于汛期推移质较丰富的沟道，排水洞宜按明流洞设计。断面尺寸应根据排水流量、地质条件、施工方便等因素综合确定。在满足洞室稳定的条件下，排水洞可仅对底板及边墙进行混凝土衬砌。为防止推移质冲刷，底板钢筋保护层可适当加厚。

对于清水沟道，排水洞可按有压洞设计，充分利用排水断面，节约工程投资。

（5）排水渠、涵设计应满足下列要求：

①排水渠进口高程宜高于原沟底，并应满足排水渠防淤堵要求；

②排水渠出口应考虑消能防冲措施；

③排水涵水流流态宜按明流设计。

排水渠、涵布置受地形条件制约较大，在有布置明渠的条件下，排水渠较排水洞在运行、检修方面更具有一定的优势。部分工程采用排水洞与排水渠相结合的布置方式。

锦屏二级水电站海腊沟渣场采用排水洞接排水泄槽的方式排导沟道洪水，排水泄槽底宽12.0m，纵坡为28.6%～62.5%，部分基础段置于覆盖层基础，底板铺设钢轨抗冲磨。

排水涵洞在水电工程渣场排水中应用较少，我国西部大型水电工程锦屏一级水电站印把子沟渣场、两河口水电站左下沟渣场前期临时排水采用排水涵洞。涵洞布置于渣场底部，采用钢筋混凝土现浇箱涵结构型式，左下沟渣场排水涵洞使用约两年后部分涵洞段出现破坏，主要原因在于涵洞顶部堆渣后造成地基不均匀沉降所致。涵洞内堆积部分推移质、石块等，降低了排水涵洞的泄流能力。大型弃渣场堆渣厚度较大，按照相关荷载规范规定进行涵洞结构计算时，涵洞结构尺寸较大。

鉴于我国西部水电工程沟道推移质、漂木、石块等易进入涵洞内造成淤堵，覆盖层基础上的涵洞因不均匀沉降易造成涵洞破坏、涵洞结构尺寸偏大等问题，渣场底部埋设的涵洞一般只考虑临时使用。

（6）排水竖井、斜井设计应满足下列要求：

①排水竖井、斜井宜进行水力学模型试验；

②竖井、斜井应布置在地质条件较好的山体内，并应采用抗冲耐磨混凝土衬砌；

③竖井、斜井直径应根据设计流量、入口流速及竖井高度综合分析确定。

部分水电工程沟水处理排水洞，因进出口高程较大，有的高达200～300m，出口又无布置阶梯和挑流消能的条件，不得已采用排水竖井（斜井）排水，如锦屏一级水电站的道班沟、印把子沟，溪洛渡水电站的塘房坪沟、二滩水电站的金龙沟均采用了竖井消能方式。

竖井一般应根据水力模型试验成果进行设计，在前期方案设计和规模较小的排水工程，可参考南京水科所根据竖井模型试验成果提出的经验公式。排水竖井高度一般取竖井直径的15倍左右；竖井均匀段直径经验公式：$D=(0.67\sim0.7)Q^{2/5}$，D为竖井直径，Q为过流流量；竖井涡室段直径为$d=5/3D$。引水道末端流速为$V=5.887D^{1/2}$。

竖井前宜设置陡坡引水道，让水流切向进入竖井。竖井直径根据设计流量、入口流速及竖井高度综合分析确定。竖井底部应设置消能水垫，竖井底部出口平洞段应设置通气洞。斜井坡度根据施工及地质条件确定，并应采用抗冲耐磨混凝土衬砌。对推移质较多的沟道，应慎用洞内消能方式，必须使用时，需设置挡砂坎、集石坑等设施。并应设置检查、检修通道，定期检查维护。

（7）排水建筑物出口消能防冲设计应满足下列要求：

①排水建筑物出口消能防冲设计标准应与渣场防洪标准相协调；

②排水建筑物出口消能防冲设计应结合地形地质条件，可采用挑流消能、台阶消能、组合消能等方式；

③消能防冲建筑物可采取设置钢轨、掺硅粉混凝土等抗冲磨措施。

我国西部水电站沟道水流主要特点汛期与枯水期流量相差较大、汛期水流推移质丰富，防冲设计需综合考虑各种流量下的消能方式，工程中常用的消能方式有挑流消能、台阶消能、设置齿坎、利用天然河道消能等多种消能方式。

溪洛渡水电站溪洛渡沟渣场排水洞出口采用台阶一次消能后再接排水泄槽将全部水流排至金沙江，出口末端设置防淘墙。

锦屏二级水电站海腊沟渣场排水洞出口接排水泄槽将全部水流排至雅砻江，出口置于基岩。泄槽运行前期，受推移质影响，槽身段混凝土受冲磨影响较大，后期通过模型试验，在进口上游设置溢流堰、分流墩改善泄槽水流流态，泄槽底板设置钢轨抗冲磨，运行情况良好。

白鹤滩水电站海子沟渣场采用排水洞接泄槽的方式排水，泄槽出口末端设置防淘桩基。

渣场排水建筑物一般采用 C25 混凝土衬砌，部分工程中对于水流流速大、受推移质影响的排水建筑物其混凝土强度等级采用 C40 强度等级混凝土。

（8）渣场周边截水沟可与渣体外排水建筑物相结合布置；对于渣场规模较大、填筑时段较长的情况，渣场周边截水沟可随渣体堆渣上升分期实施。

7.2　渣场沟水处理及泥石流防治原则与方式

7.2.1　渣场沟水处理及泥石流防治特点和原则

对于占用沟道堆渣的渣场，渣场沟水处理有以下特点：

（1）沟道常遇流量与设计标准下洪水流量相差悬殊，洪水历时较短。排水建筑物断面尺寸既要满足设计洪水过流断面要求，也需保证常遇流量下排水建筑物内不淤积。

（2）沟道洪水多为挟沙洪水，推移质丰富，沟水处理建筑物既要考虑挟沙水流顺畅排泄，又要考虑减小推移质对排水建筑物的磨损破坏，确保排水建筑物正常使用年限。

（3）渣场沟水处理多为临时工程，排水建筑物设计等级较低，排水建筑物设计需因地制宜，在满足安全稳定的前提条件下考虑其经济性。

（4）排水建筑物需考虑运行检修要求。

渣场泥石流防治主要原则如下：

（1）西部水电工程多数沟道定性为泥石流沟，对于发生频率较高、泥石流防治难度大、产生危害较大的沟道，不能用作堆渣场地。

（2）对于泥石流规模较小，防治难度低、产生危害较小的沟道，渣场沟水处理尽量和泥石流防治相结合，减小工程投资。

（3）对于占用泥石流沟道的渣场，除采取工程措施外，还需考虑泥石流监测、雨情预报等工程管理方面的措施。

7.2.2　沟水处理方式

渣场排水方式与渣场堆渣体型、渣场布置区地形、地质条件等相关，根据工程经验，常用的排水方式主要有排水洞、排水明渠（槽）、排水涵洞、排水竖井（斜井），在西部水电工程中，排水洞应用较多。排水洞适用于沟道两岸地形较陡，布置排水渠困难。两岸山体岩石条件较好，适合开挖排水洞；排水明渠适用于地形较缓，布置排水渠的开挖或填筑边坡不高，施工条件较好的情况；排水涵适用于渣场堆渣高度较低，排水涵不易发生淤堵，或为解决工程前期弃渣问题，在渣体底部设置临时排水涵等情况；排水竖井（斜井）适用于进、出口的高差大，需采用竖井（斜井）对各部位的排水建筑物进行连接的情况（陈艳，1994；王光海和胡艺川；2012；廖星明，2014；周德彦，2015；吴军等，2019；邹任芯等，2019）。

对于库区内渣场高程高于正常蓄水位的渣场，为考虑电站运行期间渣场内外水平衡，常采用渣体与岸坡或渣体上预留缺口将沟道水流与库内水连通，确保渣体内外水平衡。施工期排水建筑物一般按临时建筑物设计，不考虑永久使用。白鹤滩水电站矮子沟渣场在沟道一侧预留缺口保证沟道水流与库区水位连通，海子沟渣场在渣体上预留不小于 30m 的缺口连通内外水。

部分工程前期堆渣场地紧张，为尽早使渣场具备堆渣的条件，根据渣场堆渣规划采用分期排水方式解决该问题，前期排水标准也可适当降低。白鹤滩水电站海子沟渣场，由于堆渣规模较大，渣场排水洞长约 1.4km，净断面尺寸 7.0m×8.0m～7.0m×5.5m（宽×高），考虑到排水洞施工工期较长，为解决前期堆渣问题，在沟道下游设置临时排水短洞，排水洞断面尺寸 4.5m×4.8m，排水洞未进行衬砌，使用时间为两年。

对于大型渣场，结合渣场堆渣规划，渣场排水可分期规划，不同阶段可采用不同的排水方式。

7.2.3　渣场泥石流防治方式

按照规范规定，渣场选址应避开泥石流等地质灾害区域。由于西部水电工程场地条件有限，工程区域附近可用作堆渣坡地较少，往往利用就近的沟道堆渣。由于人为活动的加剧及极端气候条件的变化，尤其是强降雨天气增多，为沟道内泥石流的发生提供了物源及水源条件。

根据工程经验，利用沟道大规模堆渣的渣场一般占用沟口一定范围内的沟道，由于沟道流域面积大，沟道长，渣场堆渣区上游沟道属非工程施工区域范围之内，受社会条件限制及施工条件差等原因，无法对沟道泥石流进行全面治理，防止泥石流的发生。工程上对堆渣体采取防护措施，在设计标准泥石流发生情况下，确保渣场整体安全稳定。

借鉴工矿弃土弃渣泥石流灾害工程治理模式（陈宁生等，2010），水电工程弃渣场泥石流防护模式（夏威夷，2012；柳金峰等，2012；张杰等，2015）除以排为主、拦排结合的防护模式外，还有三种模式，如表 7.2 所示。

表 7.2　弃渣场泥石流的防护模式

防护模式	防护措施	适用范围
稳、拦、排全面控制	在上游区以稳坡为主，中游以拦挡为主，下游以排导为主	上游的稳坡主要采用谷坊、护坡等小规模的岩土工程与生物工程相结合的方法，以切断泥石流形成链条为手段，将泥石流控制在“准泥石流体”阶段，使得泥石流难以启动或启动规模大大减小。启动规模的减小使得沿途侵蚀量呈指数量级进一步减小；流域中下游的拦挡工程的压力相应地减小，排导的规模和难度大大降低
以排为主、拦排结合	以排为主，在中游拦挡与下游排导相结合	该模式应用的流域主要为弃土弃渣呈点状集中堆积于流域中下游沟道的某个区域，且流域下游有重要的保护对象。通过拦挡沟道内集中分布的松散弃土弃渣，防止沟道下切，保护沟岸，避免新启动的滑坡固体物质进入沟床形成新的泥石流物源。依据实际情况拦挡工程可以采用格栅坝或重力坝，其拦挡方式可以采用梯级坝或单一坝体，也可以采用拦沙坝与部分谷坊相结合的方式。这类泥石流防治模式所选用的拦挡和排导工程投资规模通常较小，一定时间内会有明显的效益
截留、排导结合	在流域中游将上游区汇集的山洪、高含沙水流或泥石流排入其他的流域，以减小流域的径流量，在中下游采用排导措施，排导下游的洪水，阻止泥石流启动，实现防治泥石流的目的	该模式的要点是在中游合适的沟段将上游的流体排入其他流域或本流域的出口以外区域。其难点是截流工程困难且排导费用高。通常的排导主要有隧道排导或深切渠道排导，其成本通常较高，而且维护费用也较高，但效果普遍较好
以拦为主、预留水流排泄通道	通过泥石流停淤场，将一次发生的泥石流全部流量淤积在停淤场内，同时将水流排泄至渣场区域以外	该模式主要应用于沟道上游具有较宽缓的沟道，具备设置停淤场的条件，停淤场的容量一般为设计泥石流流量的 2 倍

表 7.2 所列四种模式中，稳、拦、排全面控制的防护模式因受水电工程的局限性，较难采用；以排为主、拦排结合的防护模式更适合于水电工程的弃渣场防护；具备条件时也可采用截留、排导结合及以拦为主、预留水流排泄通道的防护模式。

除了采取上述工程措施外，还需加强雨情监测、泥石流预警预报系统，一旦泥石流发生的情况下，做好人员的安全撤离。

7.3　渣场沟水处理挡排建筑物设计

7.3.1　排水建筑物设计

渣场沟水处理排水建筑物主要有排水洞、排水渠、排水涵、排水竖井及出口消能防冲建筑物等。

各建筑物设计过程中除满足常规设计要求之外，根据工程资料收集及排水建筑物运行经验，总结如下技术要求：

1）排水洞设计要求

（1）渣场排水洞宜顺直布置，排水洞出口宜与已有的沟道、河道顺接，同时结合排水洞进口高程、排水洞长度、纵坡综合确定出口高程。进、出口布置并应避开滑坡、泥石流、崩塌等地区。

（2）排水洞进口位置应根据地形、地质条件，宜选择于沟道相对开阔处。底板高程设置应考虑排水洞施工期度汛及排水洞运行要求，宜高出沟底高程5～8m。考虑排水洞进口防淤堵、防漂木要求，可在进口上游设置拦渣、拦漂设施，确保排水洞正常运行。

（3）地形、地质条件允许时，排水洞进口位置与渣场挡水坝宜保留一定的距离，确保挡水坝与排水洞进口之间留有一定的淤积库容，延长排水洞使用时间和减少排水洞清淤频次。

（4）对于汛期推移质较丰富的沟道，排水洞宜按明流洞设计，断面型式采用城门洞型。断面尺寸应根据排水流量、地质条件、施工方便等因素综合确定。在满足洞室稳定的条件下，排水洞可仅对底板及边墙进行混凝土衬砌。为防止推移质冲刷，底板钢筋保护层可适当加厚。

（5）排水洞的纵坡可根据运行要求、施工和检修条件等确定，最小纵坡应保证不淤积，最大纵坡应保证不冲刷，且不宜大于10%。局部洞段不宜大于12%。

（6）对于清水沟道，排水洞可按有压洞设计，充分利用排水断面，节约工程投资。

2）排水渠设计要求

（1）排水渠布置应结合地形地质条件，尽量顺直布置，保证水流顺畅和防止淤积。减少边坡开挖高度或渠道基础填渣高度。

（2）排水渠进口布置宜稍高于原沟底，有利于防淤堵、防漂木。出口应考虑消能防冲措施，避免水流对渠道基础的淘刷。

（3）排水渠断面可采用矩形、梯形和各种复合体型，宜采用等宽度断面。排水渠纵坡变化幅度不宜太大，且需平顺连接。

（4）排水渠的平面弯曲半径不宜小于5倍的渠宽，并在弯道的首尾设置长度不小于5倍渠宽的直线段。

（5）当地形地质条件较好时，为方便施工，可采用边墙及底板分离式的断面结构，对于覆盖层基础宜采用整体式的断面结构。

（6）对于推移质较丰富沟道，渠道陡坡段水流流速较大，渠身底板衬砌必要时可设置钢轨、硅粉混凝土等抗冲磨设施。

（7）排水渠应坐落在性状密实、均匀的基础上，避免坐落在性状差异大的基础上，防止不均匀沉降后造成水流冲刷破坏渠身。

（8）排水渠基础的扬压力较大时，应设置降低扬压力的措施，保证非运行期的渠身稳定。

3）排水涵设计要求

（1）对于堆渣规模较小或为解决工程前期堆渣问题，可在渣体底部设置排水涵。对于推移质丰富的沟道，排水涵仅作为临时使用。

（2）排水涵断面尺寸除满足过流要求外，还应考虑施工及检修便利。

（3）排水涵需置于稳定的基础上，防止不均匀沉降后造成水流冲刷破坏。

（4）排水涵宜按明流洞设计，断面型式有管涵、拱涵和矩形涵。渣场底部涵洞一般采用钢筋混凝土现浇结构。

4）排水竖井设计要求

（1）对于排水洞进出口高差较大的沟道，当排水洞出口无布置阶梯、挑流等消能方式条件时，可研究采用洞内旋流竖井或斜井阶梯等洞内消能方式。有条件时应进行水力学模型试验。

（2）旋流竖井前宜设置陡坡引水道，让水流切向进入竖井。竖井直径根据设计流量、入口流速及竖井高度综合分析确定。

（3）竖井底部应设置消能水垫，竖井底部出口平洞段应设置通气洞。

（4）斜井坡度根据施工及地质条件确定，阶梯高宽比不宜陡于1∶1，高度不宜小于0.5m。

（5）竖井及斜井应布置在地质条件较好的山体内，并应采用抗冲耐磨混凝土衬砌。

（6）对推移质较多的沟道，应慎用洞内消能方式，必须使用时，需设置挡砂坎、集石坑等设施。并应设置检查、检修通道，定期检查维护。

5）出口消能防冲设计要求

（1）排水建筑物出口消能防冲设计应结合地形地质条件，可采用挑流消能、台阶消能、利用天然河水面流消能或多种消能方式相结合。

（2）排水建筑物出口消能防冲设计应结合沟道水流特点，选择合适的消能方式。

（3）选择挑流消能方式时应确保设计流量及沟道常遇流量情况下水流均能挑离出口，使出口不受水流淘刷的影响。

（4）消能防冲建筑物可采用高标号混凝土或铺设钢轨等措施防止建筑物破坏。

7.3.2　挡水建筑物设计

渣场沟水处理挡水建筑物一般与渣场相结合布置，坝型以土石坝居多。与渣场布置相结合的土石挡水坝，考虑到挡水坝后渣体断面尺寸较大、渗径长，需通过坝体渗透稳定、边坡稳定分析确定是否可采用简易的防渗型式。

以白鹤滩水电站矮子沟挡水坝、海子沟挡水坝为例，对坝体防渗设计研究进行说明。矮子沟挡水坝、海子沟挡水坝作为渣场沟水处理建筑物，设计初期两个挡水坝均考虑采取完整的防渗体系。矮子沟挡水坝基础覆盖层较浅，基础开挖至基岩，坝体采用黏土心墙防渗；海子沟挡水坝基础漂卵砾石层覆盖层深，基础采用高喷灌浆防渗，坝体采用黏土心墙防渗体系。上述方案提交审查后，审查意见认为渣场挡水坝为临时建筑物，挡水坝与堆渣体相结合布置，渗径长、设计洪水水位历时短，需研究简化挡水坝防渗型式。

1. 矮子沟挡水坝

1）矮子沟挡水坝布置

可行性研究阶段矮子沟挡水坝与矮子沟填渣路堤相结合布置，挡水坝坝顶高程为787.00m，矮子沟填渣路堤顶高程为834.00m。施工期采用挡水坝挡水，电站运行期间，矮子沟填渣路堤挡水。挡水坝拟采用黏土心墙防渗，填渣路堤迎水面采用喷混凝土简易防渗型式。

2）地形地质条件

坝址处沟底高程约745.00m，沟谷宽约45m。左岸为斜坡地形，地面坡度为25°~28°。右岸为北西向山脊地形，高程748.00m以下为缓坡，临沟前缘为陡坎；高程748.00~800.00m地面坡度约55°；高程800.00m以上为斜坡地形，地面坡度约25°。

坝址左岸坡为崩坡积黏土质砾夹碎、块石土，结构组成复杂，渗透系数为4.05×10^{-4}cm/s，属弱透水性土体。沟谷右岸缓坡存在新近堆积的泥石流，属强透水性土体，前缘厚度为12.15~12.50m，后缘（向右岸）变薄。沟底部为冲积砂卵砾石夹漂石，坝轴线附近厚度为5.15m，上游坡脚附近厚度达15.40m；坝区基岩为弱风化状，岩体较破碎-较完整。

3）防渗型式研究

（1）防渗计算。

针对矮子沟挡水坝及填渣路堤防渗布置，分别考虑两种简易防渗型式，见表7.3。

表7.3　挡水坝及填渣路堤防渗型式表

编号	防渗措施	备注
1	填渣路堤及迎水面全部采用喷混凝土防护	简易防渗
2	填渣路堤迎水面喷混凝土，挡水坝采用黏土心墙防渗	路堤简易防渗、 挡水坝完整防渗

根据填渣路堤永久运行期外水位（水库水位）运行工况，根据水库死水位、汛限水位、正常蓄水位拟定三种不同运行工况，填渣路堤水位运行工况见表7.4。

表7.4　填渣路堤水位运行工况表

水位组合工况	上游水位/m	下游水位/m
1	830.30	765.00
2	830.30	795.00
3	830.30	825.00

根据不同防渗型式、水位运行工况组合进行渗流计算，计算内容均包括：①确定堰体浸润线的位置；②确定逸出点的位置和渗透坡降；③确定通过堰体和堰基的单宽渗流量。典型计算剖面取沿矮子沟沟底的剖面，计算剖面如图7.2所示。

矮子沟渣场相关材料的渗透系数参考“矮子沟渣场工程地质勘察报告”及类比其他工程，确定渗透系数如表7.5所示，考虑到堆放到弃渣场的石渣均为明挖或者洞挖弃渣料，

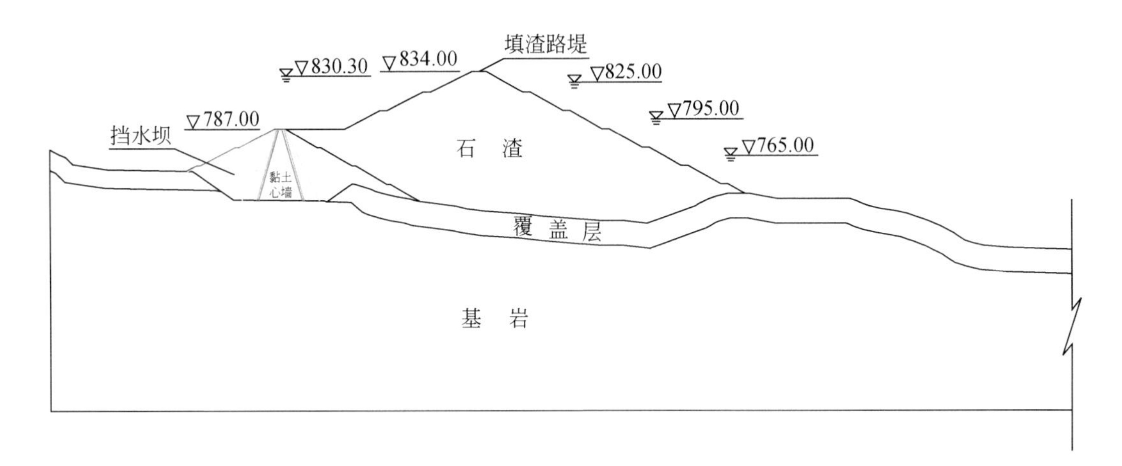

图 7.2　矮子沟填渣路堤渗流计算剖面（单位：m）

石块块径大小不一，部分弃渣或含有碎石土，因此整个石渣料的渗透系数并不均一，分别取 1×10^{-1}cm/s、1×10^{-2}cm/s、1×10^{-3}cm/s（方案 1～3）进行对比计算。

表 7.5　矮子沟弃渣场渗透计算参数表

序号	材料名	渗透系数/(cm/s)	备注
1	石渣料	1×10^{-1}、1×10^{-2}、1×10^{-3}	—
2	覆盖层	4×10^{-2}	—
3	基岩 1	1×10^{-5}	—
4	混凝土喷层	5×10^{-4}	简易防渗措施
5	黏土心墙	1×10^{-5}	完整防渗措施

（2）防渗计算成果。

采取简易防渗措施条件下各计算方案成果见表 7.6～表 7.8，渗流场等水头线分布见图 7.3～图 7.5。

表 7.6　矮子沟挡水坝渗流计算表一（简易防渗措施、下游水位为 765.00m）

计算方案	1	2	3
上游水位/m	830.30	830.30	830.30
下游水位/m	765.00	765.00	765.00
石渣渗透系数/(cm/s)	1×10^{-1}	1×10^{-2}	1×10^{-3}
单宽渗流量/(m^3/s)	0.01674	0.00362	0.00132
单宽渗流量/(m^3/d)	1446.68	312.37	114.02
计算断面高度/m	113.30		

续表

计算方案	1	2	3
纵剖面断面面积/m^2	21293		
等效宽度/m	188		
整个断面渗流量/(m^3/d)	271882	58705	21429
坝内最大水力坡降	32.30	7.20	1.27
最大水力坡降位置	混凝土喷层内 816.50m 高程	混凝土喷层内 827.00m 高程	混凝土喷层内 828.20m 高程
逸出点位置	下游坡 779.80m 高程	下游坡 787.00m 高程	下游坡 779.50m 高程
逸出点水力坡降	0.28	0.29	0.32

表7.7　矮子沟挡水坝渗流计算表二（简易防渗措施、下游水位为795.00m）

计算方案	1	2	3
上游水位/m	830.30	830.30	830.30
下游水位/m	795.00	795.00	795.00
石渣渗透系数/(cm/s)	1×10^{-1}	1×10^{-2}	1×10^{-3}
单宽渗流量/(m^3/s)	0.01222	0.00234	0.00061
单宽渗流量/(m^3/d)	1055.98	202.35	52.77
计算断面高度/m	113.30		
纵剖面断面面积/m^2	21293		
等效宽度/m	188		
整个断面渗流量/(m^3/d)	198455	38028	9918
坝内最大水力坡降	22.05	4.90	0.66
最大水力坡降位置	混凝土喷层内 825.50m 高程	混凝土喷层内 825.50m 高程	混凝土喷层内 829.70m 高程
逸出点位置	下游坡 800.00m 高程	下游坡 805.00m 高程	下游坡 810.00m 高程
逸出点水力坡降	0.25	0.27	0.24

表7.8　矮子沟挡水坝渗流计算表三（简易防渗措施、下游水位为825.00m）

计算方案	1	2	3
上游水位/m	830.30	830.30	830.30
下游水位/m	825.00	825.00	825.00
石渣渗透系数/(cm/s)	1×10^{-1}	1×10^{-2}	1×10^{-3}
单宽渗流量/(m^3/s)	0.00306	0.00059	0.00012
单宽渗流量/(m^3/d)	264.64	51.16	10.62
计算断面高度/m	113.30		

续表

计算方案	1	2	3
纵剖面断面面积/m^2	21293		
等效宽度/m	188		
整个断面渗流量/(m^3/d)	49736	9615	1995
坝内最大水力坡降	5.62	1.59	0.28
最大水力坡降位置	混凝土喷层内 825.30m 高程	混凝土喷层内 826.00m 高程	混凝土喷层内 829.90m 高程
逸出点位置	下游坡 825.00m 高程	下游坡 825.00m 高程	下游坡 825.00m 高程
逸出点水力坡降	0.06	0.10	0.12

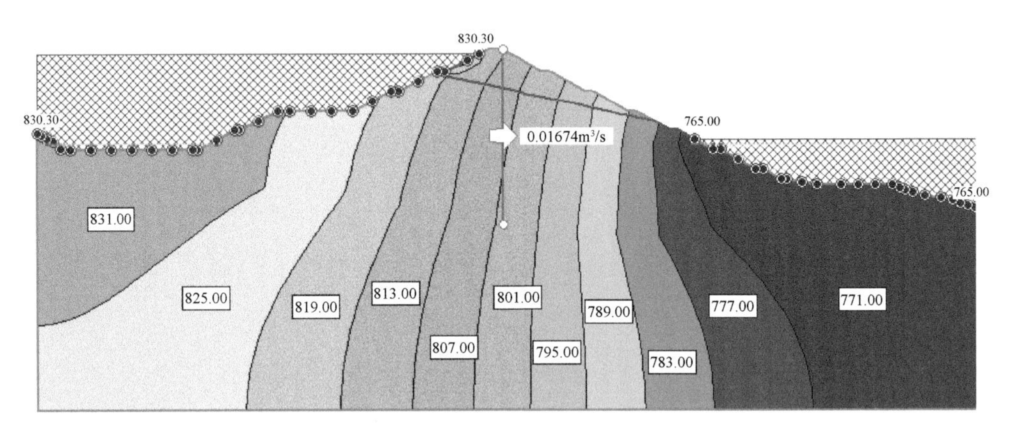

图 7.3　矮子沟挡水坝渗流场等水头线分布图一（单位：m；简易防渗措施，下游水位为 765.00m）

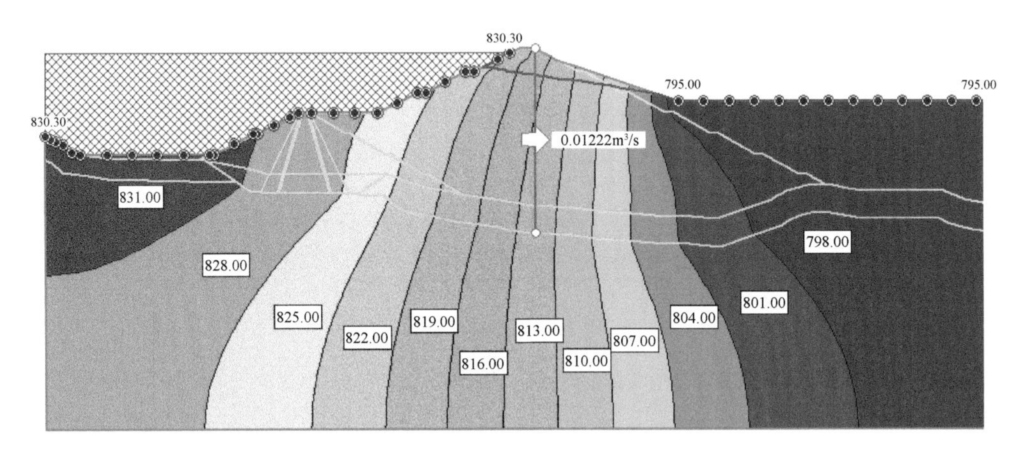

图 7.4　矮子沟挡水坝渗流场等水头线分布图二（单位：m；简易防渗措施，下游水位为 795.00m）

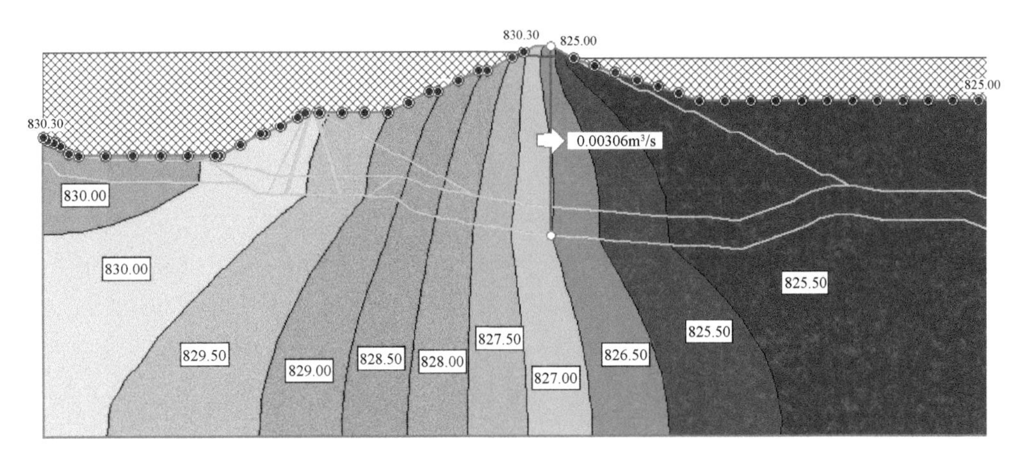

图7.5　矮子沟挡水坝渗流场等水头线分布图三（单位：m；简易防渗措施，下游水位为825.00m）

采取完整防渗措施条件下各计算方案成果见表7.9～表7.11，渗流场等水头线分布见图7.6～图7.8。

表7.9　矮子沟挡水坝渗流计算表四（完整防渗措施，下游水位为765.00m）

计算方案	1	2	3
上游水位/m	830.30	830.30	830.30
下游水位/m	765.00	765.00	765.00
石渣渗透系数/(cm/s)	1×10^{-1}	1×10^{-2}	1×10^{-3}
单宽渗流量/(m^3/s)	0.00758	0.00287	0.00091
单宽渗流量/(m^3/d)	655.27	247.61	78.46
计算断面高度/m	113.30		
纵剖面断面面积/m^2	21293		
等效宽度/m	188		
整个断面渗流量/(m^3/d)	123147	46534	14746
坝内最大水力坡降	94.40	25.50	6.85
最大水力坡降位置	混凝土喷层内 786.40m高程	混凝土喷层内 816.50m高程	混凝土喷层内 786.35m高程
逸出点位置	下游坡765.00m高程	下游坡779.50m高程	下游坡765.00m高程
逸出点水力坡降	0.19	0.29	0.32

表7.10　矮子沟挡水坝渗流计算表五（完整防渗措施，下游水位为795.00m）

计算方案	1	2	3
上游水位/m	830.30	830.30	830.30
下游水位/m	795.00	795.00	795.00

续表

计算方案	1	2	3
石渣渗透系数/(cm/s)	1×10^{-1}	1×10^{-2}	1×10^{-3}
单宽渗流量/(m^3/s)	0.00525	0.00181	0.00045
单宽渗流量/(m^3/d)	453.79	156.25	39.09
计算断面高度/m	113.30		
纵剖面断面面积/m^2	21293		
等效宽度/m	188		
整个断面渗流量/(m^3/d)	85283	29364	7346
坝内最大水力坡降	45.48	17.17	3.67
最大水力坡降位置	混凝土喷层内 811.50m 高程	混凝土喷层内 825.70m 高程	混凝土喷层内 825.70m 高程
逸出点位置	下游坡 795.00m 高程	下游坡 800.00m 高程	下游坡 800.00m 高程
逸出点水力坡降	0.11	0.28	0.24

表 7.11 矮子沟挡水坝渗流计算表六（完整防渗措施，下游水位为 825.00m）

计算方案	1	2	3
上游水位/m	830.30	830.30	830.30
下游水位/m	825.00	825.00	825.00
石渣渗透系数/(cm/s)	1×10^{-1}	1×10^{-2}	1×10^{-3}
单宽渗流量/(m^3/s)	0.00119	0.00043	0.00091
单宽渗流量/(m^3/d)	102.50	37.36	7.84
计算断面高度/m	113.30		
纵剖面断面面积/m^2	21293		
等效宽度/m	188		
整个断面渗流量/(m^3/d)	19264	7022	1473
坝内最大水力坡降	8.74	4.37	1.01
最大水力坡降位置	混凝土喷层内 825.60m 高程	混凝土喷层内 825.40m 高程	混凝土喷层内 829.40m 高程
逸出点位置	下游坡 825.00m 高程	下游坡 825.00m 高程	下游坡 825.00m 高程
逸出点水力坡降	0.02	0.07	0.10

通过各组合方案的计算列表结果可以得出以下规律：①不管采用哪种防渗型式下，在下游水位为 825.00m 情况下，下游逸出点坡面都是安全的，基本上不用做防护措施，也不会发生渗透破坏；而在下游水位为 765.00m 情况下，下游坡面逸出点的水力坡降都比较高（>0.1），要考虑设置贴坡排水、褥垫排水等型式的排水设施。②在同一种防渗型式、渣场上下游相同水位差工况下，石渣的渗透系数越小，通过渣体的渗水量越小，逸出点的水

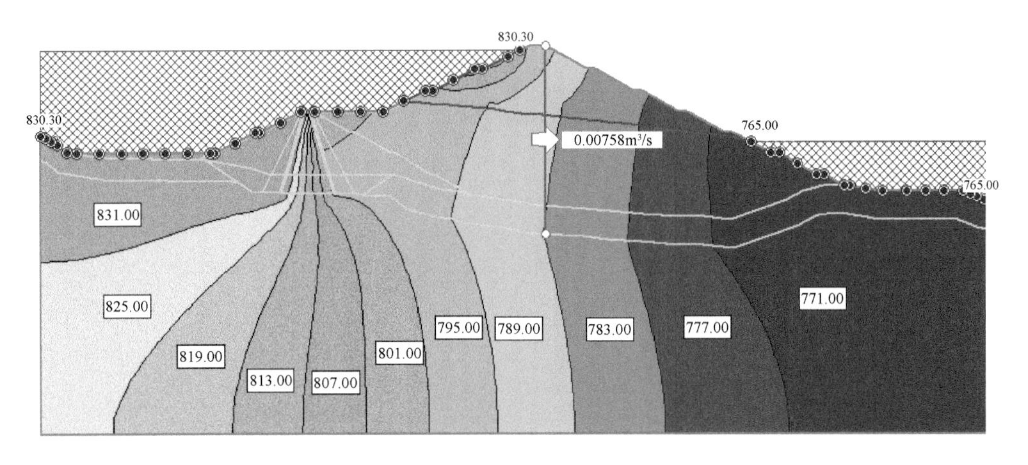

图7.6　矮子沟挡水坝渗流场等水头线分布图四（单位：m；完整防渗措施，下游水位为765.00m）

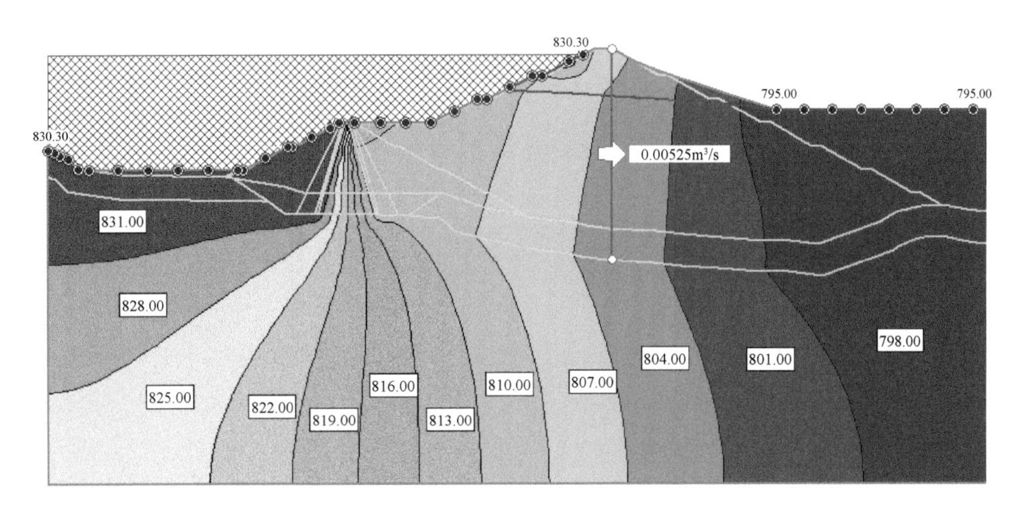

图7.7　矮子沟挡水坝渗流场等水头线分布图五（单位：m；完整防渗措施，下游水位为795.00m）

力坡降越大。③在相同的上下游水位差和石渣渗透系数情况下，设置完整的防渗措施，渗流量会变小，但是堆渣体内的最大水力坡降则会变大。④在相同的防渗体系下，渣场上下游水位差越大，通过整个断面的渗流量越大，逸出点的水力坡降越大；

通过上述分析，挡水坝和堆渣体上游侧可采取简易的防渗措施；同时在下游堆渣坡脚处结合将来的实际运行情况设置反滤排水设施（如贴坡排水、排水褥垫或排水棱体），保护坡脚以免发生渗透破坏。

2. 海子沟挡水坝

1）海子沟挡水坝布置

海子沟挡水坝坝顶高程为778.00m，坝顶宽8m，上、下游堆渣坡比均为1∶2.0，坝后为海子沟渣场，渣场堆渣顶高程为765.00m。

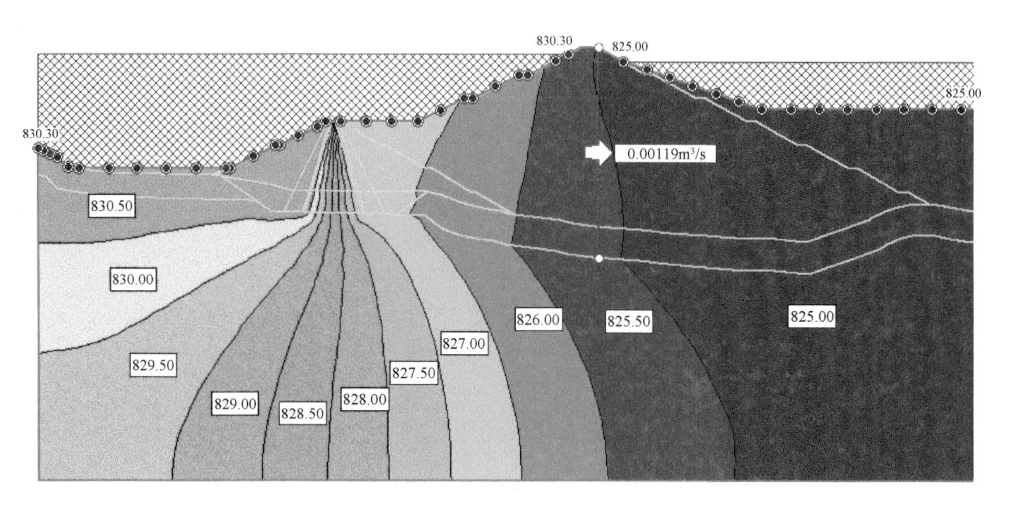

图 7.8　矮子沟挡水坝渗流场等水头线分布图六（单位：m；完整防渗措施，下游水位为 825.00m）

2）地形地质条件

挡水坝基础河床两岸岸坡均为崩坡积物，表层松散，中下部堆积稍密-中密状，土体中等透水，渗透系数为 $1.90\times10^{-3}\sim4.84\times10^{-3}$cm/s；沟底为冲洪积物，上部出露洪积物以混合土、碎块石、含砾黏土为主，层厚度为 24.27～30.00m，土体渗透系数为 4.05×10^{-4}cm/s。下部出露冲洪积以砂卵砾石夹漂石为主，渗透系数为 $4.1\times10^{-2}\sim6.9\times10^{-2}$cm/s，层厚度为 18.80～23.50m。

3）防渗型式研究

海子沟挡水坝分别考虑两种防渗型式，一种为坝体采用黏土心墙，心墙底部采用高喷灌浆防渗；另一种为黏土铺盖及坝体迎水面采用喷混凝土简易防渗型式。防渗材料渗透系数与矮子沟渣场渗透稳定计算参数一致，两种防渗型式计算简图见图 7.9、图 7.10。

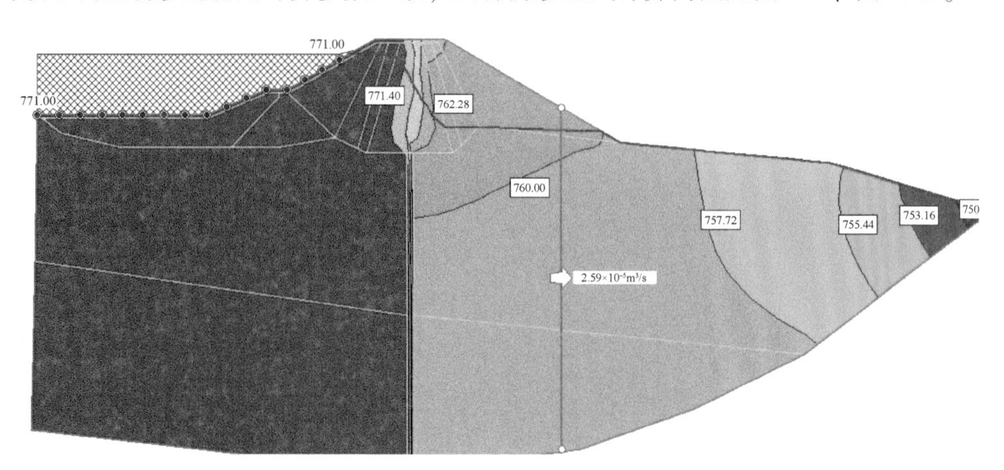

图 7.9　黏土心墙+高喷灌浆防渗计算简图（单位：m）

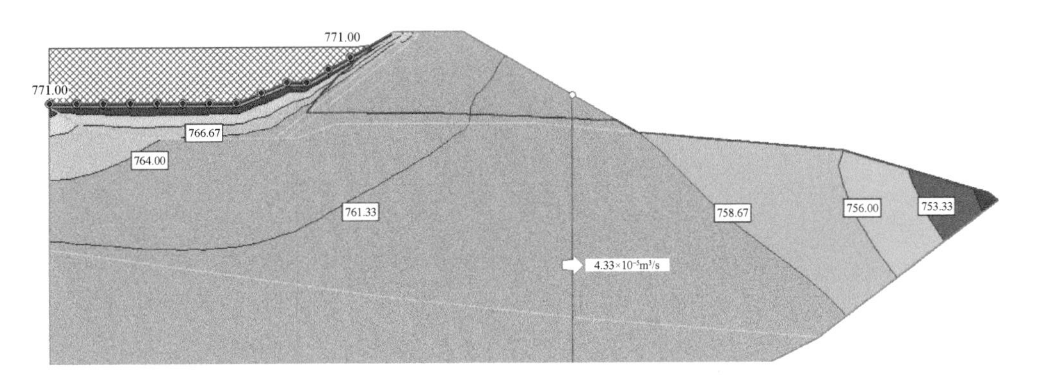

图7.10　黏土铺盖+喷混凝土护面计算简图（单位：m）

采用黏土心墙与高喷灌浆相结合防渗措施，施工期挡水坝渗透流量较小，约 $3.17\times10^{-5}m^3/s$，逸出点渗透坡降约0.03，满足规范要求。若取消高喷灌浆防渗，挡水坝采用黏土斜墙与铺盖的简单防渗型式，逸出点水力坡降为0.22，断面单宽渗流量为 $2.07\times10^{-4}m^3/s$，渗流量约 $2028.4m^3/d$，渗透流量及水力坡降均大于设置高喷防渗措施的情况。考虑到挡水坝填筑完成同时，大量开挖渣料运至挡水坝背坡填筑，对挡水坝起到压坡作用，减小逸出点处渗透坡降。且挡水坝上游处于设计水位（水头约7m）持续时间短，渗透稳定问题也不突出。因此，可取消海子沟挡水坝高喷灌浆防渗措施，挡水坝采用黏土铺盖与混凝土喷护防渗。

7.4　渣场泥石流防治

7.4.1　对渣场泥石流的基本认识

1. 泥石流的形成与分类

泥石流的形成必须具备三个基本条件，即有利的地形坡度、丰富的松散固体物质和适当的降雨激发。有利的地形坡度是泥石流发生的动力条件，丰富的松散固体物质是泥石流发生的物质基础，而适当的降雨激发则是泥石流发生的制约条件。这三种基本条件分别对应着流域的地形地貌条件、地质条件和水源条件，同时除这些自然条件以外，人类不合理的工程活动也常影响着泥石流的发生和活动。可见泥石流的汇水、汇砂过程十分复杂，是各种自然和（或）人为因素综合作用的产物。泥石流的形成主要受暴雨控制，一般性暴雨（日降雨量为50～100mm）极少形成泥石流；大暴雨（日降雨量为101～200mm）为泥石流多发期；特大暴雨（日降雨量>200mm）极易出现大面积泥石流（任金明等，2013）。

根据泥石流的成因、地貌条件、物质组成、固体物质提供方式、流体性质、激发因素、动力学特征、发育阶段等不同指标，泥石流具有多种分类方式。

1）按照泥石流流体性质分类

泥石流的流体性质包括其黏度、容重、颗粒组成等。鉴于这些性质指标的关系，也基于容重指标的可操作性，一般以容重为指标将泥石流分为稀性泥石流（泥石流容重为 1.30～1.80g/cm^3）和黏性泥石流（泥石流容重为 1.80～2.30g/cm^3）两类。

2）按照暴发频率分类

按泥石流的暴发频率可把泥石流划分为高频泥石流、中频泥石流和低频泥石流。

①高频泥石流的发生从几年一次到一年多次，规模大小不一；老泥石流堆积扇可明显辨认；形成区崩塌滑坡发育，活动强烈，植被覆盖率较低。

②中频率泥石流的发生从数年一次到数十年一次，规模大小不一，通常可见老泥石流堆积，形成区崩塌滑坡较发育，植被覆盖率中等。

③低频泥石流发生数十年一次到上百年一次，暴发规模巨大，泥石流往往强烈刷深沟槽；老泥石流堆积扇一般发育较好；流域内滑坡不活跃，植被覆盖率较高。

3）按照暴发规模分类

根据泥石流一次暴发规模，泥石流可以分为特大型、大型、中型、小型泥石流，如表 7.12 所示。

表 7.12　泥石流一次暴发规模分类

指标	特大型	大型	中型	小型
泥石流一次堆积总量/万 m^3	>100	10～100	1～10	<1
泥石流洪峰流量/(m^3/s)	>200	100～200	50～100	<50

2. 人类工程活动与弃渣场泥石流

人类不合理的工程活动，常加剧泥石流的发育。例如，矿山开采破坏森林植被，造成环境退化、水土流失加剧、风化侵蚀作用加强，易于形成各种形态削坡稳定性丧失而引发泥石流。水电、公路、铁路等工程中的各种人工边坡改变天然状态，易于产生各种滑坡和崩塌，有利于泥石流的发生。尤其是水电工程中开挖弃渣若处理不当，一遇暴雨则可能形成人工弃渣泥石流。

3. 弃渣场泥石流的特点

特殊的地质和地形地貌条件使泥石流具有以下特点：

1）突发性

泥石流活动常常暴发突然、历时短暂。一场泥石流过程从发生到结束一般仅有几分钟到几十分钟，其在流通区的流速可以高达 30～100m/s。泥石流的突发性不仅使灾情加重，还增加预报和预防的难度。

2）波动性和周期性

对于同一个地区，泥石流的活动时强时弱，具有波浪式变化的特点，有明显的活动期和平静期。泥石流的周期性变化主要取决于松散固体物质的补给速度和气候的波动性。

3）群发性

山区泥石流的群发性特征十分明显。

4）夜发性

我国泥石流发生时间多在夏秋季节的傍晚或夜间，具有明显的夜发性，这也增加了其灾害性。泥石流的夜发性与我国山区多夜雨直接相关。

除上述特点外，弃渣场泥石流往往还具有人为性、可防护性、短暂性和阶段性等特点。

由于弃渣场泥石流大多是人为泥石流，是人们工程建设活动的产物，是不合理弃渣所导致的泥石流，因此通过选择适宜的弃渣场位置，采用合理的泥石流防护措施，有序地进行弃渣，完全可以控制弃渣场泥石流发生的规模及危害程度（曹琰波等，2008）。

7.4.2 水电工程弃渣场泥石流灾害的实例

2009年7月23日凌晨，四川省某水电工程施工场地响水沟区段发生特大泥石流灾害，泥石流掩埋和冲毁省级公路近千米，部分路段工程石渣斜坡防护石笼损毁，并影响工程石渣堆积斜坡的稳定性。泥石流堆积扇使大渡河河道缩小约二分之一。

此次泥石流形成的堆积扇长约500m、最大宽度约500m、平均堆积厚度约5m，冲出物总体积约40万m^3。泥石流物质成分泥石混杂，现堆积扇因后期清流冲刷只剩下碎块石，块石一般长0.3～1m、宽0.2～0.6m、厚0.2～0.5m。最大的一块孤立块石长约12m、宽约5m、厚约3m。

发生泥石流灾害的响水沟位于大渡河右岸，属于大渡河支流。响水沟长约14km，流域面积约50km^2。沟道主体呈峡谷状，属构造剥蚀地貌。母岩为花岗闪长岩，并长期遭受构造和风化作用。由于鲜水河活动断裂带和“5·12”汶川地震影响，沟内形成的崩坡积碎石土为泥石流形成提供了丰富物源。2007年以来，工程施工单位在响水沟沟口地段堆置了大量弃渣，并将施工人员工棚安置在响水沟沟口，增加了泥石流的物质来源和形成危害的可能性。

引发“7·23”泥石流的局地2h过程降雨量为56.1mm，接近历史上最大降雨量（72.3mm/d）。综合分析，响水沟泥石流是以局地强降雨为主要诱发因素形成的特大型地质灾害，工程弃渣不合理、工棚选址不当、防灾意识不强和减灾措施缺乏也是造成此次重大灾害的原因。

7.4.3 人工弃渣泥石流的启动机理

有关学者对人工弃渣泥石流的启动机理进行了系统研究（曹琰波，2008；张勇等，2019；张勇，2020；陈宁生等，2021）。人工弃渣通常具有较差的稳定性，一些黏粉粒甚至砂粒物质可以很容易地被流水带走，而大量块度较大的碎石则需要一定的水动力条件才能启动，即只有当沟槽洪水流速达到一定值时才有可能启动、搬运进而形成泥石流。对于不良胶结型松散物质，滚动失稳是其主要机理。通常，人工弃渣为胶结不良的固体松散物，假设某弃石A自重为W_0，其与周围物质颗粒的接触点为N个，按图7.11和图7.12的受力假定，则颗粒的安全系数（F）可定义为

$$F=\sum M_0/M_t$$

式中，M_0为重力及支撑力产生的抗倾力矩；M_t为松散物质上部的拖曳力产生的倾覆力矩。

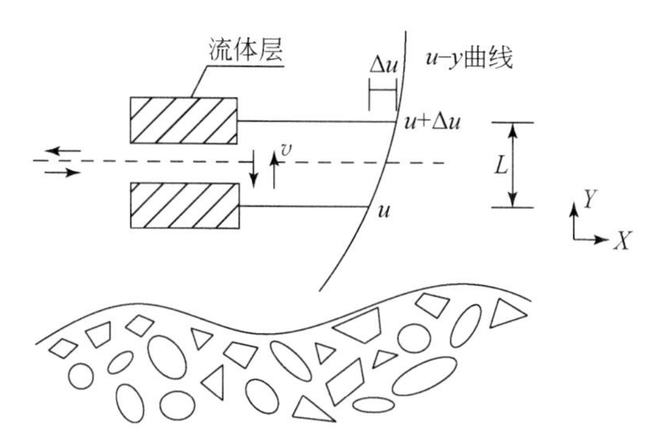

图 7. 11　松散弃渣上部的拖曳力

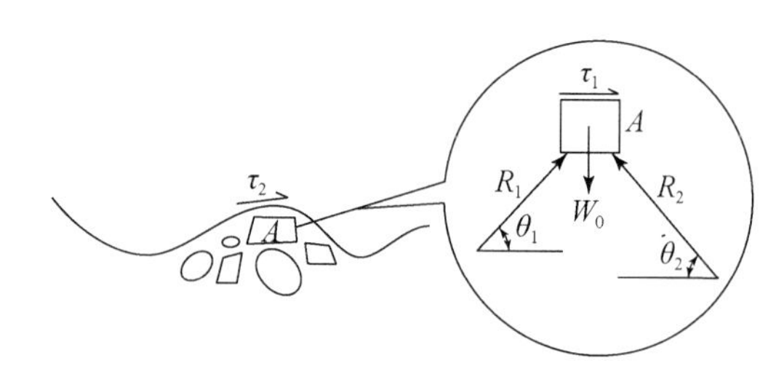

图 7. 12　松散弃渣的受力条件

如果 F 小于 0，颗粒处于滚动状态；F 等于 0，颗粒处于极限平衡状态；F 大于 0，颗粒处于静止状态。可见，对于不良胶结型松散物质，滚动失稳是其主要机理。上述理论的推导从另一个侧面说明，对于某一特定的沟谷而言，人工弃渣的启动主要取决于汇集于沟谷中的径流量和径流速度，并最终溯源于降雨量和降雨强度。

7. 4. 4　渣场泥石流的防护

7. 4. 4. 1　合理设计是渣场泥石流防护的基础

《水电工程施工组织设计规范》（DL/T 5397—2007）9. 2. 6 条规定不应设置施工临时设施的五种情况就包括了泥石流可能危害的地区，其主要原因是在这些地区布置施工临时设施将危及人员和工程安全，违反国家有关环境保护、自然资源保护等法律法规。要做到合理设计，必须注意以下几点：

（1）泥石流防护与沟水处理统筹考虑，泥石流防护标准不低于沟水处理标准。

（2）用于弃渣的冲沟沟内地质情况一定要摸清楚，包括判定是泥石流冲沟还是洪水沟、冲沟边坡稳定情况、是否有新的物源形成（如地方修建道路乱弃渣等），设计的地质资料一定要充足。

（3）泥石流有较高的流速和较大的重度，惯性较大，遇障碍会产生较大的冲高而改变其行进方向较为困难，对泥石流排导，宜一沟一渠，且以明排导槽为主。利用排导洞导排泥石流风险较大，且工程实践经验较少，一般情况下不宜采用。

7.4.4.2　渣场泥石流防护模式

借鉴工矿弃土弃渣泥石流灾害工程治理模式（夏威夷，2012），水电工程渣场泥石流防护模式也可概化为三种主要模式，如表 7.13 所示。

表 7.13　水电工程渣场泥石流的防护模式

防护模式	防护措施	工程实例
稳、拦、排全面控制	在上游区以稳坡为主，中游以拦挡为主，下游以排导为主。上游的稳坡主要采用谷坊、护坡等小规模的岩土工程与生物工程相结合的方法，将泥石流控制在“准泥石流体”阶段，使得泥石流难以启动或启动规模大大减小。拦挡坝可采用刚性和柔性一体的大开孔梳齿坝和格栅坝拦截粗大颗粒，降低流量	卡拉水电站甲尔沟弃渣场泥石流防护方案。甲尔沟弃渣场位于坝址左岸上游约 7.0km 的甲尔沟内，设计容渣量约 620.0 万 m^3。甲尔沟为洪水沟，但仍然有泥石流，甲尔沟弃渣场泥石流防护按照沟水处理与泥石流防治结合的原则。泥石流防护标准采用 50 年一遇设计，相应的泥石流峰值流量为 260.03m^3/s，100 年一遇校核，相应的泥石流峰值流量为 297.45m^3/s。可研阶段具体防护建议方案为上游沟床布置四道格栅拦挡坝，拦粗排细，消减潜在的泥石流流量，减缓泥石流冲击，降低泥石流危害。排导洞布置在右岸，设高低进口，低进口排泄一般洪水，高进口以下预留一定拦蓄库容，拦蓄库容能容下 50 年一遇标准一次泥石流固体物质总量
以排为主、拦排结合	以排为主，在中游拦挡与下游排导相结合。通过拦挡沟道内集中分布的松散弃土弃渣，防止沟道下切，保护沟岸，避免新启动的滑坡固体物质进入沟床形成新的泥石流物源。依据实际情况拦挡工程可以采用格栅坝或重力坝，其拦挡方式可以采用梯级坝或单一坝体，也可以采用拦沙坝与部分谷坊相结合的方式	杨房沟水电站上铺子沟弃渣场泥石流防护方案。上铺子沟弃渣场规划容渣量为 1010 万 m^3。上铺子沟为轻度易发泥石流沟上 50 年一遇的泥石流一次排出量为 11.8 万 m^3，为大型黏性泥石流沟。可研、招标阶段提出的泥石流防护措施及建议为①加强上铺子沟中、上游地区的水土保持工作，通过植被恢复，控制高坡地开垦，减少进入沟道的松散堆积物。②采用沟水处理和泥石流防治相结合的方案。③采用布设 3 级格栅拦挡坝+1 级挡水坝+泄槽，3 级格栅拦挡坝位于上铺子沟泥石流流通段，总的拦蓄库容为 2.68 万 m^3，可以容纳 50 年一遇一次泥石流固体物质总量 2.56 万 m^3，可降低泥石流爆发的规模、频率和携带固体物总量
截留、排导结合	在上游区以稳坡、固渣为主，中、下游排导洪水。在中游合适的沟段将上游的流体排入其他流域或本流域的出口以外区域；在中下游采用排导措施，排导下游的洪水，阻止泥石流启动。通常的排导主要有隧道排导或深切渠道排导	苗尾水电站丹坞堑弃渣场泥石流防护方案。丹坞堑弃渣场规划容渣量为 1800 万 m^3。丹坞堑沟泥石流综合治理方案采取挡淤相结合的治理方案，即由上游拦蓄系统和下游停淤场两部分组成，上游拦蓄系统拦挡泥石流固体物质，使泥石流的能量基本“发动”不起来；下游设置停淤场作为补充。上游拦蓄系统设两级拦渣坝。排水洞布置在第二级拦挡坝之后，将丹污堑沟水排至相邻的窝夏沟中

表7.13所列三种模式中，稳、拦、排全面控制的防护模式因受水电工程的局限性，较难采用；以排为主、拦排结合的防护模式更适合于水电工程的弃渣场防护；具备条件时也可采用截留、排导结合的防护模式（周天佑，2010）。

7.5 渣场沟水处理及泥石流防治实例①

7.5.1 白鹤滩水电站矮子沟渣场沟水处理及泥石流防治②③④

1. 矮子沟概况

矮子沟地处四川省凉山彝族自治州宁南县东北部，为金沙江左岸的一条支流，主沟长为21.96km，汇水面积为65.55km^2。区内海拔最高点为流域西侧的火车梁子，高程为3646m，最低点沟口高程为604m，最大相对高差为3042m。

2012年6月下旬，白鹤滩工程所在区域连续降雨，28日凌晨在遭遇大暴雨的情况下，矮子沟上游的支沟瓜绿沟发生特大泥石流地质灾害，冲毁位于矮子沟下游沟口的一座民房，造成人员伤亡。根据事后泥石流调查研究，认为该沟泥石流爆发频率为50年一遇，“6·28”泥石流为百年一遇特大型泥石流，矮子沟为中等易发程度的黏性泥石流沟。泥石流相关参数见表7.14和表7.15。

表7.14 沟口不同频率泥石流流量表

频率（P）/%	清水流量/(m^3/s)	堵塞系数	K_q	流量/(m^3/s)
1	321.22	1.6	1.89	971.36
2	299.28	1.6	1.83	875.31
5	240.80	1.6	1.72	661.59
10	193.71	1.6	1.57	487.86

表7.15 泥石流一次总量计算表

P/%	γ_c/(g/cm^3)	Q_c/(m^3/s)	t/s	W_c/万m^3	W_s/万m^3
1	1.80	971.36	2400	57.4	27.0
2	1.77	875.31	2400	51.7	23.4

① 中国电建集团华东勘测设计研究院有限公司，2016，渣场沟水处理及泥石流防治资料收集汇编。

② 中国水电顾问集团华东勘测设计研究院，2012，金沙江白鹤滩水电站矮子沟、海子沟泥石流对渣场安全影响及处理方案报告。

③ 中国水电顾问集团华东勘测设计研究院，2011，金沙江白鹤滩水电站矮子沟、海子沟渣场沟水处理及防护工程初步设计报告。

④ 中国电建集团华东勘测设计研究院有限公司，2012，金沙江白鹤滩水电站矮子沟、海子沟泥石流对渣场安全影响及处理方案。

续表

$P/\%$	$\gamma_c/(g/cm^3)$	$Q_c/(m^3/s)$	t/s	W_c/万 m^3	W_s/万 m^3
5	1.71	661.59	2400	39.1	16.4
10	1.62	487.86	2400	28.8	10.5

矮子沟渣场总体布置见图7.13。

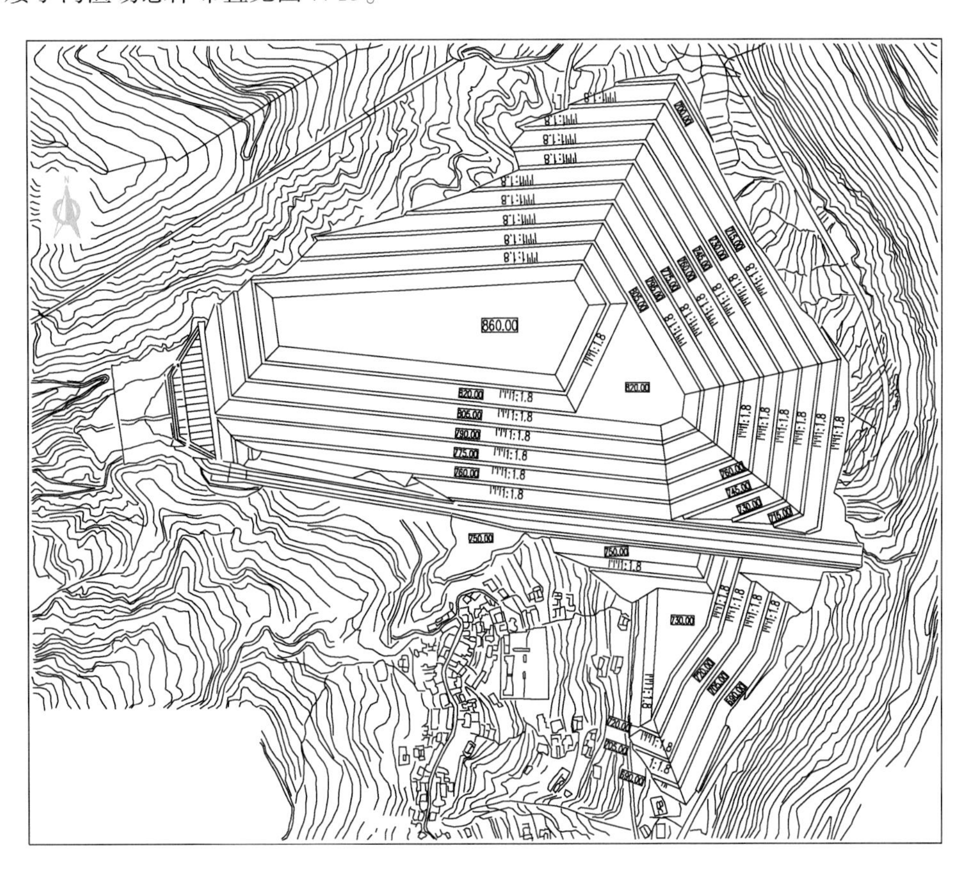

图7.13　矮子沟渣场规划布置图（单位：m）

2. 设计标准

泥石流防治工程保护对象为矮子沟前沿台地布置的六城坝临时营地、堆渣区尚未搬迁的部分民居及矮子沟堆渣体。营地及渣场规模均较大且民居较多，参照《泥石流灾害防治工程设计规范》（DZ/T 0239—2004）的规定，矮子沟泥石流防治工程安全等级为二级，泥石流防治设计标准按50年一遇降雨强度设计。

矮子沟沟口20年一遇洪水流量为245m^3/s。20年一遇泥石流流量为661.59m^3/s，一次泥石流总量为39.1万m^3，固体物质为16.4万m^3。

矮子沟沟口50年一遇洪水流量为292m^3/s。50年一遇泥石流流量为875.31m^3/s，一次泥石流总量为51.7万m^3，固体物质为23.4万m^3。

洪水标准按50年一遇洪水设计。

3. 矮子沟沟水处理

矮子沟渣场沟水利用矮子沟左侧山体排水洞排水。排水洞进、出口高程分别为767.5m、765.5m，洞长约933m，纵坡约0.21%，净断面尺寸为6m×5m（宽×高）城门洞型。“6·28泥石流灾害”发生后，矮子沟排水洞进洞口约半个洞高被淤堵，洞内泥石流堆积物约1m高，排水洞排导泥石流的条件差。

1）排水洞进口防淤措施

为防止局部大块石、树木及推移质进入排水洞造成排水洞淤积、降低排水洞的过流能力，除在排水洞进口上游设置拦挡坝外，还在排水洞进口布置拦挡设施进行拦截，研究了两种布置型式。

（1）方案1：拦石格栅。

根据洞口地形条件，拦石格栅布置在洞口上游6m处。为尽量延长格栅使用年限，将格栅顶高程设置在780.00m，格栅高12.50m，上游河道库容约10万m^3。格栅采用混凝土墩、柱、横梁相结合布置的排架结构，横梁采用混凝土与钢轨间隔布置，钢轨间距0.6m，拦挡块径大于30cm的石块及杂物。拦石格栅布置示意见图7.14。

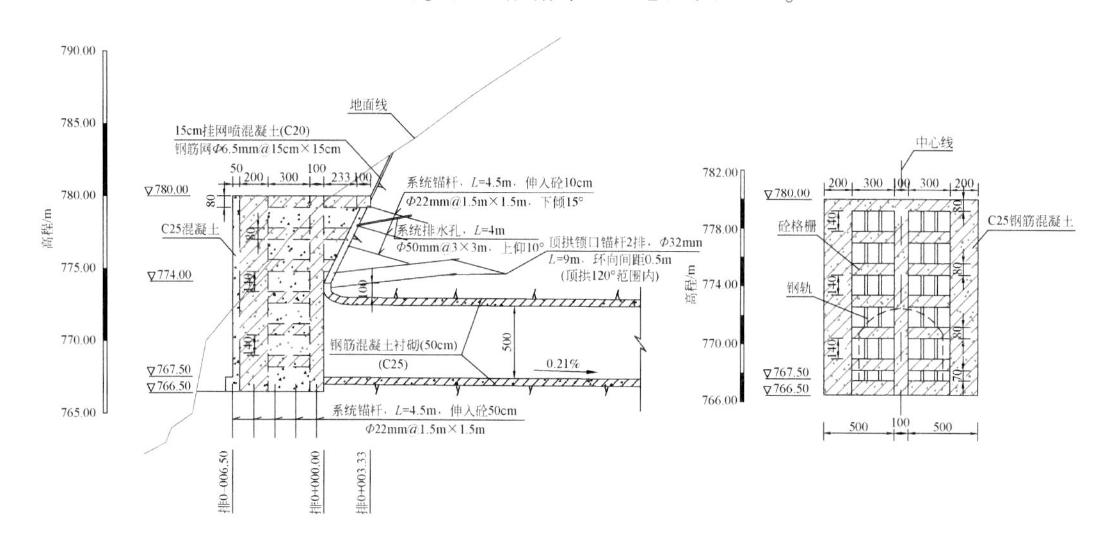

图7.14　拦石格栅布置示意图

（2）方案2：拦石坎。

拦石坎（底高程设过流孔）主要功能拦截泥石流固体物质，使其在坝前形成淤积。根据排水洞进口地形地质条件，拦石坎距洞口约7m布置，坎顶高程低于排水洞洞顶，按771.0m设置，墙高3.5m。采用重力式结构体型，坝顶宽1m，迎水面侧边坡直立，洞口侧边坡坡比1∶0.5。拦石坎侧面预留缺口，缺口布置间距30cm格栅条，确保小流量情况小粒径固体物质不进入洞内。大流量情况下水流翻越拦石坎进入排水洞。矮子沟排水洞进口拦石坎布置见图7.15。

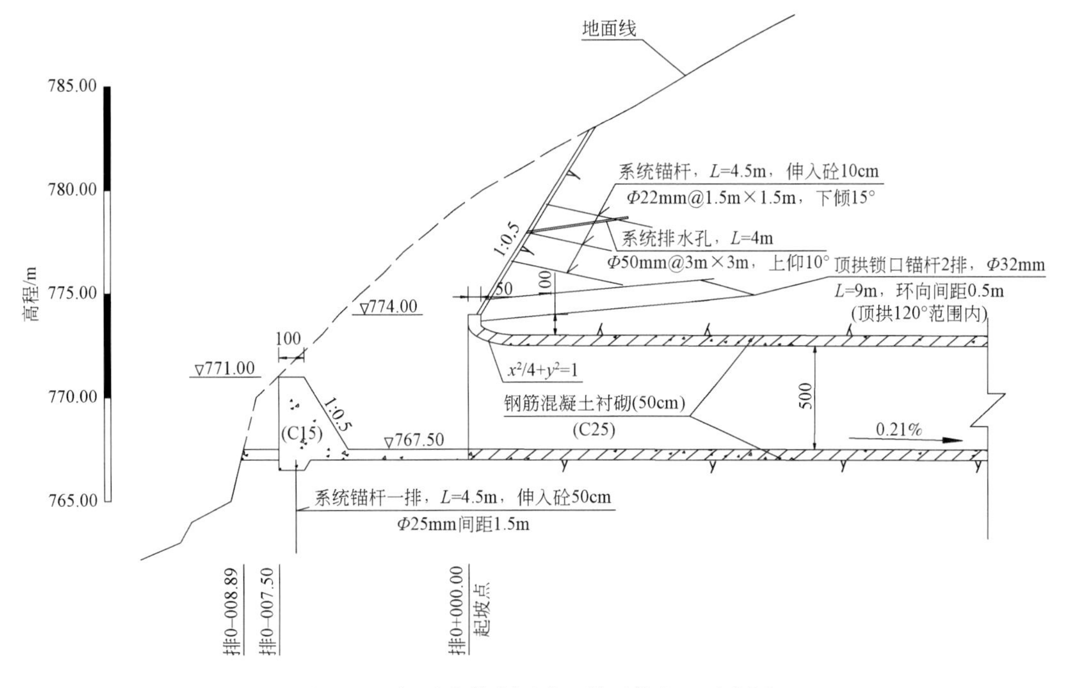

图 7.15　矮子沟排水洞进口拦石坎布置示意图

（3）型式比较。

从结构型式上看，方案 1 靠近洞口布置，结构布置上可利用洞口基岩条件，采用轻型结构体型，有利于分期抬高过流进口，但行洪期和运行期不易进行洞口清淤（漂）或进入洞内进行检修，行洪时洞口易被杂物堵塞。方案 2 可方便行洪期洞口清淤（漂）和洞内检修，坝体结构型式较为简单，施工方便。综合比较后，选择方案 2 结构型式。

2）临时挡水围堰

排水洞使用期间由挡水坝挡水，挡水坝施工期间，需修建临时围堰挡水，保证挡水坝干地施工。挡水坝为 4 级建筑物，临时围堰为 5 级建筑物，采用枯水期 5 年一遇洪水设计标准。

4. 矮子沟泥石流防治方案

根据泥石流治理经验，一般采用拦挡、停淤、排导等处理方案，以此消除泥石流对被保护对象的危害。已完建的位于矮子沟左岸排水洞洞径小、坡度缓，不具备排导泥石流的能力，只能承担施工期排水任务。从矮子沟渣场的地形地质条件、渣场堆渣容量需求、当地居民点分布和施工营地的布置等方面综合考虑，渣场堆渣期间矮子沟泥石流不适合采用排导方案。

因此，对矮子沟泥石流采取预防、停淤相结合，水土分离的总体防治原则。为保证矮子沟排水洞在设计洪水标准下能正常运行，需在排水洞上游设置多级拦挡坝，拦截泥石流固体物质，避免排水洞淤堵。

通过对矮子沟泥石流流通区的多次现场踏勘，在沟道上游 1192.00m、1110.00m 和

790.00m 高程处分级设置拦挡坝。三级拦挡坝总共可形成约 13.5 万 m^3的淤积库容。各级拦挡坝布置位置示意见图 7.16。

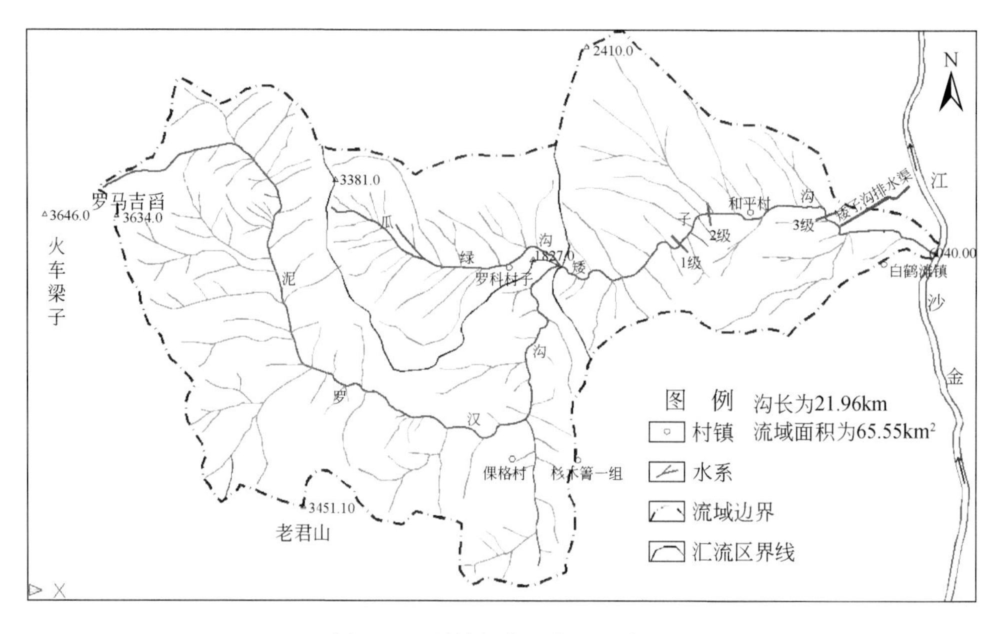

图 7.16　拦挡坝布置位置示意图

上述三级拦挡坝坝高及库容数据见表 7.16。

表 7.16　三级拦挡坝坝高及库容数据表

坝址位置	1 级	2 级	3 级	合计
坝顶高程/m	1207.00	1116.00	796.00	—
坝高/m	13	6	6	—
库容/万 m^3	5.2	5.3	3	13.5

设置三级拦挡坝后，可以提供 13.5 万 m^3的停淤库容，相当于可以将 20 年一遇泥石流的固体物质拦蓄在拦挡坝形成的库内。

由于拦挡坝仅拦挡一定规模的泥石流，可以较有效地降低排水洞淤堵的风险，但还需要利用渣场挡水坝前库容停淤设计标准下的泥石流。同时考虑洪水非常排泄通道。排泄通道按 50 年一遇洪水标准设计，在遭遇超标准洪水或排水洞堵塞等特殊情况下启用。由于矮子沟排水洞排泄 20 年一遇洪水流量时上游水位为 784.50m，非常排泄通道进口高程选择在 785.00m 高程。经计算，将渣场排水洞进口 767.50m 高程以下的库底填渣至 765.00m 高程后，至非常排泄通道进口 785.00m 高程之间的水库库容约 130 万 m^3，若按 3% 的泥沙回淤坡度计算，则渣场挡水坝淤沙库容可达 260 万 m^3，能够满足停淤 50 年一遇泥石流的要求。

5. 现场实施情况

矮子沟渣场沟水处理及泥石流防治建筑物均已投入使用，渣场目前正在堆渣过程中。渣场整体堆渣面貌见图7.17，渣场沟水处理及泥石流防治建筑物见图7.18、图7.19。

图7.17　矮子沟渣场总体堆渣现状图（2015年2月）

图7.18　矮子沟上游1级拦挡坝（下游立视图）

图 7. 19　矮子沟上游 1 级拦挡坝坝后消力池

图 7. 17 说明：矮子沟渣场占用原矮子沟主沟及沟道两侧台地堆渣，由于前期利用左侧台地布置临时施工营地及施工工厂设施，前期利用沟道右侧台地堆渣。待矮子沟排水洞具备过流条件后，开始占用沟道及临时布置区后方坡地堆渣。考虑到矮子沟为泥石流沟，为防止泥石流对矮子沟排水洞造成淤堵进而危及渣体安全，在渣场上游设置非常溢洪道及渣体表面预留排水通道，确保矮子沟排水洞淤堵后渣体安全。

图 7. 18 和图 7. 19 说明：1 级拦挡坝坝址位于沟底高程 1192. 00m 处，坝顶全长 58. 77m，坝体采用混凝土重力式结构型式，最大坝高 13m，坝体顶部靠右岸沟道预留宽 20m、高 4m 缺口，坝身设置 1. 5m×1. 5m、1m×1m 缺口过流，坝后设宽 20m，长 13. 55m 消力池。两侧岸坡采用混凝土贴坡。挡水坝基础设置锚筋桩 3Φ32mm，L=12m@ 2m×2m，混凝土迎水面铺设钢筋网 Φ20mm@ 15cm×15cm。

图 7. 20 说明：2 级拦挡坝位于沟底高程约 1110. 00m 处，坝顶全长 68. 02m，坝体采用混凝土格栅坝，最大坝高 10. 5m，坝身预留五孔宽 2. 5m、高 5m 过水通道。格栅采用钢轨梁，净间距为 80cm，钢轨通长预埋于混凝土内，两侧端头埋置深度不小于 2m。挡水坝基础设置锚筋桩 3Φ32mm，L=12m@ 2m×2m，混凝土迎水面铺设钢筋网 Φ20mm@ 15cm×15cm。

图 7. 21 说明：3 级拦挡坝位于沟底高程约 790. 00m 处，坝顶全长 34. 27m，坝体采用混凝土格栅坝，最大坝高 11m，坝身预留三孔宽 3. 5m、高 6m 过水通道。格栅采用钢轨梁，净间距为 60cm，钢轨通长预埋于混凝土内，两侧端头埋置深度不小于 2m。挡水坝基础设置锚筋桩 3Φ32mm，L=12m@ 2m×2m，混凝土迎水面铺设钢筋网 Φ20mm@ 15cm×15cm。

图7.20　矮子沟上游2级拦挡坝（下游立视图）

图7.21　矮子沟上游3级拦挡坝（下游立视图）

图 7.22 说明：为防止泥石流发生情况下避免排水洞淤堵、矮子沟排水洞分别设置高、低位进口。两洞口底板高程相差 8m。为防止小流量情况下漂木、小粒径石渣进入洞内，在排水洞进口设置拦渣坎，坎高 2.5m，坎顶预埋钢管。

图 7.22　矮子沟排水洞进口面貌图

为解决矮子沟挡水坝施工期导流，在矮子沟上游设置临时挡水堰，挡水堰标准约 $50m^3/s$。挡水堰表面设置钢筋石笼，表面喷混凝土防护，如图 7.23、图 7.24 所示。

图 7.23　矮子沟排水洞进口拦挡设施面貌图

图7.24　矮子沟排水洞进口围堰面貌图

7.5.2　白鹤滩水电站大寨沟泥石流防治

1. 大寨沟概况

大寨沟位于金沙江白鹤滩峡谷右岸，药山山脉西缘，地势北东高、南西低，水流总体由北东向南西流，最后汇入金沙江，属金沙江一级支流。大寨沟沟谷总体狭窄，呈“V”字形，主沟长11.2km，沟床平均纵比降为205‰，流域面积为28.73km^2。

根据“白鹤滩大寨沟泥石流特性研究报告”成果，大寨沟天然洪水洪峰流量和泥石流流量成果见表7.17、表7.18。

表7.17　大寨沟设计暴雨洪峰流量表　（单位：m^3/s）

位置	设计洪水频率								
	0.1%	0.2%	0.4%	1%	2%	4%	10%	20%	99%
公路口	131.0	121.9	113.6	101.1	91.8	83.2	69.6	59.2	17.1
沟口	220.1	204.4	190	168.7	154.9	142.1	118.6	99.2	25.8

表7.18　大寨沟泥石流流量表　（单位：m^3/s）

位置	频率								
	0.1%	0.2%	0.4%	1%	2%	4%	10%	20%	99%
公路口	406	378	352	313	261	223	170	137	35
沟口	1079	1001	931	827	680	498	370	288	65

从安全角度出发，选择基于峰值流量和运动时间的泥石流总量作为设计依据，大寨沟一次泥石流总量为30万m^3，一次固体物质总量为16万m^3。25年一遇（4%）以下的泥石流均为稀性，搬运的固体物质相对较少，都在8万m^3以下。根据调访资料，大寨沟泥石流搬运的最大块石直径为3.50m。大寨沟泥石流流体的动压力约为1.86×10^5Pa，泥石流流体中最大石块的冲击力约为6.486×10^5N。

2. 设计标准

根据《防洪标准》（GB 50201—2014）及《水电枢纽工程等级划分及设计安全标准》（DL 5180—2003）规定，大寨沟综合治理工程建筑物按2级建筑物设计。设计洪水标准采用100年重现期，校核洪水标准为1000年重现期。

大寨沟泥石流治理工程保护的是白鹤滩枢纽工程的1级建筑物发电进水口，属大型能源专项设施，根据《泥石流灾害防治工程设计规范》（DZ/T 0239—2004），大寨沟泥石流治理工程安全等级可确定为1级。根据其保护的工程的重要性，参照《泥石流灾害防治工程设计规范》（DZ/T 0239—2004）的规定，大寨沟泥石流治理工程安全等级为1级，相应降雨强度为100年一遇。

3. 大寨沟泥石流防治

大寨沟综合治理工程采用排导明渠（槽）排泄大寨沟泥石流，堆渣压坡+局部抗滑桩处理提高下红岩蠕滑变形体稳定性的综合治理方案，工程的主要建筑物由排导明渠、排导槽、沟口挡渣坝、梯级拦砂坝、潜坝、护岸、堆渣压坡、局部抗滑桩及沟谷防护等建筑物组成。

由于主要建筑物无法在一个枯水期内完建，需考虑施工期临时排水工程。排水方式采用一次断流围堰、全年导流的方式。泄流建筑物主要包括左岸排水洞、挡水围堰。同时为了在排水洞完工之前提供大寨沟沟底堆渣压坡及干地施工的条件，在下红岩缓坡地修建临时排水渠过水。

1）排导明渠、排导槽

泥石流治理整个排导设施长约1198m，由排导渠、排导槽和陡槽组成。排导渠进口底高程1030.00m，布置在回填堆渣上，进口上游设潜坝和护岸与原沟床衔接，下游在渠底高程955.00m处与排导槽衔接，通过排导槽将泥石流改道；排导槽出口高程926.40m，位于金沙江右岸陡壁，再沿陡壁原有小冲沟扩挖形成陡槽将泥石流排入金沙江。

排导渠长784m，底坡8%～10%，采用复式梯形断面，底宽10m、顶宽34.9m、高15m，最大过流面积约330m^2，最底一级护底及左侧沿沟左岸开挖形成的边墙采用C30混凝土衬护，厚度1.0m，右侧边墙采用M15浆砌石挡墙；中间及最上两级护底及边墙均为M15浆砌石；挡墙净高为15m。

排导槽长286m，底坡10%，采用复式梯形断面，底宽10m、顶宽30m、高15m，最大过流面积约310m^2，采用C30混凝土衬砌。

陡槽长128m，底坡88.51%，沿陡壁原有小冲沟扩挖形成宽10m、高10m的梯形槽。

2）沟口挡渣坝

沟口挡渣坝位于沟底905.00m高程处，距沟口陡壁约122m。

挡渣坝为混凝土重力坝，最大坝高30m，坝顶高程930.00m，坝顶全长127.5m，坝顶宽5m，上游面坝坡坡比为1∶0.4，下游面坝坡坡比为1∶0.35，在坝体中下部设排水孔，最低排水孔孔口高程为907.00m，坡度为10%，孔口上游设反滤，坝体为C20混凝土。

3）梯级拦砂坝及潜坝

大寨沟为低频率黏性泥石流沟，采取挡排结合的工程措施，在沟谷中布置九级拦砂坝，第1级拦砂坝布置在梨园砂坝处，以200～300m间距向下游依次布置，至铁业沟处布置第9级。

拦砂坝坝高约10m，采用重力式的M15浆砌石坝，表面用C20混凝土保护。坝顶宽3m，背水面坡比为1∶0.1，上游面坡比取1∶0.7。顶部设开敞式溢流堰，溢流坝段居中布置，溢流口尺寸20m×4m（宽×高）；坝顶非溢流段在横向上的坡度为1%，自溢流口向坝肩逐渐加高；坝身设六个宽0.3m、高2.5m的排泄孔，布置在溢流孔口下部；拦沙坝消能防冲采用软基消能，在拦沙坝下游20m设消能副坝，坝高约5m，坝顶基本与沟床表面齐平或高出0.5～1m，副坝采用浆砌石坝，在拦砂坝与副坝之间的沟床表面铺设1m厚的钢筋石笼，以提高沟床的抗冲击能力。

在排导渠进口即田坝寨附近设潜坝，顶高程与排导渠底板同高，高10m，采用C20混凝土坝，基础开挖至基岩。

4）堆渣压坡及抗滑桩

下红岩蠕滑变形体前缘位于大寨沟沟底900.00m高程至1010.00m高程范围的大寨沟右岸，临沟岸坡坡度为30°～35°的陡坡，高出沟床5～10m。堆渣压坡治理即将此段沟底回填石渣压坡，沟底堆渣厚度从上游到下游逐渐增加，厚约15～50m，堆渣量约425.19万m^3。在排导槽入口处堆渣形成宽度约90m，高程为970.00m的平台，并以1∶2.5的坡比堆至沟口挡渣坝坝顶即高程930.00m。下红岩前缘沟底997.00m至950.00m高程范围，在下红岩堆积体上以1∶2.5的坡比至1030.00m高程。

在堆渣区沿沟床底部布置三层排水层，每层净间距5m，采用土工排水管网，纵向主排水管间距为10m，坡度为10%，横向支排水管间距5m。在堆渣与下红岩堆积体接触面上，设置一层排水层，纵向每10m布置主排水管，横向支排水管间距为5m。在堆渣区北侧及下游沟口段西侧布置M7.5浆砌石截排水沟，长度约1250m。

在下红岩堆积体1060.00m～1050.00m高程布置一排抗滑桩，共30根，在1080.00m高程布置一排抗滑桩，共10根。桩净间距为4m，桩截面尺寸3.0m×5.0m，桩深为22～35m，抗滑桩采用C30钢筋混凝土。

5）沟谷防护

（1）在排导渠上游右岸进行浆砌石护坡保护，兼作泥石流导流提，护坡长165m、高15m，采用M15浆砌石护坡。

（2）对中下游半边街、田坝寨前缘以及其他易受冲蚀的岸坡前缘进行岸坡浆砌石护坡保护。护岸总长150m、高5m，采用M15浆砌石护坡。

（3）对挡渣坝下游至进水口上部的坍滑部位进行削坡和挡墙护坡处理。护坡长度为约为200m，挡墙高为5m。

6）临时排水渠及上游围堰

临时排水渠布置在沟道右岸下红岩缓坡地上，顺地形布置，排水渠进口高程为1015.00m、出口高程为998.92m，全长约651.69m，纵坡坡度为2.37%，采用钢筋混凝土结构型式，过流断面为梯形，内侧坡比为1∶0.75，外侧为直立坡，断面尺寸为1.5m×1.5m（宽×高）。

上游围堰布置在临时排水渠进口下游侧，采用土石结构，黏土斜墙防渗的型式，围堰分两期实施，一期围堰堰顶高程为1018.00m，堰顶宽度为9m，上游坡比为1∶2.3、下游坡比为1∶2.5，最大堰高约29.0m；二期在一期围堰基础上加高，堰顶高程为1036.50m，上游坡比为1∶1.8、下游坡比为1∶1.5，最大堰高约为47.5m。

7）临时排水洞

临时排水洞按无压流设计，穿左岸山体，排水洞进口高程为1028.00m、出口高程为920.65m，全长约982.07m，平面上呈直线布置，底坡坡度为10.81%。排水洞顶拱和边墙采用锚喷支护，底板采用25cm厚度混凝土，进口20m洞段过流净断面为3.5m×5.0m（宽×高）的城门洞型，之后10m洞段为渐变段，过流净断面渐变至3.5m×3.5m（宽×高），渐变后的断面尺寸延续到出口。

大寨沟泥石流排导渠典型断面见图7.25。

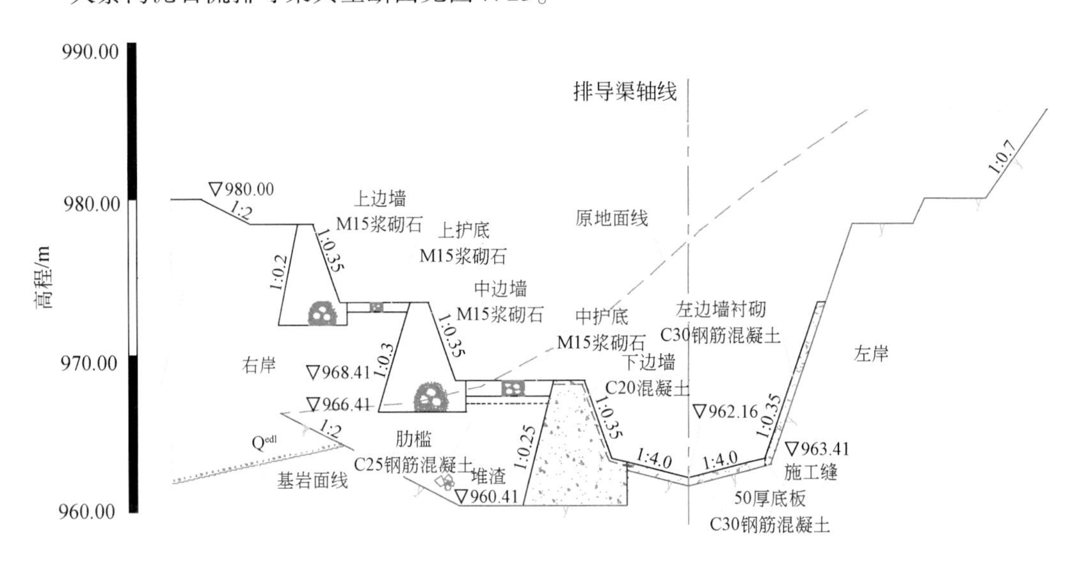

图7.25　大寨沟泥石流排导渠典型断面图

4. 实施情况

大寨沟泥石流排导设施目前基本建成，可在明年汛前投入使用。泥石流防治建筑物建设面貌见图7.26～图7.28。

图 7. 26　大寨沟沟口堆渣体

图 7. 27　大寨沟排导渠

图 7.28　临时排水洞进口及上游潜坝

7.5.3　白鹤滩水电站海子沟渣场沟水处理①②

1. *海子沟概况*

海子沟位于金沙江右岸，药山山脉的西缘，地势东北高、西南低，其地貌类型为中山-中高山山地地貌，流域最高海拔为 3930.00m、最低点海拔为 590.00m，相对高差为 3340.00m。流域左岸山体陡峭，坡度为 28°～41°；右岸较平缓，坡度为 17°～25°。海子沟主沟沟道呈北东-南西向展布，最后汇入金沙江，流域面积为 103.6km^2。海子沟沟道宽度变化较大，兼有“V”形和“U”形，宽度为 5～50m 不等（海子段除外），主沟长为 21.1km，沟床平均纵比降为 110‰。

根据海子沟泥石流调查成果，海子沟与其他泥石流沟最显著的区别是泥石流堆积扇并非发育在沟口地段，而是出现在离沟口 3.6km 的区域。自海子形成以来，海子以下区域还未曾发生过泥石流，海子沟泥石流活动主要集中在海子以上区域。就目前来看，海子以下

① 中国水电顾问集团华东勘测设计研究院，2011，金沙江白鹤滩水电站矮子沟、海子沟渣场沟水处理及防护工程初步设计报告。

② 中国水电顾问集团华东勘测设计研究院，2010，金沙江白鹤滩水电站可行性研究阶段施工区海子沟渣场排水及防护工程地质勘察报告。

区域是否会遭受泥石流危害，主要取决于海子的稳定性及堆积区的剩余库容。一旦海子溃决或者堆积扇淤满，大量固体物质将被洪水携带到下游沟道，从而引发泥石流。

2. 海子沟沟水处理

海子沟渣场施工期采用布置于左侧山体排水洞排水，海子沟挡水坝挡水。

渣场排水洞按排泄 20 年一遇洪水设计标准，相应流量 $396m^3/s$。排水洞进出口高程分别为 785.0m、711.0m，排水洞全长为 1419.9m，分别由纵坡分别为 14%、8.5%、2.6%的三段组成。排水洞主要过水断面尺寸为 7m×5.5m。

根据对海子沟泥石流的考察和研究成果，排水洞离海子出口约有 1km 距离，区间沟道左侧坡面十分陡峻，坡面上多巨石崩落至沟道内，实测最大颗粒直径达 2.5m，由于海子沟洪峰流量大，加之该段沟道纵比降也较大，洪水可能会将一些大石块大量搬运到隧洞口，从而堵塞排水洞。针对该问题，拟在排水洞进口沟道上游约 100 处设置格栅坝将沟内大石块挡住，防止洪水将其搬运至洞口从而引起堵塞。格栅坝布置示意图见图 7.29。

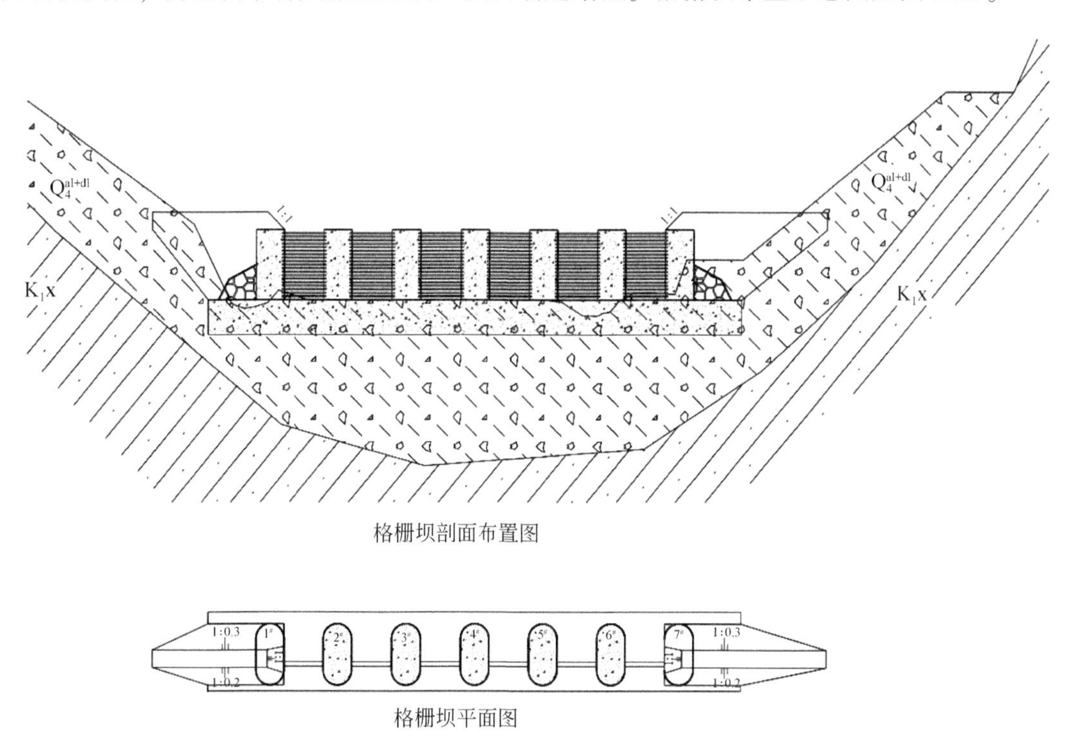

图 7.29　海子沟排水洞上游格栅坝布置示意图

考虑沟道发生超标洪水的可能，在渣体上预留排泄通道，利用渣体填筑形成与现有至大寨乡公路同高程的渠道，该渠道与现有公路相结合作为海子沟发生超标洪水或排水洞堵塞时的非常泄洪通道，通道进出口高程分别为 797m、720m，宽度按不小于 30m 控制，泄洪通道过水断面采用钢筋石笼及混凝土喷护，通道全长约 1km，平均纵坡约 7.5%。

3. 现场实施情况

根据海子沟泥石流调查成果，海子沟泥石流堆积扇出现在离沟口上游3.6km的海子区域。自海子形成以来，海子以下区域还未曾发生过泥石流，海子沟泥石流活动主要集中在海子以上区域。整个堆积区还有384万m^3的固体物质堆积库容，据判断，海子沟泥石流一般不会进入海子以下堆渣区域沟道。因此，海子沟渣场沟水处理设施主要考虑排水。

目前，海子沟渣场沟水处理设施已投入使用，渣场正在堆渣过程中。渣场堆渣面貌见图7.30。

图7.30　海子沟渣场堆渣现状图（2014年7月）

图7.30说明：海子沟渣场采根据开挖出渣线路不同采用分区堆渣。720m高程以下沟口堆渣区、834m高程以下堆渣区。720m高程以下主要堆置导流洞进口、场内交通洞等利用低线公路出渣的开挖工作面；834m高程以下主要堆置右岸进水口、坝肩边坡等利用高线公路出渣的开挖工作面。分区堆置可以减小弃渣运距，采用高料高运、低料低运。

图7.31说明：排水洞按明流洞设计，排水洞Ⅲ、Ⅳ围岩洞段仅考虑边墙直墙及底板混凝土衬砌。出口泄槽段纵坡由66.88%、45.54%、22.7%三段组成，总体坡度较陡，泄槽段置于混合土碎块石为主的基础上，考虑泄槽纵向稳定，泄槽底板设置成台阶式。为防止出口淘刷，泄槽出口12m段设置两排防淘桩。

图7.31　海子沟渣场排水洞进口及出口泄槽运行状况图

图7.32和图7.33说明：为防止沟道大块石进入海子沟排水洞洞内，在距排水洞约100m处设置格栅坝，坝高约2.5m。

图7.32　海子沟渣场排水洞进口格栅坝图

图 7.33 排水洞洞口及上游拦挡坝

7.5.4 白鹤滩水电站荒田渣场①②

1. 水文条件

荒田渣场（图 7.34）位于坝址左岸下游约 5km 处的荒田村，渣场规划区域附近分布有四条冲沟，从下游至上游分别为 1# 冲沟（陈家坪沟）、2# 冲沟（蔡家坪沟）、3# 冲沟（大石垴沟）、牛路沟。牛路沟为区域内最大规模的冲沟，全长约 4.9km，集雨面积约 7.6km^2，其中 3# 冲沟在跨牛路沟桥上游侧汇入牛路沟，渣场范围各冲沟全年洪水设计成果见表 7.19。

2. 地形地质条件

渣场地形坡面走向近南北，地势西高东低，地形开阔，为临江斜坡地带，自然坡度为 16°~29°，前缘为河漫滩地貌。渣场坡面冲沟发育，切割深浅不一，主要有陈家坪沟、蔡家坪沟、大石垴沟和上游侧的牛路沟，牛路沟规模最大。渣场下部金沙江枯水期水面高程约 582m。

---

① 中国水电顾问集团华东勘测设计研究院，2011，金沙江白鹤滩水电站新建村、荒田渣场沟水处理及防护工程初步设计报告。

② 中国水电顾问集团华东勘测设计研究院，2010，金沙江白鹤滩水电站荒田渣场沟水处理及防护工程地质勘察报告。

图7.34　荒田渣场区域地形地貌特征

表7.19　荒田渣场各冲沟全年洪水设计成果表　　（单位：m^3/s）

支沟名称	洪水频率（P）/%				
	1	2	5	10	20
1#冲沟	18.1	15.1	11.5	8.8	6.3
2#冲沟	27.1	22.7	17.3	13.2	9.4
3#冲沟	8.8	7.4	5.6	4.3	3.1
牛路沟	79.4	66.5	50.7	38.8	27.6

渣场坡面覆盖层深厚，大部分为滑坡堆积形成，场区地形坡度较缓，滑带物质不明显，边坡整体稳定性较好。钻孔揭露渣场区内地层以黏土质砾夹碎石、混合土碎块石为主、块石土、卵砾石夹漂石，局部夹粉土、粉砂等粗颗粒物质为主。

场区坡面地下水位埋深为21.70～74.80m，变化起伏大；地表水主要以冲沟内流水为主。

3. 渣场布置

渣场位于坝址左岸下游3.5km处，由弃渣场和存料场两部分组成，均为坡地型渣场。渣场布置以牛路沟为界，牛路沟上游侧为有用料堆存区，占地面积约14.4hm^2；牛路沟下游侧为弃渣场，占地面积约8.5hm^2。存料场堆料高程为670.00～810.00m，存料场中转量为350万m^3；弃渣场堆渣高程为590.00～700.00m，容渣量为120万m^3，最终弃渣量为

120 万 m^3。弃渣场占用跨牛路沟桥下游牛路沟段。

4. 渣场排水及防护设计标准

荒田弃渣场为永久渣场，根据《水电建设项目水土保持方案技术规范》（DL/T 5419—2009），荒田渣场排水设计标准采用100年一遇。渣场沿江侧防护采用金沙江50年一遇洪水标准设计，相应河床水位619.8m①。

5. 渣场排水方案

在牛路沟右侧沟底弃渣坡面上布置排水明渠，排水渠全长约200m，除经过下游104#公路为涵洞段外，其余段均为开敞式过水断面，排水渠进口段为覆盖层基础，渠身段置于基岩。

6. 渣场排水建筑物设计

渣场排水建筑物主要为牛路沟排水渠及3#冲沟整治。

牛路沟排水渠全长为266.04m，分别由纵坡分别为4.44%、8.57%、5.0%三段组成，排水渠断面尺寸5m×4～5m（宽×高）。其中桩号排0+075.00至0+030.00段主要利用沟道填渣及荒田弃渣场边坡作为渠道过流断面，断面尺寸为5m×5m（宽×高）的梯形断面，左侧填渣边坡坡比为1∶1.6，右侧为天然边坡（图7.35）。桩号排0+030.00以后渠段主要置于挖方基础，渠道采用钢筋混凝土开敞式结构，其中桩号排0+028.00至0+040.00段为满足交通要求，采用箱涵结构布置型式。

图7.35　牛路沟排水渠进口面貌图

① 中国水电顾问集团华东勘测设计研究院，2013，金沙江白鹤滩水电站水土保持方案报告。

荒田区域3#冲沟为一条泥石流沟，沟道上部纵比降较陡，下部纵比降较缓。为避免汛期沟道发生泥石流威胁下方砂石加工系统、混凝土生产系统、荒田水厂的运行安全，需对3#冲沟、牛路沟沟道进行沟道整治。整治措施为恢复已冲毁的跨3#冲沟及牛路沟地方道路，采用过水路面型式，路面宽度不小于2～4m，路面采用30cm厚C25混凝土；清除3#冲沟地方道路至砂石加工系统道路之间的松散堆渣，大粒径块石保留在原沟床内进行适当平整，沟底及边坡采用钢筋石笼防护，局部采用衡重式挡墙防护，钢筋石笼表面喷10cm厚的C15混凝土（图7.36）。

图7.36　荒田施工区域面貌图

7.5.5　杨房沟水电站上铺子沟渣场沟水处理及泥石流防治①

1. 上铺子沟概况

上铺子沟距离坝址下游约2.6km，流域面积为32.81km²，流域沟道弯折，尤其在近沟口处有两处大弯道，主沟沟谷较深，沟谷呈“V”形，沟口高程为1980.00m，最高高程为5001.00m，主沟长度为15.7km，沟床平均比降为197.1‰。

雅砻江流域的径流补给以降雨为主，全流域径流的空间分布、年际变化、年内分配与降水规律一致。上铺子沟全年洪水设计成果见表7.20。

① 中国电建集团华东勘测设计研究院有限公司，2013，杨房沟水电站上铺子沟弃渣场沟水处理及泥石流防护专题报告。

表 7.20　上铺子沟全年洪水设计成果表

洪水频率	1%	2%	3.3%	10%
设计流量/(m^3/s)	131.00	113.75	104.05	73.84

上铺子沟于 1973 年暴发过规模较大的泥石流，该次泥石流暴发前一周内有一个降雨过程，连续降雨是激发该沟泥石流暴发的主要因素，上铺子沟洪峰最大流量及泥石流峰值流量和一次泥石流固体物质总量见表 7.21、表 7.22。

表 7.21　上铺子沟洪峰最大流量及泥石流峰值流量表

设计概率	10%	3.3%	2%	1%
洪峰最大流量（Q_B）/(m^3/s)	73.84	104.05	113.75	131.00
泥石流峰值流量（Q_C）/(m^3/s)	104.35	170.66	195.29	235.92

表 7.22　泥石流总量及一次泥石流固体物质总量

设计概率	10%	3.3%	2%	1%
泥石流总量（Q）/万 m^3	4.96	12.16	17.94	22.42
固体物质总量（Q_H）/万 m^3	1.10	4.01	6.45	8.73

2. 设计标准

上铺子沟渣场沟水处理工程等级为 4 级，采用 50 年一遇洪水设计，100 年一遇洪水校核。上铺子沟泥石流防护工程的安全等级为 2 级，相应的设计标准确定为按 50 年一遇降雨强度设计，相应的泥石流容重为 1.60g/cm^3，流量为 195.29m^3/s，一次固体总量为 6.45 万 m^3。泥石流防护标准为 50 年一遇。

3. 沟水处理及泥石流防治

1）主要原则

（1）沟水处理与泥石流防治措施统筹考虑。

（2）上铺子沟弃渣场沟水及泥石流防护工程应结合弃渣规划和施工总布置规划，充分考虑渣场的容渣需要，合理布置拦挡、排泄措施。

（3）根据泥石流特点、上铺子沟弃渣场规划布置成果，泥石流防护措施采取“以排为主，拦粗排细”的防护措施。拦挡的目的是辅助排泄并尽量减轻泥石流中的粗颗粒固体物对排导通道结构体的冲刷破坏程度。

（4）下游修建的排导（泄）槽既具备排泄设计标准的沟水和泥石流能力，又要具备一定的超排潜力。

（5）上铺子沟弃渣场沟水处理及泥石流防护工程应在渣场弃渣前完成，治理措施应兼顾施工条件，方便施工。

（6）防护工程施工过程中、渣场弃渣过程中及主体工程竣工后，均应加强泥石流的监测和预警，加强对沟水处理及泥石流防护工程措施的维护管理。

2）沟水处理及泥石流防治方案

推荐方案的上铺子沟沟水及泥石流防治工程主要由沟道上游2级格栅拦挡坝、排导槽组成，拦蓄库容共计1.24万m^3。各级格栅拦挡坝坝高均为14.0m，坝身主孔洞尺寸为2.5m×6.0m（宽×高）。

排导槽进口底板高程为2152.50m，排导槽出口高程为1990.00m，排导槽总长304.02m。槽身断面型式为U型槽结构，采用C35混凝土浇筑，进口缓坡段槽身纵坡满足顺接要求为15%，成型后断面为宽14.0m、高5.0m，两侧最大开挖边坡高度为42～47m；陡坡段槽身纵坡以地势而定为65%，断面为宽11.0m、高4.0m，两侧最大开挖边坡高度为45～55m。进口缓坡段与槽身陡坡段纵坡采用抛物线衔接，断面采用渐变段衔接。

上铺子沟排导槽纵剖面布置和运行面貌见图7.37、图7.38。

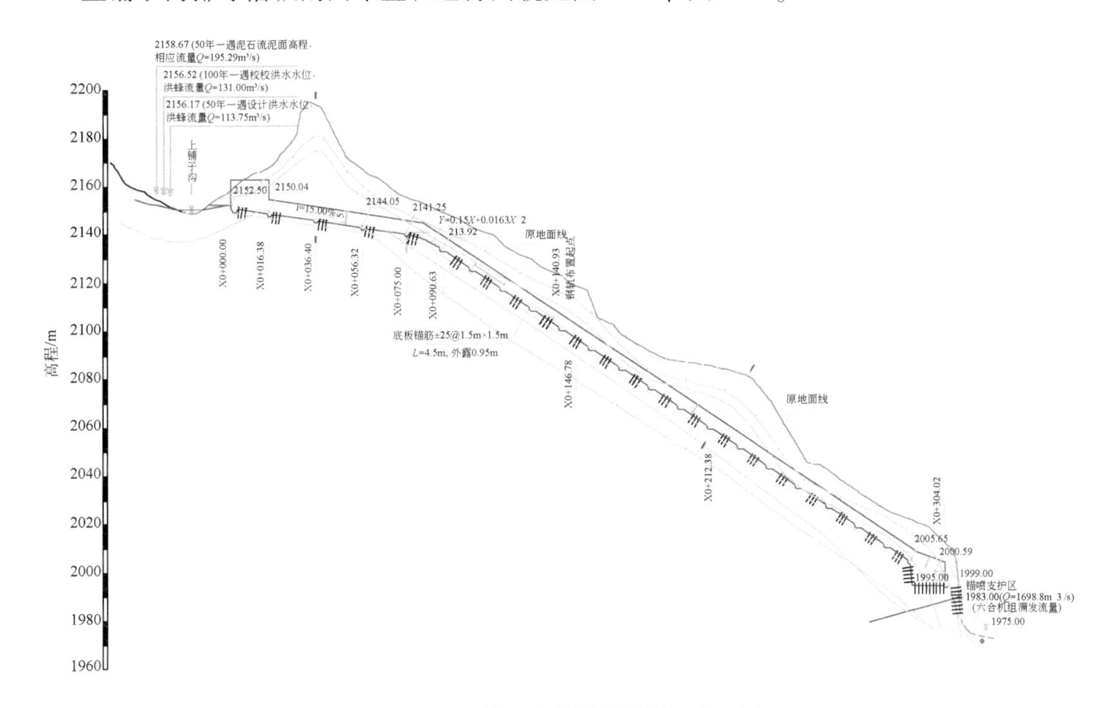

图7.37　上铺子沟排导槽纵剖面布置图

7.5.6　苗尾水电站丹坞堑渣场沟水处理及泥石流防治①

1. 丹坞堑沟概况

苗尾水电站位于云南省大理州云龙县旧州镇境内的澜沧江河段上，是澜沧江上游河段

① 中国水电顾问集团华东勘测设计研究院，2010，澜沧江苗尾水电站窝戛沟及丹坞堑沟泥石流防治工程设计专题报告。

图 7.38　上铺子沟泥石流排导槽运行面貌

一库七级开发方案中的最下游一级电站，上接大华桥水电站，下邻澜沧江中下游河段最上游一级电站——功果桥水电站。

丹坞堑沟位于坝址右岸下游约 3.5km 处，冲沟规模较大，切割较深，沟底平均坡降 25.0%，沟内常年流水。丹坞堑沟沟口有右岸过境改线公路及右岸沿江公路通过；沟内布置有丹坞堑弃渣场；窝戛沟位于坝址右岸下游约 3.0km 处，冲沟规模中等，切割较深，沟底平均坡降 15.6%，沟内常年流水。丹坞堑渣场沟水采用排水洞将丹坞堑沟沟水引至窝戛沟后顺沟汇入澜沧江的排导方案（任金明等，2018）。

2. 洪水、泥石流设计成果

丹坞堑沟泥石流基本运动参数泥石流容重、流速、峰值流量、一次泥石流总量以及一次泥石流固体物质总量见表 7.23 ~ 表 7.26。

表 7.23　丹坞堑沟各频率泥石流容重表

频率/%	1	2	3.33	5	10
周期/年	100	50	30	20	10
泥石流容重（γ_c）/(g/cm^3)	1.72	1.64	1.57	1.52	1.44

表 7.24　丹坞堑沟泥石流流速计算成果一览表

断面编号	沟名和断面位置	比降/(°)	泥深/m	糙率值/(1/n)	$(\gamma H\varphi+1)^{1/2}$	流速/(m/s)
断面 1	主沟下游	3	3.3	14.1	1.78	4.02

表7.25　丹坞堑沟泥石流峰值流量计算成果一览表

频率/%	1	2	3.33	5	10
暴雨洪峰流量（Q_B）/(m^3/s)	57.8	58.2	41.9	44.1	33.9
1+φ（φ为泥沙修正系数）	1.77	1.63	1.53	1.46	1.36
泥石流堵塞系数（D_c）	2.3	2.2	2.1	2.1	1.8
泥石流峰值流量（Q_c）/(m^3/s)	215.1	171.5	146.7	131.3	99.1

表7.26　丹坞堑沟一次泥石流总量和一次泥石流固体物质总量计算成果表

频率/%	1	2	3.33	5	10
泥石流峰值流量（Q_c）/(m^3/s)	215.1	171.5	146.7	131.3	99.1
一次泥石流总量（W_C）/万m^3	2.2	1.7	1.5	1.3	1.0
一次泥石流固体物质总量（Q_S）/万m^3	0.8	0.6	0.5	0.4	0.2

3. 洪水及泥石流防治标准

丹坞堑沟泥石流治理工程重点保护对象是本工程主弃渣场（丹坞堑渣场）、右岸过境改线公路和右岸沿江公路。其中丹坞堑渣场为永久弃渣场，其防洪标准为50年一遇设计洪水；右岸过境改线公路为永久公路，其防洪标准为25年一遇设计洪水。

根据《泥石流灾害防治工程设计规范》（DZ/T 0239—2004），以受灾对象及灾害所造成的影响、适当考虑工程投资的原则进行综合确定，丹坞堑沟泥石流治理工程安全等级可确定为二级，防治标准为50年一遇泥石流。

4. 沟水处理方案

渣场沟水处理采用排水洞将全部沟水排至邻近的窝戛沟后排水澜沧江。全长1347.04m，平均纵坡为2.7%，城门洞形断面，断面尺寸5.5m×4.8m（宽×高）。

5. 泥石流防治方案

丹坞堑沟泥石流综合治理方案采取挡淤相结合的治理方案，即由上游拦蓄系统和下游停淤场两部分组成，上游拦蓄系统拦挡泥石流固体物质，使泥石流的能量基本“发动”不起来；下游设置停淤场作为补充。上游拦蓄系统设两级拦渣坝。拦挡坝按拦挡设计标准下一次泥石流固体物质总量设计，共设置二级拦挡坝，第一级拦渣坝堰顶高程为1983.00m，最大堰高为12.0m，拦蓄库容为0.60万m^3；第二级拦渣坝堰顶高程为1883.00m，最大堰高为7.0m，拦蓄库容为0.10万m^3，总拦蓄库容为0.70万m^3。拦挡坝断面型式见图7.39。

6. 丹坞堑沟泥石流发生情况

丹坞堑沟沟源分水岭附近突然极强降雨，导致丹坞堑沟沟内流量激增，丹坞堑沟于2012年8月26日晚18时15分左右发生较大规模泥石流。

本次泥石流起始于丹坞堑沟沟源靠右侧的支沟内，沿丹坞堑沟带动原沟内堆积物下行

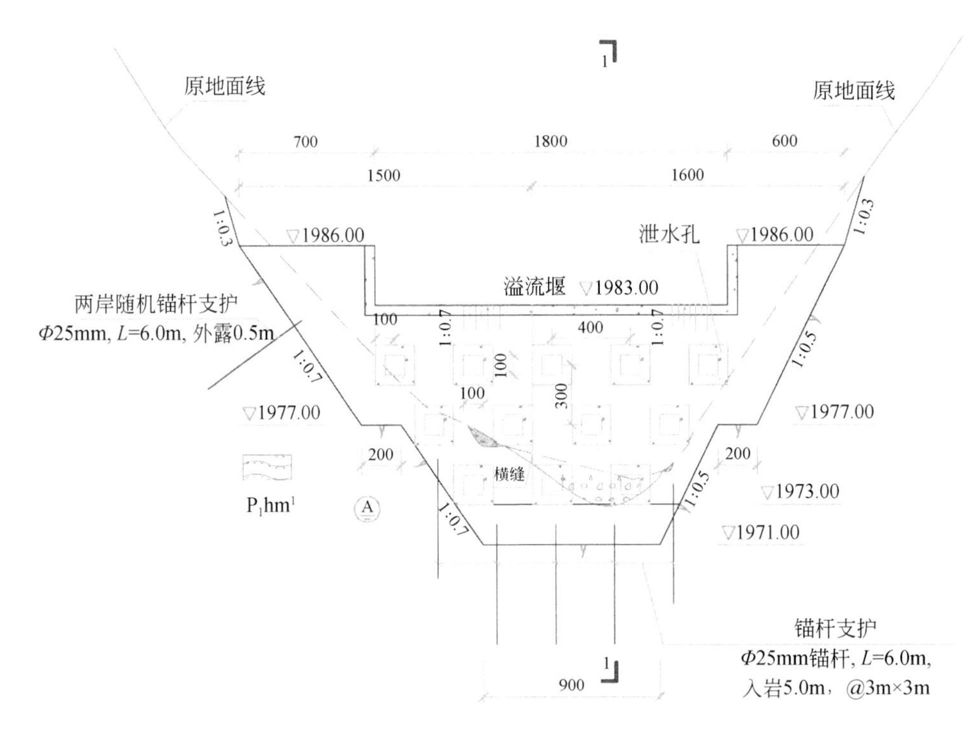

图 7.39　拦挡坝典型断面图（单位：m；1 级拦渣坝上游立视图）

至丹坞堑排水洞转至窝戛沟，泥石流携带的固体物质很快淤塞了窝戛沟砂石加工系统的排水涵洞，泥石流通过排水箱涵顶部的过水路面一路下泄至丹坞堑渣场道路位置，再沿窝戛沟左岸至丹坞堑石料场道路一直下行至过境公路交叉口，再穿过过境公路挡墙进入过境公路下边坡也就是鲁羌营地前缘当地政府的场平区域（图 7.40）。

图 7.40　排水洞进口淤堵面貌

7. 泥石流后采取的措施

根据本次丹坞堑泥石流发生及应对情况，为尽量减少再次发生类似事故的损失，确保工程安全，设计建议：

（1）尽快实施丹坞堑沟内水情雨量观测站，全面监控工程区主要冲沟雨量及流量情况。

（2）在具备条件的情况下，适时安排丹坞堑排水洞进口及洞内泥石流堆积物的清理，并进洞检修排水洞底板，确保排水洞在枯水期具备过流条件。

（3）及时对因发生泥石流而堵塞的河道、涵洞、排水沟等设施进行清理，确保下一步排水通畅。

（4）在明确窝戛沟弃渣场搬渣方案及施工单位后，尽快完成对窝戛沟临时弃渣场内渣体进行搬运，恢复原沟床，减少安全隐患。

7.5.7　锦屏二级水电站海腊沟渣场沟水处理及泥石流防治①

1. 海腊沟基本概况

海腊沟位于雅砻江大河湾东侧左岸，靠近锦屏二级厂址，系雅砻江一级支流。根据锦屏二级水电站施工组织设计，锦屏二级水电站厂房系统及部分引水隧洞等主体工程及临时工程的土石方开挖渣料弃置在海腊沟内，弃渣量约500万m^3。海腊沟集水面积较大，沟全长14.3km，集水面积为66.5km^2，河道平均坡降为138.7‰。沟水长年不断，遇暴雨易形成洪水。根据水文计算，挡水坝处50年一遇洪峰流量为192m^3/s，100年一遇洪峰流量为219m^3/s。

2012年8月10日，设计委托成都理工大学和浙江华东建设工程有限公司联合开展了海腊沟泥石流调查活动，于2012年9月形成了“雅砻江锦屏二级水电站海腊沟泥石流专题研究报告”（送审稿），10月形成“雅砻江锦屏二级水电站海腊沟泥石流专题研究报告”，确认海腊沟为泥石流沟。沟道一次泥石流总量和固体物质总量见表7.27。

表7.27　海腊沟一次泥石流总量和固体物质总量表

计算沟谷	K	设计频率（P）/%	10	5	2	1	0.2
海腊沟	0.264	泥石流历时（t）/min	10	30	45	60	120
		一次泥石流总量/万m^3	4.28	14.73	25.67	37.55	102.60
		一次固体物质总量/万m^3	0.59	2.20	3.83	5.60	15.30

海腊沟渣场位于锦屏二级水电站大水沟厂址约6km，通过排水洞兼施工期交通洞经工程专用对外交通公路与场内交通相衔接。海腊沟渣场于2007年启用，截至目前，海腊沟渣场实测堆渣量为532万m^3，其中56万m^3为有用料，渣场顶最高高程约530m。海腊沟渣场面貌见图7.41。

① 中国电建集团华东勘测设计研究院有限公司，2012，雅砻江锦屏二级水电站海腊沟渣场沟水处理“8·30”灾后改建工程设计方案报告。

图 7.41 海腊沟渣场面貌图（2012 年 6 月 25 日）

2. 海腊沟沟水处理设计方案

根据 2005 年地灾评估报告，海腊沟泥石流易发程度低，不易发生泥石流，综合确定产生泥石流可能性小，地质灾害危险性小。因此原沟水处理工程按照仅排泄洪水设计。

渣场挡水坝及排水洞设计洪水标准拟采用 50 年一遇，相应洪水流量为 $192m^3/s$，校核洪水标准拟采用 100 年一遇，相应洪水流量为 $219m^3/s$。

考虑到弃渣交通需要，洪水特点为暴涨暴落，一次洪水过程历时较短，洪枯流量差很大，通常情况下沟水流量很小的水文特点，结合对外交通条件，确定采用排水洞与出渣交通洞相结合方案，以节省工程投资。按小流量由排水洞下部排水沟下泄，排水洞可用作出渣通道，来水流量超过排水沟泄量时，排水洞过流，停止出渣设计思路。排水沟尺寸 2.0m×1.15m（宽×高），排水沟布置在隧洞底中间，为出渣行车需要，行车段排水沟上部采用厚 25cm 混凝土预制盖板加 10cm 厚混凝土铺装层结构。

由于高差较大，为保证排水洞在各级流量下，流态稳定，排水洞按无压洞设计。排水洞进口底板高程为 1498.00m、出口底板高程为 1440.00m，洞长为 958.28m，断面尺寸根据出渣交通要求确定为 8.0m×6.5m（宽×高）城门洞型，设计纵坡为 6.07%。

隧洞出口为一条冲沟，为解决出口消能，在出口设置了消力池，水流经消能后接泄水槽流入雅砻江。消力池长度为 44.5m，底宽度为 10.0m，底高程为 1432.00m，泄水槽与消力池呈 90°衔接，沿冲沟布置，泄水槽宽度为 12.0m，纵坡坡比为 1∶3.5～1∶1.6。泄槽顶部底板设计高程约为 1433.00m，底部挑坎设计高程约为 1346.00m，高差约 87m，泄槽上部设计坡比为1∶1.6、中部设计坡比为1∶2.8、下部设计坡比为1∶3.5。

3. 海腊沟沟水处理改建方案设计

海腊沟沟水处理工程投运以来数次发生小型泥石流，造成挡水坝、消力池内洪积物淤积，泄水槽在推移质作用下底板发生破坏。先后数次对洪积物进行了清理，对泄水槽底板进行了修复。

海腊沟泥石流应急治理原则为“拦挡为主、疏导为辅”，即通过在沟道适当位置分级修建拦渣坝原地阻挡主要泥石流物源，末端排泄稀泥性泥石流。首先考虑将泥石流粗颗粒的物源尽量拦挡在海腊沟河道内；其次结合清理通道新增一条应急排水洞，一旦突发泥石流将现排水洞洞口淤堵后，能够通过应急排水洞排泄洪水及稀泥质泥石流。

1）上游拦挡坝

本工程采用五级重力式拦渣坝方案，自下而上分别为1#、2#、3#、4#、5#拦渣坝，拦蓄库容分别为1.3万m^3、0.9万m^3、0.6万m^3、1.5万m^3（初估）、1.5万m^3（初估），共计5.8万m^3。其中最下游的1#拦渣坝按照重力式实体拦挡坝要求设计，其余上游四座拦渣坝采用混凝土格栅坝设计。其中1#～3#拦渣坝已具备施工条件，位于流通区上游的4#～5#拦渣坝目前暂不具备施工条件，择机实施。拦挡坝实施后的面貌分别见图7.42～图7.44。

图7.42　海腊沟1#挡渣坝

图 7.43　海腊沟 2#挡渣坝

图 7.44　海腊沟 3#挡渣坝

2）清渣通道兼应急排水洞设计

根据地形条件，清渣通道兼应急排水洞的进口位于现有排水洞上游约 220.0m 的右岸，底板高程为 1524.00m，出口交于现有排水洞桩号约 0+249.0，底板高程为 1482.88m，隧洞长度为 409.0m，设计底坡为 10%。隧洞进口成洞断面为 8.0m×8.0m，至进洞后 10m 渐变为原排水洞断面 8.0m×6.5m。隧洞进口段和与现有排水洞交叉段 20.0m 采用 C30 混凝土全断面衬砌，其余仅衬砌底板和边墙，厚度为 50cm。

3）排水洞改造设计

现有排水洞经历 2012 年汛期后，由于下部排水涵堵塞，沟水击穿原排水涵预制盖板，导致局部路面受损，为满足交通要求，2012 年汛后需要对破损的路面进行修复。

为保证排水洞永久使用功能要求，海腊沟渣场及施工场地结束使命后，对现有排水洞底部的排水涵采用 C20 混凝土进行全长封堵。经现场巡查，排水洞大部分洞段在施工期进行了全断面混凝土衬砌，对于地质条件较好而没有衬砌的洞段，将采用厚 50cm 的 C30 混凝土对边墙护面保护。

4）泄槽修复设计

经历 2012 年汛期雨季后，现有泄槽破坏比较严重。下阶段设计将结合模型试验成果，研究泄槽体型适当优化的可能性。同时为提高泄槽底板抗冲磨能力，拟对泄槽底板全长铺设钢轨，并采用 $C_{90}50$ 硅粉混凝土防护，泄槽边墙在现有基础上加高 2.0m。泄槽上游分流堰见图 7.45。

图 7.45　海腊沟排水洞出口分流墩及稳流堰

5）预警系统

海腊沟渣场对岸为磨房沟电厂生活区及集镇，人员较为集中。海腊沟泄槽附近有地方居民居住。拟在排水洞进口和泄槽区设置监视预警系统，主要包括雨量预警、水位预警及泥石流预警等。

6）专用清渣通道

本工程现有清渣通道利用大部分现有的排水洞，在雨季紧急情况下存在无法清渣清淤的情况，因此考虑采用专用清渣通道，初拟该通道开口于对外交通里庄隧道和海腊沟渣场连接通道的交点附近，尾端与应急排水洞相连，为防止沟水倒灌入里庄隧道，中间采用“人”字坡。专用清渣通道平均坡度约10%，总长为900m，断面为5m×5m。

7.5.8　沙坪二级水电站干河沟渣场沟水处理①

1. 基本概况

沙坪二级水电站位于四川省乐山市峨边彝族自治县和金口河区境内，距峨边县城上游约7km，是大渡河中游22个规划梯级中第20个梯级沙坪梯级的第二级，上接沙坪一级水电站，下邻已建龚嘴水电站。

干河沟弃渣场位于官料河内的干河沟谷，距离坝址区约11.0km，主要用于工程弃渣料堆弃。干河沟弃渣场按沟道左侧单侧堆渣的方式进行弃渣，设计堆渣容量约100万m^3。干河沟左右两岸呈不对称发育六条较大的支沟，其中左岸发育四条、右岸发育两条，六条支沟均常年流水，主支沟沟谷发育特征和干河沟流域水系图见表7.28和图7.46。

表7.28　主支沟发育特征表

沟名	沟口高程/m	沟源高程/m	高差/m	沟长/km	纵坡降/‰
主沟	632.00	1720.00	1088.00	6.00	181.33
1#支沟	739.00	944.00	205.00	0.48	460.71
2#支沟	775.00	1236.00	461.00	1.37	336.49
3#支沟	798.00	1151.00	353.00	0.58	608.62
4#支沟（垮山沟）	830.00	1213.00	383.00	0.93	411.83
5#支沟（黄家沟）	884.00	1501.00	617.00	1.70	362.94
6#支沟（丁沟）	897.00	1612.00	715.00	2.03	352.21

干河沟最大洪水流量计算成果见表7.29，泥石流峰值流量见表7.30。

① 中国电建集团华东勘测设计研究院有限公司，2013，沙坪二级水电站火烧营弃渣场稳定分析及治理专题报告。

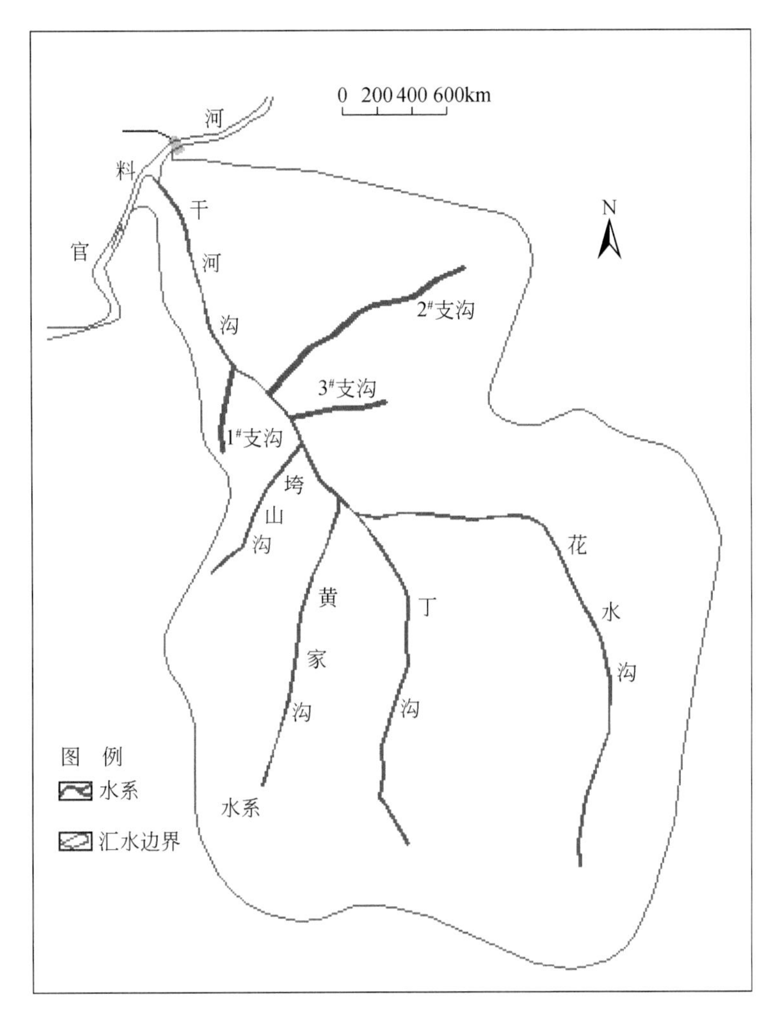

图 7.46　干河沟流域水系图

表 7.29　推理公式计算干河沟最大洪水流量

沟名	项目	量值				
干河沟	流域面积（F）/km^2	11.5				
	沟长（L）/km	6.0				
	河道平均坡度（J）/‰	181.33				
	流域特征系数（θ）	5.76				
	汇流参数（m）	0.454				
	产流参数（μ）	3.772				
	设计频率（P）/%	10	5	3.3	2	1
	暴雨参数（n_2）	0.756	0.743	0.738	0.735	0.729

续表

沟名	项目	量值				
干河沟	雨力（S_P）/(mm/h)	70.50	80.37	87.83	93.53	102.93
	洪峰径流系数（φ）	0.913	0.924	0.928	0.93	0.95
	汇流时间（τ）/h	1.94	1.85	1.80	1.76	1.70
	最大流量（Q_B）/(m^3/s)	124.45	150.42	169.97	185.11	211.53

表 7.30　泥石流峰值流量（Q_c）　　（单位：m^3/s）

设计频率	10%	5%	3.3%	2%	1%
斯氏公式	180.68	218.39	246.77	268.76	307.11
拉氏公式	175.80	212.49	240.11	261.50	298.82
东川公式	173.86	210.15	237.46	258.62	295.52

2. 设计标准

干河沟弃渣场防洪标准为 30 年一遇，并按 100 年一遇进行校核。设计洪水流量为 169.97m^3/s，校核洪水流量为 211.53m^3/s。

干河沟为多发性泥石流，沟口有当地居民和重要设施，并通过与其他工程类比，干河沟泥石流排导工程的标准提高至 50 年一遇，相应泥石流峰值流量为 258.62m^3/s。

3. 设计原则

干河沟弃渣场堆渣采取在沟左侧单侧堆渣，不占压主河道，保留原沟底作为过流通道，按照“以排为主、避让为主，沟水处理与泥石流导排并重”的原则进行设计。设计时以渣场为防护对象，重点在渣场坡脚处修建挡渣墙进行防护，对右岸地形较陡处进行适当防护，不改变原沟道特性，利用原沟道对沟水及泥石流进行排导；对渣体坡面进行覆土植草等防治措施，不因人工弃渣给泥石流增加新的物源。

4. 设计成果

渣场布置沿左侧沟道设置混凝土挡渣墙，挡墙墙高 3～5m，基础埋深为 0.5～1m，采用混凝土重力式结构型式。挡墙全长约 550m。沿沟道每 30m 设置沿沟道横向设置一道潜坝，潜坝埋深为 2m。渣场挡墙挡渣断面见图 7.47。

7.5.9　溪洛渡水电站豆沙溪沟渣场沟水处理①

溪洛渡水电站豆沙溪沟渣场位于坝址上游，设计堆渣容量 1944 万 m^3。渣场计划堆渣在死水位以下，沟水处理工程级别为 5 级，采用 10 年一遇洪水标准设计，相应洪水流量

① 国家电力公司成都勘测设计研究院，2001. 金沙江溪洛渡水电站渣场防护工程设计专题报告。

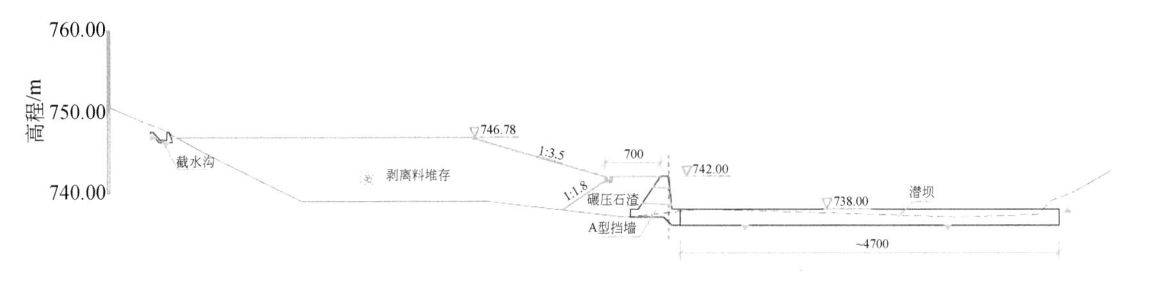

图 7.47　渣场挡墙挡渣断面图

662m³/s；采用 30 年一遇洪水标准校核，相应洪水流量 810m³/s。

渣场沟水处理采用排水洞将水流排至金沙江，排水洞断面为直墙圆拱形，进口断面尺寸为 7.5m×9.896m，出口断面尺寸为 7.5m×6.896m，排水道全长为 2021m，其中排水洞长约 1894m。

第8章 渣场生态修复与监测

8.1 蓄水灌溉工程

部分水电工程渣场位于干旱-半干旱地区，降水量不足，蒸发量较大，植被立地条件及生长环境较差。根据《水电建设项目水土保持方案技术规范》（DL/T 5419—2009）要求，应对渣场配套建设蓄水灌溉设施，主要用于渣场植被建设和土地复耕的后期养护，提高渣场水土流失及生态修复综合防治效益。蓄水灌溉工程应结合渣场截排水设施布置，收集降雨和地表径流。

1. 灌溉水源选择

渣场蓄水灌溉设施结合渣场周边截洪、排水工程布置。坡地型渣场主要通过布置蓄水设施收集截洪、排水工程引排的地表径流；有条件的沟道型渣场除可利用截洪、排水工程引排的地表径流外，亦可结合排洪工程布置引水建筑物，一般可根据不同地形条件采用有坝或无坝引水方式。

灌溉水源主要通过在弃渣场范围内新建蓄水设施、灌溉渠道以及渠系建筑物等，利用蓄水设施蓄积天然降水、截洪和排水工程引排的地表径流或是引水建筑物引入的渣场上游沟道来水等，作为灌溉水源。

1）蓄水设施

蓄水设施蓄水规模应根据降水量、集流面类型及面积、林草植被和作物的灌水定额，一般按50%～75%的供水保证率确定。灌水定额应根据不同的灌溉方式和林草植被的种类，参照有关规范和地区经验确定。全年灌溉水量可按《雨水集蓄利用工程技术规范》（SL 267—2001）附录B和《雨水集蓄利用工程技术规范》（GB/T 50596—2010）的规定执行。

2）灌溉渠道

灌溉渠道除满足灌溉引水作用外，还往往需兼顾堆渣面的排水作用，一般设计为灌排两用渠道，灌溉渠道设计标准主要依据《灌溉与排水工程设计规范》（GB 50288—2018）（表8.1、表8.2）、《水电建设项目水土保持方案技术规范》（DL/T 5419—2009），同时满足渣场灌溉标准、排水标准以及防洪标准的要求。

根据《水电建设项目水土保持方案技术规范》（DL/T 5419—2009），渣场排水设施设计标准根据渣场实际需要确定，一般采用2年一遇至5年一遇（$P=50\%\sim20\%$）。当渣场灌溉渠道兼顾灌溉引水以及渣面排水的作用，且规模较小时，其设计应同时满足灌溉标准和渣场堆渣面排水标准的要求，其中排水标准按照《水电建设项目水土保持方案技术规范》（DL/T 5419—2009）确定。当渣场灌溉渠道仅用于灌溉引水，且工程规模较大时，应考虑灌溉渠道自身的防洪要求，并按照《灌溉与排水工程设计规范》（GB 50288—

2018）确定其防洪标准。

表 8.1　灌排渠沟工程分级指标

工程级别	1	2	3	4	5
灌溉流量/(m^3/s)	>300	100～300	20～100	5～20	<5
排水流量/(m^3/s)	>500	200～500	50～200	10～50	<10

注：(1) 对于灌排结合的渠道工程，当按灌溉和排水流量分属两个不同工程级别时，应按其中较高的级别确定。
(2) 本表引自《灌溉与排水工程设计规范》（GB 50288—2018），有修改。

表 8.2　灌排建筑物、灌溉渠道设计防洪标准一览表

建筑物级别	1	2	3	4	5
防洪标准，重现期/年	50～100	30～50	20～30	10～20	10

注：(1) 本表中建筑物级别根据表 8.1 确定。
(2) 本表引自《灌溉与排水工程设计规范》（GB 50288—2018），有修改。

3）渠系建筑物

渠系建筑物主要包括水闸、跌水、陡坡等，应根据其过水流量的大小确定其防洪标准（表 8.3）。

表 8.3　灌排建筑物分级指标表

工程级别	1	2	3	4	5
过水流量/(m^3/s)	>300	100～300	20～100	5～20	<5

注：(1) 本表与表 8.2 组合使用。
(2) 本表引自《灌溉与排水工程设计规范》（GB 50288—2018），有修改。

2. 灌溉方式选择

渣场堆渣体一般为松散体，透水性较强，灌溉方式不宜直接采用漫灌，主要考虑利用蓄水设施人工或采用水泵从蓄水设施中抽水点灌（穴灌），另外也可根据灌溉要求配套布设喷灌、滴管和管灌等节水灌溉设施。

3. 蓄水灌溉系统布置

渣场蓄水灌溉系统主要包括灌溉渠系、蓄水设施和渠系建筑物等。

灌溉渠系布置需根据弃渣场周边区域地形、坡度及截洪工程布设情况等综合考虑，一般堆渣平台区域沿平台周边布置干渠，干渠首末端应与周边截洪工程或上游引水工程相接，平台内部按一定的距离纵横布置支渠等其他各级灌溉渠道，首末端应与干渠相接。灌溉渠道可采用矩形或梯形断面，渠道考虑防渗措施。

蓄水设施和渠系建筑物沿灌溉渠道布置，为渠系的稳定运行提供保障。蓄水设施蓄积渠道来水的同时兼有消力池和沉沙池的功能，渠系建筑物主要包括水闸、跌水、陡坡等。

8.2　土地整治工程

渣场土地整治措施应根据弃渣特性、自然条件和土地利用方向等因素确定，主要包括场地平整、土地改良、覆土和整地等。

弃渣结束后，在确保堆渣体稳定的前提下，应对渣场顶部平台、马道和坡面进行平整。

一般情况下，渣场堆渣面场地平整后覆一层土石渣或黏土，土石渣粒径应≤1.2cm，并适当进行压实，作为绿化或复耕的基础过渡层。有条件的情况下，干旱、半干旱、干热河谷等特殊立地环境应通过现场实验分析论证渣面渗漏、蒸发和保水保肥条件，提出土地改良的技术方案。水电工程大部分弃渣场以石渣为主，堆渣体透水透气性好，渗漏性强，保水保肥能力差，植被生长困难，尤其在干热河谷等蒸发量大的地区更应针对性地研究土地改良的技术方案，改善渣场立地条件。

渣场覆土厚度宜根据土地恢复利用方向确定，一般宜大于30cm，在采取土地改良措施的前提下，可适当减少。根据弃渣场土地恢复利用方向，一般分区覆土厚度可参照表8.4执行。

表8.4　分区覆土厚度参考值

分区	覆土厚度/m		
	耕地	林地	草地（不含草坪）
西北黄土高原区的土石山区	0.60～1.00	≥0.60	≥0.30
东北黑土区	0.50～0.80	≥0.50	≥0.30
北方土石山区	0.30～0.50	≥0.40	≥0.30
南方红壤丘陵区	0.30～0.60	≥0.40	≥0.20
西南土石山区	0.20～0.50	0.20～0.40	≥0.10

注：（1）黄土覆盖深厚地区不需覆土；
（2）采用客土造林、栽植带土球乔灌木、营造灌木林可视情况降低覆土厚度或不覆土；
（3）铺覆草坪时覆土厚度不小于0.1m；
（4）本表引自《水利水电工程水土保持技术规范》（SL 575—2012）。

渣场的整地方法主要包括穴状整地、鱼鳞坑整地和水平沟整地等，整地一般在堆渣面平整后结合覆土、苗木栽植进行，随栽随整。穴状整地一般穴的口径为50～60cm，深度为30～60cm；鱼鳞坑整地多为半月形坑穴，外高内低，长径为80～150cm、短径为50～100cm，梗高为20～30cm，坑与坑排列成三角形；水平沟整地沿等高线布设，品字形或三角形布置，沟长为400～600cm，沟底宽为20～40cm，沟口宽为50～100cm，深为40～60cm，沟内留档，档距为2m，种植点设在沟埂内坡的中部。以上整地尺寸同时应根据苗木种类和种植规格调整确定。

8.3　植被建设工程

8.3.1　工程级别和设计标准

针对水电工程渣场植被建设工程级别和设计标准，《水利水电工程水土保持技术规范》

（SL 575—2012）提出了相关规定，主要根据工程主要建筑物级别及绿化工程所处位置进行分级确定，详见表 8.5。

表 8.5　植被恢复与建设工程级别

主要建筑物级别	绿化工程所处位置	
	水库、闸站等点型工程永久占地区	渠道、堤防等线型工程永久占地区
1～2	1	2
3	1	2
4	2	3
5	3	3

注：（1）临时占用弃渣场和料场的植被恢复和建设工程级别宜取 3 级；对于工程永久占地区内的弃渣场和料场，执行相应级别；

（2）渠堤、水库等位于或通过 5 万人以上城镇的水利工程，可提高 1 级标准；

（3）饮用水水源及其输水工程，可提高 1 级标准；

（4）对于工程永久办公和生活区，植被恢复与建设工程级别可提高 1 级；

（5）本表引自《水利水电工程水土保持技术规范》（SL 575—2012）。

（1）级标准应满足景观、游憩、水土保持和生态保护等多种功能的要求。设计应充分结合景观要求，选用当地园林树种和草种进行配置。

（2）级标准应满足水土保持和生态保护要求，适当结合景观、游憩等功能要求。

（3）级标准应满足水土保持和生态保护要求，执行生态公益林绿化标准。

根据该规范要求，临时占用渣场植被建设工程级别宜取三级，建设标准主要以满足水土保持和生态保护为主，永久占地区内的弃渣场植被建设工程应根据所处位置执行相应级别，一般需结合景观要求，适当配置景观树草种。

8.3.2　植被建设方案

渣场堆渣结束后，应根据渣场占地性质、原土地类型、立地条件和当地生产需要等综合确定土地恢复利用方向，如恢复耕地、林草地等。

永久征地性质的渣场一般恢复为林草地，并应按照所处位置执行相应标准，且要与周边区域生态环境和工程景观总体规划相结合。临时占地性质的渣场原土地类型为耕地的，一般恢复为耕地，其他一般恢复为林草地。耕地资源紧缺的地区，立地条件较好的堆渣平台一般恢复为耕地，立地条件较差的堆渣边坡一般恢复为林草地。

渣场植被建设一般采用水土保持生态林和经济林两种模式，应从弃渣场的生态功能恢复、立地条件以及周边农业生产需要等角度考虑模式选用。弃渣场堆渣坡面主要采取水土保持生态林模式，堆渣平台由于地形平坦，除采用水土保持生态林以外，也可采用经济林模式，为当地农业生产利用，增加农业收入。根据渣场分类，一般坡地型渣场堆渣平台面积相对沟道型渣场小，其植被建设主要以水土保持生态林模式为主，沟道型渣场按照堆渣坡面和平台分别考虑不同的植被建设模式（高宝林，2010；周述明，2015）。

水土保持生态林模式主要采取乔灌草相结合的方式进行绿化；经济林模式主要为结合

当地农业生产，将渣场地规划利用为经济林种植场地，同时在经济林周边及其与道路交界处营造水土保持生态林兼防护林。

针对有景观需要的渣场，树草种选择可考虑搭配观赏价值高且易于养护的乔灌木及多年生花卉和草本植物，植物景观营造多采用片植的手法，追求大面积花海、大面积复绿的效果，以形成生态和观景俱佳的生态场所。

水土保持林、风景林主要适宜造林树种，生态公益林灌草种、造林主要树种初植密度可参见《生态公益林建设技术规程》（GB/T 18337・3—2001）附录A、附录B和附录D。

8.4 封禁抚育

渣场植被建设后实施抚育管理与封禁治理相结合的生态修复措施。

1. 抚育管理

抚育管理主要包括幼林管护和成林管理。对于立地条件较好或种植时采用大苗的，抚育管理年限宜为1～3年左右；对于立地条件较差或种植时采用1～2级生小苗的，抚育管理年限应根据实际情况确定，宜在3年以上。

渣场植被恢复栽植苗木主要为1～2级生壮苗，栽植后2～3d内浇一次水，以保证幼树成活。其他灌溉的时机为早春和干旱季节。

造林初年，苗木以个体状态存在，树体矮小，根系分布浅，生长比较缓慢，抵抗力弱，适应性差，因此需加强苗木的初期管理，采取松土、灌溉、施肥等措施进行管理。对于自然灾害和人为损坏的苗木应采取一定的补植措施，幼林补植需采用同一树种的大苗或同龄苗，造林一年后，在规定的抽样范围内，成活率（或出苗率）在85%以上，低于41%则重新进行造林绿化，避免“只造不管”和“重造轻管”，提高造林的实际成效，及早发挥水土保持功能。

2. 封禁治理

渣场造林后严禁伐木、砍柴、割草、放牧、取土和打猎等人为活动，加强对病虫害的监测、防治及林区防火工作，人工促进形成以乔灌为主体、乔灌草结合、结构合理稳定和功能高效协调的人工生态林群落。

由于渣场周边人迹较少，封禁治理采用全年封禁的方式，在弃渣场周边路口处树立固定标牌，立牌公示，同时指定护林员进行巡护。

8.5 水土保持设施运行维护

渣场运行维护过程中，应加强已建水土保持设施的管护，一旦遭到破坏应及时修复。

对堆渣量较大且堆渣条件复杂的渣场应在开展水土保持监测的基础上，强化安全监测，其中对堆渣体可进行表面变形、地下水位等观测，对水土保持防护工程建筑物可进行表面变形、支护结构受力等观测，一旦发现安全隐患应及时研究应对措施。

渣场水土保持设施主要运行维护要求见表8.6。

表 8.6　渣场水土保持设施主要运行维护要求一览表

序号	措施类型	措施名称		主要水土保持设施	主要运行维护要求
1	工程措施	拦渣工程		拦渣坝、挡渣墙等	安全监测、拦渣效果调查等
2		排洪工程	上游拦洪工程	挡水坝	安全监测
3			排洪沟（渠、洞）	排洪沟、排洪渠、排水洞、溢洪道、排水箱涵等	安全监测、排导能力及淤堵情况调查、淤积物清理等
4			渣场周边截洪工程	截水沟	安全监测、排导能力及淤堵情况调查、淤积物清理等
5		排（蓄）水工程	排水设施	马道排水沟、渠、盲沟等	安全监测、排导能力及淤堵情况调查、淤积物清理等
6			蓄水灌溉设施	灌溉渠道、蓄水池等	安全监测、排导能力及淤堵情况调查、淤积物清理等
7		护坡工程		钢丝笼护面、砌石护坡、综合护坡等	安全监测
8		土地整治工程		场地平整、覆土、全面整地、土壤防渗处理、保水保肥处理、防蒸发处理等	植物措施出苗率、成活率、覆盖度、经济林产出等指标调查，苗木补植等
9	植物措施	植被建设工程		水土保持生态林、经济林等	
10		生态修复工程		抚育管理、封禁治理等	
11	临时措施	表土剥离及堆置防护		挡墙、撒播草籽等	—

注：渣场运行维护过程中，应加强已建水土保持设施的管护，一旦遭到破坏应及时修复。

8.6　渣场生态修复措施研究实例

自 2006 年 3 月开始，依托白鹤滩水电站工程，中国电建集团华东勘测设计研究院有限公司联合中国科学院水利部水土保持所开展了金沙江白鹤滩水电站工程生态修复技术的相关课题研究工作，研究成果主要包括项目区立地条件、植被恢复重建模式、生态修复方法和技术等内容。

1. 渣场立地类型划分研究

根据“金沙江白鹤滩水电站生态修复及技术研究报告”[①]，渣场区域划分为干热河谷河滩地、干热河谷阶地斜坡和干热河谷坡地薄层山地燥红土等三种立地类型，均属于干热河谷立地类型小区——坡底冲积区立地类型组。同时考虑到淹没后库区水位线以上弃渣场的堆渣体透水、透气性增强，在蒸发量没有下降的情况下，土壤渗漏性增大，保水保肥能力差，植被生长将更加困难，因而将库区型（库面型）渣场独立划分为坝区渣场立地类型。

① 中国水电顾问集团华东勘测设计研究院，中国科学院水利部水土保持所，2011，金沙江白鹤滩水电站生态修复及技术研究报告。

金沙江干热河谷立地类型小区：此区海拔范围在700～1600m，气候燥热，有焚风效应。母岩有灰岩、砂岩、砾岩等，土壤类型包含燥红壤、红壤、紫色土等，土壤质地为沙壤、重壤土，土壤水分含量低，石砾含量高，为20%～30%，植被以稀树灌丛草坡为主，灌木有余甘子、马桑、苦刺、车桑子、新银合欢、黄荆、虾子花等，草本有旱茅、扭黄茅、黄背草、芸香草、拟金茅、蒿类等。

金沙江干热河谷坡底冲积区立地类型组：此组森林覆盖率低，旱季、雨季分明，降水集中，河谷面植被稀少，地表径流强烈，受雨水冲刷，大量冲击物被冲至坡足堆积，形成大面积的坡积群、冲积扇或泥石流滩。除有极少量的旱地外，其余大部分为不能耕作的荒地，土壤的石砾多，大孔隙所占比例大、胶体物质少、缺少黏性，土壤通气透水性能好，保水保肥能力差。植被常见有牛角瓜、小桐子、扭黄茅等。

干热河谷坡地薄层山地燥红土：该立地类型为河流一级阶地的前缘部分，土壤为山地燥红壤，厚度40cm以下，但是腐殖质层较厚，一般为3～5cm，大部分被开辟为农田。植被覆盖度也较高，主要植被有黄茅、白茅草丛、黄荆、新银合欢、赤桉、攀枝花等。

干热河谷阶地斜坡立地类型：此立地类型为河滩地和阶地的过渡地带，由于金沙江河流下切作用明显，致使该立地类型区域坡度相对较大，一般为15°以上，部分地段甚至达到60°以上，土壤为燥红壤或沙土，黏性不大，石砾含量多，缓坡地段被开垦为农田，陡坡地段石块裸露。该区植被覆盖度较差。

干热河谷河滩地立地类型：此立地类型主要为河床冲刷形成的河滩地，为“焚风效应”影响较强烈的地带，坡度较缓，一般在5°以下，土壤为冲积土，质地为沙土至沙壤，无明显层次和结构，植被以稀疏草本为主，在土壤层较厚和水分条件较好的地段分布着一些低矮灌木和乔木，如黄荆、新银合欢、赤桉等。

规划的渣场立地类型详见表8.7。除此之外，从弃渣性质分析，渣场弃渣以石方为主，占弃渣总量的70%～90%，堆渣体保水保肥能力极差，植被生长更加困难。因此，渣场在全面实施植被建设工程前需进行土地整治。

表8.7 渣场立地类型一览表

区域	经纬度	立地类型	地形	土壤	植被类型
矮子沟渣场	102°53′31.5″E，27°10′51.0″N	干热河谷河滩地立地类型	海拔610～650m，坡度5°以下	土壤为冲积土，质地沙土至沙壤，无明显层次和结构	黄茅、白茅草丛等，总盖度0.2～0.4
		干热河谷阶地斜坡类型	海拔650～800m，坡度15°以下	土壤为燥红土，质地沙土至沙壤，开辟为农田	黄茅、白茅草丛、黄荆、新银合欢、赤桉、攀枝花等，总盖度0.5～0.8
		干热河谷坡地薄层山地燥红土立地类型	海拔800m以上，坡度15°以上	土壤为山地燥红土，厚度40cm以下，部分开辟为农田	黄茅、白茅草丛、黄荆、新银合欢、赤桉、攀枝花等，总盖度0.5～0.8

续表

区域	经纬度	立地类型	地形	土壤	植被类型
大田坝渣场	102°54′16.3″E，27°11′01.7″N	干热河谷河滩地立地类型	海拔 610 ~ 650m，坡度 5°以下	全部为石块	少量黄茅、白茅草丛等，总盖度 0.1
		干热河谷阶地斜坡类型	海拔 650 ~ 800m，坡度 10°左右	土壤为燥红土，质地沙土至沙壤，开辟为农田	黄茅、白茅草丛、黄荆、新银合欢、赤桉、攀枝花等，总盖度 0.5 ~ 0.8
海子沟渣场	102°53′53.3″E，27°11′39.5″N	干热河谷河滩地立地类型	海拔 610 ~ 630m，坡度 5°以下	土壤为冲积土，质地沙土至沙壤，无明显层次和结构	黄茅、白茅草丛等，总盖度 0.2 ~ 0.4
		干热河谷阶地斜坡类型	海拔 630 ~ 800m，坡度 10°左右	土壤为燥红土，质地沙土至沙壤，开辟为农田	黄茅、白茅草丛、黄荆、新银合欢、赤桉、攀枝花等，总盖度 0.5 ~ 0.8
		干热河谷坡地薄层山地燥红土立地类型	海拔 800m 以上，坡度 15°以上	土壤为山地燥红土，厚度 40cm 以下，部分开辟成农田	黄茅、白茅草丛、黄荆、新银合欢、赤桉、攀枝花等，总盖度 0.5 ~ 0.8
新建村渣场	102°53′46.5″E，27°11′55.9″N	干热河谷河滩地立地类型	海拔 600 ~ 630m，坡度 5°以下	土壤为冲积土，质地沙土至沙壤，无明显层次和结构	黄茅、白茅草丛等，总盖度 0.2 ~ 0.4
		干热河谷阶地斜坡类型	海拔 630 ~ 800m，坡度 10°左右	土壤为燥红土，质地沙土至沙壤，开辟为农田	黄茅、白茅草丛、黄荆、新银合欢、赤桉、攀枝花等，总盖度 0.5 ~ 0.8
荒田渣场	102°52′54.6″E，27°15′04.7″N	干热河谷河滩地立地类型	海拔 580 ~ 610m，坡度 5°以下	土壤为冲积土，质地沙土至沙壤，无明显层次和结构	黄茅、白茅草丛等，总盖度 0.2 ~ 0.4
		干热河谷阶地斜坡类型	海拔 610 ~ 800m，坡度 15°以下	土壤为燥红土，质地沙土至沙壤，开辟为农田	黄茅、白茅草丛、黄荆、新银合欢、赤桉、攀枝花等，总盖度 0.5 ~ 0.8

注：矮子沟、海子沟弃渣场又可独立划分为坝区弃渣场立地类型。

2. 土地整治试验研究

1）土地整治试验研究概述

不同处理对土壤水分的影响为渣场布设防渗处理、覆盖处理、保水剂处理等不同措施。对干季土壤取样监测，其不同处理对土壤水分影响见表 8.8。

从表 8.8 可以看出，同原状相比，各种处理法都不同程度地增加了土壤水分，其中以防渗处理+砂石覆盖+保水剂的处理保持土壤水分的效果最高。

表 8.8 渣场不同处理对土壤水分影响

处理方式	土壤含水量/%	含水量增加率/%
原状对照（未处理）	7.58	—
防渗处理	8.06	6.32
砂石覆盖	8.24	8.67
蔗渣覆盖	8.17	7.78
保水剂	7.94	4.78
砂石覆盖+保水剂	8.65	14.15
蔗渣覆盖+保水剂	8.60	13.45
防渗处理+蔗渣覆盖+保水剂	8.84	16.57
防渗处理+砂石覆盖+保水剂	8.89	17.34

2）渣场土壤水分的变化

（1）渣场土壤水分的月动态变化。

根据当地气象统计资料和试验观测的结果，年度试验地区的降水量及弃渣场土壤水分随时间的变化如图 8.1 所示。

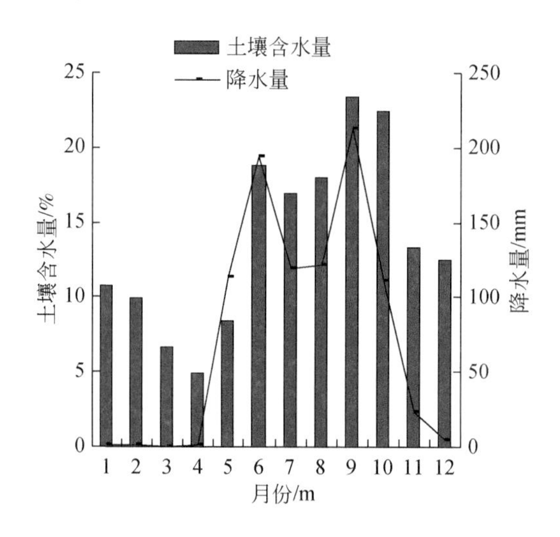

图 8.1 渣场土壤水分随时间的变化图

从图 8.1 可以看出，土壤水分年内变化基本呈现降低、增加、降低的峰谷形态。

（2）渣场土壤水分层间变化。

由于渣场区域干湿季分明，分析选取旱季 4 月和雨季 8 月研究弃渣场土壤水分层间变化。渣场土壤水分层间变化情况见表 8.9。

表 8.9　渣场土壤水分的层间变化

土层厚度/cm	10	20	30	40	50
干季土壤含水量/%	5.55	8.44	8.69	8.85	8.79
雨季土壤含水量/%	12.26	17.16	18.83	18.78	18.32

（3）渣场土壤层间水分的变异性。

在干旱-半干旱地区，土壤水分是植物生长和植被恢复的主要限制因子，也是土地评价的主要因素之一。土壤含水量的垂直梯度变化可用变异系数来具体描述，通常以变异系数（C_v）表示，C_v=标准差/平均数，C_v越大，则土壤剖面层次的水分变化越剧烈，反之含水量越稳定，土壤水分的空间变异反映了水分在土壤中的分配及消耗的差异。

干热河谷水分的亏损主要在旱季，干旱后期土壤中有效水分数量的多少对植物的生长发育影响最大，若有效土层（指能供给植物养分和水分的土层）中水分含量低于植物凋萎系数，植物就不会安全渡过旱季。以 4 月土壤水分为例分析弃渣场土壤水分的空间差异。渣场土壤水分层间变异见图 8.2。

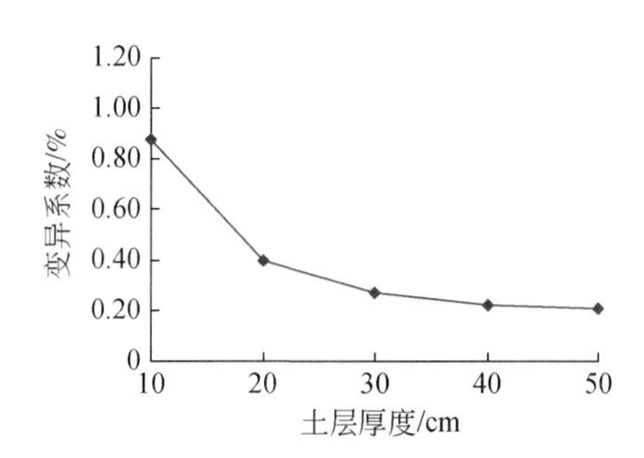

图 8.2　渣场土壤水分的空间变异

3）渣场土地整治对植被恢复影响试验

针对研究区土壤水分、养分的特征，开展了对弃渣场土壤保水保肥的试验研究，以掌握不同处理对植被恢复的效果。

渣场试验小区设四个处理，即空白对照（CK）、保水剂处理（Ⅰ）、保水缓释肥处理（Ⅱ）和保水剂+保水缓释肥处理（Ⅲ）。各区日常管理一致。4 月种植新银合欢，8 月采样测定各种生长指标。第二年 4 月采样测定成活率。

（1）渣场不同处理对植被生长的影响。

不同处理对生长发育影响的测定结果见表 8.10。

表 8.10　不同处理对新银合欢生长发育的影响

处理	株高/cm	株高增长率/%	平均枝数/个	枝数增长率/%	最大叶面积（长×宽）/cm	最大叶面积增长率（长×宽）/%
Ⅰ	63.9	12.80	9.6	9.09	1.47×0.50	5.7×4.16
Ⅱ	70.32	23.56	10.1	14.77	1.50×0.52	7.9×8.33

续表

处理	株高/cm	株高增长率/%	平均枝数/个	枝数增长率/%	最大叶面积(长×宽)/cm	最大叶面积增长率(长×宽)/%
Ⅲ	75.20	32.74	10.9	23.86	1.55×0.55	11.51×14.58
CK	56.65	—	8.8	—	1.39×0.48	—

(2) 渣场不同处理对新银合欢鲜重的影响。

不同处理对新银合欢鲜重影响的测定结果见表 8.11。

表 8.11　不同处理对新银合欢鲜重的影响

处理	单株鲜重/g	单株鲜重增长率/%
Ⅰ	23.81	9.62
Ⅱ	29.30	34.89
Ⅲ	33.34	53.49
CK	21.72	—

(3) 不同处理对新银合欢旱季成活率的影响。

不同处理对新银合欢旱季成活率的影响测定结果见表 8.12。

表 8.12　不同处理对新银合欢成活率的影响

处理	成活率/%	成活率增长率/%
Ⅰ	89.28	6.56
Ⅱ	90.37	7.87
Ⅲ	94.97	13.36
CK	83.78	—

4) 渣场土层厚度对植被恢复的影响

分别建立不同土壤厚度弃渣场恢复小区，种植了新银合欢和小桐子，在经过一个完整的雨季和旱季之后，进行成活率的观测，观测结果见表 8.13。

表 8.13　覆土层厚度对植被旱季成活率的影响

覆土土层厚度/cm	旱季成活率/%	
	新银合欢	小桐子
10	0	24.32
20	0	—
30	82.34	83.84
50	83.78	85.34

通过上述观测结果，在弃渣场采用乔、灌植被恢复时，覆土土层厚度在大于 30cm 时，旱季成活率较高，恢复的效果比较好。

3. 土地整治关键技术

通过以上实验研究，土壤含水量为渣场植被建设的关键性因素，需采取各项技术措施提高土壤含水量，促进植被的生长。

1）防渗层处理技术

从试验数据结果表明，渣场防渗处理对保持土壤水分有一定的效果。因此根据白鹤滩水电站弃渣场区特性提出具有针对性的防渗层处理技术。

（1）防渗层成分及配比。

为了提高渣场覆土层的保水保肥能力，减少水分和养分下渗损失，在渣场覆土层底部设置一层较低透水率的水泥复合材料层。防渗层主要由水泥、发泡剂、土、沙子、碎石等组成，其配比见表 8.14。

表 8.14　防渗层成分及配比

防渗层成分	配比/%
土	66.98
沙子	11.00
碎石	11.00
水泥	11.00
发泡剂	0.02

（2）防渗层施工方法。

渣场按要求进行场地平整，在弃渣场表层用碎石块覆盖，将渣场表层整理平整，先将发泡剂混入水泥中再加水快速搅拌，搅拌好后将土、沙子、碎石、水按比例加入水泥和发泡剂混合液中搅拌制成水泥浆（干料：水=1：0.5），将制好的水泥浆覆盖在渣场碎石表面，抹平制成 2～3cm 后的防渗层，防渗层铺设完毕后进行覆土。

2）土壤保水保肥处理技术

针对土壤养分不足和旱季土壤缺乏水分的特征，在弃渣场土壤层进行保水保肥处理，以实现提高土壤肥力、肥效持久和保水的目标。保水保肥处理分别采用保水剂和保水缓释肥，用量见表 8.15。

表 8.15　保水剂和保水缓释肥用量

保水剂/(kg/亩①)	保水缓释肥/(kg/亩)
2～3	8～12

① 1 亩≈666.667m^2。

保水保肥处理在渣场植被种植时进行。在按要求整理好的土壤加入保水剂和保水缓释肥，与土壤搅拌均匀即可，可条施和穴施。注意在直播种植时，不要将保水剂和保水缓释肥同种子直接接触，以免伤及种子，影响发芽。

3）土壤覆盖处理技术

为了减少弃渣场土壤水分从表层损失，采用在土壤表层覆盖措施。覆盖材料可选择碎石和甘蔗渣。处理技术参数见表 8. 16。

表 8. 16　弃渣场土壤覆盖处理参数

处理	粒径/cm	铺设厚度/cm	铺设时间	备注
碎石	1 ~ 2	2 ~ 3	苗高 10 ~ 20cm	—
甘蔗渣	2 ~ 3	2 ~ 3	苗高 10 ~ 20cm	禁用新鲜的甘蔗渣

4. 植被恢复重建模式研究

根据项目区气候、海拔、土壤厚度、经济性等因素，对弃渣场植被恢复重建模式进行了研究。由于渣场覆土层厚度一般较薄（<60cm），考虑提出渣场植被建设工程采用水土保持生态林模式和经济林模式。

1）水土保持生态林模式

渣场植被建设工程水土保持生态林模式见表 8. 17。

表 8. 17　水土保持生态林模式一览表

条件特征		海拔：1500m 以下；坡向：各坡向；土壤：燥红土；土壤厚度：25 ~ 60cm
植被恢复技术	混交方式及种植树种	纯林，新银合欢
	种植方式	直播
	初植行距及株距	行距 0. 5m，株距 0. 5m
	配置方式	条带状配置
	恢复渣场处理	覆土之前进行防渗处理
	整地	块状，规格 50cm×50cm×50cm
	种植季节	5 ~ 6 月雨季
	基肥	施腐烂农家肥，保水缓释肥
	抚育管理	每年除草、松土 1 ~ 2 次，防火和人畜损害
	备选植物	小桐子

2）经济林模式

渣场植被建设工程经济林模式分为四种模式，详见表 8. 18 ~ 表 8. 21。

表 8.18　经济林模式一（小桐子）一览表

条件特征		地形：海拔 1500m 以下；坡向：阳坡、半阳坡； 土壤：燥红土；土壤厚度：30～60cm
植被恢复技术	种植树种	小桐子
	种植方式	植苗
	初植密度、行距及株距	667 株/亩，行距 1m，株距 1m
	配置方式	条带状
	恢复渣场处理	覆土之前进行防渗处理
	整地	水平沟，规格 40cm×40cm
	苗木	苗植、扦插、穴植
	种植季节	6～8 月雨季
	基肥	施腐烂农家肥，保水缓释肥
	抚育管理	当年除草培土，雨季补植；防止人畜损害

表 8.19　经济林模式二（香蕉）一览表

条件特征		地形：海拔 1500m 以下；坡向：阳坡、半阳坡； 土壤：燥红土；土壤厚度：30～60cm
植被恢复技术	种植树种	香蕉
	种植方式	植苗
	初植密度、行距及株距	56 株/亩，行距 4m，株距 3m
	配置方式	条带状
	恢复渣场处理	覆土之前进行防渗处理
	整地	水平沟，规格 40cm×40cm
	苗木	移栽
	种植季节	6～8 月雨季
	基肥	腐烂农家肥，保水缓释肥
	抚育管理	当年除草培土，雨季补植；防止人畜损害

表 8.20　经济林模式三（花椒）一览表

立地条件特征		地形：海拔 1500m 以下；坡向：阳坡、半阳坡； 土壤：燥红土；土壤厚度：30～60cm
植被恢复技术	种植树种	花椒
	种植方式	播种
	初植密度、行距及株距	10kg/亩，行距 35cm，株距 40cm
	配置方式	条带状
	恢复渣场处理	覆土之前进行防渗处理
	整地	水平沟，规格 40cm×40cm
	苗木	播种
	种植季节	6～8 月雨季
	基肥	腐烂农家肥，保水缓释肥
	抚育管理	当年除草培土，雨季补植；防止人畜损害

表 8.21　经济林模式四（桑树）一览表

立地条件特征		地形：海拔 1200m 以下；坡向：阳坡、半阳坡； 土壤：燥红土；土壤厚度：30～60cm
植被恢复技术	种植树种	桑树
	种植方式	播种、扦插、分根、嫁接繁殖皆可
	初植密度、行距及株距	6000 株/亩，行距 70cm，株距 15cm
	配置方式	条带状
	恢复渣场处理	覆土之前进行防渗处理
	整地	水平沟，行宽 70cm
	苗木	植苗
	种植季节	6～8 月雨季
	基肥	腐烂农家肥，保水缓释肥
	抚育管理	当年除草培土，雨季补植；防止人畜损害

8.7　渣场安全监测与运行管理

渣场运行管理也是渣场设计重要内容。渣场挡排建筑物正常运行是渣场安全稳定的重要保证，需对挡排建筑物运行情况进行检查，尤其是汛前、汛后的现场巡视检查。为避免在渣场坡脚下游取土等不利于渣场稳定的人为活动，还需制定渣场管理内容。

（1）永久渣场监测应纳入工程整体监测范围。

明确需实施安全监测渣场的类型，对于堆渣规模较小、在平地堆渣或填塘堆渣不存在稳定风险的渣场，可不实施渣场安全监测。

（2）渣场监测内容应根据渣场失事危害程度、渣场布置等因素确定。

渣场常规监测内容为表观变形监测。对于地质条件复杂的情况需要实施地基变形监测、地下水位监测。

(3) 渣场监测断面或测点设置应根据渣场布置、稳定分析等因素确定，并应考虑监测通道的设置。明确渣场整体稳定安全监测布置的要求。

白鹤滩水电站荒田渣场，选取了安全稳定系数接近规范规定临界值的两个剖面布置监测点位进行变形监测、地下水监测。

(4) 沟道洪水及泥石流对渣场稳定有较大影响的渣场，宜设置雨情及泥石流监测设施。

占用沟道堆渣的渣场安全风险主要来自于沟道洪水。目前我国西部大型水电工程大多设置了雨情及泥石流监测预报系统，便于工程建设期制定可靠的防洪度汛措施。

(5) 渣场挡护、截排水等设施应定期检查，及时清淤。

(6) 应明确工程施工期及运行期渣场管理的范围和要求。

第9章　渣料绿色处置及综合利用

9.1　概　　述

大中型水电工程建设通常都有大量的开挖石渣作弃渣处理。大量工程弃渣需要场地堆存，并需要加以防护和做好排水设施。弃渣对生态环境的不利影响与建设绿色水电站工程的要求不相适应。为了尽量减少水电工程弃渣对自然环境造成的影响，有必要注重建筑开挖石渣综合利用技术的研究与应用（叶国强，2002；高宝林等，2011；Pu et al.，2021）。兹列举以下几个案例：

（1）巴西伊泰普水电站。该工程20世纪70年代开始兴建，坝址区基岩主要为厚层玄武岩，夹有多孔杏仁状玄武岩和角砾岩互层，主坝、翼坝、延伸坝、溢洪道和导流渠石方开挖3200万m^3，而大坝、溢洪道和发电厂混凝土总量为1230万m^3，其骨料除补充少量天然砂之外，其余均取自本工程建筑物开挖石渣。

（2）三峡工程。三峡工程古树岭人工碎石筛余弃渣，因其成分混杂不适宜用于永久性混凝土建筑物，大量弃渣日积月累已堆积成山，既占场地，又污染环境。进行用三峡工程古树岭人工骨料加工系统生产碎石后的筛余弃渣配制塑性混凝土的可行性研究。得出了的结论是：“古树岭弃渣配制的塑性混凝土可应用于三峡二期围堰防渗墙工程。”这种塑性混凝土施工配合比的显著特点是：可以不掺粉煤灰，不掺河砂、小石，简化了施工工艺，操作方便，有利于现场施工质量控制。其造价与原用的设计方案相比可降低25%左右。

（3）白鹤滩水电站。白鹤滩旱谷地渣场480万m^3堆渣用于移民安置点北门防护工程，避免另行开采料场，节约了移民工程投资。旱谷地渣场用于白鹤滩移民安置点北门防护造地工程的防护堤，利用量达480万m^3。为了旱谷地渣场回采料的利用，进行了相关试验研究，旱谷地渣料品质为：粒径大于2mm的颗粒质量不小于回填总量80%，粒径大于20mm的颗粒质量不小于回填总量50%，最大粒径不超过200mm。渣料满足北门防护造地工程需求。

（4）句容抽水蓄能电站。江苏句容抽水蓄能电站位于江苏句容市境内，工程土石方工程量达3200万m^3，填筑工量达3100万m^3，其中上库盆填筑量近3000万m^3。本工程开挖与填筑量均居国内抽水蓄能电站项目之首。在句容抽水蓄能电站，通过优化土石方平衡，做到工程开挖料料尽其用，节约了工程投资。

9.2　渣料绿色处置——以苗尾导流洞开挖料为例

9.2.1　基本情况

苗尾水电站采用隧洞导流，两条导流隧洞开挖量30余万m^3，但导流洞洞身开挖料为砂岩和绢云板岩互层，不满足作为混凝土骨料料源用料要求。为有效利用导流洞开挖料，减少工程弃渣，导流洞衬砌混凝土前期施工过程中，衬砌混凝土尝试采用导流洞绢云板岩洞挖料轧制的骨料，因绢云板岩强度偏低且表面光滑，与浆体黏结强度低，导致现场浇筑的C30二级配泵送混凝土单位用水量为185kg，单位胶凝材料用量487kg，其中水泥365kg、粉煤灰122kg，较通常C30二级配泵送混凝土胶凝材料用量高，且采用该配合比配制的混凝土强度偏低、混凝土裂缝较多。通过科研试验及技术攻关，解决了苗尾水电站导流隧洞洞挖料劣质骨料制备混凝土关键技术问题（钟伟斌等，2016）。

9.2.2　成因分析

为了分析苗尾水电站导流洞衬砌混凝土出现的问题，对洞挖料粗、细骨料的颗粒级配和石粉含量及其性质等进行了试验研究，结果表明混凝土骨料性能较差是导致前述问题的主要原因。

（1）骨料表面较光滑，浸润角偏大（75°~80°），骨料与浆体之间的界面黏结强度较低，新拌混凝土中部分骨料不黏浆。

（2）人工砂级配较差。洞挖料人工砂颗粒筛分试验结果见表9.1和图9.1，结果显示，砂中粒径大于2.5mm的颗粒含量较高，在35.0%~45.0%，小于0.63mm的颗粒含量也较高，在38.0%~40.0%，而粒径在0.63~2.5mm的颗粒含量较低，仅20%左右。

表9.1　洞挖料人工砂颗粒筛分试验结果

<table>
<tr><th colspan="2" rowspan="2">名称</th><th colspan="8">累计筛余百分率/%</th><th rowspan="2">细度模数</th></tr>
<tr><th>10mm</th><th>5mm</th><th>2.5mm</th><th>1.25mm</th><th>0.63mm</th><th>0.315mm</th><th>0.16mm</th><th><0.16mm</th></tr>
<tr><td colspan="2">洞挖料1</td><td>0</td><td>0.5</td><td>35.9</td><td>41.2</td><td>60.0</td><td>76.6</td><td>84.6</td><td>99.9</td><td>2.97</td></tr>
<tr><td colspan="2">洞挖料2</td><td>0</td><td>4.0</td><td>41.0</td><td>45.6</td><td>62.0</td><td>77.8</td><td>85.4</td><td>99.8</td><td>3.04</td></tr>
<tr><td rowspan="2">中砂区</td><td>上界</td><td>0</td><td>10</td><td>25</td><td>50</td><td>70</td><td>92</td><td>100</td><td>—</td><td rowspan="2">—</td></tr>
<tr><td>下界</td><td>0</td><td>0</td><td>0</td><td>10</td><td>41</td><td>70</td><td>90</td><td>—</td></tr>
</table>

（3）中小石级配较差，缺少中间级配，空隙率较高。中石大于31.5mm的颗粒含量仅占12.8%~30.9%、小于25mm的颗粒含量占37.5%~66.3%；小石中粒径小于10mm的颗粒含量36.1%~45.8%；中石空隙率47%~49%、小石空隙率44%~48%，中小石的

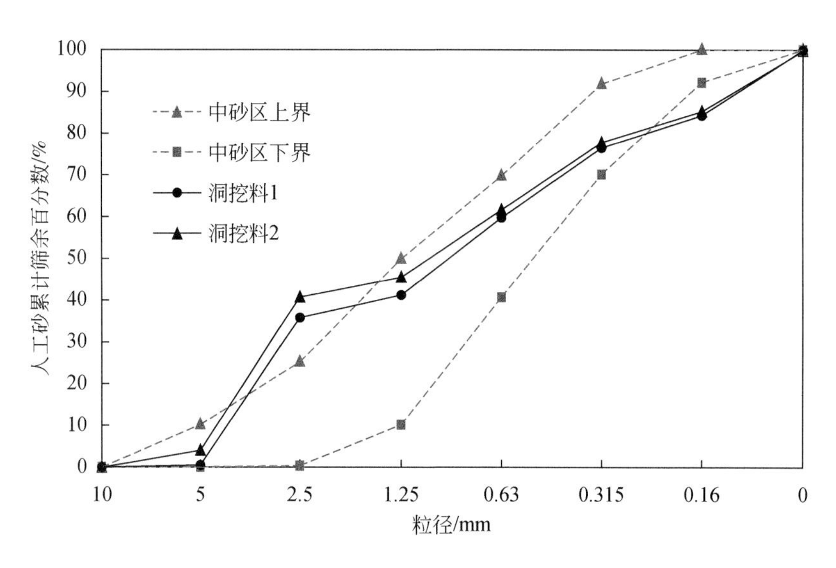

图 9.1　洞挖料人工砂颗粒筛分试验结果

空隙率偏高。洞挖料中石颗粒筛分试验结果见表 9.2 和图 9.2，洞挖料小石颗粒筛分试验结果见表 9.3 和图 9.3。

表 9.2　洞挖料中石颗粒筛分试验结果

名称	累计筛余百分率/%				
	40mm	31.5mm	25mm	20mm	16mm
洞挖料 1	2.6	10.2	33.7	62.1	100.0
洞挖料 2	5.8	25.1	62.5	91.7	99.9

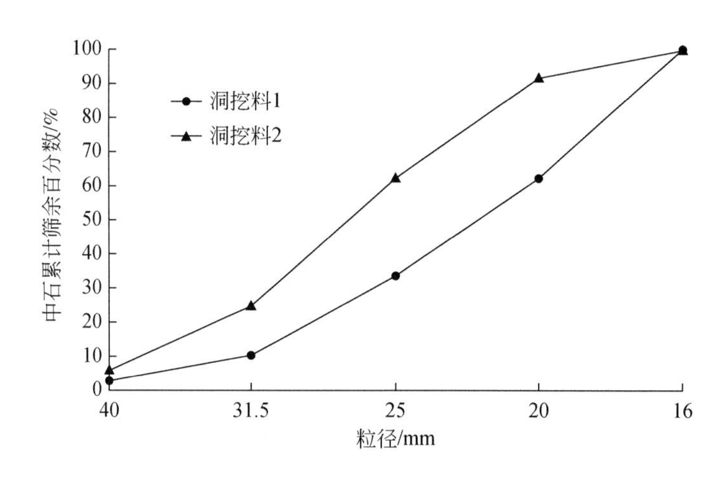

图 9.2　洞挖料中石颗粒筛分试验结果

表9.3 洞挖料小石颗粒筛分试验结果

名称	累计筛余百分率/%				
	20mm	16mm	10mm	5mm	0mm
洞挖料1	2.6	10.2	33.7	62.1	100.0
洞挖料2	5.8	25.1	62.5	91.7	99.9

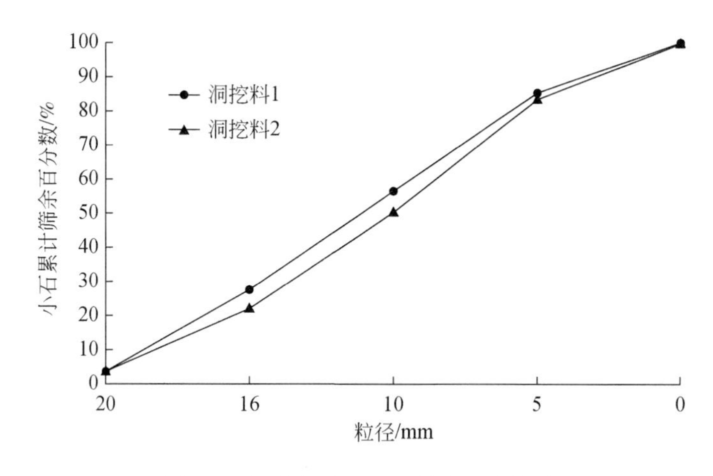

图9.3 洞挖料小石颗粒筛分试验结果

(4) 中小石针片状含量较高。虽然试验测得的中石针片状含量在12% ~16%，小石针片状含量在9% ~11%，但目测小石基本呈片状。

(5) 中小石含泥量较高且小石表面的裹粉呈聚集状，人工砂中可能含有一定量的黏粒。试验得到的中小石含泥量为0.8% ~1.5%，大于原《水工混凝土施工规范》(DL/T 5144—2001) 中规定的中小石含泥量限值1%的要求，且小石表面的裹粉呈聚集状，而非可分散的石粉。人工砂中的石粉含量虽仅有14.6% ~15.4%，但其中粒径小于0.08mm的颗粒含量可以达到9.8% ~10.9%；且堆存1d后的人工砂含水率高达7.1%，说明人工砂的保水能力较强，经检验，人工砂MB值高达3.5，且粒径小于0.08mm的颗粒中有一定的Al^{3+}，可判断人工砂中混有一定量的黏土成分。洞挖料小石样品见图9.4。

综上所述，骨料含泥量偏高和级配较差是洞挖料骨料混凝土性能较差的主要原因，一方面可能与骨料原岩品质较差有关，另一方面也可能与取样时原岩中混入了一定量的表层风化料、砂石骨料加工过程中冲洗不够充分有关。

9.2.3 解决方案

针对上述问题，考虑到当时更换砂石骨料原料、大规模改造砂石加工系统已不现实。因此，施工现场主要从改善骨料质量，优化混凝土胶凝材料体系、优选外加剂品种及其掺量等方面寻求解决措施。具体措施如下：

图 9.4　洞挖料小石（表面裹粉严重且呈聚集状）

（1）改造骨料加工系统，关闭石粉回收系统。通过在砂石系统进料口增加毛料筛分系统、增加成品骨料冲洗水量等优化工艺，有效减小了粗骨料表面裹粉情况；同时关闭石粉回收系统使得人工砂中的石粉含量由之前的 8.4% ~12.4% 降低至 7.0% 左右。通过混凝土试拌试验，混凝土单位用水量可降至 165kg，较优化前单位用水量 185kg 可降低 20kg。

（2）在混凝土中掺加 10kg/m^3 硅粉，优选外加剂。通过掺加硅粉、优化外加剂，可有效降低混凝土单位用水量和胶凝材料用量。衬砌混凝土施工过程中，为了优化混凝土配合比，开展了“水泥+25% 粉煤灰+10kg 硅粉+聚羧酸减水剂/萘系减水剂”“水泥+30% 粉煤灰+萘系减水剂”“水泥+25% 粉煤灰+10kg 硅粉+聚羧酸减水剂/萘系减水剂+引气剂”等不同胶凝材料组合和外加剂组合的混凝土试验，混凝土优化试验配合比主要参数及拌和物性能见表 9.4，强度试验结果见表 9.5。

表 9.4　混凝土优化试验配合比主要参数及拌和物性能

编号	水胶比	用水量/kg	胶材/kg	粉煤灰/%	硅粉/kg	减水剂/%	引气剂/(1/1 万)	坍落度/cm	含气量/%	和易性
1	0.45	180	400	25	10	MTG1.0	—	19.5	1.1	较好
2	0.45	165	367	25	10	PCA1.2	—	18.5	—	好
3	0.42	165	393	30	—	MTG1.0	—	18.0	—	一般
4	0.42	170	405	25	10	MTG1.0	GYQ0.7	19.0	1.9	好
5	0.42	155	369	25	10	PCA1.2	GYQ0.7	16.0	5.7	很好

注：水泥为 P.O42.5 水泥，粉煤灰为 II 级粉煤灰，聚羧酸减水剂为 JM-PCA 减水剂，萘系减水剂为 FDN-MTG 减水剂，引气剂为 GYQ 引气剂。

表 9.5　混凝土优化试验抗压强度

编号	水胶比	用水量/kg	胶材/kg	粉煤灰/%	硅粉/kg	混凝土抗压强度/MPa			
						3d	7d	28d	90d
1	0.45	180	400	25	10	14.4	22.6	34.7	42.2
2	0.45	165	367	25	10	16.4	23.4	35.0	45.4
3	0.42	165	393	30	—	13.6	20.5	32.8	40.3
4	0.42	170	405	25	10	14.2	21.9	33.6	42.2
5	0.42	155	369	25	10	12.6	19.3	31.4	35.9

试验结果表明，掺加 10kg 硅粉有助于改善混凝土的流动性和黏聚性，提高泵送混凝土的可泵性，同时可较大幅度地提高混凝土强度。采用聚羧酸高效减水剂有助于降低混凝土单位用水量，提高混凝土的流动性，减小混凝土坍落度损失。

（3）导流洞衬砌混凝土采用 90d 龄期强度设计。苗尾水电站导流洞边顶拱混凝土采用强度等级 C25 混凝土，底板混凝土采用强度等级 C30 混凝土，考虑到导流洞过流时衬砌混凝土龄期已超过 90d，根据导流洞衬砌混凝土结构复核计算，将衬砌混凝土设计龄期优化为 90d 龄期。

此外，浇筑过程中避开午间高温时段浇筑，防止混凝土浇筑温度过高。底板混凝土拆模后在混凝土表面铺设一层土工布，采用蓄水养护；边顶拱混凝土采用流水养护。通过上述措施避免衬砌混凝土开裂。

根据前述试验成果，针对苗尾水电站导流隧洞衬砌混凝土存在的主要问题，在采用现有混凝土原材料的条件下，推荐如下解决方案：导流隧洞衬砌混凝土采用“P. O42.5 水泥+25% II 级粉煤灰+10kg 硅粉+JM-PCA 聚羧酸减水剂或 MTG 萘系减水剂”的技术路线配制，推荐混凝土配合比主要参数见表 9.6。

表 9.6　推荐混凝土配合比主要参数

编号	强度等级	水胶比	每方混凝土材料用量/(kg/m^3)					砂率/%	坍落度/mm
			水	水泥	粉煤灰	硅粉	减水剂		
1#	$C_{90}30$	0.42	165	287	96	10	4.72（PCA）	32	180
2#	$C_{90}30$	0.42	185	322	108	10	4.40（MTG）	32	180

9.2.4　生产试验与实施效果

为了验证上述方案的可行性，2011 年 2 月 18 日下午在导流洞外的防淘墙盖重混凝土部位开展生产试验，整个混凝土块长 24m、宽 2.5m，深约 1.5～2.5m，为了对比试验聚羧酸减水剂和萘系等不同减水剂混凝土的可施工性和抗裂性，整个试验块分为两块进行浇筑，每个试验块长 12m，分别采用表 5 推荐的 1#配合比和 2#配合比，浇筑过程顺利。2011 年 3 月 28 日，在混凝土浇筑完 40d 后现场检查未发现裂缝，证明前述推荐的方案是可行的。

2011 年 3 月 6 日采用表 9.6 中的 2#配合比在 1#导流隧洞 0+735.99 至 0+723.99 洞段底板混凝土进行现场浇筑工艺性试验，拌和楼出机口坍落度为 19cm，工作性较好，机口取样混凝土 90d 强度 42.5MPa，满足设计要求；2011 年 3 月 7 日采用 1#配合比在 2#导流隧洞 0+735.27 至 0+723.27 洞段底板混凝土进行现场浇筑工艺性试验，出机口混凝土坍落度 20cm，工作性较好，机口取样混凝土 90d 强度为 41.8MPa，满足设计要求。

苗尾水电站导流洞已于 2012 年 5 月顺利通过验收并过流。导流洞过流前，工程参建各方进行了混凝土现场质量检查，结果表明，通过改造砂石加工系统，掺加硅粉、加强养护后浇筑的衬砌混凝土强度全部合格，且未出现贯穿性裂缝，其他裂缝数量也较少，基本未出现肉眼可见裂缝，取得了预期效果。

综上所述，根据苗尾水电站采用洞挖料劣质的绢云板岩浇筑导流洞衬砌混凝土的工程实践，可得到如下结论：

（1）大中型水电站前期工程因各种原因不得不采用性能较差的开挖料轧制混凝土骨料，骨料品质较差，导致混凝土容易出现单位用水量和胶凝材料用量高、开裂现象严重等问题。

（2）优化砂石加工系统工艺，避免成品砂石骨料，尤其是人工砂中混入黏粒或泥块，是保证骨料和混凝土性能的关键。

（3）掺加一定量的硅粉，可有效改善混凝土的施工性能、提高劣质骨料与浆体之间的黏结强度，从而提高混凝土强度。

（4）优化外加剂品种及其掺量，可有效降低混凝土单位用水量和胶凝材料用量，在降低工程成本的同时可减少混凝土开裂。

9.3 渣料规模化利用——以白鹤滩水电站旱谷地弃渣料为例

1. 渣场概况①②

旱谷地弃渣料（图 9.5）位于巧家县后山坡旱谷地村大弯子沟上游侧，堆渣区对应沟底高程为 1240～1450m 段。旱谷地料场弃渣主要为下二叠统栖霞组—茅口组（P_1q+m）灰岩，少量为残坡积（Q^{edl}）红黏土、崩坡积（Q^{col+dl}）混合土块石及人工堆积黏土、砾石等。

2. 质量评价

根据旱谷地料场勘察报告及开挖揭露情况，料场岩性单一，主要为灰岩，岩体以弱风化为主，沿构造带局部呈强风化状，岩质坚硬。根据现场测绘，弃渣料主要为碎砾石，粒径以 2～20cm 为主，细粒土含量不高。为详细了解弃渣料颗粒级配，本阶段在渣场各级斜

---

① 中国电建集团华东勘测设计研究院有限公司，2021，金沙江白鹤滩水电站移民项目巧家县北门居民区场平与基础设施工程地质勘察报告（施工图阶段）。

② 中国电建集团华东勘测设计研究院有限公司，2021，金沙江白鹤滩水电站移民项目巧家县北门防护工程设计变更报告。

图9.5　白鹤滩水电站旱谷地料场渣场渣料回采

坡段采用扣槽的方式，共取弃渣样12组进行现场颗粒分析。其中，碎石、砾石整体含量约78.7%，细粒土含量约2%，初步判断质量能够满足设计要求。但是，受弃渣厚度大、取样选点受限等因素限制，取样代表性一般，不能够全面反映料源质量。

3. 储量计算

大弯子沟扩容后渣场位于大弯子沟底高程1240～1450m段，堆渣完成后，整体宽200～400m、长约1267m，分级堆渣，每级边坡高15m设一级马道，坡比为1∶2.0～1∶1.6，规划堆渣量约1500万m^3。

4. 开采运输条件

旱谷地料场有专线公路可到达水碾河沟，然后可通过S303省道到达回填区附近，交通条件便利。

5. 旱谷地渣场渣料回采利用

北门垫高防护工程土石方填筑总量约1788.78万m^3（其中，堤身填筑料438.78万m^3、场地填筑料1243.69万m^3、大块石料72.93万m^3、碎石料2.33万m^3、耕植土回填料31.05万m^3）。

旱谷地渣场用于白鹤滩移民安置点北门防护造地工程的防护堤，利用量达480万m^3。为了旱谷地渣场回采料的利用，进行了相关试验研究，旱谷地渣料品质为粒径>2mm的颗粒质量不小于回填总量80%，粒径>20mm的颗粒质量不小于回填总量50%，最大粒径不超过200mm，渣料满足北门防护造地工程需求。白鹤滩水电站工程土石方平衡表见表9.7。

表 9.7　白鹤滩水电站工程土石方平衡表　（单位：万 m^3）

项目		开挖量			利用量	利用率/%	各系统利用量									
		土方开挖	石方明挖	石方洞挖			大坝加工系统		荒田加工系统		三滩加工系统		围堰填筑		小计	
							间接	直接	间接	直接	间接	直接	间接	直接	间接	直接
大坝	土石方明挖	27.9	735.0	—	177.5	0.24	48.5	—	—	—	32.6	16.4	60.0	20.0	141.1	36.4
	石方洞挖	—	—	18.1	—	—	—	—	—	—	—	—	—	—	—	—
下游河道治理	土石方明挖	10.5	10.5	—	—	—	—	—	—	—	—	—	—	—	—	—
水垫塘、二道坝	土石方明挖	64.3	431.6	—	—	—	—	—	—	—	—	—	—	—	—	—
	石方洞挖	—	—	2.4	—	—	—	—	—	—	—	—	—	—	—	—
左岸泄洪洞	进出水口	4.9	87.1	—	20.0	0.23	—	—	—	—	—	—	20.0	—	20.0	—
	洞身	—	—	129.3	68.2	0.53	50.6	17.6	—	—	—	—	—	—	50.6	17.6
右岸泄洪洞	进出水口	2.0	35.2	—	—	—	—	—	—	—	—	—	—	—	—	—
	洞身	—	—	63.8	23.0	0.36	—	—	6.6	5.3	7.8	3.3	—	—	14.4	8.6
左岸引水系统	引水洞进水口	22.6	429.1	—	91.8	0.21	31.8	—	—	—	—	—	60.0	—	91.8	—
	引水洞洞身	—	—	48.1	22.4	0.47	22.4	—	—	—	—	—	—	—	22.4	—
	尾水洞洞身	—	—	157.6	78.7	0.50	—	—	43.4	35.3	—	—	—	—	43.4	35.3
	尾水洞出水口	1.7	32.8	—	—	—	—	—	—	—	—	—	—	—	—	—
右岸引水系统	引水洞进水口	20.7	393.1	—	50.8	0.13	—	—	—	—	33.9	16.9	—	—	33.9	16.9
	引水洞洞身	—	—	48.0	18.8	0.39	—	—	—	—	13.1	5.7	—	—	13.1	5.7
	尾水洞洞身	—	—	176.6	77.9	0.44	—	—	6.6	5.3	46.1	19.9	—	—	52.7	25.2
	尾水洞出水口	2.0	37.1	—	—	—	—	—	—	—	—	—	—	—	—	—
左岸厂房	石方洞挖	—	—	94.8	50.4	0.53	26.1	—	13.5	10.8	—	—	—	—	39.6	10.8
右岸厂房	石方洞挖	—	—	94.8	41.7	0.44	—	—	—	—	29.1	12.6	—	—	29.1	12.6
左岸主变洞	石方洞挖	—	—	34.8	22.9	0.66	10.0	1.1	6.3	5.1	—	—	—	—	16.3	6.6
右岸主变洞	石方洞挖	—	—	34.8	17.0	0.49	—	—	6.5	5.2	3.7	1.6	—	—	10.2	6.8
左岸尾调室	石方洞挖	—	—	75.1	44.9	0.60	—	—	24.9	20.0	—	—	—	—	24.9	20.0
右岸尾调室	石方洞挖	—	—	75.1	35.9	0.48	—	—	10.3	8.3	12.1	5.2	—	—	22.4	13.5

续表

项目		弃渣量		各渣场存渣量（松方）								
		自然方	松方	新建村存料场	荒田存料场	海子沟存料场	新建村渣场	矮子沟弃渣场	荒田渣场	海子沟渣场	大田坝渣场	白鹤滩渣场
大坝	土石方明挖	585.4	869.9	24.2	—	27.5	—	311.1	—	292.6	214.3	—
	石方洞挖	18.1	27.2	—	—	—	—	13.6	—	13.6	—	—
下游河道治理土石方明挖		104.9	154.4	—	—	—	—	12.6	141.8	—	—	—
水垫塘、二道坝	土石方明挖	495.9	724.5	—	—	—	—	507.2	—	—	217.4	—
	石方洞挖	2.4	2.7	—	—	—	—	2.7	—	—	—	—
左岸泄洪洞	进出水口	72.0	106.4	—	—	—	—	106.4	—	—	—	—
	洞身	61.1	91.4	25.3	—	—	—	66.1	—	—	—	—
右岸泄洪洞	进出水口	37.2	55.2	—	—	—	—	—	—	55.2	—	—
	洞身	40.8	61.3	—	5.3	6.5	—	—	—	49.4	—	—
左岸引水系统	引水洞进水口	359.9	533.1	15.9	—	—	—	517.2	—	—	—	—
	引水洞洞身	25.7	38.7	11.2	—	—	—	27.5	—	—	—	—
	尾水洞洞身	78.9	119.1	—	35.0	—	—	84.0	—	—	—	—
	尾水洞出水口	34.6	51.3	—	—	—	—	51.3	—	—	—	—
右岸引水系统	引水洞进水口	363.0	538.1	—	—	28.6	—	—	—	509.5	—	—
	引水洞洞身	29.2	44.0	—	—	11.1	—	—	—	—	33.0	—
	尾水洞洞身	98.7	147.9	—	5.4	38.9	—	—	—	—	103.7	—
	尾水洞出水口	39.0	57.9	—	—	—	—	—	—	—	57.9	—
左岸厂房	石方洞挖	44.4	66.5	13.0	10.9	—	—	42.6	—	—	—	—
右岸厂房	石方洞挖	53.2	79.7	—	—	24.5	—	—	—	—	55.2	—
左岸主变洞	石方洞挖	11.9	17.7	5.0	5.1	—	—	7.6	—	—	—	—
右岸主变洞	石方洞挖	17.7	26.6	—	5.3	3.2	—	—	—	—	18.2	—
左岸尾调室	石方洞挖	30.3	45.5	—	20.1	—	—	25.4	—	—	—	—
右岸尾调室	石方洞挖	39.2	58.9	—	8.3	10.2	—	—	—	—	40.3	—

续表

项目		开挖量			利用量	利用率/%	各系统利用量									
							大坝加工系统		荒田加工系统		三滩加工系统		围堰填筑		小计	
		土方开挖	石方明挖	石方洞挖			间接	直接	间接	直接	间接	直接	间接	直接	间接	直接
左岸交通洞	土石方明挖	6.0	52.8	—	—	—	—	—	—	—	—	—	—	—	—	—
	石方洞挖	—	—	192.8	89.3	0.46	—	—	49.5	39.8	—	—	—	—	49.5	39.8
右岸交通洞	土石方明挖	7.6	66.8	—	—	—	—	—	—	—	—	—	—	—	—	—
	石方洞挖	—	—	212.9	101.6	0.48	—	—	—	—	69.3	32.3	—	—	69.3	32.3
左岸导流洞	进出水口	9.0	203.3	—	—	—	—	—	—	—	—	—	—	—	—	—
	洞身	—	—	221.6	124.6	0.56	39.7	—	47.1	37.8	—	—	—	—	86.8	37.8
右岸导流洞	进出水口	10.5	239.1	—	—	—	—	—	—	—	—	—	—	—	—	—
	洞身	—	—	240.2	79.6	0.33	—	—	—	—	50.5	29.1	—	—	50.5	29.1
左岸出线场	土石方明挖	2.7	7.7	—	—	—	—	—	—	—	—	—	—	—	—	—
左岸电缆竖井	石方洞挖	—	—	17.8	—	—	—	—	—	—	—	—	—	—	—	—
右岸出线场	土石方明挖	1.6	3.5	—	—	—	—	—	—	—	—	—	—	—	—	—
右岸电缆竖井	石方洞挖	—	—	24.6	—	—	—	—	—	—	—	—	—	—	—	—
缆机平台	左岸	19.8	101.0	—	—	—	—	—	—	—	—	—	—	—	—	—
	右岸	21.8	196.2	—	—	—	—	—	—	—	—	—	—	—	—	—
围堰		69.4	84.0	—	—	—	—	—	—	—	—	—	—	—	—	—
开挖料小计	明挖	305.0	3145.9	—	340.1	0.11	80.3	—	—	—	66.5	33.3	140.0	20.0	286.8	53.3
	洞挖	—	—	1963.2	896.9	0.46	148.8	18.7	2147	173.1	231.7	109.7	—	—	595.2	301.7
开挖料合计		305.0	3145.9	1963.2	1237.0	0.24	229.1	18.7	214.7	173.1	298.1	143.0	140.0	20.0	882.0	355.0
牛厩料场		—	444.2	—	—	—	—	294.2	—	—	—	—	—	—	—	—
麻塘湾料场		—	275.0	—	—	—	—	275.0	—	—	—	—	—	—	—	—
总计		305.0	3865.1	1963.2	1237.0	0.24	229.0	587.9	214.7	173.1	298.1	143.0	140.0	20.0	882.0	355.0

续表

项目		弃渣量		各渣场存渣量（松方）								
		自然方	松方	新建村存料场	荒田存料场	海子沟存料场	新建村渣场	矮子沟弃渣场	荒田渣场	海子沟渣场	大田坝渣场	白鹤滩渣场
左岸交通洞	土石方明挖	58.8	86.4	—	—	—	55.5	7.2	23.8	—	—	—
	石方洞挖	103.5	155.2	—	40.0	—	115.2	—	—	—	—	—
右岸交通洞	土石方明挖	74.4	109.4	—	—	—	—	—	—	—	76.6	32.8
	石方洞挖	111.3	166.9	—	—	58.4	—	—	—	—	86.7	21.7
左岸导流洞	进出水口	212.2	315.8	—	—	—	—	315.8	—	—	—	—
	洞身	97.0	145.4	19.8	38.1	—	—	87.5	—	—	—	—
右岸导流洞	进出水口	249.6	371.3	—	—	—	—	—	—	—	221.5	149.8
	洞身	160.7	240.9	—	—	42.6	—	—	—	198.3	—	—
左岸出线场	土石方明挖	10.4	14.8	—	—	—	—	14.8	—	—	—	—
左岸电缆竖井	石方洞挖	17.8	26.7	—	—	—	—	26.7	—	—	—	—
右岸出线场	土石方明挖	5.1	7.2	—	—	—	—	—	—	7.2	—	—
右岸电缆竖井	石方洞挖	24.6	37.0	—	—	—	—	—	—	—	37.0	—
缆机平台	左岸	120.8	175.3	—	—	—	—	175.3	—	—	—	—
	右岸	218.0	320.4	—	—	—	—	—	—	320.4	—	—
围堰		69.4	83.3	—	—	—	—	83.3	—	—	—	—
开挖料小计	明挖	3110.6	4574.7	40.1	—	56.1	—	—	—	—	—	—
	洞挖	1066.5	1599.3	74.3	173.5	195.4	—	—	—	—	—	—
开挖料合计		4177.1	6174.0	114.4	173.5	251.5	170.7	2485.9	165.6	1446.2	1161.8	204.3
牛厩料场		588.4	882.6	—	—	—	—	882.6	—	—	—	—
麻塘湾料场		—	—	—	—	—	—	—	—	—	—	—
总计		4765.5	7056.6	114.4	173.5	251.5	170.7	3368.5	165.6	1446.2	1161.8	204.3

注：麻塘湾料场开采275万m^3灰岩料，尚有332万m^3剥离料就近弃于麻塘湾沟弃渣场；除特别说明外，其他工程量均指自然方；本阶段场内道路及场地平整土石方量未参与平衡计算。

9.4　无开采料场规划及应用——以DG水电站为例

（1）大规模采用劣质绢云板岩洞挖料作为大型水工隧洞高强抗冲磨衬砌混凝土骨料料源，解决了工程混凝土骨料紧张问题，大幅度减少了工程弃渣，实现了绿色施工。

（2）旱谷地渣场用于白鹤滩移民安置点北门防护造地工程的防护堤，利用量达480万 m^3。

9.4.1　无开采料场规划及应用

1. 料源基本情况调查

DG水电站枢纽主要由碾压混凝土重力坝、右岸坝后式厂房方案组成，主体及前期工程混凝土总量约305万 m^3，其中前期工程混凝土量约45万 m^3，主体工程混凝土量约260万 m^3，混凝土骨料设计需要量约320万 m^3（自然方）；工程土石方填筑（不含场平）量约156万 m^3，其中大坝上、下游围堰工程填筑量约126万 m^3，其他工程填筑量约30万 m^3，土石方填筑料需要量约125万 m^3（自然方）；工程总开挖量约623万 m^3，其中土方开挖量约197万 m^3，石方开挖量约426万 m^3。

DG水电站工程周边规模相对较大，可用于本工程的料源主要包括工程开挖料、天然砂砾料、石料场开采石料。其中，石料场相对分布较广，考虑岩性，开采条件等，坝址附近主要有董古沟石料场；天然砂砾料分布有龙达天然砂砾料场、藏巴天然砂砾料场、加查天然砂砾料场（表9.8）。

表9.8　DG水电站工程周边料源分布情况表

料场名称	距坝址距离/km	料场岩性	勘察储量/万 m^3
龙达天然砂砾料场	35	—	479
藏巴天然砂砾料场	33	—	279
加查天然砂砾料场	24	—	940
董古沟石料场	3	黑云母花岗闪长岩	813
上坝址上游石料场	3	黑云母花岗闪长岩	744
工程开挖料	—	黑云母花岗闪长岩	—

2. 研究方法及过程

根据工程实际情况，工程开挖料有471万 m^3，能否充分利用工程开挖料、取消天然砂砾料和石料场开采石料是重点研究的目标和方向。首先对工程开挖料质量进行研究，然后再对可利用量进行分析。

1）工程开挖料物理力学性质

DG水电站工程开挖料岩性主要为黑云母花岗闪长岩，灰白色，中细粒结构为主，块状构造；少部分黑云母角闪石英闪长岩，呈条带状分布，局部呈团块状，呈灰绿、灰褐色，细粒全晶质粒状结构，块状构造。开挖料岩石坚硬，以弱风化为主，无强风化，其物理力学试验成果见表9.9。弱-微风化黑云母花岗闪长岩和黑云母角闪石英闪长岩的原岩质量均符合《水电水利工程天然建筑材料勘察规程》（DL/T 5388—2007）中相关指标要求。

表9.9 工程开挖料岩石物理力学性质一览表

岩石名称	风化程度	量值	湿容重/(g/cm³)	抗压强度/MPa			软化系数	孔隙率/%	自然吸水率/%	冻融损失率/%
				干	饱和	冻融				
黑云母花岗闪长岩	弱上	最大值	2.64	103.2	87.90	—	0.77	1.61	0.33	—
		最小值	2.63	49.35	42.18	—	0.76	1.52	0.32	—
		组数	2	2	2	—	2	2	2	—
		平均值	2.64	83.60	64.07	—	0.77	1.57	0.33	—
	弱下	最大值	2.64	144.3	133.98	125.45	0.93	7.01	0.46	0.03
		最小值	2.61	59.14	41.94	39.01	0.76	1.11	0.12	0.01
		组数	21	21	21	21	21	21	21	21
		平均值	2.63	95.51	80.90	68.22	0.84	2.31	0.23	0.02
	微风化	最大值	2.68	131.2	111.79	101.25	0.93	2.70	0.32	0.04
		最小值	2.61	75.73	55.24	43.42	0.79	0.66	0.13	0.01
		组数	17	17	17	17	17	17	17	17
		平均值	2.63	100.6	86.25	74.53	0.86	1.85	0.23	0.02
黑云母角闪石英闪长岩	弱下	最大值	2.81	121.3	90.59	69.22	0.83	1.81	0.30	0.02
		最小值	2.75	75.95	56.07	45.48	0.78	1.34	0.28	0.01
		组数	2	2	2	2	2	2	2	2
		平均值	2.78	90.12	72.79	59.18	0.81	1.57	0.29	0.02
	微风化	最大值	2.75	115.93	94.37	60.70	0.78	2.77	0.46	0.02
		最小值	2.75	59.34	52.64	37.78	0.75	1.86	0.25	0.01
		组数	2	2	2	2	2	2	2	2
		平均值	2.75	88.71	73.89	48.62	0.77	2.32	0.36	0.02

对工程开挖料开展了二级配混凝土、三级配混凝土、四级配混凝土试验。试验结果表明：开挖料原岩抗压强度在100MPa左右，饱和吸水率小于0.5%，冻融损失率最大值仅0.12%，质量较好；部分粒径骨料的坚固性指标略超出规范要求；三级配常态混凝土C_{90}20W8F200的水胶比为0.55，单位用水量为105～110kg，粉煤灰掺量为35%；四级配常态混凝土C_{90}20W6F100的水胶比为0.55，单位用水量为85～88kg，粉煤灰掺量为35%；二级配碾压混凝土C_{90}20W8F100的水胶比为0.45，单位用水量为94kg，粉煤灰掺量为50%；三级配碾压混凝土C_{90}20W6F100的水胶比为0.50，单位用水量为88kg，粉煤灰掺量为60%；混凝土力学性能、变形性能、热学性能表现正常，抗渗、抗冻性能满足要求。

2）工程开挖料可利用量分析

本工程开挖料岩性主要为黑云母花岗闪长岩，以弱-微风化为主，原岩质量满足《水电水利工程天然建筑材料勘察规程》（DL/T 5388—2007）中相关指标要求，可作为混凝土骨料料源。为节约工程投资，本工程优先利用工程开挖料。

可行性研究阶段，根据地勘资料分析，考虑围堰等填筑需要、堆存条件、污染及中转损耗等，工程开挖料地质可利用量约占石方开挖量的64%，不满足工程混凝土骨料料源需求。实施阶段，考虑通过爆破控制、料源管理、制备砂石骨料工艺技术创新等措施来提高石方开挖料的利用率，进而取消石料场、减少对生态环境脆弱区自然环境的破坏。

实施阶段，根据现场实际情况，本工程主体及临建工程石方开挖总量约426万m^3，另覆盖层开挖中孤石量约45万m^3，通过初步分析，扣除强风化岩体、断层及破碎带等（总量约102.5万m^3），地质可用岩总量约368.5万m^3，占开挖总量的78%。工程开挖料可利用量见表9.10。

表9.10　工程开挖料可利用量表

部位	项目	开挖量/万m^3	地质可利用量/万m^3	利用率/%
导流工程	石方明挖	36	18	50
	石方洞挖	74	66	89
左岸坝肩边坡	石方明挖	76	40	53
	石方洞挖	1	0.9	90
右岸厂坝边坡	石方明挖	110	90	82
	石方洞挖	4	3.6	90
厂坝基础	石方明挖	65	62	95
交通工程等	石方明挖	20	12	60
	石方洞挖	40	36	90
其他	孤石	45	40	89
合计		471	368.5	78

3. 项目应用效果

本工程开挖可利用料中，满足混凝土骨料要求的开挖料约368.5万m^3，大于混凝土骨料设计需要量320万m^3，理论上具备不新开料场条件，但还需解决料源利用率从可行性研究阶段的64%提高至实施阶段的78%所带来的开挖料管理提升、骨料加工技术提升、填筑料与骨料利用冲突等关键问题。

9.4.2 全明挖开挖料精细化平衡规划

1. 研究目的及内容

（1）工程开挖弱、微风化料质量满足混凝土骨料各项性能指标要求，其余开挖料满足工程填筑料质量要求，需在开挖、运输、存储、利用等过程中，加强对开挖料的区分和管理，将开挖料与混凝土骨料、工程填筑料规划平衡。

（2）根据工程施工进度计划，从时间上对开挖料及其平衡利用方案进行规划，减少可用料的周转和损耗。

（3）根据施工总布置规划，结合施工场地场平布置，有用料中转堆存场地布置等，从空间上，合理规划开挖有用料的平衡利用方案。

2. 研究方法及过程

1）工程量分布

DG水电站工程土石方开挖总量约623万m^3（自然方），其中，土方开挖约197万m^3（自然方）、石方开挖约426万m^3（自然方）；混凝土总量约305万m^3，其中，前期工程混凝土量约45万m^3、主体工程混凝土量约260万m^3；工程土石方填筑（不含场平）量约156万m^3（压实方），其中，大坝上下游围堰工程填筑量约126万m^3（压实方）、其他工程填筑量约30万m^3（压实方）。

主要工程量分布见表9.11。

表9.11　主要工程量分布表

序号	项目名称	工程量/万m^3			合计/万m^3
		前期临时工程（主要为导流工程）	前期交通工程	主体工程	
1	土方开挖	7	15	175	197
2	石方开挖	110	60	256	426
3	土石填筑	126	6	24	156
4	混凝土	33	12	260	305

2）施工进度计划

本工程施工关键线路为导流隧洞施工→截流→河床基坑开挖→厂房混凝土浇筑→机组安装及调试→第一台机组发电→其余机组发电→工程完工。

导流隧洞及厂房工程是控制本工程发电工期及总工期的关键项目，工程里程碑进度如下：2014年10月初导流隧洞工程承包人进点；2016年底河床截流；2018年12月初厂房基础混凝土开始浇筑；2021年11月初导流隧洞下闸封堵，水库开始蓄水；同年12月底第一台机组投产发电；2022年10月底全部机组投产发电，工程完工。

工程里程碑进度见表9.12。

表9.12　工程里程碑进度表

序号	里程碑名称	里程碑进度	备注
1	准备工程开工	2014年10月1日	导流隧洞工程开工
2	主河床截流	2016年底	—
3	厂房基础混凝土开始浇筑	2018年12月1日	—

续表

序号	里程碑名称	里程碑进度	备注
4	大坝下闸蓄水	2021 年 11 月 1 日	—
5	第一批机组投产发电	2021 年 12 月 31 日	—
6	全部机组发电	2022 年 10 月 31 日	—

根据工程总体进度安排，工程各部位施工时间如表 9.13 所示。

表 9.13　工程各部位施工时间表

序号	项目名称	主要工作	里程碑进度	备注
1	前期临时工程	土石方开挖	2014 年 10 月—2016 年 3 月	主要包括导流隧洞工程和大坝上下游围堰工程
		混凝土浇筑	2016 年 1 月—2016 年 11 月	
		土石方填筑	2016 年 11 月—2017 年 5 月	
2	前期交通工程	土石方开挖	2014 年 10 月—2016 年 3 月	—
		混凝土浇筑	2015 年 10 月—2016 年 8 月	—
		土石方填筑	2014 年 12 月—2016 年 5 月	—
3	主体工程	土石方开挖	2017 年 1 月—2018 年 11 月	主要包括拦河大坝和坝后式厂房施工
		混凝土浇筑	2018 年 12 月—2021 年 8 月	
		土石方填筑	2020 年 1 月—2020 年 5 月	

3）开挖料平衡利用规划

本工程主要土石方开挖总量约 623 万 m^3（自然方），其中，土方开挖 197 万 m^3（自然方）、石方开挖 426 万 m^3（自然方）。

考虑开采、运输、加工过程中损耗，混凝土骨料料源设计需要量约 320 万 m^3（自然方），全部从工程开挖料回采。其中，导流隧洞石方开挖可利用料共约 35.5 万 m^3（自然方），坝肩及基础石方开挖可利用料共约 236.5 万 m^3（自然方），前期交通工程石方开挖可利用料共约 48 万 m^3（自然方）；

作为混凝土骨料的开挖料中转总量约 464 万 m^3（松方），考虑动态平衡后，共需中转堆场容量约 344.00 万 m^3（松方）。

工程土石方填筑料利用工程开挖料约 125 万 m^3（自然方），其中，上下游围堰工程利用工程开挖料 101 万 m^3（自然方）、其他工程填筑量约 24 万 m^3（自然方）。另外，达古村场平、白沟场平、机电标场地场平、油库场平等场平利用工程开挖料约 178 万 m^3（自然方）。

工程开挖料平衡利用规划详见表 9.14。

3. 项目应用效果

本工程土石方开挖料方量大（约 623 万 m^3），通过精细化的时空平衡规划，全部用于工程混凝土骨料（约 320 万 m^3）、围堰等部位填筑（约 125 万 m^3）及场平（约 178 万 m^3），除后期围堰拆除外无其他弃渣，有效保护了工程区的自然环境。

表 9.14　工程开挖料平衡利用规划表　（单位：万 m^3）

部位	项目	开挖量	骨料利用量		工程填筑利用量		场平填筑利用量				
			左岸中转堆场	右岸中转堆场	围堰填筑	其他工程填筑	达古村场平	白沟场平	右岸机电标场地场平	油库场平	其他场地场平
前期临时工程	土方开挖	7	—	—	7	—	—	—	—	—	—
	石方开挖	110	35.5	—	35.5	—	39	—	—	—	—
前期交通工程	土方开挖	15	—	—	7.5	—	—	—	—	7.5	—
	石方开挖	60	48	—	12	—	—	—	—	—	—
主体工程	土方开挖	175	—	—	39	24	24	28	35	—	25
	石方开挖	256	160.5	76	—	—	—	—	—	—	19.5
合计		623	244	76	101	24	63	28	35	7.5	44.5

注：（1）表中工程量为自然方。

（2）后期围堰拆除方量约 48 万 m^3（自然方），弃于库区死水位以下部位。

（3）土石方平衡计算中折方系数取值：土方松方系数为 1.2；石方松方系数为 1.45；土方压实系数为 0.9；石方压实系数为 1.25。

9.4.3　开挖有用料“先填筑料、后骨料”的应用

1. 研究目的及内容

根据本工程开挖料总体平衡规划研究，本工程所需料源，包括混凝土骨料、工程填筑料、场平填筑料，均可由工程开挖料提供，开挖料的质量和数量满足工程需求，但需对工程开挖可利用料，尤其是混凝土骨料利用料进行合理的堆存管理。

2. 研究方法及过程

根据本工程地形条件及施工分区规划，针对混凝土骨料利用料，共布置了两个中转堆场，各中转堆场情况如下：

1）左岸中转堆场（2#渣场）

左岸中转堆场（2#渣场）位于坝址左岸下游约 2.1km 孟达沟沟口下游河滩地，堆场顶高程为 3450.00m，最大容量为 280 万 m^3。中转堆存前期临时工程、前期交通工程以及主体工程开挖有用料。

堆场从沿江 3355.00m 高程开始起堆，每 20～25m 设一级马道，马道宽 3m，渣场堆渣坡比为 1∶1.6。规划堆场顶高程为 3450.00m，渣场沿江防护长度约 500m，占地面积约 11.0 万 m^2。左岸中转堆场布置见图 9.6。

2）右岸中转堆场（3#渣场）

右岸中转堆场（3#渣场）布置在坝址右岸下游约 1.4km 低高程滩地上，堆场顶高程为 3430.00m，最大容量为 160 万 m^3，中转堆存主体工程开挖有用料。右岸中转堆场分两部分，其中，3376.00m 高程以下部分回填质量较差的开挖料，3376.00m 高程以上部分中转

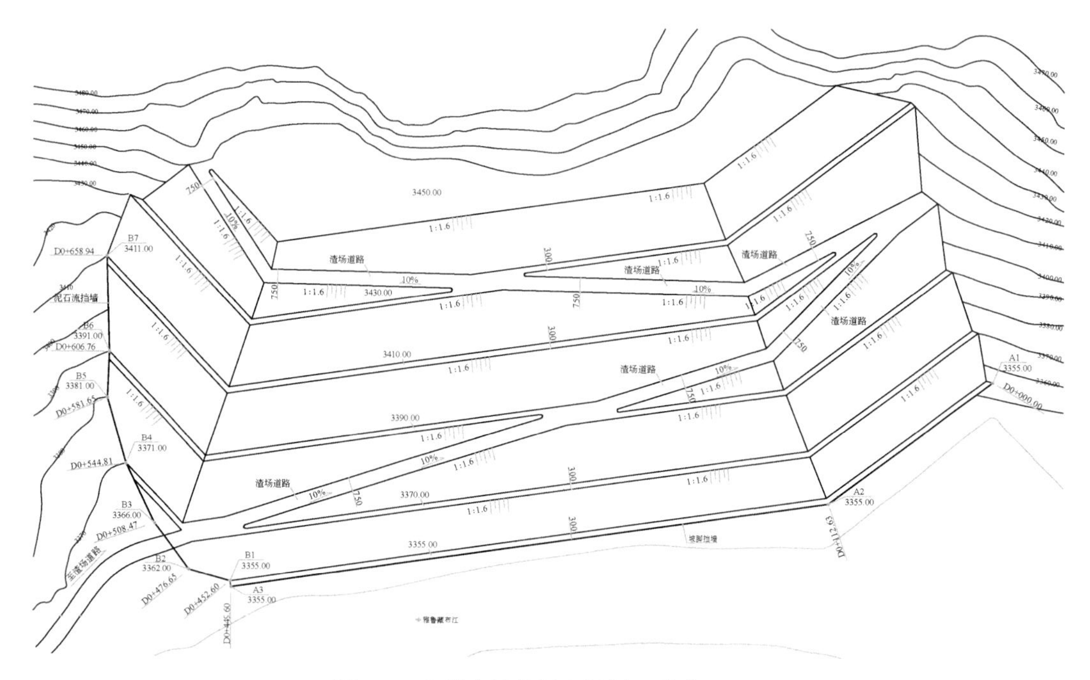

图 9.6　左岸中转堆场布置图（单位：m）

堆场质量较好的开挖有用料，待后期上部有用料回采完毕后，下部作为机电设备标场地。右岸中转堆场（3#渣场）布置见图 9.7。

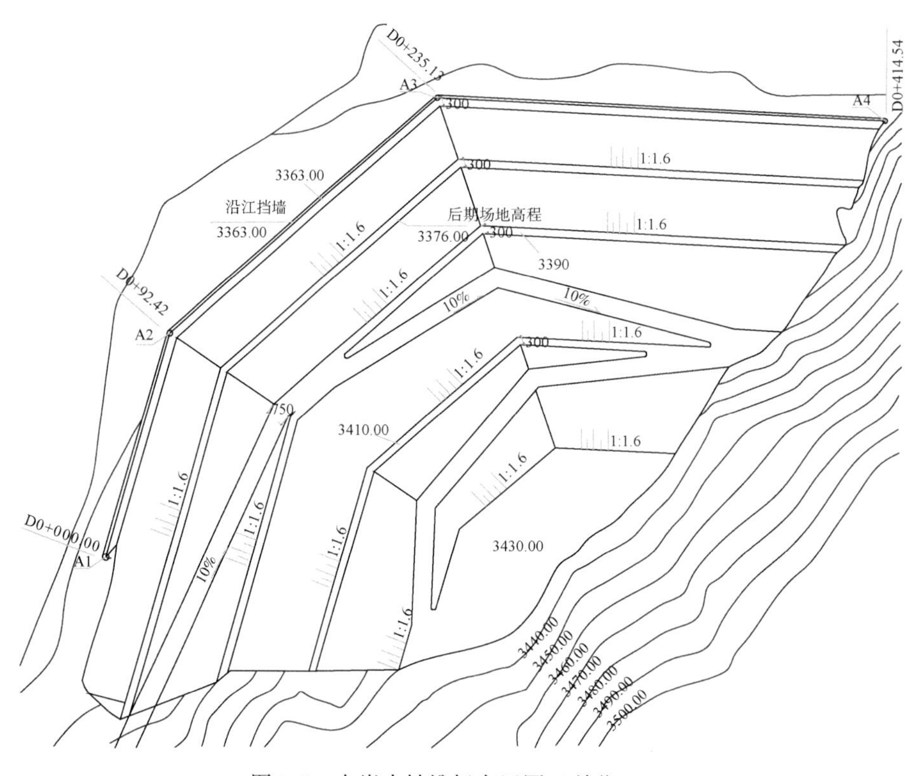

图 9.7　右岸中转堆场布置图（单位：m）

3. 项目应用效果

从工程开挖料总体平衡规划方案，理想状态下，各类料源皆有满足质量和数量要求的来源，但实际实施过程中，可能出现因地质、施工以及管理原因等引起的开挖有用料浪费、污染等情况，可能造成料源缺口，尤其是对于混凝土骨料料源，因此，在料源方案规划时，还需研究料源备用方案以确保工程建设顺利。

根据DG水电站施工导流规划，2021年5月底坝体最低浇筑高程达3424.00m，超过上游围堰堰顶高程，坝体具备挡水条件，由坝体临时断面挡水度汛，标准选择全年50年一遇洪水。在大坝还未浇筑到顶的时候，围堰即可提前拆除，该部分拆除料作为主体工程后期混凝土骨料的补充料源。因此，在进行围堰规划设计及填筑施工时，对围堰上部填筑料进行了严格的要求，需采用弱、微风化石料进行填筑，避免差料混合污染好料，并做好填筑、碾压施工期间对石料的保护。

在施工期，本工程除了在大坝下游布置了左右岸两个中转堆场（2#渣场、3#渣场），上游围堰也起到了临时堆存有用料的作用。上游围堰上部有条件提前拆除，因此规划作为混凝土骨料的补充料源，达到一料多用（先填筑料后骨料）的效果，为工程节省了投资。

第10章　总结与展望

10.1　总　　结

10.1.1　土石方平衡及弃渣规划

（1）水电工程建设项目具有弃渣点多、弃渣量大、弃渣时间长等特点，弃渣处理的基本思路是，尽可能优化设计以减少弃渣量，尽可能使各项主体工程间相互利用弃渣，并结合有关规划充分利用弃渣，对不能利用的弃渣选择合理的拦挡措施予以保护。

（2）水电工程弃渣有其特殊性，在弃渣处置过程中，应在工程本身充分利用的基础上结合其他各项规划进行多方案比较，妥善处理弃渣，以达到经济、社会和环境效益的最佳结合，避免造成不必要的损失。

（3）应做好土石挖填方平衡，统筹规划堆、渣场地，充分利用开挖渣料；弃渣应符合环境保护及水土保持要求，河边弃渣不影响河道行洪和抬高下游尾水位。

（4）在满足施工总进度及环境保护要求前提下，开挖石渣宜利用；应合理安排减少二次倒运，堆渣不得污染环境。开挖渣料利用应根据施工进度计算挖填、堆弃数量，作好平衡规划，做到高料高用、低料低用、合理调配、避免干扰，以提高土石方利用率和减少运输总量。

（5）耦合时空效应和动态调整的物料调运仿真系统。首次考虑石料加工和骨料生产过程中的物料质-量转换关系，在传统土石方平衡模型的基础上，考虑物料优劣和加工特性等，建立物料分级和转换模型；结合施工进度和物料生产强度，建立计划分期分解模型；考虑运输条件，建立施工总布置物料动态调运仿真系统。根据各部位的计划分解为不同物料的供需条件，再利用料性转换模型仿真不同类型物料加工、分解特征，进而代入土石方平衡模型求解物料调运去向，运输仿真模型评价总布置运输系统总物料运输量及综合成本，通过复杂调运流向和海量运输仿真数据，优化了工程开挖填筑计划及场内道路布置。软件在白鹤滩水电站等工程的成功应用表明：本书研究建立的水电工程施工整体物料资源平衡与调配参数化仿真模型是正确、有效的，具有良好的通用性和可扩展性，可以根据用户需求的变化增强和扩展软件功能。

10.1.2　渣场选址和布置

（1）渣场选址应根据工程土石方平衡成果确定的渣场容量，选择满足堆渣容量要求的场地。

（2）渣场应选择地形、地质条件适宜的堆渣场地，对于地形、地质条件适应性差的渣场，需采取相应的工程措施。

（3）堆渣体应满足安全稳定和后期利用要求。

（4）渣场选择和布置应结合施工总布置规划统筹考虑。

（5）与转存料场结合的渣场，转存料回采完成后，剩余的渣料应采取防护措施保证渣体稳定或清运至其他渣场堆置。

10.1.3　渣场级别及设计标准

（1）渣场级别根据渣场堆渣容量及堆渣高度在3～5级中选用。3级渣场规模为容量大于1000万m^3（含1000万m^3），堆渣最大高度150m以上；4级渣场规模为堆渣容量为300万～1000万m^3，堆渣最大高度为50～150m；5级渣场规模为堆渣容量小于300万m^3（含300万m^3），堆渣最大高度50m以下。

（2）引入风险评价方法中的风险评价指数矩阵法，采用综合判断危险性事件严重程度和分析风险概率，按照风险评价矩阵提出风险评价指数，用矩阵中指数的大小作为风险评价的准则，根据风险评价指数，量化渣场失事对周边环境、主体工程带来的风险程度，并作为确定渣场防洪设计标准的因素之一。

（3）渣场洪水标准按永久渣场与临时渣场分别确定。永久渣场洪水标准：3级渣场洪水重现期为50～100年；4级渣场洪水重现期为20～50年；5级渣场洪水重现期为5～20年。临时渣场洪水标准：3级渣场洪水重现期为20～50年；4级渣场洪水重现期为10～20年；5级渣场洪水重现期为5～10年。

（4）对于堆渣规模较大，堆渣时段较长的渣场，可根据渣场堆渣过程及渣场周边环境条件的变化，提出渣场各阶段的洪水标准。

（5）渣场边坡安全稳定标准参考《碾压式土石坝设计规范》（DL/T 5395—2007）边坡设计规范选取。

10.1.4　渣场安全稳定

（1）渣场稳定分析应按永久渣场与临时渣场分别考虑。永久渣场应考虑正常、短暂、偶然三种设计状况，临时渣场应考虑正常、短暂两种设计状况。

（2）临时渣场应按施工期渣体最大填筑高度以及最不利填筑体型进行稳定分析。

（3）对地质条件较差或结构受力复杂的渣场，其抗滑稳定分析宜做专门研究，并应采取工程措施确保渣场整体稳定。

（4）有场地利用要求的渣场，应按其使用要求进行相应的分析论证。

（5）弃渣料的基本特性试验。由于渣场的堆渣体主要为工程的开挖渣料，料源的级配变化大且一般不进行碾压，其密度较低且变化较大，其基本特性关系到弃渣场的边坡设计和储量。为此，要研究不同级配不同密度条件下弃渣料的力学参数，建立密度与力学参数之间的关系，为计算分析提供合理的计算参数，也为制定弃渣料的填筑标准提供依据。如果在高地震区，建议进行弃渣料动力特性试验研究。

（6）弃渣料的劣化特性试验。弃渣料经过反复干湿和变温（或冻融）循环，会导致其力学特性出现劣化，从而会影响弃渣场的长期稳定性。需对弃渣料进行干湿循环CT三轴试验以及冻融循环CT三轴试验，研究干湿和变温（或冻融）循环条件下弃渣料中土体的细观结构的演化规律以及土颗粒的破碎降解特性，获取弃渣料劣化过程中强度衰减规律，为弃渣场的长期稳定性分析提供依据。

（7）暴雨冲刷条件下弃渣场表土侵蚀流动机理试验研究。渣场由枢纽建筑物各个开挖部位的土石料直接堆积形成，弃渣料土体仅处于自然密实状态。在暴雨冲刷条件下，弃渣场表土易产生侵蚀，甚至液化流动形成泥石流。经典土力学理论很难解释这种松散堆积物土石混合体侵蚀流动的力学机理。需研制能够模拟松散堆积物变坡模型系统，在降雨入渗条件进行弃渣料松散堆积物的侵蚀和崩滑试验，揭示暴雨冲刷下弃渣料的侵蚀机理，并获取自然密实状态下弃渣料的力学强度指标，为弃渣场泥石流防护设计以及水土保持提供依据。

（8）渣场分区密度与体型合理形态试验，包括渣场分区密度、渣场体型合理形态、渣场地基土勘察与原位测试等。

（9）降雨条件下弃渣场坡体渗流场研究。降雨对于弃渣场的作用主要是坡面侵蚀和入渗引起的坡体渗流场变化。本项目研究专注于后者，即降雨入渗过程及其对于坡体渗流场的影响规律，以便为弃渣场在降雨条件下的稳定性及相应处理措施研究提供依据。

10.1.5 渣场韧性挡护

（1）渣场挡护设计应根据渣场稳定分析成果及运行防护要求，对渣场采取坡脚支挡、坡面防护等措施。

（2）渣场挡护设施应满足自身稳定及防洪标准要求，并应满足耐久性要求。

10.1.6 渣场沟水处理及泥石流防治

（1）根据渣场沟水处理及泥石流防治研究工程应用经验，总结渣场沟水处理及泥石流防治工程特点、渣场沟水处理防治及应用条件、常用渣场泥石流防治方式。

（2）通过渣场沟水处理工程运行经验，对常用的渣场排水建筑物排水洞、排水渠、排水涵、排水竖井等排水方式有针对性地提出设计要求；对渣场挡水建筑物设计主要通过挡水建筑物渗透稳定分析，提出简化挡水坝防渗措施。

（3）对于推移质较多的沟道，常在沟道上游设置拦砂坝拦挡粗颗粒物质，以减小对排水建筑物冲磨破坏或减小排水建筑物检修频次。

（4）渣场沟水处理与泥石流防治相结合综合考虑，渣场排水洞一般按明流洞设计。泥石流防治有上游拦挡及下游排导的措施。

（5）对于沟道上游设置拦挡坝的泥石流防治措施，拦挡坝库容考虑有的工程按设计标准下一次泥石流固体物质总量进行考虑，部分工程按设计标准下一次泥石流总量进行设计，该问题值得继续深入研究。

（6）渣场沟道上游拦挡坝一般采用混凝土材料，不宜采用浆砌石、钢筋石笼等强度低、整体性差的材料。

10.1.7　渣场生态修复与监测

（1）水电工程具有弃渣堆放困难、弃渣点多、弃渣量大及弃渣时间长等特点，渣场后期运行维护主要针对永久弃渣场，从态修复技术方面对渣场蓄水灌溉工程、土地整治工程、植被建设工程、封禁抚育和水土保持设施运行维护等方面开展研究，提出渣场生态修复方法。

（2）水电工程在开发和建设过程中的弃土、弃石等固体物（以下简称弃渣）是工程项目主要的水土流失源，水土保持方案中非常重要的部分是对弃渣场工程措施的研究和设计。工程措施是根据弃渣堆放的位置与地形特点，设置适宜的挡渣工程和护坡工程，以有效地控制水土流失。水电工程弃渣场的防护措施主要有拦渣、护坡等工程措施和植物措施。

（3）渣场在填筑施工和后期运行阶段，需对其进行安全监测，防止重大失稳及滑坡事故发生。建议对地基沉降、渣场及边坡表面变形、地基及边坡深部水平变形、地下水位及孔压、坡面水土流失等进行监测，获取渣场在不同工况条件的基本信息。

（4）加强渣场的安全巡视，在渣场填筑和后期维护期间，除了安全监测外，还需确立安全巡视原则，巡视是安全监测的重要补充，是保证弃渣场安全运行的重要信息来源方式。

10.1.8　渣料绿色处置及规模化综合利用

（1）充分合理地利用建筑物开挖石渣料，对保护生态环境和降低工程造价具有重要的意义，凡具备利用建筑物开挖料条件的工程，在施工总体规划和料源规划时，应将其作为一个重要的料源加以研究。

（2）大规模采用劣质绢云板岩洞挖料作为大型水工隧洞高强抗冲磨衬砌混凝土骨料料源，解决了工程混凝土骨料紧张问题，大幅度减少了工程弃渣，实现了绿色施工。

（3）旱谷地渣场用于白鹤滩移民安置点北门防护造地工程的防护堤，利用量达 480 万 m^3，使工程弃渣得到了充分利用。

10.2　展　　望

我国的水能资源极为丰富，储量为世界第一。水电将在我国的碳达峰、碳中和的过程中发挥极其重要的作用。能源领域是现阶段碳排放的主体，“十四五”期间，我国新能源发展将以碳达峰、碳中和目标为引领，大力发展新能源，实施可再生能源替代，改变以煤炭燃烧提供电力和热力的能源供给方式，是最根本有效的绿色低碳转型之路。

（1）渣场堆渣过程是动态变化的，渣场实施过程中施工排水、施工堆渣程序、施工道路布置规划、施工期水土保持是渣场实施过程中需重点关注的问题。

（2）对于沟道上游设置拦挡坝的泥石流防治措施，拦挡坝库容考虑有的工程按设计标准下一次泥石流固体物质总量进行考虑，部分工程按设计标准下一次泥石流总量进行设计，该问题值得继续深入研究。

（3）渣场安全稳定与渣体材料、地基土体抗剪强度指标密切相关，渣场设计还需加强对渣体材料、地基土体物理力学实验分析工作，为渣场设计、确保渣场安全稳定提供依据。

（4）对于渣场沟水处理及泥石流防治，除采取工程措施外，还需结合现场实际条件，有针对性地建立雨情、泥石流预报预警措施。

（5）工程渣料及既有渣场渣料绿色处置及资源化利用前景广阔，相应关键技术对我国水电工程绿色低碳建设具有极为重要的现实意义。

参考文献

曹琰波. 2008. 矿渣型泥石流起动机理试验研究. 西安：长安大学硕士学位论文.

曹琰波，惠宝，徐友宁. 2008. 矿渣性泥石流的成因机理和防治措施研究. 西部探矿工程，(1)：5-7.

陈殿强，王来贵. 2011. 尾矿库工程及加高过程力学特性研究. 沈阳：辽宁科学技术出版社.

陈宁生，周伟，杨成林，等. 2010. 工矿弃土弃渣泥石流灾害工程治理模式与应用. 矿业研究与开发，30(4)：84-87.

陈宁生，田树峰，张勇，等. 2021. 泥石流灾害的物源控制与高性能减灾. 地学前缘，28(4)：337-348.

陈艳. 1994. 二滩工程三滩大沟沟水处理下游台阶消能段设计. 四川水力发电，(S1)：81-82，105.

陈义军，任金明. 2015. 龙开口水电站施工总布置规划及实施. 水利技术监督，23(2)：67-70.

高宝林，周全，高武林. 2011. 水电工程弃渣场水土保持措施设计探讨. 中国水土保持，(3)：36-38.

简平. 2020. 基于 CFX 数值模拟的泥石流对桥墩冲击效应研究. 成都：昆明理工大学硕士学位论文.

江金章. 2016. 西部水电工程泥石流防治方案与实践//水利水电工程施工组织设计信息网，中水东北勘测设计研究有限责任公司. 施工组织设计(2015 年度论文集). 北京：中国水利水电出版社.

焦亮. 2020. 泥石流拦砂坝过流模拟及其可视化研究. 成都：中国科学院大学(中国科学院水利部成都山地灾害与环境研究所)硕士学位论文.

李晓凌，岳克栋. 2013. 乌东德水电站阴地沟渣场边坡稳定性分析. 人民长江，(2)：30-31.

廖星明. 2014. 浅析锦屏二级水电站模萨沟弃渣场沟水处理工程二期改造. 低碳世界，(21)：138-141.

刘建伟，史东梅，马晓刚，等. 2007. 弃渣场边坡稳定性特征分析. 水土保持学报，(10)：192-195.

刘振旺，韩子晔，韩会令. 2011. 某水电站弃渣场稳定性计算及对泥石流的影响分析. 铁道勘察，(6)：79-82.

柳金峰，游勇，陈晓清. 2012. 泥石流对重大水电工程的影响评估——以金沙江下游白鹤滩电站库区黑水河泥石流为例. 水土保持通报，32(3)：285-289.

任金明，王永明，夏威夷，等. 2013. 西部水利水电工程拦沟型弃渣场泥石流的危害及防护. 水利规划与设计，(6)：34-38.

任金明，陈永红，钟伟斌，等. 2015. 苗尾水电站施工组织设计综述//水利水电工程施工组织设计信息网，中水东北勘测设计研究有限责任公司. 施工组织设计(2014 年度论文集). 北京：中国水利水电出版社.

任金明，吕国轩，陈义军，等. 2016a. 龙开口水电站施工组织设计中的关键技术研究与创新//水利水电工程施工组织设计信息网，中水东北勘测设计研究有限责任公司. 施工组织设计(2015 年度论文集). 北京：中国水利水电出版社.

任金明，曾建平，王永明. 2016b. 水电工程大型渣场设计标准研究现状与展望//水利水电工程施工组织设计信息网，中水东北勘测设计研究有限责任公司. 施工组织设计(2015 年度论文集). 北京：中国水利水电出版社.

任金明，陈永红，钟伟斌，等. 2018. //水利水电工程施工组织设计信息网，中水东北勘测设计研究有限责任公司. 施工组织设计(2016—2017 年度论文集). 北京：中国水利水电出版社.

孙大伟，郎小燕. 2002. 赵山渡水土保持工程中弃渣场的布置及防护. 水土保持科技情报，(1)：36-38.

孙世国，杨宏，等. 2011. 典型排土场边坡稳定性控制技术. 北京：冶金工业出版社.

王光海，胡艺川. 2012. 猴子岩水电站色古沟沟水处理工程排水洞设计施工综述. 四川水力发电，31(2)：

130-133.
王永明，朱晟，任金明，等. 2013a. 等应力比路径下堆石料双屈服面弹塑性模型研究. 岩石力学与工程学报，32(1)：191-199.
王永明，朱晟，任金明，等. 2013b. 筑坝粗粒料力学特性的缩尺效应研究. 岩土力学，34(6)：1799-1806，1823.
王运敏，项宏海. 2011. 排土场稳定性及灾害防治. 北京：冶金工业出版社.
吴军，赵鹏锟，邹兵华. 2019. 西藏开投海通水泥厂弃渣场沟水处理方案设计. 低碳世界，9(8)：28-29.
吴礼舟，黄润秋. 2011. 非饱和土渗流及其参数影响的数值分析. 水文地质工程地质，38(1)：94-98.
吴伟，杜运领. 2014. 水电工程复合型弃渣场水土保持设计探讨. 中国水土保持，(1)：40-42.
夏威夷. 2012. 水电工程弃渣场泥石流防护应用研究. 南京：河海大学硕士学位论文.
徐永年，田卫宾. 2003. 开发建设项目弃渣场设计及防洪问题. 中国水土保持，(2)：3.
许虎，顾平，罗飞. 2012. 金沙江某水电站弃渣场稳定性评价. 水电与新能源，(3)：51-53.
许凯，蔡元奇，朱以文，等. 2007. 渣场的一种新渗流排防体系研究. 岩土力学，(5)：976-980.
叶国强. 2002. 弃料在三峡二期围堰工程中的利用. 水利水电科技进展，(3)：54-55.
张家发. 1994. 土坝饱及非饱和稳定渗流场的有限元分析. 长江科学院院报，11(3)：41-45，57.
张家发. 1997. 三维饱和非饱和稳定/非稳定渗流场的有限元模拟. 长江科学院院报，14(3)：35-38.
张杰，李世凯，甘云兰，等. 2015. 云南贡山 8·18 特大泥石流灾害调查分析与启示. 工程地质学报，23(3)：373-382.
张勇. 2020. 凹槽土体失稳起动泥石流的力学机制与规模放大过程. 成都：中国科学院大学(中国科学院水利部成都山地灾害与环境研究所)硕士学位论文.
张勇，陈宁生，王涛，等. 2019. 泰宁县芦庵坑沟“5·8”特大泥石流成因和特性分析. 泥沙研究，44(4)：54-59.
赵芹，郑创新. 2010. 沟道型弃渣场分类及工程防护措施分析. 中国水土保持，(4)：38-40.
钟伟斌，任金明，陈永红，等. 2016. 基于地方共赢发展的苗尾水电站施工总布置规划. 人民长江，47(S2)：88-90.
周德彦. 2015. 以两河口瓦支沟为例探讨泥石流防护处理设计新思路. 中国水能及电气化，(3)：65-70.
周述明. 2015. 水电工程沟道型特大型渣场水土保持综合防治体系设计探讨——以锦屏一级水电站印坝子沟渣场为例//中国水土保持学会，水土保持规划设计专业委员会. 中国水土保持学会 水土保持规划设计专业委员会 2015 年年会论文集. 中国水土保持学会：326-337.
周天佑. 2010. 河谷类弃渣场防护设计中的几个问题. 四川水利，31(6)：59-61.
邹任芯，邬志，徐伟，等. 2019. 关于高陡边坡 S 型排水渠水位壅高计算探讨及侧挡墙稳定性研究. 给水排水，55(S1)：268-269，272.
Pu N, Ren J M, Zhong W B, et al. 2021. Green resource planning for large-scale hydropower generation in ecologically fragile plateau area. IOP Conference Series Earth and Environmental Science, 5: 1-4.
Wu L Q, Zhu S, Wang Y M, et al. 2014. A modified scale method based on fractal theory for rockfill materials. European Journal of Environmental and Civil Engineering, 18(1-2): 106-127.
Wu L Q, Zhu S, Wang Y M, et al. 2015. The properties of scale effect on the density of rockfill materials based on fractal theory. Iranian Journal of Science and Technology-Transactions of Civil Engineering, 39: 183-200.